清华 STS 四十周年纪念暨学科发展研讨会合影留念

清华大学科学技术与社会研究所所庆暨首次校友聚会合影留念

第十二届东亚科学技术与社会网络学术会议合影留念

科学技术与社会研究中心在清华大学深圳国际研究生院挂牌合影留念

清华STS文丛

总主编 杨 舰 吴 彤
刘 兵 李正风

科学技术哲学
与自然辩证法

主 编 雷 毅 李 平 王 巍

科学出版社

北 京

内 容 简 介

本书是清华大学科学技术与社会研究所教师部分已发表论文的文集，全书包括自然辩证法、系统科学哲学、科学技术哲学、科学实践哲学、产业哲学和科技伦理与环境伦理六部分，各部分在学科领域都具有一定的代表性。透过本文集，读者既可以了解不同时期教师们关心的学术热点问题，也可以看到研究水准提升的过程。

本书作为中国科学技术哲学发展历程的一个缩影，可供科学技术哲学、自然辩证法、科技史、科技政策的研究者、学生及爱好者阅读，并提供部分辅助资料。

图书在版编目（CIP）数据

科学技术哲学与自然辩证法 / 雷毅，李平，王巍主编. -- 北京：科学出版社，2024.8. -- （清华 STS 文丛 / 杨舰等总主编）. -- ISBN 978-7-03-078980-8

I. N02-53

中国国家版本馆 CIP 数据核字第 20242EX108 号

责任编辑：邹 聪 刘 琦 姚培培 / 责任校对：张亚丹
责任印制：吴兆东 / 封面设计：有道文化

科 学 出 版 社 出版

北京东黄城根北街 16 号
邮政编码：100717
http://www.sciencep.com

北京厚诚则铭印刷科技有限公司 印刷
科学出版社发行 各地新华书店经销
*

2024 年 8 月第 一 版 开本：720×1000 1/16
2025 年 2 月第二次印刷 印张：23 1/2 插页：1
字数：405 000
定价：**168.00 元**
（如有印装质量问题，我社负责调换）

总　序

出版"清华 STS 文丛"的想法缘起于 2018 年。那一年的春季，来自四面八方的校友聚在一起，庆祝清华 STS 的 40 周年。清华大学副校长杨斌在致辞中说："40 周年是一个值得纪念的日子……"

众所周知，科学技术与社会（STS）是第二次世界大战以后人们开始高度关注的跨学科交叉领域。随着科学技术迅猛发展且广泛深入地作用于社会的方方面面，同时科学技术的进步也越来越受到政治、经济和文化因素的影响，科学技术与社会的关系成为重要的理论与实践问题。中国的 STS 与马克思主义经典理论自然辩证法的传播有着密切的关联。在中国 STS 领域中，于光远、查汝强、李昌、龚育之、何祚庥、邱仁宗、孙小礼等著名学者都出自清华大学。清华大学 STS 的建制化发轫于 1978 年春季。顺应世界科技革命的历史潮流和"文化大革命"后拨乱反正的新形势，清华大学成立了以高达声为主任，由卓韵裳、曾晓萱、寇世琪、丁厚德、魏宏森、姚慧华、汪广仁、范德清、刘元亮等中年教师组成的自然辩证法教研组（后更名为自然辩证法教研室）。教研组成立伊始，便参加了教育部组织的全国理工科研究生公共课程"自然辩证法"的教材编写工作；同年秋季，即面向改革开放以后第一批走入校园的理工科硕士研究生开设了自然辩证法课程。接下来，又开设了面向全校博士研究生的课程——现代科技革命与马克思主义。伴随着教学工作的开展，教研室同仁在科学技术哲学、科学技术史和科技与社会等相关学科领域展开了学术研究。1984 年，曹南燕、肖广岭作为改革开放以后新一代的研究生，加入到清华大学自然辩证法教师的队伍中。与之前的教师大都出自清华大学本科的各专业不同，他们是第一批自然辩证法专业的研究生。紧接着，王彦佳（1985年）、宿良（1985年）、刘求实（1988年）、单青龙（1988年）、张来举（1990年）、周继红（1992）等新生力量也加入进来。1985年，自然辩证法教研室获得硕士学位授予权，并开始招收自然辩证法专业的硕士研究生。

随着教学科研力量的不断壮大，着眼于推动我国STS的协调发展，魏宏森、范德清、丁厚德三位教师于1984年向学校提交了成立清华大学科学技术与社会研究室的报告，并于1985年获得了校长办公会议的批准，这是中国第一个以STS命名的教学科研机构（据丁厚德老师说，科学技术与社会研究室这一名称，最后是由高景德校长敲定的），魏宏森担任研究室主任。1986年，研究室开始招收STS方向的研究生。

1993年，为迎接21世纪到来，造就理工与人文社会科学相融合的综合型人才，创办世界一流大学，清华大学决定成立人文社会科学学院。自然辩证法教研室和科学技术与社会研究室升格为科学技术与社会研究所。魏宏森担任所长，曾晓萱担任副所长。科学技术与社会研究所作为清华大学文科复建中创办最早的机构之一，借用清华大学人文社会科学学院老院长胡显章的话说：科学技术与社会研究所是当初建院时的一个有特色的机构，它秉承了清华大学"中西融会、古今贯通、文理渗透"的办学理念与风格，同时又鲜明地展现了新时期清华大学人文社会科学发展的方向和特色。

来到世纪之交，清华大学STS迎来了新的发展。1995年秋季学期以后，随着作为创业者的八位教授逐渐退出教学一线，科学技术与社会研究所由曾国屏（常务副所长，所长）、曹南燕（副所长）、肖广岭（党支部书记）组成了新一代领导集体。接下来高亮华（1995年）、李正风（1995年）、方在庆（1995年）、蒋劲松（1996年）、王巍（1996年）、王丰年（1997年）、王蒲生（1998年）、吴彤（1999年）、刘兵（1999年）、雷毅（1999年）、杨舰（2000年）、张成岗（2002年）、刘立（2003年）、鲍鸥（2004年）、吴金希（2005年）、洪伟（2010年）、王程韡（2012年）等各位教师陆续进入科学技术与社会研究所。2000年，科学技术与社会研究所获得了科学技术哲学博士学位的授予权；2003年，科学技术与社会研究所获得了科学技术史学科的硕士学位授予权；2015年，科学技术与社会研究所又进一步获得了社会学博士学位的授予权，由此强化了研究所自身交叉学科平台的属性。2003年，科学技术与社会研究所建立了清华大学人文社会科学学院最早的博士后科研流动站。2008年，清华大学"科学技术与社会"获评为北京市重点学科

（交叉学科类）。2009 年，随着曾国屏所长将学术活动的重心转向清华大学深圳国际研究生院，吴彤（所长）、李正风（副所长）、杨舰（副所长）、王巍（党支部书记）开始主持研究所的工作。2015 年，研究所换届，杨舰担任所长，李正风和雷毅担任副所长，王巍担任党支部书记。

2000 年，清华大学以人文社会科学学院科学技术与社会研究所为依托，成立了跨学科的校级研究中心——清华大学科学技术与社会研究中心，清华大学党委副书记、人文社会科学学院院长胡显章担任中心名誉主任，曾国屏担任中心主任，曹南燕、吴彤、李正风先后担任了中心副主任。中心作为清华大学 STS 的重要交叉学科平台，旨在借助清华大学多学科的资源，对日益重要且复杂的科技与社会关系问题展开跨学科研究，促进 STS 交叉学科建设，推进 STS 人才培养，提升清华大学乃至中国学界在 STS 领域的活力和影响。科学技术与社会研究中心先后聘请校内外专家蔡曙山、刘大椿、邱仁宗、罗宾·威廉姆斯（Robin Williams）、约翰·齐曼（John Ziman）、马尔科姆·福斯特（Malcolm Forster）、山崎正胜、徐善衍、刘闯、刘钝、曲德林、崔保国、苏峻、梁波、郑美红等担任兼职或特聘教授，而清华大学科技史暨古文献研究所和清华大学深圳国际研究生院人文研究所等共建单位的高瑄、戴吾三、冯立昇、游战洪、邓亮、蔡德麟、杨君游、李平等同仁，也都成为清华大学 STS 的中坚力量。此外，清华大学科学技术与社会研究中心还参与了中国科协-清华大学科技传播与普及研究中心的创建（2005 年），并将该方向上的工作系统地纳入清华大学 STS 教学与研究当中，成为研究生招生的一个方向。曾国屏、刘兵先后担任该中心的主任。受中国科学院学部的委托，清华大学科学技术与社会研究中心参与了中国科学院学部-清华大学科学与社会协同发展研究中心的创建（2012 年，李正风担任主任），进而强化了清华大学 STS 在国家科技战略咨询方面的探索和作用。清华大学科学技术与社会研究中心为了大力推动 STS 的发展，于 2007 年成立了科学技术与产业文化研究中心，主任先后由曾国屏、高亮华担任；于 2012 年成立了新兴战略产业研究中心，主任由吴金希担任；于 2013 年成立了社会创新与风险管理研究中心，主任由张成岗担任。伴随着 STS 研究的实践转型，2019 年成立了能源转型与社会发展研究中心，担任中心主任的是科学技术与社会研究所培养的何继江博士。

清华大学 STS 经过多年的建设和发展，在教学和科研中取得了丰硕的成果。同仁致力于从哲学、历史和社会科学这三大维度上推进中国 STS 问题的综合研究，并在中国科学技术的创新、传播和风险治理等重大战略和政策问题上，打破学科壁垒，开展卓有成效的工作。清华大学同仁独自或参与编写的教材中，有多项获奖，或者成为精品教材。受众最多的自然辩证法课程，长期以来连续被评为学校的精品课程，而面向博士研究生开设的现代科技革命与马克思主义课程，则获得了北京市优秀教学一等奖（1993 年）和国家教育委员会颁发的优秀教学成果奖二等奖（1993 年）。据 2011—2013 年的统计，科学技术与社会研究所教师共开设课程 57 门，其中全校公共课 24 门，本所研究生专业课（多数向其他专业学生开放）33 门。在回应国家和社会发展需求与学术前沿的理论探索中，本所同仁也做了大量的工作。其中前者如参与和独自承担了一大批国家科技攻关计划、国家星火计划、国家科技政策研究等重大课题，如国务院发展研究中心主持的"九十年代中国西部地区经济发展战略"研究、"关于我国科技投入统一口径和投资体系的研究"（获国家科学技术进步奖）、《国家中长期科学和技术发展规划纲要（2006—2020 年）》的起草和制定（获重要贡献奖）、《全民科学素质行动规划纲要（2021—2035 年）》的研究、《清华大学教师学术道德守则》和《研究生学术规范》相关文件的研究和起草、中国科学技术协会《科学道德与学风建设宣讲参考大纲》和《科学道德和学风建设读本》的编写、《中国科技发展研究报告》的编写、《中国区域创新能力报告》和中俄总理定期会晤委员会项目《中俄科技改革对比研究》报告的编写、《中华人民共和国科学技术进步法》的修订，等等；后者体现为承担了多项国家自然科学基金和国家社会科学基金课题、教育部人文社会科学面上研究项目，诸如"基于全球创新网络的中国产业生态体系进化机理研究""同行评议中的'非共识'问题研究""深层生态学的阐释与重构""特殊科学哲学前沿研究""空气污染的常人认识论"，以及国家社会科学基金重大课题项目"科学实践哲学与地方性知识研究""新形势下我国科技创新治理体系现代化研究"等。在多年的探索中，清华大学 STS 获国家、部委、地方及学校奖励百余项。出版中外文著作数百部，在国内外学术期刊上发表论文千余篇，主持"新视野丛书""清华科技与社会丛书""科教兴国译丛""清华大学科技哲学文丛""中国科协-清华大学科技传播与普及研究中心文丛""理解科学文丛"等多套丛书，参与主办重要学术期刊《科学学研究》。清华大学 STS 举办的科学技术与哲学沙龙已过百期，科学社会学与政策学沙龙、科技史和科学文化沙龙也已持续多年。

清华大学 STS 坚持开放和国际化的理念与方针。面向社会的广泛需求，同仁在参与清华大学各院系工程硕士教学的同时，还独自或合作举办了多种类型的培训项目、国际联合培养项目和双学位项目。作为支撑机构，清华大学科学技术与社会研究中心在推动清华大学-日本东京工业大学联合培养研究生（双学位）项目的进展方面贡献突出；清华大学 STS 与多所海外大学和研究机构的同行建立了合作关系，包括哈佛大学、康奈尔大学、匹兹堡大学、佛罗里达大学、伦敦政治经济学院、爱丁堡大学、俄罗斯科学院自然科学与技术史研究所、莫斯科大学、慕尼黑工业大学、宾夕法尼亚大学、芝加哥大学、明尼苏达大学、早稻田大学等。清华大学 STS 与海外机构联合举办的清华大学暑期学校已持续多年，如"清华-匹大科学哲学暑期学院""清华-LSE社会科学工作坊""清华-MIT STS 研讨班"等，在人才培养方面取得了良好的效果。此外，清华大学 STS 是东亚 STS 网络（学会）的发起单位，是该网络（学会）首届会议和第 12 届会议的组织者；主办了"第 13 届国际逻辑学、方法论与科学哲学大会"，以及中俄、中日等多个多边和双边国际学术会议。

最让清华大学 STS 同仁深感骄傲和自豪的还是这个学科背景各异、关注重心有别、争论不断却不失温情的群体，以及从这里陆续走向四面八方的朝气蓬勃的学生。他们一批又一批地来到清华园中，不断增添了清华大学 STS 的活力。三十几年中，从清华大学 STS 走出了数百名硕士研究生、博士研究生和博士后研究人员，还有数以千计的各类培训班学员。如今，他们活跃在海内外的高等院校、科研机构、政府部门、社团和企业，彰显着清华大学 STS 事业的希望和意义……

40 年是一个值得纪念的日子，对于一个人来说，40 岁正处在精力充沛、人生鼎盛的时期。在清华大学 STS 迎来自己的 40 周年之际，2018 年，因一级学科评估等原因，学校撤销了作为实体机构的清华大学科学技术与社会研究所。面对突如其来的变化，同仁一致认为，在科学、技术与社会的关系日益紧密，以及新兴技术带来日益增多的价值、规范、伦理挑战的时刻，我们应该以一如既往地努力和坚持，建设好被保留下来的清华大学科学技术与社会研究中心。与此同时，同仁一致决定编辑出版本文丛。这不仅是为了向过往的 40 年中几代人不懈的努力和求索致敬，更是为了在对过往的回顾和总结中，展望未来，探索新的发展路径。

最后，再简单地介绍一下清华大学 STS 最近的发展和动态。2021 年秋季，清华大学科学技术与社会研究中心进行了换届，李正风接替杨舰担任主任，副主任由王巍、王蒲生、洪伟担任。根据新修订的《清华大学科研机构管理规定》，该中心成立了新的管理委员会，其成员由清华大学社会科学学院、清华大学图书馆和清华大学深圳国际研究生院三家共建单位的负责人组成，中心成员坚持在服务国家的重大战略研究和 STS 相关的基础理论研究等方面积极努力地开展工作。其中包括 2019 年参与邱勇院士牵头的"克服'系统失灵',全面构建面向 2050 的国家创新体系"的中国科学院院士咨询项目（获国家领导人重要批示）；2022 年参与邱勇院士牵头的"突破'卡脖子'关键技术问题的总体思路与针对性的体制机制建议"的国家科技咨询任务（获国家领导人重要批示），以及主持国家社会科学基金重大项目"深入推进科技体制改革与完善国家科技治理体系研究"、面上项目"社会科学方法论前沿问题研究"（2021 年）、国家自然科学基金专项"科研诚信知识读本"及"中美负责任创新跨文化比较研究"（2021 年）等。2023 年 8 月，清华大学科学技术与社会研究中心在清华园内召开了"清华大学 STS 论坛 2023"，各地校友线上线下 200 多人再次汇聚到一起，就"STS 视角下的中国式现代化"问题展开了热烈的讨论。在同年 11 月举办的"第十五届深圳学术年会学科学术研讨会"上，清华大学科学技术与社会研究中心举办了深圳挂牌仪式，并与深圳市社会科学院签订协议，在该院主办的《深圳社会科学》上共建"科技与社会"栏目。2023 年 12 月，清华大学科学技术与社会研究中心在清华三亚国际数学论坛举办工作坊，三家共建单位（清华大学社会科学学院、清华大学图书馆和清华大学深圳国际研究生院）的代表共聚一堂，商讨未来的发展大业……在 2024 年，清华大学科学技术与社会研究中心将在清华园中继续举办"清华-匹大科学哲学暑期学院""清华-LSE 社会科学工作坊""清华大学-宾夕法尼亚大学生命科学史与哲学""清华大学 STS 国际工作坊"，除此之外，还将与哈佛燕京学社联合举办为期 9 天的 STS 研习营，围绕数字时代科学技术与社会前沿的理论与实践问题，展开深入的学习和探讨。已经成为中国和东亚 STS 学术重镇的清华大学科学技术与社会研究中心，正在一如既往地开展工作……

本文丛由四个分册构成，分别是《科学技术哲学与自然辩证法》《科学技术史与科学技术传播》《科学社会学与科学技术政策》《我与清华 STS 研究所》。前三册基于清华大学科学技术与社会研究所的三个支撑学科——"科学技术哲学"、"科学技术史"和"科学社会学"之划分，也是当初自然辩证法教研室成立以来同仁即重点关注的学科领域。第四册的文章选自清华大学 STS 30 周年和 40 周年时，新老教师和各地校友的投稿。关于各个分册的内容架构和编辑方针，各分册的主编已有介绍，不再赘述。有人建议对同仁的工作做一概括性的介绍，那实非笔者功力所及，而且，对于同仁在 STS 领域所开展的不同维度的讨论，丛书编委们的工作对上述需求已做出了初步的回应。新冠疫情 3 年，打乱了原定的工作节奏。感谢各分册编辑，如果没有他们的坚持和努力，很难想象这项工作能够圆满完成。众所周知，科学出版社一贯坚持高质量的工作方针，这就要求同仁在对书稿的审校中格外用心，付出更多的时间和精力。感谢邹聪编辑、刘琦编辑以及在初期做了大量工作的刘红晋编辑和原科学技术与社会研究所办公室秘书李瑶，同时也要感谢那些从未谋面，但在幕后一丝不苟地工作、细致入微的文案编辑们。没有他们的严格把关和具体指导，书稿的整理和加工很难达到眼下这个程度。读到这一篇篇的文章，无疑会让人回想起一路走来的岁月。说到岁月，同仁都不会忘记以陈宜瑾老师为代表的办公室工作团队。上述工作的点点滴滴，离不开他们的参与和支撑，在此一并表示衷心的谢意。当然，尽管同仁已格外努力，但文丛中还是会留下一些不尽如人意的地方，在此恳请读者不吝赐教的同时，也多多包涵。

最后，值"清华 STS 文丛"出版之际，愿同仁面向未来，继续以积极的姿态关注来自现实的需求，并向海内外同行不断发出学术探索中的清华声音。

杨　舰
2024 年 3 月于深圳大学城

前　　言

《科学技术哲学与自然辩证法》是清华大学人文社会科学学院科学技术与社会研究所（简称科技所）纪念文集的第一分册，汇集了本所同仁在科学技术哲学与自然辩证法领域的代表作，大致反映了科技所近40年来的研究旨趣与成果。

全书分为自然辩证法、系统科学哲学、科学技术哲学、科学实践哲学、产业哲学和科技伦理与环境伦理六部分。

在中国，自然辩证法可谓"科学技术与社会"（STS）的摇篮，科学技术哲学、科学技术史、科学社会学、科技政策、科技传播等专业的早期研究者大多数是从自然辩证法研究领域走出来的。这得益于"自然辩证法"是很多高校研究生的必修课，这种状况使一支数量可观的师资力量在体制内得以保存。早期的清华大学因有培养研究型人才的要求，比较重视自然辩证法教学，经过多年的积累，逐渐形成了较为雄厚的教学与研究队伍，这为后续科学技术哲学与自然辩证法研究的展开奠定了坚实的基础。

清华大学的自然辩证法教学与研究有自己的特色。这与科技所里坚持自然辩证法的教学须以研究为基础、课堂教学应充分发挥各位老师研究特长的指导思想密切相关。因篇幅所限，自然辩证法部分选取了十篇论文，内容涉及自然辩证法领域的专业研究、方法论及学科建设。

系统科学哲学作为在较早时期就开展研究的领域，多年来积累已形成了清华特色，该部分选取的三篇论文在系统科学哲学领域都产生过较大影响。

科学技术哲学作为公认的正统学科领域，研究者甚众，相关成果在此领域显露已属不易。该部分选取了十篇论文，它们都是学科领域中的重要论文。

科学实践哲学是科技所教师较早发掘的研究方向，在经过多次慎重的讨论之后被确定为重点研究方向，这部分文章虽然只选取了三篇，但它们却是研究科学实践哲学的必读文献。

大科学时代的 STS 研究，不仅要考虑科学技术和工程，在很大程度上还需要考虑产业，尤其是高科技产业。科技成果的产业化与创新是现代社会发展的必然趋势。我所教师较早注意到社会发展的这一特征，一直努力地推动产业哲学的发展。产业哲学部分所收录的四篇文章即是我所教师在该领域研究的代表作。

最后部分是科技伦理与环境伦理。这部分的重要性在今天已成为全社会的共识，然而，在 20 世纪末，即使在学术界也只有部分人认识到该研究的必要性。我所教师在那个时期就已经在有影响的刊物上发表相关论文。其中被收录的五篇论文可以视为在这一领域不同方向上的代表作。

《科学技术哲学与自然辩证法》的出版标志着一个时代的结束。尽管这段兴衰沉浮的历史只是 STS 在中国"简单而迅速的重演"，但它本身就是一个极有价值的研究课题。

《科学技术哲学与自然辩证法》的编者只是希望后来者能够透过论文看到，在清华，曾经有一批教师在努力开拓以自然辩证法为基础的中国的 STS，以期让中国的 STS 在世界范围能以任何方式与同行进行平等而有建设性的对话。

雷　毅

2024 年 3 月 5 日

目　录

系统科学哲学

科学技术哲学

科学实践哲学

产 业 哲 学

科技伦理与环境伦理

自然辩证法

自然选择单位的问题解析

| 王巍，陈勃杭 |

一、自然选择单位的主要观点

达尔文 1859 年出版《物种起源》，提出了进化论的四大要点：过度繁殖、生存斗争、遗传变异、适者生存。从此，自然选择原理（principle of natural selection，PNS）成为现代生物学中最重要的理论之一。然而，自然界究竟选择了什么（是个体、基因、群体还是其他东西）？这个问题一直悬而未决，成为生物学以及相关哲学研究的热门问题之一。

达尔文提出了自然选择的三个条件：①有性状变异；②某些变异是可遗传的；③有些变种繁殖得更多。然而，个体、基因、群体都可以满足这些条件。那么自然界究竟是选择了个体、基因、群体还是其他什么呢？

在生物学哲学中，传统的观点主要有三种[1]：①个体选择（individual selection），主要代表是达尔文以及美国哈佛大学教授迈尔（Ernst Mayr）；②基因选择（genic selection），代表人物有美国生物学家威廉斯（George C. Williams）以及道金斯（Richard Dawkins）；③群体选择（population selection），代表人物是索伯（Elliott Sober）与戴维·威尔逊（David S. Wilson）。①

---

① 斯坦利（S. M. Stanley）、埃尔德雷奇（N. Eldredge）与古尔德（S. J. Gould）等人在 20 世纪 70 年代还曾提出物种选择（species selection）来说明宏观进化（macroevolution）。参阅文献[2]。

1. 个体选择

达尔文本人的立场主要是个体选择。他在《物种起源》中这样定义自然选择：“我把这种有利的个体差异和变异的保存，以及那些有害变异的毁灭，叫作'自然选择'，或'最适者生存'。”[3]95 例如，羚羊之所以迅捷灵巧，是因为在进化过程中，快而灵巧的个体有更大的机会生存下来，慢而笨拙的个体逐渐被自然选择淘汰。

此外，达尔文还提到了性选择：“同性个体间的斗争，这通常是雄性为了占有雌性而起的斗争。其结果并不是失败的竞争者死去，而是它少留后代，或不留后代。”[3]103 例如雌鹿通常更喜欢鹿茸较大的雄鹿，那些鹿茸更大的个体就会有更多机会来繁衍后代。性选择显然也是个体选择，雌鹿偏好鹿茸较大的雄鹿，因此鹿茸大的个体更容易繁衍后代，久而久之，鹿茸小的个体就有可能被选择淘汰。

然而，个体选择很快会遇到利他（altruism）问题：利他的个体在自然选择中更容易被淘汰，生物的利他行为如何保留传承？例如，有些鸟类在看到捕食动物接近时，会发出一种特有的警告声；还有些地面筑巢的鸟类甚至会出演调虎离山的好戏：当捕食动物接近时，雌鸟装作翅膀折断的样子逃开，等吸引捕食动物远离巢穴之后再振翅高飞。这些利他行为显然是不利于个体本身的生存的，那么它们怎么没有被自然选择淘汰呢？①

2. 基因选择

基因选择最早是由威廉斯[5]等人提出的，后来由于道金斯的大力宣扬而广为人知。道金斯是英国生物学家、牛津大学教授、英国皇家学会院士、著名科普作家，其代表作有《自私的基因》（1976年）、《延伸的表型》（1982年）、《上帝的迷思》（2006年）等。他在《自私的基因》中明确提出：选择的基本单位，也是自我利益的基本单位，既不是物种，也不是群体，严格说来，甚至也不是个体，而是遗传单位基因。[6]

道金斯区分了复制子（replicon）与载体（vehicle）。②他认为，真正复

---

① 为了避免这方面的困扰，尤其是为了说明社会性动物（如蚁群）中某些成员的自我牺牲行为，达尔文实际上含蓄地承认了群体选择：“……它一定曾经通过自然选择而得到加强于后，这是可以肯定的；因为，社群与社群相比，同情心特别发达的成员在数量上特别多的社群会繁荣得最大最快，而培养出最大数量的后辈来。”参阅文献[4]161。

② 后来赫尔（David Hull）把道金斯的“载体”改为“交互子”（interactor），从此之后，复制子与交互子成为更为经典的二分。参阅文献[7]。

制流传的是基因，而具体的生命有机体只是基因的载体。基因有三个特点：不朽、表达能力、精确复制。基因寄居在生命体内，直接地与外部世界相联系，并遥控操纵生命体。基因创造了生命体，保存基因正是生命体存在的终极理由。复制基因源远流长，生命体只是它们的生存载体。

道金斯用"亲缘选择"（kin selection）来说明生物的利他行为。亲缘选择是指动物会更乐于帮助与自己有亲缘关系的同类，而且亲缘关系越近，利他的程度也就越高。因为亲缘生物在基因上相似，虽然某个生物体的特定行为会损害它自己的适应性，但是会提升它的亲缘生物的适应性，所以在总体上会提高某种基因传递的概率。[8]例如一只猴子在看到危险临近时，会大声发出警告来提醒同伴。尽管这样做会使它自己更可能受到攻击，但是会使整个猴群获得安全。因此从整体上看，它的基因具有更高的概率生存下来。此外，很多鸟类会更加乐于帮助和自己有亲缘的同伴抚养幼鸟，但是对没有亲缘关系的则可能置之不理。

此外，还可能有互惠利他（reciprocal altruism）。例如，特里弗斯（R. Trivers）提出：如果生物体期望自己所做的好事将来会有回报，那么它会乐于帮助，因此这样的利他行为实际上是互惠互利的。[9]帮助的代价因为可能的回报而得到了补偿，因此互惠互利能够经受住自然选择而进化。例如，鳄鱼嘴里的食物碎屑为燕千鸟提供了食物，而燕千鸟也帮鳄鱼清洁了牙齿和口腔。

道金斯只承认有限度的利他，否认真正的利他。

然而我们也会看到，基因为了更有效地达到其自私的目的，在某些特殊情况下，也会滋生一种有限的利他主义。上面一句话中，"特殊"和"有限"是两个重要的词。尽管我们对这种情况可能觉得难以置信，但对整个物种来说，普遍的爱和普遍的利益在进化论上简直是毫无意义的概念。[6]

但是总体而言，道金斯认为"凡是经由自然选择进化而来的任何东西都应该是自私的"。因此他的书名就是《自私的基因》。

当然，道金斯承认人类社会的特殊性。这是因为人类有文化，文化也可以像基因一样复制。他为这种新的复制基因起名为 mimeme。这个词来自希腊词根，道金斯进一步将之简化为 meme（中文译为"觅母"）。他虽然极力主张生物世界中基因的自私性，但还是为人类用文化来克服自私留下了空间：我们是作为基因机器而被建造的，是作为觅母机器而被培养的，但我们具备足够的力量去反对我们的缔造者。在这个世界上，只有我们，我们人类，能够反抗自私地复制基因的"暴政"。[6]

3. 群体选择

戴维·威尔逊与索伯复兴了群体选择。戴维·威尔逊是美国著名进化论专家，现在纽约的宾汉姆顿大学任教。索伯长期任教于威斯康星大学，因对生物学哲学的卓著贡献，被选为国际逻辑学方法论与科学哲学协会主席（2011～2015 年）。

群体选择强调，个体真正利他合作的群体比起个体自私自利的群体，会更有适应优势。达尔文本人举过这样一个例子：外地蜜蜂进入澳大利亚之后，很快就把小型的、无刺的本地蜂消灭了。[3]91 从群体选择的观点看，带刺的蜜蜂蜇人后死亡，对个体本身是有害的，但是能够更加有效地保护蜂群，因此自然界最终选择了带刺的蜜蜂群体。

需要澄清的是，群体选择论者通常是多元主义者，即承认基因、个体、群体三个层次的选择都真实存在。例如索伯与戴维·威尔逊指出："进化至少包括三个不同类型的选择过程——同一个体内的基因选择，同一群体内的个体选择，同一种群内的群体选择。某些属性的进化由这个过程中的一个所推动，其他属性由其他过程所推动。也有一些属性是几个选择过程同时相互作用的联合结果。"[10]

二、支持群体选择的主要论证

在生物学哲学界尤其是大众传媒界，基因选择一度占据上风。笔者认为，索伯、戴维·威尔逊、布兰登（R. Brandon）等人对基因选择的批评很有道理，所以在此列举两个支持群体选择的主要论证：屏蔽（shielding）、适合度（fitness）。

1. 屏蔽

我们可以从概率论来这样定义"屏蔽"概念：

Y 把 X 从 Z 中屏蔽，当且仅当，$P(Z|X\&Y)=P(Z|Y)\neq P(Z|X)$

例如，有些烟草"专家"辩称，抽烟不会导致肺癌，真正的凶手是基因缺陷。有某种基因缺陷的人会特别喜欢抽烟，从而更容易患肺癌。这样乍看起来抽烟与肺癌之间有很高的相关性，但其实是基因缺陷才导致抽烟并最终导致肺癌。如果要反驳这种观点，我们可以令 Y 为抽烟，Z 为肺癌，X 为基因缺陷。这样，$P(Z|X\&Y)$ 是既抽烟又有基因缺陷的人得肺癌的概

率，$P(Z|Y)$ 是抽烟的人得肺癌的概率，$P(Z|X)$ 是有基因缺陷的人得肺癌的概率。

只要我们证明 $P(Z|X\&Y) = P(Z|Y) \neq P(Z|X)$，即"既抽烟又有基因缺陷的人得肺癌的概率"等于"抽烟的人得肺癌的概率"，不等于"有基因缺陷的人得肺癌的概率"，那么我们就可以说：抽烟（Y）把基因缺陷（X）从导致肺癌（Z）中屏蔽了——只要抽烟就容易导致肺癌，无论是否有基因缺陷。

迈尔与美国著名进化论生物学家、科学史家古尔德（Steven Gould, 1941—2002）就曾经质疑基因选择：自然界选择的是个体的性状，还是它们的基因？我们知道，生物的基因型（genotype）在很大程度上导致了生物的表型（phenotype），而生物的表型在很大程度上导致了其在自然界的生存适应。因此，三者之间的因果关系可以这样表示：基因型—表型—生存适应。

自然界通常选择的是表型，而不是基因型，表型会把基因型从自然选择中屏蔽出去。例如，基因型为 AA 与 Aa 的豌豆可能表型都是高株，如果在现有的情境中自然界更偏好高株，那么这两个基因型都可能被选择；假如在某些特别情况下，基因型为 aa（表型通常应为矮株）的豌豆异常发育为高株，自然界也可能会选择它。因此，自然选择的是表型，而非基因型。

索伯与戴维·威尔逊认为，在某些情况下，群体选择可以"屏蔽"个体表型选择[11]547：

$$Exp(n|G\&P) = Exp(n|G) \neq Exp(n|P)$$

其中 $Exp(n|\underline{\quad})$ 表示在某条件下团体产生繁殖团体的预期数量，G 表示团体表型，P 表示团体中个体的表型。即最终团体的繁衍数量取决于团体表型，而不是个体表型。

2. 适合度

索伯与戴维·威尔逊画图表示适合度[11]542。

如图 1 所示，竖轴表示生物的适合度；横轴表示生物群体的自私程度 S，0 为完全无私的群体，100 为完全自私的群体，图中的 S 线表示自私个体的适合度，A 线表示利他个体的适合度，虚线 W 表示群体的适合度。

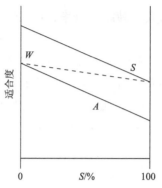

图 1　利他与自私的适合度关系示意图

从图 1 中不难看出：①在任何一个群体中，自私个体的适合度总是高于利他个体，这反应在 S 线总是位于 A 线之上；②如果群体的自私程度越低，那么群体的适合度可能越高，这反应在虚线 W 在近 0（完全无私）之处要略高于近 100（完全自私）之处。

索伯与戴维·威尔逊进而表明，利他可以增加群体的适合度，因此群体也可以作为自然选择的单位。

三、多元论与实在论

加拿大生物学哲学家罗伯特·威尔逊（Robert A. Wilson）区分了两大范畴的四种立场[12]150-151。①实在论：自然在什么层次选择是一个事实问题。②反实在论：自然选择的层次不是事实问题（而是怎么方便）。③一元论：自然选择只有一个层次。④多元论：自然选择可以有多个层次。

这样两两组合，就形成了一个表格，见表 1。

表 1　自然选择的四种立场

项目	一元论	多元论
实在论	一元实在论（个体选择、基因选择）	多元实在论（群体选择）
反实在论	一元反实在论	多元反实在论（怎么方便就行）

其中除了很少有一元反实在论，其余的三派观点都各有代表。例如，前文提及的个体选择、基因选择大多属于一元实在论。他们既相信自然选择的单位是真实存在的，又希望把所有的自然选择还原为一个单位：个体或基因。

群体选择主要属于多元实在论，他们也相信自然选择的单位是真实存在的，只不过认为选择可以在多个层面进行。多元反实在论否认自然选择的单位是一个事实问题，他们倾向于这只是一个方便问题，我们可以从多个层次来说明自然选择，就看怎么方便就行。

因此，罗伯特·威尔逊进而总结了三种多元论。[12]151-152①多元实在论：自然选择的层次既是实在的，又是多元的。②彻底多元论：生物世界是复杂的，变化的，多样的，我们的研究往往是简单的，贫乏的。这种观点也有些不可知论的意思。③模型多元论：对于不同情形应该选用不同模型，没有一个模型可以穷尽自然选择。这种观点强调的是具体问题具体分析。

笔者赞同多元实在论（群体选择）。索伯与戴维·威尔逊的适合度图表明，自然选择可以在多个层次上进行：如果仅仅对个体有利，雌雄性别比例最好是 1 : 1；如果是对团体有利，更高的雌性比例更有利于繁衍后代；二者共同作用，最终形成均衡的结果。

四、选择单位的四个问题

印第安纳大学科学史与科学哲学系教授伊丽莎白·劳埃德（Elisabeth Lloyd）专长于生物学哲学、科学模型、性别问题，其主要著作为《进化理论的结构与验证》（1988 年）。她在为《斯坦福哲学百科全书》所写的《选择的单位与层次》一文中，指出自然选择的单位或层次应该进一步细分为四个问题[13]。

（1）交互子问题：究竟是什么在与世界相互作用，并且不能还原为更低层次？例如，生物群体与自然界的互动可否还原为个体与自然界的互动，并且最终还原为基因与自然界的互动？生物体的组成部分（如器官）有没有可能也直接与世界相互作用？

（2）复制子问题：究竟是什么在复制？虽然在生物学中公认基因是复制单位，但是对于"真正复制流传的是单条的基因还是基因库"还可以进一步细化研究。如果我们承认群体选择，那么甚至可以思考"北京精神"这一类的群体文化能否复制或如何复制。

（3）受益者（beneficiary）问题：在自然选择中，最终受益的究竟是什么？自然界选择了某些生物，其中真正受益的是物种，还是幸存的等位基因呢？

（4）适应表现者（manifestor of adaptation）：我们常说"适者生存"，生物种群在自然选择中进化时，究竟是什么东西在适应？"适应"似乎可以分出两种意思：一是选择产物（selection-production），例如因为环境污染，天空与大地越来越灰蒙蒙的，灰色的蛾子就成了适应的选择产物；二是某些性状就像"好的工程"能使其拥有者更好地适应，而被称为工程（engineering）适应，例如达尔文提到燕雀进化出尖嘴或利爪，更好地适应海岛。

笔者以为，劳埃德将选择单位分析为四个问题，其实最重要的仍是交互子问题。复制子与受益者的问题属于细化科学的细节；而适应表现者中的选择产物与工程适应的二分，甚至有可能产生误导——燕雀并非有意识地进化出尖嘴或利爪，燕雀与灰蛾的选择原理是一样的。所以真正重要的仍是交互子问题：在进化过程中，究竟是什么在与世界相互作用，并且不能还原为更低层次？

五、个人观点

综上所述，自然选择的单位仍是生物学哲学中的一大难题。笔者的观点如下。

（1）自然选择仍然是一个未尽的科学研究纲领。一方面，自然选择是久经考验的科学理论，虽然西方仍有智能设计（intelligent design）等杂音，但是自然选择的科学性与普遍性都已确立无疑；另一方面，自然选择迄今虽有百多年历史，但实际上仍有很多概念与理论上的问题还很不清楚。因此笔者用拉卡托斯的"科学研究纲领"来表示，希望生物学界与哲学界对此做更多进一步的研究。

（2）我本人的立场倾向于群体选择（多元选择）。在人工选择中，我们似乎可以选择个体而非基因（例如很受欢迎的三倍体无籽西瓜是不育的）；在人类社会中，也似乎存在群体选择的现象（例如纳粹帝国的灭亡）；当然对于自然选择，我们还需要更多的科学证据来支持多元选择。我个人认为，自然选择的单位仍然是一个经验问题。除非我们设法证明各个选择单位在数学与因果上是完全等效的，否则我们总可以设计出类似判决性的实验，来检验这些学说的有效性。当然，这需要生物学家与哲学家的精诚合作：哲学家寻找与分析问题，生物学家通过理论计算或实验来解决问题。

（3）群体选择将为进化伦理学开辟新的道路。如果群体选择的概念能够在科学上得以成立，那么无私的人类群体很有可能比自私的人类群体在进化中更有优势，这或许会为道德的起源与基础等伦理学研究提供更充分的生物学依据。[14]

（本文原载于《自然辩证法研究》，2013年第2期，第3-7页。）

参 考 文 献

[1] 李建会. 自然选择的单位：个体、群体还是基因? 科学文化评论, 2009, (6): 19-29.

[2] Okasha S. The units and levels of selection//Sahotra S, Plutynski A. A Companion to the Philosophy of Biology. Oxford: Blackwell, 2008: 138-156.

[3] 达尔文. 物种起源. 周建人, 等译. 北京: 商务印书馆, 2002.

[4] 达尔文. 人类的由来. 潘光旦, 胡寿文译. 北京: 商务印书馆, 2009.

[5] Williams G C. Adaptation and Natural Selection. Princeton: Princeton University Press, 1966.

[6] 理查德·道金斯. 自私的基因. 卢允中, 张岱云, 王兵译. 长春: 吉林人民出版社, 1998.

[7] Hull D. Individuality and selection. Annual Review of Ecology and Systematics, 1980, 11: 311-332.

[8] Hamilton W D. The genetical evolution of social behavior(I and II). Journal of Theoretical Biology, 1964, 7: 1-52.

[9] Trivers R. The evolution of reciprocal altruism. Quarterly Review of Biology, 1971, 46(1): 35-57.

[10] Sober E, Wilson D S. Unto Others: The Evolution and Psychology of Unselfish Behavior. Cambridge: Harvard University Press, 1998: 331.

[11] Sober E, Wilson D S. A critical review of philosophical work on the units of selection problem. Philosophy of Science, 1994, 61(4): 534-555.

[12] Wilson R A. Levels of selection//Matthen M, Stephens C. Philosophy of Biology. Amsterdam: Elsevier, 2007.

[13] Lloyd E. Units and Levels of Selection. http://plato.stanford.edu/entries/selection-units/ [2012-09-01].

[14] 王巍. 进化与伦理中的后达尔文式康德主义. 哲学研究, 2011, (7): 109-115.

"CP 对称性破缺起源"的发现与自然辩证法

| 杨舰，江洋 |

引言

2015 年 10 月，诺贝尔物理学奖授予日本物理学家梶田隆章和加拿大物理学家阿瑟·麦克唐纳；日本物理学家再次荣获诺贝尔自然科学奖桂冠。进入 21 世纪以来，日本科学家开始频繁获得诺贝尔奖，特别是在理论物理学领域，继 20 世纪中叶日本第一代诺贝尔奖得主汤川秀树和朝永振一郎之后，2002 年，小柴昌俊因在探索宇宙中微子方面的贡献获得了诺贝尔物理学奖；2008 年，小林诚和益川敏英因发现"CP 对称性破缺起源"（简称小林-益川理论）与美籍日裔科学家南部阳一郎共同分享了诺贝尔物理学奖。

与 20 世纪获奖的前辈们不同的是，小林诚和益川敏英皆是完全在日本的学术土壤里成长起来并最终做出卓越贡献的物理学家，因而人们更想知道，以往在科学上一向被看作是走拿来主义路线的日本，近年来何以频频获得诺贝尔奖？对于自然辩证法学界的同人来说，小林诚和益川敏英的获奖还有一个更值得关注的现象，那就是这二人均出自名古屋大学坂田昌一教授的门下，而导致他们获奖的工作亦刚好完成于告别学生时代不久的20世纪70年代初。

坂田昌一教授是早已为我国自然辩证法学界所熟悉的日本物理学家。1964 年，他作为日本代表团团长，率团到北京参加国际科学研讨会。其间他受到毛泽东主席的接见，并畅谈了物理学研究中的哲学问题。1965 年，中共中央主办的《红旗》杂志发表了坂田昌一的著名论文《关于新基本粒子观的对话》，该文在当时中国的科学和哲学工作者中产生了很大影响。[1]坂田昌一在其 40 余年的研究生涯中，以坚持用恩格斯《自然辩证法》的基本观点指导其科学研究而著称，他在这方面撰写的许多论文曾在 20 世纪 80 年代被编译成中文，并结集出版。[2]

小林诚、益川敏英的工作究竟在多大的程度上受惠于他们的老师？尤其是坂田昌一教授所坚持主张的《自然辩证法》中的基本观点是否也曾对他这两个学生及其所取得的成就产生过影响？早在 2001 年，日本东京工业大学教授、学生时代曾与小林诚和益川敏英在同一个暑期讲习班学习过的山崎正胜曾谈到过 "CP 对称性破缺起源" 理论，并由此引申出辩证法的自然观对科学研究的指导意义。但山崎正胜的观点并未引起过多的关注，这部分是因为 2001 年的 "CP 对称性破缺起源" 还在等待实验的进一步支持；而鉴于该理论的决定性突破产生于小林诚和益川敏英离开名古屋大学到京都大学任教之后，因此也有人质疑他们的成就同名古屋坂田学派的哲学——"自然辩证法" 之间的必然联系。

随着 2001 年 B 介子工厂这一判决性实验（在实验中发现了 B 介子和反 B 介子的 "CP 对称性破缺" 现象）的完成， "CP 对称性破缺起源" 终于实现了从假说向科学理论的过渡。他们获得诺贝尔奖的消息传来，使关注日本科学发展的人回过头来对他们成果的取得过程及其与坂田学派的关系展开了深入的探究和思考。本文试图结合新近发表的相关资料，考察小林诚和益川敏英发现 "CP 对称性破缺起源" 的思想背景，进而展示当代科技的前沿探索同哲学之间的深刻联系。

一、坂田昌一与《自然辩证法》

前面提到，名古屋大学的坂田学派以坚持用《自然辩证法》的基本观点指导科学研究而著称。坂田昌一本人对理论物理学的浓厚兴趣，产生于 20 世纪 20 年代。相对论和量子力学的出现在自然观和方法论方面所引发的巨大变革，激起了他极大的兴趣。坂田昌一了解到新物理学在思想上带给物理学家的冲击和困惑；他关注着他们围绕着世界观和方法论的问题所展开的争论，并开始去思考：应当如何理解和认识今天的世界及支配其运动发展的内在规律。

坂田昌一同《自然辩证法》的邂逅，也刚好是在这个时期。当时日本知识界掀起了介绍和传播马克思主义的思潮。伴随着大批马克思主义经典著作的翻译出版，1929 年问世仅 4 年的恩格斯《自然辩证法》被翻译成日文。坂田昌一与《自然辩证法》的译者加藤正相识于高中时期，加藤正是日本国内《自然辩证法》最早的读者之一。高中毕业后，坂田昌一考入了京都大学物理系，随着对相对论和量子力学的深入学习，坂田昌一逐渐地"了解到掌握自然辩证法观点的重要性"，并产生了"要把作为现代科学方法论的自然辩证法，贯彻到具体的科学研究中去"的强烈愿望。[2]319

按照《自然辩证法》的基本观点，自然界由无限多个本质各异的阶层所构成，各个阶层的运动均遵从特有的规律。阶层与阶层之间相互依存和转化，每个阶层亦均处于不断的生成与消灭之中，由此成为一个多种因素相互关联的统一体。坂田昌一高度评价日本哲学家武谷三男的"三阶段论"。武谷三男认为，人对自然的认识可划分为现象论—实体论—本质论三个阶段。现象论指的是原封不动地把握现象，实体论指的是关于对象结构的探讨，本质论是寻找对象的运动法则。历史上无论是牛顿力学还是量子力学，都遵循三阶段理论。他们正在开展的介子理论研究，则被看作是"从第二阶段的分析探索迈入第三阶段的道路时的一种状态"。[2]322 无限阶层宇宙观和三阶段论，在坂田昌一看来，正是物理学背后的哲学问题。在物理学研究中始终关注、思考和反省物理学与哲学之间的深刻联系，就是《自然辩证法》带给坂田昌一以及那个时代的科学的直接影响。

1932年，对于现代物理学来说，是发生重要转折的一年。伴随着中子的发现，许多物理学家都认定，电子、质子和超子是构成物质的终极单元，因而被称为"基本粒子"。坂田昌一反对把基本粒子看作"物质的始原"。从"世界的无限层次性"观点出发，他于1955年提出了基本粒子的复合模型，即"坂田模型"，指出在所谓的基本粒子中，只有质子、中子和超子三种是基础性的粒子，其他所有基本粒子均由它们复合而成。坂田模型的提出，为基本粒子物理学的研究开辟了新的领域。在当时发展这种结构的理论还存在着困难，其进一步的发展还有待于超出对称性的范畴，引入动力学作用等要素。即便如此，坂田模型毕竟是将物质具有无限层次性这一思想具体化的一次可贵的尝试，它在探讨基本粒子内部结构方面所迈出的一步表明，"基本粒子"并不基本，它是有结构的，而揭示其内在结构和运动规律，则成为人们接下来的课题。

二、"从形式的理论迈向实在的理论"

坂田模型的提出，是继汤川秀树和朝永振一郎之后，日本科学家在理论物理学前沿取得的又一项重要成果。它不仅引起了全世界物理学界的关心，而且在日本社会产生了极大的反响。许多年轻人由此开始热爱物理学并立志学习物理，小林诚和益川敏英也正是受到坂田模型的感召而先后考入名古屋大学，进入坂田昌一领导的基本粒子物理研究室（简称坂田研究室），从而走上研究基本粒子物理这条毕生之路的。益川敏英在谈到自己物理学生涯的开端时曾这样说："我之所以走上研究这条道路，是因为坂田老师的缘故……一个偶然的机会，我从一篇采访或论文报道一类的消息中得知坂田模型，并感觉到这真是一件很了不起的事情。如此惊人的新发现，竟然是在我们同一座城市中的名古屋大学产生出来的。这对我来说十分震撼。我当时就想，如果是这样的话，我也希望参与到这样的科学研究中去。"[3]107小林诚也曾写道："我对物理学产生兴趣，名古屋大学的坂田昌一先生提出的'坂田模型'有着十分重要的影响。那是在我从初中升入高中的时期，时不时地听到和看到有关'坂田模型'的消息。'在我们这里竟然也能产生出如此世界水平的大发现啊！'它使我产生出由衷的感慨。"[4]10

20 世纪五六十年代，基本粒子研究领域正处在从基本粒子的发现、分类走向内部结构及其动力学规律探索的时期。立足于无限阶层宇宙观和武谷三男的三阶段论，坂田研究室提出了"从形式的理论迈向实在的理论"的口号。即首先在形式上找到一个现象作为切入点，即便暂时搞不清该现象的实体构造也没关系，重要的是抓住这个线索去进行考察，并在大量获取到的事实基础上建立起新的理论。[5]114 1959 年，小川修三等人在基辅会议上用群理论提出了"全对称模型"；1963 年，牧二郎又提出了新的"名古屋模型"，即"基本粒子的四元模型"，这些工作都可以看作是沿着坂田模型所开辟的路径达成的重要进展。1964 年，美国科学家盖尔曼（Murray Gell-Mann）提出了强子结构的夸克模型，该模型将所有已知的基本粒子都归结为三种更为基本的粒子——"夸克"的不同组合。如小林诚所说，夸克模型就其思想方法而言，与坂田模型是一致的。因此，坂田研究室的同人亦大都是在此基础上推进着自身的研究工作的。[4]71

益川敏英和小林诚来到坂田研究室，首先受到的是方法论的启迪。益川敏英曾谈到读了坂田昌一先生在自然辩证法方面的著作后思想和观念所发生的变化。小林诚在接受笔者的访谈时，也强调在坂田研究室受到的方法论的影响："最初是武谷先生的'三段理论'，后来发展成'坂田模型'。这些思想在当时的研究室里为大家所共知。也正因为如此……研究室整体的氛围、讨论内容，使你不得不去思考自己的工作在集体中所处的位置，从而不自觉地在研究的方向性问题上受到很大的影响。"[6]

在"从形式的理论迈向实在的理论"的努力中，坂田昌一始终坚持"理论上的重大突破（革命）即将到来"的主张。为此他要求年轻一代的科学家们认真研读各个时期发表在物理学重要期刊上的经典论文，他确信，"质的突破定会产生于对各个方向进展的积累和学习中"[7]。益川敏英和小林诚正是在这种积极的学习和积累中，接触到那一系列与他们日后建立的理论相关的工作的。

南部阳一郎（Yoichiro Nambu）和乔瓦尼·乔纳-拉希尼欧（Giovanni Jona-Lasinio）关于自发对称性破缺机制的论文，使益川敏英和小林诚看到了引入动力学的理论工具探索基本粒子的相互作用和运动规律的有益尝试；李政道、杨振宁、盖尔曼等人的工作，又将益川敏英和小林诚的注意力引向基本粒子运动中的弱相互作用问题。1964 年詹姆斯·克罗宁（James Watson Cronin）和瓦尔·菲奇（Val Logsdon Fitch）在实验中发现的 CP 对称性破缺现象，在坂田研究室中也引发了热烈的反响。益川敏英和小林诚曾就此进行过深入的讨论，并想到过运用量子场论解决基本粒子的内部结构和运动规律的问题。遗憾的是，益川敏英和小林诚的讨论在当初并未引起重视。包括坂田昌一本人在内，坂田学派的大多数人认为，在原子结构的探求中建立起来的量子场论，未必能用来说明基本粒子这一新物质阶层的运动规律。从物质阶层的自然观出发，他们的注意力集中于创建一个全新的理论，而那时的量子场论，也的确还提供不出一个成熟的工具，以至于无从下手去解决问题。在小林诚看来：无论如何，"这些讨论的确很有意义。那时也并非一定是为了撰写论文，而是要由此展开透彻的思考，以搞清问题的核心和意义"。[4]90

三、新展开及其自然观与方法论的意义

"CP 对称性破缺起源"的重大突破产生于 20 世纪 70 年代初。1967 年，益川敏英结束了在名古屋大学的研究生和助教生涯，来到京都大学任教。两年后，小林诚也来到这里。此刻，温伯格（Weinberg）和萨拉姆（Salam）提出的电磁相互作用和弱相互作用统一理论（简称弱电统一模型理论）的可重正化问题已得到解决，这使益川敏英和小林诚看到探讨 CP 对称性破缺理论的时机已经成熟。他们首先运用弱电统一模型对四重态夸克模型进行计算，结果发现，所有针对四元模型的计算，都无法说明 CP 对称性破缺的起源问

题。困境中益川敏英甚至想到要写一篇论文，讨论四夸克模型不能解释 CP 对称性破缺现象的理由。最后坚持自身研究路径的信念迫使他们提出了那个大胆的假设，即 CP 对称性破缺现象发生的前提，是自然界中至少存在六种不同的夸克。接下来他们运用温伯格-萨拉姆模型进行了计算，并很快达成了满意的结果。在人们从实验中只能找到三种夸克的年代，小林诚和益川敏英提出的理论无疑十分超前。然而随着第四（1973 年）、第五（1977~1978 年）、第六（1994 年）种夸克的发现，尤其是 B 介子工厂实验所取得的成功（2001 年），他们的理论终于获得举世公认，并在近三十年后，荣获了物理学界的最高荣誉——诺贝尔奖。

"CP 对称性破缺起源"的建立，无论就其所面对的问题，还是就其解决问题的工具和手段而言，都被看作是名古屋的坂田学派及其传统的继续。[8] 在"从形式的理论迈向实在的理论"的口号下，他们成功地将温伯格和萨拉姆在规范场理论的基础上建立的弱电统一模型理论运用到对"CP 对称性破缺起源"的讨论中，达成了"在标准模型的框架内解释对称破缺机制"，并通过对三种未知夸克的预言，达成了在基本粒子内部结构和运动规律探索中的重要进展。在世界观和方法论的层面上，如前所述，小林诚和益川敏英均在多种场合谈到了坂田学派及其所倡导的辩证唯物主义自然观和方法论对自己的影响。然而由于在小林诚和益川敏英开始考虑引入量子场论这一理论工具的初期，坂田学派中的多数人的确对该种做法的前景存在普遍的质疑，而且这种质疑说来同坂田本人所提倡的无限阶层宇宙观和武谷三男的三阶段论之间存在着直接联系。对此益川敏英阐述了如下见解。

20 世纪 60 年代的物理学家们关于基本粒子的研究，大都集中在强相互作用方面，而对弱相互作用的研究，则尚未予以足够的重视。另一方面，当初的量子场论自身的发展也尚停留在电磁相互作用的领域中，在可重正化的问题解决之前，即便在基本粒子的弱相互作用领域也还无法派上用场。

在益川敏英看来，将弱电统一模型理论（这一原本被看作仅适用于原子层次的理论）引入对亚原子层次的物理规律的研究当中，这一做法并未否定无限阶层宇宙观和三阶段论的原则。他指出："我们不能庸俗地去理解无限阶层宇宙模型——将其视为一个固定不变的洋葱。应当站在辩证唯物主义的立场上去看待其内在的联系、变化和发展。"[9]

由此我们看到，不论是对待坂田模型，还是对待无限阶层宇宙观和三阶段论的哲学思想，益川敏英和小林诚都没有抱定那些形式化的教条。可以说，正是由于"学会了从'关于想法的想法'中去获得启发"，成就了"CP 对称性破缺起源"的建立，并使坂田学派的无限阶层宇宙观和三阶段论从中获得了丰富和发展。

四、结语

从"CP 对称性破缺起源"理论的产生过程，我们既看到了日本诺贝尔奖本土特色的一个重要侧面，又看到了科学与哲学在不同历史时期的相互作用和发展。

坂田学派的世界观和方法论首先体现在渗透于坂田模型中的无限阶层宇宙观和认识三阶段论当中。研究室置身于世界学术前沿，珍重原典并在民主与自由的学术氛围中去寻求将研究工作"从形式的理论迈向实在的理论"的可贵实践，对小林诚和益川敏英这一代物理学家的成长无疑发挥了良好的示范作用。

"CP 对称性破缺起源"的诞生，无疑是对坂田学派传统与理念的继承和发展，它在很大程度上亦来自"关于想法的想法"的思索与学习。这种学习不但使他们在物理学的重大变革来临之时，摒除教条，抓住契机；而且帮助他们在科学前沿的探索中丰富和发展辩证哲学，从而赋予了无限阶层宇宙观和认识三阶段论以新的活力。

"CP 对称性破缺起源"的发现过程，再一次向我们展示出日益深化的科学前沿探索与哲学思想之间的深刻关联，而名古屋学派从坂田昌一到小林诚和益川敏英的探索与实践，也以其在物理学领域中的成就展现出世界观和方法论在推动具体科学研究中的指导意义。

（致谢：日本科学史学者山崎正胜、日本物理学家小林诚曾接受笔者的访谈，并为本文的写作提供了大量有价值的资料和宝贵的建议，在此对他们的帮助致以诚挚感谢！）

（本文原载于《自然辩证法研究》，2016 年第 4 期，第 91-95 页。）

参 考 文 献

[1] 坂田昌一. 关于新基本粒子观的对话. 张质贤译. 北京：生活·读书·新知三联书店，1965. [载于《自然辩证法研究》时引文出处为：坂田昌一. 关于新基本粒子观的对话. 红旗，1965，(6).]

[2] 坂田昌一. 坂田昌一科学哲学论文集. 安度译. 北京: 知识出版社, 1987.

[3] 益川敏英. 科学にときめく. 京都: かもがわ出版社, 2009.

[4] 小林誠, 益川敏英. いっしょにかんがえてみようや. 東京: 朝日新聞出版社, 2009.

[5] 益川敏英. 浴缸里的灵感. 那日苏译. 北京: 科学出版社, 2010.

[6] 楊艦. 日本のノーベル賞が持つ性格. IL SAGGIATORE 科学技術とその時代, 2010, (39): 1-10.

[7] 益川敏英, 九後太一, 鈴木恒雄. 2008 年度ノーベル物理学賞受賞者益川敏英さんを囲んで. 日本の科学者, 2009, (5): 4-23.

[8] 九後太一. 京都大学での益川先生. 日本物理学会誌, 2009, 63: 88-92.

[9] 不破哲三, 益川敏英. 不破哲三 VS 益川敏英の対談: 素粒子のふしぎから平和憲法 9 条まで. 赤旗(日曜版), 2009-01-25.

信息时代的空间观念

——对流空间概念的反思与拓展

| 董超，李正风 |

曼纽尔·卡斯特（Manuel Castells）于 1992 年在普林斯顿大学召开的"新城市主义"会议上提交的论文《流动空间：资讯化社会的空间理论》（"The Space of Flows: A Theory of Space in the Informational Society"）中最早提出流空间（space of flows）的概念。[1]随着信息通信技术（ICT）的发展，人们交换、处理信息的效率大大提高，经济社会活动不完全受限于距离，时空观念也正逐渐从传统意义上的场所空间（space of place）向流空间转变。在对空间转化的认识过程中，部分学者将流空间与密斯所提出的"通用空间"（universal space）和"自由流动空间"（free-flowing space）相混淆，对于流空间的信息化、网络化时代背景缺乏深入研究。因此，本文试图在梳理当代空间观念脉络的基础上，重点剖析流空间的概念、特征、结构，进而反思流空间对信息时代空间建构的价值所在。

一、认识空间的维度

对于空间的概念，存在着一些共识性的经典解释。《辞海》对空间的解释主要包括四个方面：一是指广义的宇宙空间；二是指太空和外层空间；三是指与时间共同构成物质存在的基本形式；四是指一定的范围。[2]在亚里士多德看来，空间是事物的包围者，但不是事物的组成部分。[3]牛顿则认为，空间是相对于物质而独立存在的，是一种参考框架或坐标系统，空间不受时间和其中事物的影响。[4]

长期以来，关于空间的争论不断，不同哲学立场对空间的解释也存在着明显的差异。比如：海德格尔从存在主义的角度，在《存在与时间》中提到，空间可被视为容器，其空间特性是不可分性和方向性。亨利·列斐伏尔（Henri Lefebvre）站在马克思主义理论的视角，提出空间是一个重要的实践过程，是空间中的主体和周围环境的一部分。更为重要的是，他在《空间的生产》（The Production of Space）中揭示了空间的社会关系：一是空间实践；二是空间表现；三是再现的空间，再现后的空间是数量的、流动的和动态的。[5]68图尔斯坦·哈格斯特朗（Torsten Hagerstrand）基于现实主义，认为每一个地方都具有时间和空间坐标，建立了"社会经济网络模型"。[6]吉登斯（Giddens）在结构主义启发下，认为空间的点和"地方"是不同的，应该重新界定"地方"的概念。[7]塞耶（Sayer）从批判现实主义出发，提出空间可分为相对空间和抽象空间，指出距离是出行或交流信息所需要的精力和时间。[8]后现代主义思想者福柯（Foucault）则认为，空间是呆板的，固定的，非辩证的，不可移动的。时间则与此相反，是丰富的，多产的，有生命的，辩证的。[9]与此相似，20世纪80年代，索加在《后现代地理学：批判社会理论中空间的重申》（Postmodern Geographies: The Reassertion of Space in Critical Social Theory）中提出空间是社会的产物，是"第二自然"的组成部分[10]之后，他在《第三空间：洛杉矶及其他真假地方之行》（Third Space: Journeys to Los Angeles and Other Real-and-Imagined Places）中建立了"第三空间"概念，认为第一空间是固定在具体物质性上的；第二空间是在观念中的构想；第三空间是真实性和想象性并存的多性质空间[11]。多琳·梅西则站在女性主义的角度，提出空间概念的界定必须要与时间进行整合，因为空间具有明显的"动态同时性"。[12]以上对空间的认识大多立足于单独的哲学视角，忽视了空间的价值需要落实到社会活动中才能真正展现，忽略了行动者对于空间存在的价值。

随着信息通信技术的发展，20世纪90年代后，人类开始步入以信息为主导（information-dominated）的社会阶段[13]，时空关系发生了新的转向，以往依托交通运输进行"有形的物质流"交换的经济生产方式逐渐弱化，同时，通过信息和通信网络进行"无形的信息流"交换的生产方式越来越多样和频繁，关于空间的认识也不断深化与更新。美国科幻小说家威廉·吉布森在其小说中提出了网络信息空间和赛博空间（cyberspace）的概念；哈维更是提出了"时间压缩"的概念，认为信息通信网络正在消灭传统意义上的地理空间。[14]随着各国普遍采用和发展信息通信技术，世界经济信息化、全球化和网络化的趋势更加明显，这不仅促使网络社会在全球兴起，同时也使得资本和信息的跨区域流动更加快捷和频繁，空间形态也从单一的场所空间向流空间与场所空间并存的复合空间转变，空间观念必将被重塑。

二、流空间的概念与特征

流空间的哲学起源可追溯到古希腊伟大的唯物主义和辩证法的哲学家赫拉克利特的"流变思想"，也就是他所倡导的"一切皆流，无物常住"。[15]在赫拉克利特论述中，他认为一切事物都处于不断地流动之中，存在着绝对的变化，在这种变化过程中，事物既存在，又不存在，通俗来讲也就是他所说的"我们不能两次走下同一条河"[15]。卡斯特对流空间概念的界定也是一个认识不断深化的过程。在其《信息化城市》一书中提出，城市在发展过程中，各个组织和单位之间的网络关联其实就是一种新的空间关系，而这种空间关系在信息经济时代主要受到信息流动的影响，网络连接使得各组织所处的空间呈现出一种流空间形态[16]。这种认识强化了组织之间的空间关系主要由信息通信网络来决定，具体来讲主要由信息通信基础设施和处理信息的效率来决定。在此认识的基础上，卡斯特在"信息时代三部曲"之一的《网络社会的崛起》（*The Rise of the Network Society*）中明确提出了流空间的概念，即"流空间是通过流来共享时间的社会实践的物质组织"，在此概念界定中则重点强调空间的运作方式，即 work through flows，其中流主要包括实体流和信息流。[17]

流空间作为一种新型空间形态，正在对人类社会空间进行着分割与重塑，但由于要素的流动难以精确地度量，网络的开放性更是让空间中的主体难以捉摸，因此，对流空间的认识仍然需要物化到地理空间中。本文认为，流空间的网络化、信息化特征明显，但对于现实价值来讲，其最终仍然要体现在实际的场所空间中，要挖掘流空间的概念内涵，需要兼顾哲学和地理学的双重视角。基于以上认识，可将流空间定义为：流空间是以知识和技术为基础，以信息流负载各要素流为主要运作方式，以信息流动的过程控制为主导，以信息和通信网络基础设施为神经网络，以核心信息化城市为枢纽，以信息传递中承担协调功能的地方为节点，以占支配性地位的政府和信息掌握组织为管制主体的交互性网络化空间[18]。

流空间具有以下几个基本特征：①快速交互性。流空间所表现出的空间形态是一种拓扑关系，强调的是空间中各部分的联系，此种联系主要通过信息网络和高速的交通网络进行，体现出明显的快速交互特征，在一定程度上消除了空间和距离的摩擦。②非对称性。流空间强调要素的流动，流动的动力来源于节点之间的势能差，只有节点间存在流要素的禀赋差异，才能满足节点间要素溢出的基本条件。③多维性。虽然信息流是流空间中运作的主导要素，但其他有形的物质流的相关内容也可以通过数字化负载于信息流中进行传输，进而提高资金流、技术流、物流等实体流的交换效率。④复杂网络性。流空间中的主体具体多样性，是多对多映射下的复杂网络关系，就好比人的神经系统一样，表现出敏感的迅速反应性，信息流通过有线媒体、网络、通信光纤等多维信息廊道，能够迅速地进行跨地界连接，实质上是对场所空间的破碎化。

三、流空间的基本结构

卡斯特关于流空间结构的描述可总结为前期的"三层次说"和后期的"四层次说"，这两种说法存在共同之处，也存在一些细微的差异（表 1）。从其 1996 年提出的流空间基本结构中可以看到，卡斯特分析流空间结构的基本逻辑是：流空间依托于什么构建—流空间运作过程中会体现出何种层级形态—流空间的运作受何种力量控制。之后，他在 1998 年召开的"亚特兰大电信与城市会议"（Atlanta Telecommunications and the City Conference）上发表的论文《扎根流动空间》（"Grassrooting the Space of Flows"），将流空间的结构描绘成四个层次，进一步强调了网络作为基础设施在流空间中的重要性，同时拓宽了支配流空间运作的社会行动者的范围，并且将电子空间作为构成流空间的独立层次进行分析。

表 1　卡斯特对流空间结构的描述

结构	三层次说[19]	四层次说[20]
第一层	电子圈层，主要指以微电子为基础的电子通信系统和基于信息技术的高速公路等，即信息通信的有形物质基础	基础设施，主要指电信、网络、交通运输线路等基础设施
第二层	节点与枢纽，主要指在流空间中作为交换地或通信中心的地方，是具体的地理节点	节点和中继站，主要指在空间中起到重要连接功能和决定关键活动的点
第三层	占支配地位的空间组织，主要指管理精英、技术人员等	操作网络的社会行动者之住所
第四层	—	电子空间，如网站等

通过以上分析可以看到，在不同的社会发展时段，对于空间的认识是有差异的，也即经常提到的"任何一个社会，任何一种生产方式，都会生产出自身的空间"[5]31。因此，要理解当下流空间的构成，就必须紧密联系国家所处的社会发展阶段，以及国家政治体制的特点等因素。由于中国与西方资本主义国家在政治体制和经济结构上有着显著的差异，不能完全采用西方的流空间结构来分析我国的流空间结构。在卡斯特的流空间结构中，重点强调了电子圈层、电子空间，结合现实社会的实际运行较少，可以将其理解为一种经典的假设。本文认为，流空间结构的建构需要遵循以下逻辑：流空间中的行动主体是什么—流空间运作平台是什么—流空间运行中表现出何种格局—流空间运行由什么力量主宰。

基于这一认识，流空间的结构应该包括四个层面。第一，流要素。具体来讲，可以包括物质流和非物质流，这是流空间具有实际经济社会意义的关键所在，没有流要素的流空间仅可被看作是一种虚拟空间，或是概念化空间。非物质流一般可以直接负载于信息流，在流空间中进行自由传输，而物质流则更多的是通过将物质流传递过程信息化，进而提高物质流的配置效率。比如物流信息系统的应用，通过智能化的配货，能够大大降低物流的成本，提高物质流的生产效率。资金流、技术流、知识流等可以直接通过网络进行瞬时交互，直接通过信息处理实现"在线交易"。更为重要的是，处于同一网络中的不同节点只有存在流要素的禀赋差异或是存在需求市场，才能促使要素进行流动，流空间才能产生，因此，流要素才是流空间的关键所在，而并非卡斯特所描述的基础设施。第二，流载体。通俗来讲，即流空间运作过程中的各种通路或路径，一般包括电信网络、互联网络、广播电视网络等，当然也包括运输效率较高的航空和高速铁路网络。它们共同决定着一个地方流空间的发育状况，是流空间成长的平台，假如一座城市的流空间载体建设水平高，那么它获得信息的可能性和速度将具有明显的优势，由此而带来的必然是更好的发展机会。对我国来讲，这方面的建设主要取决于国家对基础设施的规划和投入，因此，地方的区位优势将直接影响到流空间载体的建设，随着我国信息通信基础设施的逐步完善，区域间的差距将越来越小，因此，流载体的建设只会在短时间内影响我国流空间的格局。第三，流节点。流空间的非对称性直接决定着在流空间网络中将形成不同层级的节点，其中既有中心度较高的节点，也有中介中心度较高的节点，它们在流空间中担任不同的角色，这些节点最终会落实到具体的地理空间中，即某一地方或城市，通过发挥"路由器"的功能，将存在流要素交换的地方连接到一起。这些节点一般来讲都具有较好的信息通信基础设施和良好的政策、市场环境，其自然区位条件相对优越，经济发展水平相对较高。第四，流支配系统。虽然流空间本身开放性较强，但由于我国信息和通信基础设施主要由国家投资建设，同时信息和通信网络仍归国家控制。因此，我国流空间发育受行政力量影响较大，市场存在一定程度的局限，在未来需要加强基于技术革新与市场导向的支配系统建设。

四、信息时代空间观念的再认识

信息时代的空间观念体现出了明显的网络化特征，但在现实的经济社会活动中，对空间的认识需要具体落实到现实的场所空间，或者立足于行动者的角度的社会空间，如此才能凸显空间的时代价值和经济社会意义。流空间以其快速交互的特征大大提高了整个社会运转的速度和效率，其本质是加强了不同行动者之间的联系，进而不断地形塑着社会空间结构。具体看来，主要集中体现在两个维度：一是促进不同行动者之间的及时交互，通过建立行动者网络来建构空间，形成现实空间与潜在空间相结合的复合空间。二是以高速、便捷的联系，优先塑造某些空间领域，形成"空间的先入性"，进而形成不同层面、不同地区的比较优势。

空间秩序的形成是需要空间中的主体通过不断地联系，彼此转译来自各方的信息后，通过连接来共同塑造空间。这些主体间的联系是跨越地理空间的，实现这种连接需要一定的载体，特别需要能够快速实现联通的媒介，流空间正好在其中扮演重要的角色。这既是一种社会过程，也是一种技术过程。已经建立连接并能够及时转译的行动者之间构成了具有明显特征、能够有序自组织的现实空间。然而，在信息时代，主体间的关联存在许多偶然性，在空间建构的过程中，某些行动者之间可能存在潜在的关联，在适当的时机，这种潜在的关联才会显现为现实的连接。因此，我们可将流空间运转过程中潜在的这些连接关系称为潜在空间，它与现实空间共同构成了整个社会空间。

信息时代的空间观念不是简单地以信息和通信技术打破时空限制，而是通过要素的快速流动，不断地建构着新的空间，是对原有空间的再造。技术因素只是为社会空间的形成创造了外部条件，其关键还是处于社会活动中心的人，具有能动性的个体通过多样化的活动，不断地建立各种关系网络，进而塑造着社会空间。在这一过程中，流空间中的要素流动为不同行动者提供了差异化机会，进而使得不同行动者占有不同的信息资源等关键性要素，获得建构关系空间的先机，通过塑造"人无我有、人有我优"的社会空间优势，在社会生产中获益。

信息时代的空间地理距离是具有弹性的，对于空间的认识应该有所转向，要充分认识信息时代的空间是一种社会空间，也是一种关系空间，同时也是取决于行动者网络的行为空间。信息时代的空间不再是静态的场所，而是一种动态的关系网络。这种关系网络需要一定的载体和交互技术来支持，空间的组织趋向于通过要素的快速流动来实现，而在信息和通信技术高度发展的当代，流空间将发挥越来越重要的作用。

（本文原载于《自然辩证法研究》，2014年第2期，第59-63页。）

参 考 文 献

[1] Castells M. 流动空间: 资讯化社会的空间理论. 王志弘译. 城市与设计学报, 1997, (1): 1-15.

[2] 夏征农, 陈至立. 辞海(第六版). 上海: 上海辞书出版社, 2009: 1252.

[3] 亚里士多德. 物理学. 徐开来译. 北京: 中国人民大学出版社, 2003: 211.

[4] Smith N. Uneven Development: Nature, Capital and the Production of Space. Oxford: Basil Blackwell, 1984: 67-69.

[5] Lefebvre H. The Production of Space. Oxford: Basil Blackwell, 1991: 83.

[6] Hagerstrand T. What about people in regional science? Papers of the Regional Science Association, 1970, 24: 7-24.

[7] Giddens A. The Constitution of Society: Outline of a Theory of Structuration. Berkeley: University of California Press, 1984: 118-119.

[8] Sayer A. Method in Social Science: A Realist Approach. London: Hutchinson, 1984: 50-57.

[9] Foucault M, Miskowiec J. Of other spaces. Diacritics, 1986, 16(1): 22-27.

[10] Soja E W. Postmodern Geographies: The Reassertion of Space in Critical Social Theory. London: Verso, 1989: 79, 120.

[11] Soja E W. Third Space: Journeys to Los Angeles and Other Real-and-Imagined Places. Oxford: Blackwell, 1996: 5.

[12] Massey D. Space, Place and Gender. Minneapolis: University of Minnesota Press, 1994: 3-4.

[13] Kellerman A. Phases in the rise of the information society. Info: The Journal of Policy, 2000, 2(6): 537-541.

[14] Harvey D. The Condition of Postmodernity: An Enquiry into the Origins of Cultural

Change. Oxford: Basil Blackwell, 1990: 293.

[15] 北京大学哲学系, 外国哲学史教研室. 古希腊罗马哲学. 北京: 商务印书馆, 1961: 17.

[16] 曼纽尔·卡斯泰尔. 信息化城市. 崔保国, 等译. 南京: 江苏人民出版社, 2001: 184.

[17] Castells M. The information age: economy, society, and culture (volume I) //The Rise of the Network Society. Oxford: Blackwell, 2010: 442.

[18] 董超. 流空间形成与发展的信息导引研究. 东北师范大学博士学位论文, 2012: 24.

[19] 卡斯特. 网络社会的崛起. 夏铸九, 王志弘译. 北京: 社会科学文献出版社, 2000: 383-388.

[20] Castells M. Grassrooting the space of flows. Urban Geography, 1999, 20 (4): 294-302.

凯德洛夫与中国

| 鲍鸥 |

鲍尼法季·米哈伊洛维奇·凯德洛夫院士（Бонифатий Михайлович Кедров，1903 年 12 月 10 日—1985 年 9 月 10 日）是苏联著名的哲学家、科学史学家、化学家和心理学家。他以海纳百川的兴趣、深邃睿智的思考、勤劳不懈的耕耘为后人留下了丰富的学术遗产。其研究成果在哲学领域覆盖了哲学史、辩证唯物主义哲学、逻辑学、方法论、自然科学哲学问题；在科学史领域包括对门捷列夫科学档案的研究、对化学史的研究以及科学史研究的方法论问题研究；在科学学领域有科学分类学、科学技术革命理论、带头学科理论；在心理学领域涉及科学发现、技术发明与艺术创作过程中的心理问题；另外还包括其早期在化学领域对吉布斯猜想、道尔顿原子论、乳胶黏度常数测定等问题的研究。俄罗斯著名哲学家 В. Н. 萨多夫斯基认为："凯德洛夫为在国际上确立我国逻辑学和科学方法论研究的权威方面起了不可估量的作用。凯德洛夫提出的许多思想不论是对苏联，还是对国外唯物主义辩证法和科学史领域研究的全部问题，都产生了重要影响。"[1]

自 1951 年起，凯德洛夫的一些著作和文章被陆续翻译成中文。凯德洛夫本人曾于 1959 年底访问中国。考察半个世纪以来中国哲学领域（特别是自然辩证法领域）的发展史，自然会发现凯德洛夫思想对中国的影响（以下简称"影响"）。需要阐明的是：凯德洛夫思想对中国所产生的影响不是偶然和暂时的现象，而是具有各种原因的历史必然结果。其中除去中国和苏联有过相似的政治历史背景之外，更重要的是凯德洛夫本人的学术贡献。凯德洛夫是化学家出身的哲学家，因此他既能站在哲学家的立场上深入分析和高度概括自然科学的成就及其发展，又能站在自然科学家和科学史学家的立场上透彻地阐述和翔实地论证哲学原理。他独创的辩证思维方式和研究方法不仅在过去成为我国学术界的学习典范，而且值得我国学者借鉴于新时期的理论创新。笔者通过梳理"影响"的历史过程，期望达到两点目的：其一，作为案例研究弥补中国自然辩证法史的空白；其二，为进一步阐述凯德洛夫思想的当代价值及其学术思想作导言。

一、"影响"的历史分期

笔者将半个多世纪以来凯德洛夫著作和文章的中译本以及中国学者有关凯德洛夫思想的研究成果进行了统计（图 1）。

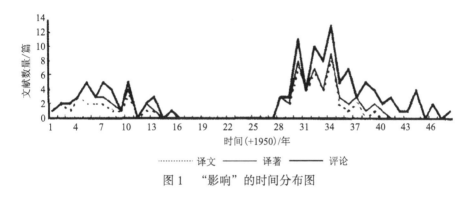

图 1 "影响"的时间分布图

图 1 清晰地表明：半个多世纪以来，凯德洛夫对中国的"影响"主要集中在两个时期：第一时期（1951～1965 年），产生"影响"；第二时期（1978～1994 年），扩大"影响"。另外，图 1 还显示出从 1996 年以来"影响"在持续，并有回升的迹象。据此，"影响"的历史可划分为：产生"影响"期、扩大"影响"期和"影响"后续期。

（一）产生"影响"期（1951～1965 年）

通过考察证实，在这个时期凯德洛夫的"影响"有如下重要史实。

（1）1951 年，《学习译丛》刊登了凯德洛夫的文章《论自然界与社会发展中的飞跃形式》[2]，就目前所查到的资料来看，这是以中文形式出现"凯德洛夫"的最早记录。可见，"影响"的历史已有半个多世纪之久。

（2）从 1952 年起，凯德洛夫的文章《反对有机化学中的唯心论与机械论》被译成中文并被多次转载，它作为反映苏联学者对"共振论"态度的代表，在早期直接影响到我国化学界对"共振论"的客观评价。

（3）1956 年出版了凯德洛夫《论恩格斯的著作"自然辩证法"》中文本[3]，为我国理论界学习《自然辩证法》提供了最早的辅导资料。

（4）1957 年，凯德洛夫向中国科学院哲学所赠送的《化学元素概念的演变》一书[4]，成为我国科学史和化学哲学研究的早期参考模式。

（5）凯德洛夫于 1959 年底至 1960 年初应邀访华，这是凯德洛夫对中国唯一一次最直接的影响。

值得强调的是，凯德洛夫在访华期间作了多次大型报告。有记录的三次报告同时刊登在《自然辩证法研究通讯》1960 年第 1 期上，编辑部还以《自然辩证法研究工作开门红：记凯德洛夫通讯院士在北京讲学的情况》为题发表了评论。可见当时我国学者对凯德洛夫本人的尊重和对其学术成果的关注。他思维敏捷、谈吐幽默、广闻博记、朴实无华，给我国哲学界，特别是初建的自然辩证法学界的学者留下了极其难忘的印象。当时的评论认为："这次通过凯德洛夫通讯院士的讲学和座谈，可以预期对我国今后自然辩证法的研究工作和教学工作，一定会产生良好的推动作用。"[5]42

这一时期"影响"的特点主要表现在以下方面。

第一，引进及时。这一时期凯德洛夫作品的中文本与原著发表的时间很接近（大部分译文距原文发表时间不超过半年）。如果考虑到近半个世纪以前的出版、通信及交通等条件的限制，可以说翻译与原著出版基本是同步的。这一方面说明我国理论界当时十分重视苏联理论界的学术动态与成果；另一方面也说明凯德洛夫的学术思想在当时得到了中国理论界的认同。

第二，引进成果的数量相对较少，但理论覆盖面较大。1951～1965 年，凯德洛夫共编著 47 部著作（其中 31 部超过百页）、175 篇文章和 36 个词条①。同期凯德洛夫的中文译著和译文仅 30 篇（其中只有两部著作超过百页），无论从数量上还是从篇幅上与其研究成果相比，远不能同日而语。尽管如此，这些中文译著覆盖了经典著作解读、辩证法理论、马克思主义哲学与现代科学的关系、科学分类思想以及化学理论、化学史等领域，不仅在一定程度上代表了当时凯德洛夫的最新研究成果，而且反映了苏联 20 世纪 50 年代末期哲学领域关于辩证法理论、自然科学哲学问题的争论焦点，打开了中国学术界的视角，对我国学者了解并突破苏联原有理论框架的束缚、独立发展自身

---

① 47 部著作包括 16 部自著、13 部合著、10 部自编、8 部合编；175 篇文章包括 172 篇自著、3 篇合著。其中未包括再版和非俄文出版物（参阅文献[6]）。

的理论体系起到了积极的促进作用。

第三,单向吸收。在产生"影响"期的 14 年中,我国学者介绍、评论凯德洛夫的文章有 9 篇。其中,只有龚育之先生从中国学者的角度对苏联凯德洛夫要用哲学去"解决自然科学各部门的各种最重要的具体问题"的提法提出了不同的看法[7]100。这表明:在当时的历史条件下,一方面我国急需理论性指导资料,而凯德洛夫的思想成果与中国理论界的需要基本相吻合;另一方面,我国的大多数学者还处于理论学习的初级阶段,对国际理论界、苏联理论界、凯德洛夫都缺乏深入了解,不足以评判。因此,这一时期凯德洛夫的思想成果几乎被我国学者不加分析地单向吸收,对中国学术界起到了先期培养和辅助指导的作用。

(二)扩大"影响"期(1978～1994 年)

图 1 表明:在 1978～1994 年的 16 年间,凯德洛夫的"影响"与前一时期的 15 年相比,得到了扩大与发展。

本时期的特点主要表现在以下方面。

第一,凯德洛夫著作和文章的中译本增多。

这一时期共翻译出版了 9 部著作(其中包括凯德洛夫参与编著的 6 卷本《哲学史》,全部在百页以上)和 40 篇文章,无论从深度还是广度上都大大超过前一时期。

第二,中文文献索引中有关凯德洛夫的信息量较大。

以 1982 年出版的《苏联和日本自然辩证法文献索引》(简称《索引》)[8]为例,该书是当时唯一以"自然辩证法"为专题的、信息较为全面、分类较为清晰的文献索引,为中国学者尽快掌握苏联和日本有关自然辩证法的研究进展起到了促进作用。其中,编者在"苏联"部分搜集了 1960～1980 年苏联6 份重要社会科学杂志的 1178 条信息,共涉及作者约 985 名(注:有些论文没有作者署名;有些论文是集体创作成果)。凯德洛夫的文章无论在数量还是分布广度上都占首位(统计结果见表 1)①。该索引成为扩大凯德洛夫影响的客观现实途径。

---

① 1999 年,俄罗斯科学院主席团主席奥西波夫院士为纪念科学院成立 275 周年,撰写了题为《在俄罗斯国家历史上的科学院》纪念册。书中历数了 275 年来在俄罗斯科学院各个科研领域为国家作出杰出贡献的近 400 名学者,其中涉及哲学界的只有 2 名。在哲学研究领域,值得一提的是凯德洛夫和奥米利扬诺夫斯基及其学派的工作发展了自然科学史研究。这为表 1 提供了佐证,说明凯德洛夫和奥米利扬诺夫斯基在苏联自然科学哲学领域名列前茅。

表1 《苏联和日本自然辩证法文献索引》结果统计表

姓名	作者姓名在《索引》中出现的次数/次	"次数"占全部条目的比例/%	论文分布情况/篇	
			大专题数	小专题数
Б. М. 凯德洛夫	22	1.87	5	10
М. Э. 奥米利扬诺夫斯基	20	1.69	4	6
В. С. 戈特研究组	12	1.02	5	6
Ю. В. 萨奇科夫	8	0.67	4	8
Р. С. 卡尔平斯卡娅	8	0.67	1	2
П. В. 科普宁	7	0.57	2	5

第三，对凯德洛夫的思想从单向吸收转为理性分析。

与前期形成鲜明对比的是，在这个时期，我国学者的评论性文章数量明显增多。目前查到正式出版、在标题中出现"凯德洛夫"的文章有16篇，其他涉及评价、介绍凯德洛夫的文章有22篇。这些文章理论覆盖面大，不仅有正面赞许而且有反面批评。

第四，对凯德洛夫的关注呈上升趋势。

例如：1984年8月25～30日，"全国首届苏联自然科学哲学学术讨论会"在哈尔滨市召开。会议主要讨论了苏联哲学界关于科学技术革命论、自然科学各学科哲学问题的研究以及方法论研究情况。在提交大会的27篇论文中，尽管有不少文章涉及了凯德洛夫的观点，但仅有一篇是专门评价凯德洛夫思想的论文（李醒民的《评凯德洛夫的科学革命观》）[9]，占大会论文总数的3.7%。这表明，在1984年前，中国科学技术哲学界对凯德洛夫的认识还大多停留在介绍、了解阶段。1987年9月10～14日，"全国第二届苏联自然科学哲学讨论会"在黑龙江省密山县召开[10]。原定会议主题是：研究苏联自然科学哲学的历史与现状；探讨苏联科技体制改革及工业化模式等问题。从数量上看，在这次会议上共有7篇文章专门评价了凯德洛夫的著作及观点，占大会31篇论文的22.5%。从内容上看，该会议涉及对凯德洛夫科学认识思想的评价、对凯德洛夫著作的分析及对凯德洛夫科学研究足迹和生平的介绍。从而使评价凯德洛夫的著作和学术观点上升为本次会议的主题之一。

在这个时期，随着我国学者对凯德洛夫研究的不断深入，特别是1985年凯德洛夫逝世之后，出现了不少对凯德洛夫进行综合介绍的文章。其权威发言人当推中国社会科学院哲学研究所的贾泽林研究员。他结合对苏联哲学史的研究，不仅把凯德洛夫置于苏联哲学发展的历史纵向链条中加以比较，而且对凯德洛夫个人成长历程进行了横断面剖析；不仅客观地评价了凯德洛夫在苏联哲学史中的地位，而且较为全面地概括了凯德洛夫的学术成就，为我国学者了解凯德洛夫提供了翔实的资料。除此之外，在一些具有史学价值的重要学术专著中也有对凯德洛夫思想及学术价值的客观评价。

上述特点充分表明：我国学者在吸取凯德洛夫学术思想、充分肯定其积极意义的同时，开始理性分析，敢于突破原有教条的束缚，从而不仅扩大了凯德洛夫在中国学术界的影响，而且提高了自身的理论水平，开创了具有中国特色的学术新局面。

（三）"影响"后续期（1995 年至今）

从 1994 年以后，我国对凯德洛夫的研究出现了历史性缺失。这不仅与苏联解体的政治大背景有关，而且也与我国学者的学术兴趣转向有关。但近年来这种情况有所改变。一方面，仍有学者继续从事凯德洛夫的研究。例如中山大学将凯德洛夫作为博士研究生的研究课题。另一方面，仍出现了相关研究文章[11-13]；凯德洛夫的两部重要著作的中译本即将问世①[14]。这说明我国学者依然把凯德洛夫作为研究对象，"影响"在持续。

二、"影响"的学科分布

凯德洛夫的"影响"呈多学科、多角度扩散。图 2 表明："影响"的学科分布主要集中在哲学、自然辩证法领域，扩散到科学学和化学领域，旁及科学史、心理学领域。这说明，凯德洛夫为我国学术界提供了多方面的研究课题和多角度的发展方向。

---

① 凯德洛夫的著作《伟大发现的微观剖析：纪念门捷列夫周期律发表 100 周年》已由社会科学文献出版社出版，中文本书名为《科学发现揭秘——以门捷列夫周期律为例》。中国社会科学院哲学所原所长、曾担任凯德洛夫翻译的陈筠泉研究员为该书撰"序"，回忆了凯德洛夫当年在中国的访问侠事。另悉，2003 年 12 月 10 日，即凯德洛夫一百周年诞辰当天，其女吉娜·凯德洛娃将《伟大发现的一天》（1958 年版）的中文版权无偿转让给中国版权公司。这部尘封十余年的译著即将问世。（补注：该书中文版最终于 2021 年由大连理工大学出版社出版。）

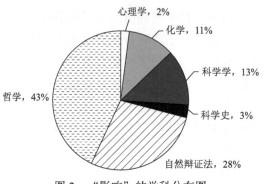

图 2 "影响"的学科分布图

例如：在哲学领域，《深入研究列宁的哲学遗产》《"否定的否定"规律》两篇论文至今被认为是凯德洛夫突破苏联哲学界教条主义桎梏的代表作；《怎样研究列宁〈唯物主义与经验批判主义〉一书》、《论辩证法的叙述方法：三个伟大构想》和《列宁"哲学笔记"研究》（原书名：《列宁思想实验室》）等著作为我国理论界提供了发展马克思列宁主义的新问题、新思路，及时、有效地指导了中国马克思主义哲学理论研究。

另外，凯德洛夫的"科学革命学说"为我国提供了新的研究课题，引发了一些介绍和评论性文章，其中最有代表性的是李醒民先生的《简论凯德洛夫的科学革命观》[15]。

李先生不仅连续两届在"全国苏联自然科学哲学学术讨论会"上发表有关评论文章，并且主持翻译了凯德洛夫的代表作《列宁与科学革命·自然科学·物理学》[16]。他从科学革命的"概念、特点和实质"、"时机和带头学科问题"及科学革命的"不同类型"等方面阐述了凯德洛夫的基本思想；他将凯德洛夫与库恩的思想进行了比较，认为二人除在对科学革命的概念和特点的看法上有重大差别以外，在实质上有不少共同之处。他还从科学发展内涵的角度提出了独到的见解：认为"凯德洛夫对科学革命中的带头学科问题的分析是有意义的"[15]14，"对四种类型的科学革命从认识论角度所作的分析是有特色、有见地的，对列宁所说的逻辑、辩证法和唯物主义认识论三者同一的原则作了发挥，值得我们进一步深思和研究"[15]19。值得一提的是，李先生深刻分析了凯德洛夫思想的缺陷，指出凯德洛夫注重科学家思维方式的急剧转折，轻视科学的基本概念和基本原理的变革；注重不同类型科学革命的特殊性和内部因素，忽视普遍性和外部因素；注重从科学认识的角度，而忽视从科学的历史角度判断和划分科学革命以至于得出"某些牵强附会的分析和僵化的结论，则是不可取的”[15]19。

凯德洛夫的"带头学科理论"同样引起了我国学者的极大的关注。不仅在高校自然辩证法课程的首选教材中将"带头学科理论"列专题加以专门论述，而且有从科学学角度的评述。

三、正负两方面的"影响"

实事求是地说，凯德洛夫对中国学术界有正负两方面的"影响"。

例如：对于从 1956 年创建的中国自然辩证法学科，凯德洛夫更多地起到了积极促进作用。

凯德洛夫《论恩格斯的著作"自然辩证法"》虽然仅反映了作者对恩格斯自然辩证法思想的早期研究成果，但其中已展现了作者解读恩格斯著作的思想脉络和基本方法。它"作为学习《自然辩证法》的辅导读物"[17]746，曾对指导学习起到了启发思维、引导入门的作用。另外，这本书对培养我国第二代自然辩证法理论队伍也起到了重要作用。1958 年 10 月，中央党校从全国部分党校、高校的理工科和哲学系招收了 70 多名青年教师作为第一期自然辩证法研究班的学员。在校期间，学员们系统学习了经典哲学著作（其中，凯德洛夫的《论恩格斯的著作"自然辩证法"》被作为首选辅导材料）；聆听了凯德洛夫的三次报告，部分学员还同凯德洛夫进行了座谈。研究班的毕业成果有《自然辩证法提纲》（草稿）和《自然辩证法解说》。这批学员日后成了中国自然辩证法界的骨干力量。可见，凯德洛夫及其思想不仅为我国新生的自然辩证法学科奠定了理论基础，而且在某种程度上为我国直接培养了自然辩证法的研究和教学人才。

许多大学（例如北京大学）至今仍把凯德洛夫的著作《论恩格斯〈自然辩证法〉》的中译本[18]作为学习《自然辩证法》原著的必不可少的学习辅导材料。

这本书还引发了学者们的深入思考。我国学者在不断学习恩格斯著作《自然辩证法》的过程中，除产生争论以外，还结合中国实际编写了一系列自然辩证法课程教材，不负凯德洛夫的期待。换言之，中国学者不仅继承了恩格斯在 19 世纪末完成的事业，而且也继承了凯德洛夫在 20 世纪未竟的事业，走出了一条具有中国特色的自然辩证法研究之路。

另外，在化学哲学领域也集中体现了凯德洛夫思想对中国产生的正反两面的影响。

到 1994 年，我国的化学哲学已发展成为具有专业研究人员、具有众多学术专著的独立学科。应该肯定，我国化学哲学的发展受苏联化学中的哲学问题研究影响很大。主要表现在以下方面。

（1）凯德洛夫从化学专业走向哲学研究领域的经历成为我国学者的榜样。中国早期研究化学哲学的学者们无一例外地都沿着凯德洛夫的道路走到了同一研究领域中。

（2）凯德洛夫的著作成为培养我国化学哲学专业人员的教科书，他的化学哲学思想成为我国化学哲学学者的基本参照系。

1957 年，凯德洛夫向中国科学院哲学研究所赠送了《化学元素概念的演变》一书，龚育之先生为此写了简评[4]并翻译了该书的"前言"及"结论"，另有一些文章介绍了苏联学者对该书的讨论。从中国化学哲学发展史来看，这本书是中国化学哲学工作者的启蒙读物，为我国学者提供了化学史和化学哲学研究的基本思路和范例。凯德洛夫的其他著作，例如《伟大发现的一天》《门捷列夫关于周期律早期著作的哲学分析》《恩格斯论化学》《恩格斯论化学发展》《道尔顿的原子论》《原子学说的三种观点》《伟大发现的微观剖析：纪念门捷列夫周期律发表 100 周年》为我国学者运用马克思主义哲学观点研究自然科学基本概念提供了"历史-科学范式"（историко-научная парадигма）。在我国化学哲学的主要论文和专著中都可以看到这种影响的痕迹。

1982 年，张嘉同先生在《苏联化学哲学问题研究情况简介》[19]一文中从化学哲学问题的研究内容、共振论问题、化学史的哲学分析、化学革命问题、化学和物理学的关系问题，以及化学理论的系统化和方法论问题等角度首次介绍了苏联有关化学哲学问题的研究情况。其中他介绍了凯德洛夫有关化学哲学的 5 部学术著作，并着重评价了凯德洛夫对化学史的哲学分析以及化学革命的思想。由于这篇文章是中国化学哲学领域的早期代表作，因此作为文献源被多次引用。1994 年出版的《化学哲学》是张嘉同先生集毕生教学、科研成果的总结性著作。他认为：在苏联，"凯德洛夫是在化学哲学问题方面著述最多的一位学者"[20]4。他在书中再次列举了 8 部凯德洛夫的化学哲学著作。《化学哲学》一书全面论述了有关化学哲学研究的历史与现状，化学哲学的内容、地位和意义，化学中的实体、关系和过程，化学中的变化和进化，化学中的空间和时间，以及化学中的认识、方法、概念、规律、理论、和符号等方面问题，其中的许多论述运用了凯德洛夫特有的"历史-科学范式"及其倡导的"从抽象上升到具体"的辩证法思想与叙述方法。张先生不仅个人研究凯德洛夫的化学哲学思想，而且指导学生精读凯德洛夫有关化学哲学问题的俄文原著，以达到正确理解作者思维方式和研究方法的目的。张先生的研究风格在他学生们的成果中得到了延续和发展[21]，集中体现了凯德洛夫思想对中国化学哲学发展的影响。

应该指出，凯德洛夫对"共振论"的态度曾对我国研究化学结构学说起到负面影响。

凯德洛夫的文章《反对有机化学中的唯心论与机械论》，在 20 世纪 50 年代初期被我国学者认为是"对于'共振学说'和'中介学说'的哲学基础，作了更深入的批判。……希望全国科学工作者们重视这次苏联对'共振学说'和'中介学说'的批判，并进一步组织和展开讨论"[22]。可见，凯德洛夫这篇文章的中译本是中国学术界对"共振论"进行哲学批判的导火索。对此，半个世纪后原文译者龚育之先生诚恳、客观地进行了反思。

在这里，笔者注意到一个历史问题。20 世纪 40 年代末至 50 年代初，凯德洛夫本人恰恰由于在哲学界提倡自由争鸣，反对所谓的"马克思主义理论家"粗暴干涉自然科学研究而被罢免了苏联《哲学问题》杂志第一任总编的职务（凯德洛夫于 1947 年创办该杂志，被任命为总编，在出版了带有学术争议的 1947 年第 2 期之后便受到排挤，1949 年被免职）。从凯德洛夫在这个时期的学术活动和成果来看，他主要潜心于研究恩格斯的著作《自然辩证法》以及门捷列夫的科学档案。1951 年 6 月 11～14 日，在莫斯科召开的"有机化学中化学构造理论问题全苏讨论会"不点名地批评了凯德洛夫[①][23]118。有据可查，他出席了大会并进行了演讲[24]。凯德洛夫在什么背景下写了《反对有机化学中的唯心论与机械论》这篇文章？这篇文章在苏联学术界产生了什么反响？凯德洛夫本人对此有何评价？这些都是值得深入研究的问题。

纵观凯德洛夫思想对中国影响的历史，可以说：我国对凯德洛夫思想的研究仅仅是开始。由于我国近年来在对苏联和俄罗斯学术研究领域所面临的后继乏人之窘况，可见挖掘凯德洛夫思想遗产的工作难度非常大。但是，更由于凯德洛夫思想在今天看来具有十分重要的理论及实践价值，这决定了进行这项研究具有迫切性和必要性。

（本文原载于《自然辩证法通讯》，2004 年第 1 期，第 61-67 页。）

---

① 留托夫在《有机化学中化学构造理论问题全苏联讨论会述评》中指出："大会参加者也注意到苏维埃哲学家对于化学理论的方法论问题注意不足。"（参阅文献[23]118）

参 考 文 献

[1] В. А. 列克托尔斯基, Б. Г. 尤金. 纪念凯德洛夫会议. 哲学译丛, 1986, (4): 82.

[2] В. 凯德洛夫. 论自然界与社会发展中的飞跃形式. 学习译丛, 1951, (5): 39-64.

[3] 凯德洛夫. 论恩格斯的著作"自然辩证法". 舒裕宁译. 北京: 人民出版社, 1956.

[4] 龚育之. 关于"化学中元素概念的演变"一书. 自然辩证法研究通讯, 1957, (4): 67-68.

[5] 林万和. 自然辩证法研究工作开门红: 记凯德洛夫通讯院士在北京讲学的情况. 自然辩证法研究通讯, 1960, (1): 42.

[6] Бонифатий Михайлович Кедров. Библиография ученых СССР. Серия филоссфии, вып. 3. М. : Наука. 1985.

[7] 中国自然辩证法研究会自然辩证法研究资料编辑组. 中国自然辩证法研究历史与现状. 北京: 知识出版社, 1983: 100.

[8] 中国自然辩证法研究会自然辩证法研究资料编辑组. 苏联和日本自然辩证法文献索引. 北京: 知识出版社, 1982.

[9] 关钟, 扈丁. 全国首届苏联自然科学哲学学术讨论会简介. 自然辩证法通讯, 1984, (6): 75-76.

[10] 孙玉忠. 全国第二届苏联自然科学哲学讨论会在黑龙江召开. 自然辩证法通讯, 1988, (1): 72-73.

[11] 黄楠森. 马克思主义哲学史. 北京: 北京出版社, 1996: 691-767.

[12] 李淮春. 马克思主义哲学全书. 北京: 中国人民大学出版社, 1996: 318, 388.

[13] 王黔玲. 论凯德洛夫的辩证思想. 毛泽东思想研究, 1998, (S1): 120-126.

[14] 鲍·米·凯德洛夫. 科学发现揭秘: 以门捷列夫周期律为例. 胡孚琛, 王友玉译. 北京: 社会科学文献出版社, 2002.

[15] 李醒民. 简论凯德洛夫的科学革命观. 自然辩证法通讯, 1985, (1): 10-19.

[16] 鲍·米·凯德洛夫. 列宁与科学革命·自然科学·物理学. 李醒民, 何永晋译. 西安: 陕西科学技术出版社, 1987.

[17] 《自然辩证法百科全书》编辑委员会. 自然辩证法百科全书. 北京: 中国大百科全书出版社, 1995: 746.

[18] 勃·凯德洛夫. 论恩格斯《自然辩证法》. 殷登祥, 等译. 北京: 生活·读书·新知三联书店, 1980: 220.

[19] 张嘉同. 苏联化学哲学问题研究情况简介. 化学通报, 1982, (1): 61-64.

[20] 张嘉同. 化学哲学. 南昌: 江西教育出版社, 1994.

[21] 廖正衡等. 化学学导论. 沈阳: 辽宁教育出版社, 1992.

[22] 苏联化学界对化学构造理论"共振学说"的批判. 科学通报, 1952, 3(3): 103.

[23] 留托夫. 有机化学中化学构造理论问题全苏联讨论会述评. 冀育之译. 科学通报, 1952, (3): 109-118.

[24] Соколов Н Д. Совещание по теории химического строения в органической химии. Успехи физических наук, 1951, 45(10): 1277-1293.

论科学中的信念

| 肖广岭 |

自从以哥白尼的太阳中心说为标志的近代自然科学诞生，特别是望远镜和显微镜被发明并用于科学观察以来，对已有知识和人们感觉经验的怀疑逐渐成为科学的基本精神。任何所谓的真理都要接受人类理性的审判和实践的检验，能够生存者才能被保留，其余的则被抛弃，这似乎已成为获得真理的安全之路。信念通常被认为是宗教的专利，在科学中没有位置。那么在科学中究竟能否排除信念？在科学中又有哪些信念？信念在不同层次的学科和知识中有何表现和作用？科学中的信念是如何形成和怎样起作用的？人们应如何正确看待科学中的信念？本文将围绕这些问题展开讨论。

一、在科学中能否排除信念

根据大英百科全书的定义：信念是一种接受或同意某一主张的心理态度，而不需要有充分的智力知识来保证这一主张的真实性。其他各种定义也大同小异。信念的基本含义在于对还不能充分肯定的东西给予肯定的接受。

自从近代自然科学诞生以来，不管是理性主义还是经验主义，都力图把信念从科学中排除出去。理性主义是想通过寻找人类知识的坚实基础来排除科学中的信念，其先驱者笛卡儿（又称笛卡尔），想通过利用意义确定和清晰的词、概念和观点，而使知识系统地建立在坚实的基础上，使任何理性的人都不会对知识的可靠性产生怀疑，来排除科学中的信念。最后，他认为他的这种理想在数学中找到了，因为在他看来，数学里的每个知识要素都是意义确定和清晰的，各种知识要素之间都以逻辑一贯的方式连接起来，并且是人类理性能够把握的[1]。但问题是，这是否能排除科学中的信念呢？

首先，知识的坚实基础是对什么进行考查本身就有信念。在这一过程开始之前，有什么理由使考查者确信知识有坚实的基础呢？很显然，提出知识的坚实基础本身就有信念。

其次，即使找到意义确定和清晰的词、概念和观点作为知识确定无疑的坚实基础，这个基础也只是在思维内是坚实的，而一旦这些词、概念和观点离开笛卡儿的思维火炉，而与现实接触，这个基础就变得不那么坚实了。作为笛卡儿理想知识的数学，其坚实性也只限定在人类思维构造的范围之内，正像爱因斯坦所指出的，"只要数学的陈述与实在相联系，它们就不会是肯定的；只要它们是肯定的，它们就没有与实在相联系"[2]233。一旦用数学陈述表达现实，就变得不那么肯定了，而知识，特别是科学知识，本身就要对现实进行描述和阐述。因此，力图通过寻找知识的坚实基础来排除信念是不现实的，不能实现的。

最后，笛卡儿所谓的意义确定和清晰的词、概念和观点是否存在呢？正像语言分析学所指出的，如果词是有用的，其词意就不会是确定的，因为如果要求词意是完全确实和清晰的，就需要有像宇宙中的事物一样多的词，而且如果某种语言的词意是完全确定的，那么其语句就将是同义反复了。人们使用的每个词之所以是有用的，是因为它是一种语言的一部分，而每种语言都是用此语言的人们以其特定的方式来把握和整理他们的经验，每个词都有自己的故事，都有其历史与文化的内涵，并且每种语言都有自己的语境。正由于词意的抽象性、不那么固定性以及语义的语境性，它才能被用来表达现实和人们的经验。笛卡儿所需要的意义确定和清晰的词、概念和观点在现实中是不存在的。因此，理性主义排除科学中的信念的努力是行不通的。

经验主义则是要通过建立一种系统的怀疑论来排除科学中的信念。经验主义怀疑论者休谟认为，人的感觉印象是可靠知识的唯一基础，而人脑只是对感觉资料进行记录、重新安排和比较，科学理论或规律只是对各个观察进行方便的总结和相互关联，因果关系只是人们的思维习惯和事件重复出现给人们的心理预期。因此，"自然规律"不是对必定要发生事件的描述，科学知识也绝不具有普遍的或肯定的意义。休谟强调，科学只寻求有限过程的答案，而不寻求事件的次序和结构的全过程或起源问题的答案，任何超过这种科学限制的陈述都是可疑的。休谟不相信人类理性有认识现实的能力，他断言从个别观察中不能得出普遍规律并主张必然性只能归结为逻辑关系而不是现实关系。然而，休谟也认识到他这种对客体存在、自我能力和因果关系的怀疑只存在于他进行研究的时候，一旦离开研究，他就又回到了"常识"和"自然信念"，因为人类生活是不可能建立在这种"绝对怀疑论"基础上的[3]。然而，科学研究是否能建立在他这种"绝对怀疑论"的基础上呢？是否能排除信念呢？我们不妨对科学研究过程做简要的分析。

科学研究过程大体可分为三个阶段：一是观察有意义的事实；二是根据事实提出假说；三是用观察或实验检验假说。这三个阶段的每一个阶段都离不开信念。第一，所谓观察有意义的事实就是科学家从大量的事实中寻找能解决特定问题的事实。作为一个好的科学家的重要标志在于，在其观察开始之前就能通过直觉意识到沿某一方向或用某一方式能找到所需要的事实。很显然，在观察之前，科学家不能证明其直觉是否正确，这就需要信念。第二，根据事实提出假说。正像科学史所展示的，从事实到假说没有固定的逻辑规则，这更需要科学家的直觉和想象，需要科学家创造性的概括能力。在这一阶段，科学家也不能证明其直觉和想象或概念是否正确，这仍然需要信念。第三，用观察或实验检验假说。大量的科学研究已经清楚地表明，某一实验或一些实验往往不能证伪一个假说或理论。在没有更好的假说或理论产生之前，原假说或理论尽管有不少反例但仍被人们接受。这里仍存在信念。因此，科学研究是不可能建立在"绝对怀疑论"基础上的；科学不能排除信念。

二、科学中有哪些信念

信念之所以不能从科学中排除出去，是因为科学不仅是由资料、理论和逻辑等所构成的知识，而且是人们对实在和自然进行认识的实践活动。在科学中除需要资料、理论和逻辑以外，还有许多"超经验"和"超逻辑"的因素。这些因素就属于本文前面所定义的信念。这些因素大体可概括为如下三种类型。

第一种可以概括为"常识"，包括外部世界的独立存在性、外部世界的有秩序性、外部世界的可知性、人类感觉一定程度的可靠性、逻辑和人的智力规则的存在性、概念分类的相关性和逻辑一致性、人类认知智慧的适当性、理论与实在的一致性等。之所以称这些因素为"常识"是因为它们不仅是科学的前提，而且存在于普通人的意识之中。

第二种可以概括为"科学见识"，即在科学实践中形成的意识，包括科学的基本解释模型是机器还是有机体（或其他），用接触力还是超距作用理解因果作用，解释某一现象是说明引起该现象的因素还是进行演绎推理，自然物质最终是连续的还是不连续的；另外还有：哪些概念是一个理论能正当地使用的，什么样的解释是真实的，某一理论是否有足够的解释能力，怎样区分好理论与差理论，怎样的准确度才是足够的，理论形式的优雅、美感和简单性的作用是什么等。这些"科学见识"不仅随着科学发展的进程变化而变化，而且同代科学家之间对此也可能持不同的观点。尽管科学家的经验过程或逻辑推理不能直接回答这些问题，但每个科学家对此都有自己相当稳定的观点，否则科学研究是不能进行的。

第三种可以概括为"世界观"，即以科学研究和科学家的生活经历为基础，经过"形而上学"的过程（不是严格的经验过程和逻辑推理）而形成的对世界的本源、基本结构和根本规律等的基本观点。例如，唯物主义者和自然主义者相信世界的本源是物质，不存在超自然的领域，自然界本身具有内在结构和规律性，等等；再如，基督教神学论者相信上帝的存在，在宇宙间存在超自然的活动，世界是由上帝创造和维持的，等等。

把信念划分为上述三类不是绝对的。例如，自然界的统一性对一些科学家来说是"常识"，而对另一些科学家来说可能是经过深思而形成的"世界观"。但上述信仰及其分类有助于人们理解为什么无神论者和有神论者能在广泛的科学领域达成共识，而对某些理论或观点又有分歧，原因可能在于两者有相同的"常识"和"科学见识"，而又有不同的"世界观"；为什么某些无神论科学家和某些有神论科学家能形成同一学派，而另一些无神论科学家和另一些有神论科学家能形成另一学派，原因可能在于此时"科学见识"对学派有决定性作用。这就是说，在科学家中"常识"基本上是相同的，而有相同"科学见识"的科学家们可以有不同的"世界观"，而有相同"世界观"的科学家们也可以有不同的"科学见识"。

三、信念在不同层次的学科和知识中的作用

不管是"常识"层次的信念、"科学见识"层次的信念，还是"世界观"层次的信念，都涉及人的主观性和个人的选择。"常识"层次的信念的选择往往是不自觉地进行的，"科学见识"层次的信念的选择是在一定的科学背景和科学训练的基础上自觉或不自觉地进行的，而"世界观"层次的信念的

选择往往是经过个人的深刻思考而进行的。因此，"常识"层次的信念个人色彩较小，不同主体之间容易达成共识；"科学见识"层次的信念具有一定的个人色彩，在某一科学共同体内经过一定的过程，不同主体之间也基本上能达成共识，但"世界观"层次的信念具有很强的个人色彩，不同主体之间很难达成共识。对每一个科学家来说，这三个层次的信念是同时存在的；对整个科学而言，"常识"层次的信念，具有普通的和基础性的意义，"科学见识"层次的信念在科学从经验层次向理论层次过渡的过程中起突出的作用，而"世界观"层次的信念则在科学的高度理论化阶段起明显的作用。

具体说来，对以观察和实验为基础，并运用数学的和逻辑的方法对观察和实验结果进行概括和总结的"经验"学科，"常识"层次的信念起着较为普遍和突出的作用，"科学见识"层次的信念也起一定的作用，而"世界观"层次的信念没有明显的作用。例如，对物质的重量、体积或数量等进行测量，并对测量结果用数学的方法进行处理，归纳概括而得出经验定律的初级物理学，或对动植物标本进行采集、比较和分类等而形成的动植物分类学，就属于这种"经验"学科。

在科学从经验层次向理论层次过渡，寻求经验定律背后更深层次的本质和规律，以及科学概念和理论之间的内在关系，在科学知识的综合化和体系化的过程及学科中，"常识"层次的信念在一定程度上有基础性作用，但"科学见识"层次的信念作用则更为突出而"世界观"层次的信念的作用也显露出来。例如，从物质的质量守恒定律、化学反应当量定律和定比定律等经验定律过渡到道尔顿的原子论，进而过渡到阿伏伽德罗的分子论，就属于科学的理论化和综合化过程。在这一过程中虽然"常识"层次的信念还起一定的基础性作用，但"科学见识"层次的信念则起着更突出的作用，而"世界观"层次的信念也起一定的作用。之所以说"常识"层次的信念还起一定的基础性作用，是因为科学的理论化和综合化还要以经验定律和观察实验等经验科学为基础。之所以说"科学见识"层次的信念起着突出的作用，是因为在这一阶段提出的科学假说或理论的本质与经验定律和事实之间的关系不是直接的或必然的，也不是唯一的，这里涉及理论或假说的选择、好坏理论的标准，以及理论形式本身的优雅或简单性等等一系列的问题。解决这些问题需要"科学见识"层次的信念发挥更大的作用。之所以说"世界观"层次的信念也起一定的作用，是因为在这种科学的理论化和综合化的过程中，涉及物质世界的基本组成和结构或自然界的根本规律，即涉及"世界观"层次的信念，因此，这个层次的信念不能不对这一过程产生影响。

在科学的高度理论化阶段，由于涉及宇宙的产生、物质深层的结构和运动规律、随机性与必然性的关系、连续性与离散性的关系、生物进化的动因、人类智慧的本质等问题，这些都与"世界观"层次的信念密切相关。这样，"世界观"层次的信念则会起更突出的作用。与此同时，"常识"层次的信念起一定的作用，"科学见识"层次的信念仍起突出的作用。例如，数学基础是连续的还是离散的（或空间与数是否能完全对应），广义相对论和量子力学两者对物质的描述（或解释）哪个更根本，关于宇宙起源的所谓"人类学原理"的真实含义是什么，社会生物学关于物种基因延续与利他主义的关系是否站得住脚，人类智慧与人工智能是否能真正对接和融合，等等，科学高度理论化阶段的问题都与"世界观"层次的信念密切相关，对这些问题的解答及建立相关的理论都会明显地受到"世界观"层次信念的影响。

四、科学中的信念怎样形成和发挥作用

前面把科学中的信念大体分为三个层次并阐述了每个层次的信念对三种不同层次的学科所起的不同程度的作用。这有助于对科学中的信念及其作用有一个大致的认识。但要进一步理解科学中的信念，还要对其具体的形成和怎样在实际的科学中发挥作用做进一步的分析。

20世纪科学哲学在超越传统的经验主义、实证主义和理性主义方面所取得的重要进展是认为观察和实验资料渗透理论，理论渗透规范，而规范渗透文化和价值。科学既有客观性、经验性和理性的一面，又有主观性、历史性和社会性的一面。这里的主观性、历史性和社会性就包含信念。

从科学规范的角度来看，科学中的信念是在科学家的学术背景及科学教育和研究过程中形成并发挥作用的。库恩在其《科学革命的结构》一书第二版的附言中指出：规范包括一种研究传统，能够传达传统的一些关键的历史范例，暗含在传统基本概念中的形而上学的假定。这些关键的历史范例，如牛顿的力学研究工作，隐含地限定了后来的科学家应该寻找的解释类型。这些范例还包含一定的假定，如世界的实体或本质是什么，什么样的研究方法适于研究它们，什么样的资料是可靠的，等等。一个规范为现存的科学共同体提供"常规科学"的工作框架。显然，库恩规范中的研究传统、历史范例和形而上学假定有很强的信念色彩，既包含"常识"和"科学见识"层次的信念，又包含"世界观"层次的信念。规范的形成过程同时伴随着科学中相

应的信念的形成过程；规范的扩展和延续过程也是相应信念的扩展和延续过程；规范的转变（即库恩的"科学革命"）在相当大的程度上是科学中信念的转变。可以这样说，科学规范是科学中具有主观性和历史性的信念与科学的客观性、经验性和理性的统一体。科学中的信念与科学理论和事实，与科学经验和逻辑有机结合起来发挥作用。

从科学理论的评价来看，大体要考虑如下四个方面。一是理论与观察结果是否一致。由于资料渗透理论，理论与观察结果的一致性不能证实某一理论，因为可能存在更适合这些资料的理论没有被提出和发展起来；理论与这些资料不一致也不能证伪某一理论，因为可以提出辅助性假说来解决或缓解不一致性或作为暂时不能说明的反例来处理。尽管如此，理论与观察结果的一致性，特别是理论能够预见新奇现象的存在，仍然是评价理论的最重要标准。很显然，这里既有客观的、经验的和理性的作用，又有主观的和信念（主要是"常识"和"科学见识"层次的信念）的作用。二是新旧理论之间的包容性和理论内部的逻辑性和简单性。一个新理论应该与已经被接受的理论不相矛盾，甚至与这些理论有概念上的内在联系。理论的形式结构应该有简单性，独立的或辅助性的假说的数目应该尽量少，形式优美和对称性，等等。很显然，这里仍然有信念（主要是"科学见识"层次的信念）在起作用。三是理论的综合概括能力。在理论（或假说）的竞争中，如果某一理论能把不同的领域统一起来，能得到更多方面证据的支持或能适合更广泛的领域，那么这个理论就会被选择或重视。在这一过程中，既有客观的、经验的和理性的作用，又有科学家的"科学见识"，甚至"世界观"（如自然界的统一性）层次的信念在起作用。四是理论的有效性和指导性。理论的优劣不只看其过去的成就，更主要的看其解决目前问题和对未来研究的指导能力。如果某一理论更有利于本身的进一步完善，更有利于提出新假说和新实验，那么这个理论就会被选择或重视。同样，在这一过程中，科学家的"科学见识"甚至"世界观"（如价值观）层次的信念仍起着明显的作用。

因此，在科学理论的评价过程中，科学中的信念是与经验和理性结合在一起发挥作用的。当然，有时不同科学家或科学家集团的信念不同，会导致对某些理论的评价和接受程度的不同，甚至形成不同的学派。从本质上说，科学中的不同理论和不同学派的争论是由科学家的不同信念所造成的，因为科学中的经验因素（如观察和实验资料）和逻辑因素（如演绎法和归纳法及有关的数学方法）在科学家中是得到普遍承认的。例如，哥白尼日心说提出后，日心说和地心说的争论主要是由信念的不同引起的。因为不管是日心说还是地心说基本上用相同的天文观测资料。在这个争论中，既有"常识"层次的信念的不同，又有"科学见识"层次的信念的不同，还有"世界观"层次的信念的不同。第一，日心说和地心说在怎样看待太阳东升西落、物体垂直抛上而又垂直降落等经验常识上出现了不同，且对这些经验常识出现了不同的解释，很显然，这是"常识"层次的信念出现了不同。第二，在哥白尼提出日心说之前，地心说也能解释所观测到的各种天文现象，特别是也能解释和预测行星的逆行。但在哥白尼看来，由于地心说加了太多的辅助性的理论装置（即本轮），因而很异常并缺乏理性，而把太阳放到中心的位置，让地球和其他行星围绕它运行，更合乎用匀速圆周运动解释观测现象的古代理想，更能"赏心悦目"（pleasing to the mind's eye），同时也使观测到的天文现象更加便于理解。很显然，日心说和地心说在"科学见识"层次的信念方面也出现了不同。第三，日心说和地心说在宇宙的真实结构、人类和上帝的位置等问题上出现了不同，这显然是"世界观"层次的信念的不同。再如，赖尔的地质渐变论和居维叶的灾变论的争论、达尔文的生物进化论与圣经的创世说的争论、爱因斯坦与玻尔关于客观实在性和决定论问题的争论等，主要是由信念的不同所引起的。

从社会对科学的影响方面来看，科学中的信念对科学及其发展的影响也是广泛而深远的。例如，科学的社会历史研究把科学作为一定文化背景下的社会建制，社会的、文化的和信念的因素不会不对科学共同体产生影响；知识社会学认为，观念的偏见、智力的假定，甚至政治力量在所有研究中都起作用。因此，各种信念因素会以不同的方式进入科学共同体，影响科学研究；而马克思主义认为，包含科学在内的所有人类社会活动最终都要受到经济的和阶级的利益的影响。这样，与人们的经济和阶级利益及社会历史观相关的信念也会进入科学过程。

五、怎样看待科学中的信念

科学作为人类对客观事实和规律的认知活动，之所以离不开信念是因为信念与认知有内在的联系，甚至可以说，没有信念就没有认知。那种"所有的信念在没有被彻底证明之前都应该被怀疑"的普遍怀疑论，到头来只能导致虚无主义。但这并不意味着要走向另一个极端，即在科学中排除怀疑。信念与怀疑在科学中各有各的地位和作用。甚至可以说，科学作为一种认知活动，就是在信念和怀疑的辩证运动中向前发展的。

为什么说信念与认知有内在的联系？波拉尼（Michael Polanyi）认为，人类理解实在的认知活动只有用词汇、语言、概念等工具才能进行，或者说只有戴上"透镜"才能理解现实。这些带有其语言、形象、概念、理解和行动方式乃至整个文化的"透镜"是随着人的成长而形成的，成为人的一部分，甚至人们感觉不到其存在。当人们用这些"工具"和"透镜"进行认知的时候，只得无批判地依赖它们、相信它们。同时认知活动还是带有个人的意愿和责任的活动，这就一定会有个人的价值和信念[4]。

首先，科学作为人们探索自然规律的认知活动，往往要求人们有如下信念：自然界由可信赖的规律所支配，这些规律能被人类的考察活动所发现；人类探索自然的逻辑之所以是可靠的，是因为自然本身是富有逻辑的；人类的逻辑依赖于自然的逻辑，并且最终能理解自然规律。其次，对于为了解决困难问题而夜以继日地长期工作的科学家来说，必须有这样的信念：其问题是能够解决的，他或她的心智能读懂大自然固有的逻辑。爱因斯坦的工作是一个典型的例子，他从狭义相对论到广义相对论，特别是其后半生从事统一场论的研究，其研究的前提是坚信自然界的统一性，而这种统一性表现为自然界规律的逻辑简单性，他能够发现某种形式的理论可统一解释自然界的规律。这种信念支配他成功地从狭义相对论到广义相对论，但他最终没有达到统一场论的研究目标。然而即便他没有达到目标，依然说明信念与科学研究有内在联系。

之所以说普遍的怀疑论最终只能导致虚无主义，是因为人类的知识，包括科学知识，本身具有不可靠性或不完全性，是无法得到彻底证明的。数学家哥德尔（Gödel）已经证明不可靠性（或不完全性、不确定性）是我们人类逻辑的固有本性。因此，即使在纯数学里，人们也无法彻底证明其理论前提的可靠性，也就是说，如果采取普遍怀疑论的立场，即使在纯数学里也将一无所获。

正像前面已经阐述的，如果让这些纯数学的概念和理论与人们的实际经验和科学观察接触，就又会增加新的不确定性。显然，如果把普遍怀疑论用于人类实际的认知活动和科学研究活动，就会使认知活动和科学研究活动难以进行。特别是科学研究活动不仅需要经验、资料和逻辑，而且需要科学家的直觉、想象、类比、创造性、主观动机，等等。如果采取普遍怀疑论的立场，最终只能导致虚无主义。

然而，认识到人类的认知活动离不开信念，普遍怀疑论在科学中行不通，并不意味着人们可以从科学中彻底排除怀疑。怀疑在科学中有自己独特的作用，正像本文开头所提到的，以哥白尼的日心说为标志的近代自然科学的诞生和发展，的确是以对《圣经》和古希腊的某些学说的怀疑为起点的。在此之前，欧洲人通过另一套观念和信念，即波拉尼所说的"透镜"来看世界。这个世界被看作由上帝创造和主宰的，所有的东西（包括人类）各有各的位置和意义并与上帝相联系，是一个和谐和统一的世界。在此后通过对这套传统观念和信念的怀疑，人们逐渐建立起一套非常不同的宇宙观或信念，或者说又有了新的"透镜"来认识世界。这时上帝是否存在已经不重要了。人们学会了理解事物的新的方式，即把事物分解为其最小的组成部分，并最终由基本的物理规律控制，偶然性和因果性能"解释"所有的事物和现象。但进入 20 世纪以来，随着量子力学、相对论、基本粒子物理学、宇宙学、分子生物学、非线性科学，以及心理学、行为科学、管理学等社会科学的发展，人们又对上述"解释"事物的方式和信念产生了怀疑，开始试图建立一套不同的观念和信念来认识事物，这套观念和信念要把事物看作是"有干扰"和"有价值"的。尽管到目前为止，这套"透镜"还没有完全建立起来。

由此可见，怀疑不仅是放弃旧观念和信念所必需的，而且是建立新观念和新信念的前提。在科学中，怀疑和信念是交替出现的。信念是建立在人们一定的认识水平基础上的，随着认识的提高和知识的积累，人们在已经建立起来的信念下，就会发现难以理解的新事实不断增多，进而导致对已有信念的怀疑，并最终建立起新的信念，来更好地认识世界。

然而，对旧信念的怀疑和新信念的产生不是一帆风顺的。对上述有关整个科学和人类认识有重大的基本意义的信念的转变不容易（科学发展的曲折历程能够说明这一点），即使某一学科中的某些信念的转变也不容易，这是由信念的本质所决定的。所谓的"普朗克定律"就从一个侧面说明了这种情况。20 世纪初，面对量子理论及其带来的新的物理观念，普朗克不无感叹地说，不要指望通过说服能使老的物理学家接受新的物理学观念，只要等老的物理学家们去世，年轻的物理学家就会自然地接受新的物理学观念。

爱因斯坦和玻尔关于量子力学基础问题的争论则生动地说明，由于信念的不同，面对科学研究的进展，如新的观察和实验资料的获得和新的理论的提出所导致的对已有物理观念和信念的怀疑，或新的物理观念和信念的产生，科学家甚至可能因而形成不同的学派。

量子力学所遇到的一个基础问题是其概念与真实世界的关系问题。爱因斯坦坚持：自牛顿力学问世以来形成的经典的实在论，如对一个原子系统的完全描述要求详尽说明能客观地和清晰地定义原子状态的经典的时空变量；量子理论不能达到这个要求，因而是不完全的，最终将被能满足经典期望的理论所取代。玻尔则认为：量子力学只能（也应该）描写观察到的物理实在，即原子系统与观察系统相互作用所得到的实在；量子理论达到了这个要求，因而是完全的理论。爱因斯坦和玻尔在此出现了信念的不同：爱因斯坦确信理论应该描述排除干扰的、经典的物理实在，而玻尔则相信理论应该描述观察到的物理实在。

量子力学所遇到的另一个基本问题是经典的因果决定论和统计决定论哪一个更根本。爱因斯坦坚信宇宙有秩序性和可预测性，而量子力学只能预测单个事件的概率，这种不确定性是由我们现在的无知所造成的，总有一天人们会发现决定性的规律而能对单个事件做出准确的预测。玻尔则相信建立在统计决定论基础上的量子力学是根本性的理论，对微观粒子只能给出某种概率，而不可能准确地预测单个粒子的状态。

爱因斯坦与玻尔关于量子力学基础问题的争论延续了几十年，尽管越来越多的物理学家站在玻尔一边，但爱因斯坦对自己的上述信念至死未变。从越来越多的物理学家站在玻尔一边来看，科研的进展的确能改变人们的有关信念；但从爱因斯坦的有关信念至死未变来看，要改变信念很难。这一争论还说明科学中信念的形成和转变需要客观条件，如新的观察和实验资料或新的理论等，而且是个人的选择，不能排除主观因素的作用。

爱因斯坦和玻尔各自的哲学观念在其中具有很大的影响。爱因斯坦深受古希腊以来西方哲学中关于世界的秩序性、统一性、简单性和理性的影响，因而他坚持"对世界的合理性和可知性的坚定信念，类似宗教感情，支撑所有高层次科学研究工作"[2]262，而玻尔则更崇尚有关阴阳关系的中国道家哲学。

总之，科学中的信念是建立在已有的科学知识和人们认识水平的基础上的，同时受社会、文化、哲学、宗教等观念的影响；科学中信念的形成过程也是科学家及科学共同体的选择过程；科学中的信念一旦形成就具有相当的稳定性，但随着一些重大科学发现和科学理论的进展情况会出现对已有信念的怀疑，出现新旧信念的竞争，新信念可能最终取代或包容旧信念，这又会反过来提升人们的认识能力，推动科学的发展。另外，随着科学对经济发展和社会进步的作用越来越大，科学知识和科学中的信念对人们的其他观念和信念也起着越来越大的作用，甚至出现某些信念的"科学化"的发展趋势。

（本文原载于《自然辩证法通讯》，2000 年第 4 期，第 35-43 页。）

参 考 文 献

[1] Descartes R. Discourse on Method and Meditation. New York: Liberal of Arts Press, 1968.

[2] Einstein A. Ideas and Opinions. London: Sourenir Press, 1973.

[3] Jenkins J J, Lewis P, Madell G. Understanding Hume. Edinburgh: Edinburgh University Press, 1992.

[4] Polanyi M. Personal Knowledge. Chicago: University of Chicago Press, 1958.

试论科学技术中的形象思维

| 曾晓萱　寇世琪 |

人们往往强调科学、技术中逻辑思维的重要性，而忽视形象思维，认为它是属于文学艺术的，与科学技术无关。但是现代科学技术的发展与人工智能的研究表明，科学技术单靠逻辑思维是远远不够的，还需要形象思维。形象思维是促进科学技术发明创造的重要思维方式之一，它与逻辑思维相互补充，共同建造科学技术的大厦。因此，重视研究和开发科学技术中的形象思维，有助于发展科学技术人员的创造性思维，是当代科学方法论应当研究的重要课题之一。

科学技术的发明创造，从某种意义上说，是历史上科学思维的中断，因为它强调创新和突破，因而在逻辑中断的地方，往往会出现大幅度的跳跃，这恰恰是逻辑思维不能到达的地方。"只承认形式逻辑认识方法的、经过严格训练的智慧，经常对科学进步显得是无益的。"[1]正如著名学者西奥博尔德·史密斯（Theobald Smith）所说："新发现的作出应是一种奇遇，而不应是思维逻辑过程的结果。敏锐的、持续的思考之所以有必要，是因为它能使我们始终沿着选定的道路前进，但不一定会通向新发现。"[2]苏联著名物理学家卡皮查（Пётр Леонидович Капица，1894—1984）在赞扬卢瑟福（E. Rutherford，1871—1937）的科学创造力时，特别强调：在科学发展的一个特定阶段，当我们必须找出新的概念时，对于科学家们来说，渊博知识和传统训练不是他们最重要的特点，在必须寻求新的基本概念时，需要的是想象力和十分具体的思想，尤其需要大胆，在数学中极需要的严格合乎逻辑的思想反而会对科学家的想象力起阻碍作用。[3]形象思维恰恰可以借助于想象、直觉、灵感等形式来填补这些短缺，因而能在科学技术的创造发明中发挥特殊的作用。它愈来愈吸引人们，特别是引起科学家、科学教育家和人工智能专家的重视，成为现代科学认识论与方法论研究的对象。

一、科学技术中形象思维的特点

科学技术中的形象思维，一般来说，是一种抽象的理性思维。它是借助直观、形象来描述客观对象的本质及其运动规律，它不是靠感性思维而是靠理性思维来把握和创造的。那么，这种科学技术中的形象思维有哪些特点？它与文学艺术中的形象思维又有何异同呢？

首先，科学技术中绝大多数应用于发明创造的形象思维主要不是用形象来描述某一类对象的外部形象，甚至不对对象的外部形象感兴趣，而仅仅是借助于形象思维来揭示或阐明某一类对象隐含的本质、变化的机制和运动的规律，通过形象把未知的研究对象转化为人们可感知的、可理解的思想和概念，因而它不是一种属于初级阶段的感性认识，而是对某一类对象进行科学抽象，通过类比、猜测的启发性思考，是对科学研究对象一般本质、变化机制和运动规律的认识。例如，原子的太阳行星模型、原子核的壳层模型就是利用形象思维对原子结构或原子核结构进行本质的描述，它是一种理性思维。

其次，科学技术中的创造性的形象思维不像逻辑思维那样，思维路线是线形的或枝杈形的[4]，而往往是以整体、直观、直觉的形式表现出来的，它甚至越过严谨的逻辑步骤的诸多细节，以新颖、突发、跳跃的方式反映研究对象的本质和规律。如普朗克（M. Planck, 1858—1947）提出的"量子"，莫诺（J. Monod, 1910—1976）提出的"操纵子"，麦克林托克（B. McClintock, 1902—1992）提出的"转座因子"，它们都不是对某一对象简单的、具体的、感性的描述，而是对客观存在的某类对象进行科学抽象后，对其本质的某种形象说明，没有一定的科学背景知识是根本无法理解的。但是，这种形象思维往往能更全面、更清晰、更明快地说明对象的本质，与逻辑思维比较起来，它更易于被人们所理解，从而加速了科学技术的认识过程。

最后，科学技术中形象思维的形象，往往可以不受客观现实对象的限制，它是通过人们的想象，用形象来加以概括，它既反映了客观对象的某方面、某层次上的本质属性和规律，又可超越自然界中已知客观对象的界线，在一定程度上和一定范围内自由地创造，以形象的方式来改造旧的经验，将两个或多个毫不相关的事物予以联系，加工而形成崭新的形象，说明新的事物。而且，还可以在思维中想象，对它们进行某些在现实中不可能或暂时不可能进行的操作（如使火车的行驶速度接近光速等），从而使隐含在某些特殊或极限情况下的本质或特性得以充分暴露。一般说来，形象思维较逻辑思维具有更广泛的驰骋范围和创造自由，为人们认识自然和改造自然提供了更广阔的途径。

当然，科学技术中形象思维超越客观现实的自由创造性较文学艺术中形象思维的自由创造性可能要小一些。科学技术中形象思维的自由创造必须以科学的基本理论或事实为根据，不能完全是虚无缥缈的遐想；文学艺术中的形象思维则与作家的世界观与主观意识有更直接的关联，它允许更多地虚构、夸张、编造和剪裁。屠格涅夫（И. С.Тургенев，1818—1883，又称季摩菲耶夫）也有类似的说法。[5]文学艺术中的形象思维，往往是利用典型化的方法来塑造艺术形象的，只要在总体上不违背一定社会和自然条件下的生活实际，幻想和虚构人物和情景是绝对必要的，这往往是文学艺术家发挥创造才华之所在，而科学技术中的形象思维或通过形象来说明客观对象的本质和规律，或将科学原理转化为应用，它不容许随意的虚构和编造，因为那将是没有意义的。当然，在一定条件下，科学技术利用幻想和想象形象地构建了某些情景和器件，对人们进行创造性的科学活动也是有启发和帮助的。例如法国著名科学幻想家凡尔纳（J. Verne，1828—1905）100多年前就设想了电视、直升机、潜水艇和坦克等，虽然它们当时极不完整，也不是现实可用的，只是一种科学幻想，但是它们对后来的发明家都有较大的帮助和启发。从总的方面说来，科学技术中的形象思维与文学艺术中的形象思维在许多重要方面是不完全相同的，二者既有联系，又有区别。

二、形象思维在科学技术中的作用

形象思维在科学技术中，特别在创造发明中有极其重要的作用。这是人脑和计算机的重要区别之一。计算机只能代替人脑的某些逻辑思维，只能完成一定规范程式的推理，而人的科学认识能力最突出的特点则是创造性，大脑通过形象思维与逻辑思维的配合，可以从整体上、战略上，根据已知事物的规律推知未知事物的本质和规律，这对人类不断扩大知识领域、认识世界和改造世界有着巨大的作用。因此，研究创造性的科学思维不能离开对形象思维的研究。形象思维在科学技术中的作用至少有以下几方面。

（一）便于建立物理图像

人们对于自然界和工程问题的认识往往不完全是按逻辑思维的线性路线行进的，也不是按照归纳法顺序归纳形成的。在问题刚刚提出来时，条件往往并不具备，细节也不清楚，因此，人们只能根据不足的数据和已有的经验和理论，以战略的、粗放的和最简洁的方式，建立起物理图像，即所谓科学认识的块式（chunk）[6]结构，首先猜测或估计研究对象在总体上可能是个什么物理图像（或模型），系统内外有哪些主要因素与其相互作用，它们的物理关系大致是什么样的，对象的运动及其发展趋势大致如何。这个物理图像往往是认识未知对象的关键步骤，有了它，人们才能去进行原理解释，建立方程式，求得定性或定量解，最后进行逻辑检验和实验核对，经过反复修正建立较完善的科学理论。如四维时空和概率波等。[7]由此可见，物理图像（或模型）在人们的科学认识中，特别在创造性的科学发现过程中扮演了多么重要的角色。而物理图像的建立离开了形象思维简直是不可能的。科学认识论的研究指出，即使中学生解简单的滑轮和力学分析也不能根据文字直接建立方程式求解，而必须首先经过形象思维建立物理图像，然后再建立方程式。科学技术史上的许多重要发现和发明，无不说明利用形象思维建立物理图像的重要意义，它使一些科学家捷足先登，攀登科学高峰，探索到自然界的奥秘。例如 DNA 双螺旋结构模型的建立，沃森（J. Watson，1928—）和克里克（F. Crick，1916—2004）就是利用了富兰克林（R. Franklin，1920—1958）和威尔金斯（M. Wilkins，1916—2004）的 X 衍射实验数据和已有的生物化学理论以及加入了生物体可能具有对称性结构的考虑[8]，而提出了 DNA 大分子的结构是碱基在内，磷酸骨架在外，碱基互补的双螺旋结构的结论。[9]沃森、克里克高人一筹，正是他们把形象思维与逻辑思维紧密结合，突破性地提出了 DNA 的双螺旋结构，顺利地解释了基因的遗传复制机理，从而开辟了分子生物学的新篇章。再如法拉第（M. Faraday，1791—1867）提出了著名的磁力线，安培（A. Ampere，1775—1836）提出了磁分子和环形电路的假说，哥白尼（N. Copernicus，1473—1543）建立了以太阳为中心的宇宙模型等，这许许多多重大的科学成就，在创建初期，无不充分利用了形象思维的优势，在纷繁庞杂的现象中，初步理出了头绪，指明了方向，对科学研究取得战略上的胜利，具有决定性的意义。

（二）有利于抽象出工作简图

自然科学和工程技术的研究对象往往处于特定的复杂环境中，受多种因素的干扰，只有抓住主要方面及时进行简化，抽象出工作简图，才能求解。例如，土木工程中的计算结构简图、电路网络中的电路计算简图都是利用形象思维与逻辑思维，忽略某些次要因素（如摩擦力、空气阻力、热损失、磁漏等），在思维中形成的工作简图，并得以进行数学求解的典型例子。这些作为研究和设计施工的工程结构，在抽象出工作简图时，往往是不存在的。因而，各种工作简图，首先只能出现在人们思维之中，如何在抽象过程中使它能符合未来的工作实际，形成较准确的形象化的工作简图，往往对工程技术的成败有决定性的意义。抽象出来的工作简图错了，必然造成重大失误。例如在土木工程中梁与柱、柱与基础之间的关系，根据结构与材料的不同，到底是铰支座还是滚轴支座，是单向受力还是多向受力等，都必须在建立求解方程式前形成工作简图，如果没有这种首先在人们思维中存在的以形象为主要标志的工作简图，人们是无法进行工程设计和计算的。它是工程设计中科学抽象的重要环节，是人类利用形象思维和逻辑思维，发挥创造力，把复杂问题简化，从而能认识自然和改造自然的重要手段。

（三）进行思想实验的重要环节

在实验条件尚不具备，或在某些极限化条件下（如运动的宏观物体接近光速等），揭露自然界的本质和规律，在现实的环境中几乎是无法实现的，往往利用思想实验在思维中进行，这在物理学的发展过程中曾被有效地使用。它首先要从客观现实中抽象出一定的具有理想化特点的形象，形成假想的主体、客体和工具。在特定的条件下，假想的主体能对假想的客体进行特殊的、符合物质运动规律的操作，获得一定的结果，说明一定的问题[10][例如爱因斯坦的火车说明了同时性的相对性[11]，海森伯（又称海森堡）的显微镜[12]说明了微观粒子的测不准关系，麦克斯韦妖则对热力学第二定律提出了挑战等]。这些假想的主体、客体和工具都与现实存在有相当大的距离，它们一般只存在于人们的思维过程中，人们甚至不必深究它们的细节和考虑它们如何实现，它们是现实环境和经验的概括和提高，从而弥补了现实的各种局限性。人们发挥高度的创造性和想象力，利用形象思维创造这种特殊的理想化的形象，逻辑思维又使它们的行为符合自然界物质运动已知的规律和逻辑，进而得到了许多重要的、惊人的科学结论，大大简化和缩短了人们认识自然的过程。特别在科学革命时期，思想实验能单刀直入地揭露旧理论的缺陷和错误，在探索新理论、捍卫新理论过程中发挥巨大的威力。相对论和量子论的发展史充满了思想实验的争论（如爱因斯坦与玻尔关于光子箱的争论等）[13]，它们推动了科学的发展，是人们创造性利用形象思维与逻辑思维结合的突出例证。

（四）为创造新的仪器设备和工程构思蓝图

新的仪器设备和工程是推动现代化生产不断更新的重要手段，它们一般都来自新的力学原理和构思。要使这些原理和构思变为现实，无不需要通过形象思维和逻辑思维，形象思维对形成特殊的结构，组成蓝图，然后经过制造、装配形成符合一定功能的产品具有特殊的作用。一般说来，新产品和工程的创造过程可以沿着两条不同的路线进行：①从自然界已有的生物或其他物质的形态结构出发，抽象出一定结构-功能原理，经过形象思维与逻辑思维的加工，形成满足人们某种特殊要求的仪器设备，这在仿生学方面已获得巨大的成功。例如，登月车的行走机构就是模拟了袋鼠腿和足，某些舰只和船体就是模拟了海豚和鲸鱼的流线型以减少水的阻力等。②从一定的科学原理出发（特别是新的科学原理），考虑它的实际应用，在头脑中形成特定的结构，获得特殊的功能，如劳伦斯（E. O. Lawrence，1901—1958）的回旋加速器的发明就是明显的例子。按当时的科学认识，要获得高速的粒子，只能增高电压，而电压过高必然带来一系列的困难，甚至出现人身伤亡。劳伦斯苦苦寻求新方案而一无所获。1929年，当他在美国加州大学任教时，偶然浏览杂志，在德文的"电子学文献"中看到了威德瑞（R. Wideroe）文章中的插图，心有灵犀一点通，产生了带电粒子在一定磁场中，变换电场而获得多次加速的技术思想，完全回避了高压带来的困难，形成了高能粒子回旋加速器的构思，制成了新型加速器，为人类获得高能粒子揭开了窥视原子内部奥秘的新篇章[14]。在炼钢工业中作出重大贡献的贝塞麦（H. Bessemer，1813—1898）也是如此，虽然他当时对铁的化学成分与炼钢原理一窍不通，但在炼钢时观察到一些固态铸铁在熔化前由于暴露在风口的气流中脱碳，而温度增高，使铁能在没有外加热的情况下熔化，放出热量，基于这种观察，他产生了新的信念和新的技术思想，铁能在强制鼓风的气流中无须外加热即可增温脱碳，一种崭新的炼钢思想从此诞生了，1856年经过了多少次的尝试把新的技术思想通过一定的设备变为现实，一台酸性转炉出现了，它为现代化大规模炼钢奠定了基础[15]。

在头脑中有意识地产生一个蓝图，形成一个形象，再按蓝图制造成品，这是人与动物对自然进行加工的本质区别。因此，形象思维使人的劳动更加具有目的性、创造性和实现的可能性。它能创造出世间原来根本不存在的事物，它能帮助人们从整体上把握事物，进而帮助人们实现自己的构思，使仪器设备不断更新。总之，形象思维是科学原理到技术实施的桥梁，又是人们改造世界的工具。

近年来，计算机辅助设计和扫描技术的出现，可以把原来储存在人们思维中的图像，或隐含在研究对象内部的图像，经过信息处理，再现在荧光屏上，如 CT 扫描、电子显微镜、扫描隧道显微镜等。此外，还可在计算机上进行设计，正在设计或探索中的对象，小至分子、细菌，大至地貌、星云的形态结构，运动中的状态，受力变形等等均可显现在荧光屏上。并能根据需要旋转、增删、修正、解剖和配色等，大大丰富了人们形象思维的真实感、多层次、多方位感，使原来只存在于某些个别人头脑中的形象构思和隐含在研究对象内部的图像结构能为更多的科学工作者所掌握和探讨，大大强化了人们的科学认识能力，扩大了人们的眼界，加速了初学者分享和掌握复杂科学技术的过程，推进了科学和技术的发展。

当然，工程设计的另一些部分如城市规划、建筑设计、工艺美术等则是工程和美术的结晶。这部分的形象思维与文学艺术中的某些形象思维可能更类似一些。它们不是以形象抽象地去表现某类对象的本质和运动规律，它们主要是以具体的形象去体现艺术和工程规律的统一，以达到艺术-功能-经济的协调。使产品或工程在满足人们所需要的功能中，获得美的享受，又能取得最佳经济效益。

总之，人类的文明史说明，无论是凝聚着人类创造性劳动的自然科学，还是屹立于人间的宏伟工程，无不与人们的形象思维密切关联。科学的概念往往显现为形象，而形象又推动了概念的发展。工程则从蓝图开始，形成产品，成功的产品又激发了新的形象思维构思。如此循环往复，螺旋上升，促进了科学技术的发展。原子和分子的结构、宇宙的模型、生命的奥秘，哪一门科学离得开形象思维呢？古罗马的斗兽场、悉尼的歌剧院、中国的万里长城、美国的航天飞机，哪一项伟大的工程又离得开形象思维呢？没有形象思维与逻辑思维的结合，就不可能产生人类的科学技术和物质文明。

三、形象思维与逻辑思维的互补性

首先，形象思维与逻辑思维在科学抽象及技术创造过程中并非独立存在的，往往是不可分割、相互紧密地联系在一起。科学基本概念和原理的形成和发展，技术方案的构思和实现确实都离不开形象思维，它是与逻辑思维相互补充、相互制约而发展的。从经验到理论，从原理到应用都有逻辑思维在起作用。以经验为背景的形象思维不能与已有的理论完全脱节。逻辑思维出现的矛盾和问题往往是形象思维产生的前提和诱因，而形象思维的深化和发展则需要逻辑思维来把握和制约。普朗克在大胆提出能量量子化的模型时，曾设想黑体辐射腔壁为许多带电的谐振子，它们的能量只能处于分立状态，只能按最小能量的整数倍接收或发射，能量是不连续的，它完全突破了经典物理学的概念。即使这种独具匠心的形象思维也包含了逻辑思维的因素，并不与逻辑思维相悖，量子假说的提出突出地表现了形象思维与逻辑思维的互容性[16]。另外，量子概念的建立还要经过数学推演出辐射强度、温度、波长之间的函数关系，从而导出普朗克常数，这一系列的推导都离不开逻辑思维。其次，形象思维的结果是否合理，是否具有解释性、预见性，还需要经过逻辑思维的判断和推理。最后，形象思维的结果是否切合实际，还需要经过逻辑检验和实践检验。只有经过逻辑检验认为是正确的，形象思维的结果才能获得初步认可，如果形象思维的结果与逻辑检验相背离，那么它将被抛弃或作重大修改。如果哥白尼建立的日心说宇宙模型，不能逻辑地解释行星特殊的"视轨道"运动，又不能最终验证从它演绎而提出的金星盈亏或恒星视差的假说，那么哥白尼的日心说就不可能战胜托勒密（C. Ptolemaeus，约90—168；又称托勒玫）的地心说，成为近代科学革命的代表了。因此，简单地把逻辑思维作为科学技术思维的唯一形式，形象思维只作为文学艺术的唯一形式，把形象思维与逻辑思维按照文学艺术与科学技术截然分开，未免失之偏颇，它既不符合科学技术的历史和现实，也不符合文学艺术的历史和现实。这样只会禁锢人们的思想，束缚人们的创造力。

过去，人们较少地从形象思维与逻辑思维相结合的角度对科学技术中的形象思维进行深入研究，目前模拟科学技术中的形象思维，使人工智能更具有创造性，是人工智能面临的难题之一。因此研究科学和技术中形象思维的特点和作用，它与逻辑思维的相互关系，这对进一步开发科学家和工程师的创造力，发展科学教育，扩展和深化科学认识能力都具有普遍的现实意义。它应当成为科学认识论与方法论研究的重要问题之一。

（本文原载于《自然辩证法研究》，1987 年第 6 期，第 59-65 页。）

参 考 文 献

[1] II. A. 拉契科夫. 科学学：问题·结构·基本原理. 韩秉成，陈益升，倪星源，等译. 北京：科学出版社，1984：185.

[2] W. I. B. 贝弗里奇. 科学研究的艺术. 陈捷译. 北京：科学出版社，1979：86.

[3] П. Л. 卡皮查. 回忆卢瑟福勋爵. 张大卫译. 科学史译丛，1981，(1)：53-63.

[4] 钱学森. 在全国思维科学讨论会上的发言//山西省思维科学学会编. 思维科学探索. 太原：山西人民出版社，1985：15.

[5] 季摩菲耶夫. 文学原理. 查良铮译. 上海：平明出版社，1955：53.

[6] 司马贺. 人类的认知. 荆其诚，张厚粲译. 北京：科学出版社，1986：103.

[7] 汤川秀树. 科学思维中的直觉和抽象. 周林东译. 哲学译丛，1982，(2)：17-20.

[8] J. D. 沃森. 双螺旋：发现 DNA 结构的故事. 刘望夷，等译. 北京：科学出版社，1984：108.

[9] 胡文耕. 发现 DNA 双螺旋结构的方法论问题. 自然辩证法通讯，1981，(2)：16-26.

[10] 高文武. 简论思想实验. 自然辩证法通讯，1982，(5)：53-60.

[11] 爱因斯坦. 爱因斯坦文集：第 1 卷. 北京：商务印书馆，1976：149-155.

[12] W. 海森堡. 物理学与哲学. 范岱年译. 北京：科学出版社，1974：16-17.

[13] R. 穆耳. 尼尔斯·玻尔. 暴永宁译. 北京，1982：185.

[14] E. 赛格雷. 从 X 射线到夸克：近代物理学家和他们的发现. 夏孝永译. 上海：上海科学技术文献出版社，1984：251-256.

[15] R. F. Tyiecote. 世界冶金发展史. 华觉明，等编译. 北京：科学技术文献出版社，1985：366.

[16] R. 端斯尼克. 相对论和早期量子论中的基本概念. 上海师范大学物理系译. 上海：上海科学技术出版社，1978：146.

理论对于经验的主导作用与整体主义

蒋劲松

从整体主义的观点看，经验与理论都是认识活动中不可或缺的组成部分。和理论一样，经验也是可错的，并且是具有社会性的。无论是经验还是理论都不具有独立自主的地位，都无法充当认识活动的牢固基础。这样看来，整体主义就应当突破经验主义的藩篱。理论在科学认识中是不可缺少的基本要素，不仅科学研究的目的就是要建立正确的理论，而且在科学研究的任何一个环节都离不开理论的参与。理论在认识活动中可以促进经验的产生、帮助塑造经验以及对经验进行解释。经验在科学认识中要发挥作用总是离不开理论的协同作用。理论在认识活动中发挥着主导性的作用。本文将按照理论与经验的时间关系，详细探讨理论对经验的三种作用，并且探讨理论是如何通过理想实验构造"虚拟经验"的，从而加深我们对于整体主义的理解。

一、理论对经验的先行激发作用

经验主义在正确地强调认识过程中经验的不可或缺的重要作用的同时，往往会忽视经验产生所依赖的条件，往往会无意识地接受一种没有根据的"事实相对自立性假设和自立性原则"，"这个原则并不断言，事实的发现和描述独立于一切理论过程。它是断言：属于某个理论的经验内容的事实，其获得无关乎是否考虑过理论的种种可取替代……按照它，一个单一的理论被同一个事实类（或观察陈述类）相比较，这些事实据假定是以某种方式'给予的'"[1]15-16。

但是，实际上在科学研究中，经验的产生对理论有很强的依赖性。在科学研究中，经验构成了重要的基础，但是并非任何一种经验都是同等意义的。只有那些能与有关理论密切相关，并能提供新信息的经验才是最有意义的经验；而经验是科学实验的产物，科学实验是在一定理论的指导下进行的，获得有意义的新经验往往需要进行新的科学实验，常常要耗费大量的人力、物力资源，所以经验的突破往往只有在理论突破的指导下才能产生。例如，爱丁顿的日食观测的经验对广义相对论的确证发挥了非常重要的作用，但是为了获得这样的经验，要派遣两支观测队到地球上相距很远的两个地方，在日食的时候同时观测在太阳附近某个视位置的恒星。显然这样耗费资源的实践活动，要不是为了检验相对论，是很难设想的。所以，经验的产生对理论是强烈依赖的。

正是在这种意义上，法伊尔阿本德才提出了著名的理论增殖原则，即为了扩展人类的经验，有必要鼓励不断提出新理论。"不仅每个单一事实的描述取决于某个理论（它当然可能迥异于被检验的理论），而且也还存在一些事实，若不是借助被检验理论的可取的替代理论，就不可能揭露它们，并且一旦排除这些替代，它们就成为不可得到的。"[1]16 "既然事情如此，可取的替代理论的发明和明确表达可能必须先于反驳事实的产生。"[1]17 这样通过理论的增殖，来促进科学实验的增殖，最终达致经验的增殖。

实际上，不仅理论的增殖可以通过科学实验的增殖来促进经验的增殖，而且有时候理论的汇聚和收敛同样可以通过实验的增殖或收敛来促进经验的增殖。例如，一旦爱因斯坦的相对论为科学界所接受甚至聚焦后，对于迈克耳孙-莫雷实验的其他理解方案被拒斥或冷落后，科学家就可以集中人力、物力等各种研究资源来研究相对论，各种更加新颖和更加精确的经验就开始涌现了。T. S. 库恩所强调的常规科学活动中，科学家对范式的教条主义态度就是强调理论的汇聚和收敛，对于科学实验在特定方向上的深化和扩展的影响，并进而深化和扩展某一方面的经验[2]。所以，全面分析经验和理论在认识过程中作用的整体主义，比仅仅关注经验作用的经验主义更接近真理，能更好地指导我们进行认识活动。以上介绍的理论激发经验的生产，强调的就是理论先于经验的关系。

二、理论对经验的共时建构作用

所谓理论参与经验的建构，即我们通常所说的观察中渗透着理论，理论成为经验的一个内在的组成部分。不同的认识主体处于相近的认识环境，面对相近的认识客体，由于所持有的理论不同，所获得的经验也不尽相同。这是因为，经验的获得不是主体对客体的刺激的被动反映（或反应），而是主体利用客体刺激主动认知的结果。

理论参与经验的建构，是在多个不同层次上进行的。在知觉层次上，现代心理学已经通过严格的实验证明了：相同的感官刺激，由于主体的背景信念不同，可以产生完全不同的知觉模式，如著名的鸭兔图。N. R. 汉森因此提出了"观察渗透着理论"的著名论断[3]。此原因有二。第一，因为持有不同信念和理论的主体会对研究对象的不同方面进行选择性关注，如古代中国和西方对天象的观测能力相差不大，观测的经验也基本相似，但是不同的文化背景使得占主导地位的天文理论相差很大，所以对观测经验的解读就有天壤之别。中国古人更多地将日食、彗星、超新星爆发等"奇异"天象与灾祸联系在一起，更多关注偶然性的天象变化，所以在彗星、超新星爆发、流星和流星雨以及太阳黑子的记录方面研究远远走在西方前面[4]460-462。西方亚里士多德-托勒玫体系关于太阳是完美无缺、不可能有瑕疵的偏见则大大地阻碍了太阳黑子的发现。西方古代的几何学传统则帮助西方人在构建宇宙模型的理论方面远远领先于中国，注重行星运动和黄道的视角则是西方在岁差的认识上领先于中国的体现[4]475-476。第二，因为我们获得知觉的过程，实际上是将神经信号重新编码的过程，在编码过程中，占主导地位的信息量并非来自外部的信息，相反主要是来自主体内部的信息。

人的神经系统大约有 1 亿个外部感受器，用于接受外部刺激，而接受内部信息的感受器却有 10^5 亿个。神经系统在整体上更像一个自我封闭的系统[5]。

理论参与经验的建构的另外一种途径是，理论为描述经验提供基本的语言框架。我们在科学认识活动中的经验都是以语言表述的，可以成为人类公共知识的陈述。相近的感官刺激，甚至相近的知觉，用不同的理论表述就会形成完全不同的认知经验。例如，同一种景象，在托勒玫体系的支持者看来是太阳落山，而在哥白尼体系的信奉者看来则是地平线向上转动。

当我们说理论作为表述经验的框架语言时，可能会给人产生一种误解：语言与经验是分立的，是能表达与所表达的关系。这样的话，就意味着存在一种先于语言的纯粹经验，它是尚未受到语言"污染"的。如果这种观点能够成立的话，则理论参与经验的建构的主张就要大打折扣了。事实上，语言是经验的内在组成部分，先于语言的纯粹经验在科学认识中只能是一种虚构，是无法谈论、研究甚至是无法意指的。上述观点实际上就是戴维森极力批判的经验论的第三个教条：概念的内容与框架的两分[6]。

值得注意的是，理论对经验的渗透这一"事实"的存在，对于经验主体间性的普遍性提出了发人深省的质疑。不同的认识主体，可能会有不同的文化背景，可能会有不同的心理预期，可能会有不同的世界观和理论，而这些因素都是经验的内在组成成分，所以从本质上说，对于相近的认识客体而产生的经验的主体间性是不存在普遍性的。正如柯志阳先生所言，主体间性的缺失，未必是消极的，未必指示经验的不可靠性；相反，它完全可以作为指示主体状态的经验依据在认识活动中发挥不可替代的重要作用[7]20。上述介绍的理论参与经验的建构，强调的是理论与经验共时性的关系。

三、理论对经验的事后解释作用

所谓理论对经验进行解释，是指在主体已经获得了经验之后，理论对经验的内容和意义的理解以及对所解释的经验的认识价值的评判。其中包括两个方面：①理论解释经验的内容；②理论审查经验的性质。

第一，理论解释经验的内容。人类的知识从来都不可能是孤立存在的经验的简单拼凑。经验产生后，认识主体必须要确立相关经验与其他经验和理论的相互关系。只有这样，经验才能在主体的认识活动中发挥其功能，而在确定这种关系的活动中，理论充当了关键的、不可或缺的作用。只有通过理论对于经验的解释，经验的内容才得以确定，经验的意义才得以解读。同样的经验，在不同理论的解读下，意义完全不同，与之相关联的经验和理论也完全不同，经验的认识价值也相去甚远。

第二，理论审查经验的性质，这涉及对特定经验的认识功能的评价。在人类的经验中，只有一部分的经验被纳入到认识活动中去，或者说被赋予正面的认识功能。许多经验由于无法为主导性理论所解释甚至显现出与主导性理论相冲突的性质，常常会被贴上幻觉、错觉、妄想、魔术、欺骗等标签，尽管这些经验也会被用来说明主体的身心状况，但是被排除在对于研究对象的认识基础的范围之外。当然，这种审查是依赖于理论的，也是相对的和可错的。伴随着科学理论的更迭，"有效的"经验的范围常常也会发生变化。例如，伽利略利用望远镜获得的天文观测经验，由于与当时占主导地位的亚里士多德相关理论相冲突，曾被当作魔法的产物而遭到拒斥[1]96-102，而现在利用望远镜获得的资料，由于和天文学理论以及光学理论的一致性，则被当作最为可靠的观测经验。亚里士多德用以支持力是运动原因的大量日常经验，今天则由于和力学理论相冲突被贬斥为不精确的错觉，削弱或丧失了原先所拥有的认识价值[8]。

实际上，这两个方面是统一的，我们可以说后者是前者的一种极端形式。一般来说，对于经验的内容，我们通常会按所接受的流行理论来进行解释。在解释时，尽量假定我们已经接受的理论和获得的经验都是正确的，这类似于戴维森的意义理解的"慈善原则"[6]。一旦难以解释，则或者会开始考虑援引那些我们不太信任的"边缘"或"另类"的理论，这可能是科学的突破，也可能陷入伪科学的泥潭；或者会开始怀疑经验的性质，将这种难以解释的经验解释为幻觉、错觉或者魔术、欺骗等等，这就是理论对经验的审查和评价。例如，在所谓"人体科学"的案例中，争论的双方就是分别选择了不同选言支所代表的立场。

理论对于经验的解释和审查生动地体现了人类认识活动的整体性质，即无论认识过程的哪个环节都不是绝对的，其作用的发挥都要依赖于其他环节的作用。既然任何一个经验在原则上都可能被重新解释，且都可能被排除出认识的基础，则抽象地谈经验不可错、必然正确是没有什么意义的，并且很有可能误导我们忽视认识的复杂性，忽视在认识过程中经验对理论的深刻依赖性。以上所涉及的理论对经验的解释，强调的是经验先于理论的关系。

然而，以上理论对于经验作用的三种区分只是一种人为的分类而已。事实上，三个方面是紧密结合在一起的：因为经验的获得是一个动态的过程，甚至经验本身也应该是一个动态的、循环的过程，所以某些学者所抱怨的理论对经验解释和对经验的渗透之间的概念混淆虽然确实不够严谨[7]，但在一定程度上也曲折地反映了一些深层的真理。例如，在所谓的"人体科学"研究中，持有不同立场的人所获得的经验是不同的，在否定者看来，这种理论对经验的渗透的"山羊与绵羊效应"证明了它是伪科学，肯定者则认为否定者太不敏感，或者是做实验时某种外在因素干扰所致，引入了对有关现象的另类解释，这就从理论对经验的渗透过渡到了对经验的解释。对于那些难以解释的"公共经验"（例如，看到某个人竟然能用手指"识字"等），肯定者引入了各种主流科学难以接受的各种理论予以解释，从而设计一系列新的实验来验证这些另类的理论；而否定者则斥之为魔术伎俩，从而设计了各种更加严格的实验以防范作弊，这就从理论对经验的解释转向了理论对经验的再生产，从而又开始了新一轮理论对经验的渗透和解释，如此循环往复……

四、理论构造"虚拟经验"

除以上介绍的理论对现实经验的不同作用方式之外，理论还常常通过理想实验来构造一种我称之为"虚拟经验"的认识手段。我们之所以称理想实验的结果为"虚拟经验"，是因为它具有经验的某种形式，但却是推理和思维构造的结果。

科学史研究表明："科学家从……思想实验既学到了关于世界的知识，也学到了关于他的概念的知识。历史上它们的作用十分接近于实际的实验室实验和观察所起的双重作用。第一，思想实验能够揭示自然界不符合于以往坚持的一套预测。此外，它们可以提示一些具体的途径，今后都必须通过这些途径来修正预测和理论二者。"[9]259。

有意思的是，实验室中所做的真实实验能够促进科学的进步，是因为可以向科学家提供新的和未预料到的信息。思想实验却完全相反，必须完全依靠已经到手的信息。按照 T. S. 库恩的观点，理想实验之所以能够带来新的认识，主要是因为理想实验可以构造一些在实验室中很难产生的情景，在这些情景中人们原先使用的概念的缺陷更容易暴露出来。通过思想实验构造出来的场景，我们发现，原有的概念"不能适合世界整个的精细结构，人们本来期待这个概念是适用于这个世界的结构的"[9]256。

人们之所以常常发现不了原先概念不能适合世界整个的精细结构，是因为科学家通过专业教育获得了科学研究范式，其中"经过时间检验过的信仰和预测的组合告诉他世界是什么样子，同时也定义了一些还需要专业注意的问题"[9]259。原先的概念应用于这样理解的一种世界中是合理的，并且在一定的科学研究阶段中用于解决相关问题是卓有成效的，但是在科学实践的边缘地带，会不断产生一些不能为原有范式所包容的反常现象，即有时世界显现出新的特质。

这样一些经验虽然为科学家们所熟知，但由于和现有范式相冲突，所以常常不能和对原有概念的理解联系起来，不能进入注意的中心。思想实验就是援引这些既为科学家所熟知，又未进入注意中心的经验，并且重新组织这些经验，从而"可以使科学家用他以前不能达到的知识作为他的知识的不可分割的部分。正是在这种意义上，这些思想实验改变了科学家关于世界的知识"[9]262。

值得注意的是，思想实验虽然依赖于这些处于注意边缘的经验，但并非这些经验本身能够使得我们发生认识的飞跃，而恰恰是理论以及理论思维才可以发现并组织这些经验，使那些人人习见的经验化腐朽为神奇，放射出夺目的光芒。例如，爱因斯坦狭义、广义相对论建立过程中起到关键作用的火车和升降机两个思想实验中，所援引的经验是众所周知的，真正体现科学创造力的是爱因斯坦对绝对时空观的怀疑和批判，对科学规律在不同参照系的表现形式一致性的强烈信念。所以出色的思想实验从来都是杰出理论科学家的专利。

正是因为理论在认识活动的各个环节中都能对经验产生如此全面的、强有力的主导作用，拉卡托斯才强调，由研究纲领构成的"成熟科学"与试错法拼凑出的"不成熟科学"有很大不同：研究纲领不仅可以预见新颖事实，而且还可以预见新颖的辅助理论，这使得成熟科学具有更大的想象力和启发力，保证了理论科学的自主性。"在有力的研究纲领内进行研究的科学家合理地选择哪些问题，是由纲领的正面启发法所决定的，而不是由心理上使人发愁（或技术上急迫）的反常决定的。只有那些从事于试错法练习的科学家，或从事于其正面启发法停止下来进入退化阶段的研究纲领的科学家，才全神贯注于反常。"[10]

通过本文的分析，我们从中可以看到，在认识的任何一个环节中，只要有经验出现的地方，理论都发挥着重要的作用，甚至我们可以说，理论在认识活动的全过程中无所不在。但强调理论无所不在的作用，并非要倒向相反的极端，并非要抹杀经验在认识活动中无可替代的作用，而是要强调认识活动中经验和理论是相互依存、相互补充、相互渗透、相互转化的，共同构成了认识活动的整体。所以说作为基础主义的经验主义应该为整体主义所取代。

（本文原载于《自然辩证法研究》，2003年第11期，第44-47页。）

参 考 文 献

[1] 保罗·法伊尔阿本德. 反对方法. 周昌忠译. 上海：上海译文出版社, 1991.

[2] T. S. 库恩. 科学革命的结构. 李宝恒, 纪树立译. 上海：上海科学技术出版社, 1980: 29-35.

[3] N. R. 汉森. 发现的模式. 邢新力, 周沛译. 北京：中国国际广播出版社, 1988: 33.

[4] 潘吉星. 李约瑟文集. 沈阳：辽宁科学技术出版社, 1986.

[5] 金观涛. 人的哲学：论"科学和理性"的基础. 成都：四川人民出版社, 1988. 42-43.

[6] 唐纳德·戴维森. 真理、意义、行动与事件. 北京：商务印书馆, 1993: 110-129.

[7] 柯志阳. 论经验的性质: "观察渗透理论"与"理论颠覆经验". 自然辩证法通讯, 2002(1): 20, 21.

[8] 保罗·法伊尔阿本德. 自由社会中的科学. 兰征译. 上海: 上海译文出版社, 1990: 52-66.

[9] 托马斯·S. 库恩. 必要的张力: 科学的传统和变革论文选. 纪树立, 范岱年, 罗慧生, 等译. 福州: 福建人民出版社, 1981.

[10] 伊姆雷·拉卡托斯. 科学研究纲领方法论. 兰征译. 上海: 上海译文出版社, 1986: 72-73.

大数据方法：科学方法的变革和哲学思考

| 张晓强　杨君游　曾国屏 |

随着信息技术和网络技术的快速发展，人类存储的数据越来越多，数据已经从量变走向了质变，成为"大数据"（big data）。大数据概念首见于 1998 年《科学》（*Science*）中的《大数据的管理者》（"A Handler for Big Data"）[1]一文。2008 年《自然》（*Nature*）出了"大数据"专刊[2]之后，大数据成为学术、产业和政府各界甚至大众的热门概念，美国等发达国家已经制定并实施大数据战略。

刘红、胡新和指出，大数据带来了第二次数据革命，使得"万物皆数"的理念得以实现，标志着数据发展史上第三个阶段的开始[3]；数据在科学研究中的地位与作用发生了变化，引发了一系列哲学问题，应当纳入科学哲学的研究领域。[4]S. 莱奥内利（S. Leonelli）以生物医学本体（biomedical ontologies）为案例，探讨了理论在数据密集型科学中的角色。[5]W. 皮奇（W. Pietsch）探讨了大数据中的因果性，提出大数据的水平建模。在各界喧嚣的大数据浪潮中，大数据究竟意味着什么？这是一个非常值得深思的问题。

一、大数据的内涵及方法

关于大数据表现形式的概括，目前较为广泛认可的是 4V 说，即规模性（volume）、多样性（variety）、高速性（velocity）以及价值性（value）。如果从大数据存在方式及其功能的角度来加以审视，即从其自身维度、支撑维度、工具维度和价值维度来考察，就形成了"四维说"（图 1）。

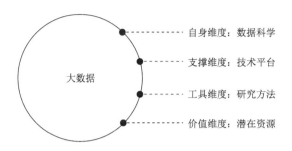

图 1　大数据的"四维说"

从自身维度看，大数据是数据科学。数据科学以海量的数据为研究对象，通过数据挖掘等手段来寻找海量数据中潜在的规律。它研究各个科学领域所遇到的具有共性的数据问题，通过对数据的规律的研究来实现对科学问题的解答。比如，天文学的研究方法与癌症的研究方法是相通的。[6]

从支撑维度看，大数据是技术平台。海量数据的收集、存储以及提取都不同于常规数据，需要全新的软硬件技术的支持。无论是数据的查询还是分析，都必须基于特定的软件，这些技术以及用于存储和查询的系统的总和，便是支撑大数据分析的技术平台。

从工具维度看，大数据是研究方法。它已经进入生物信息学、生物医学、地震预报、天气预报等数据密集型的科学领域。图灵奖得主吉姆·格雷（Jim Gray）更是明确地指出，科学将进入继实验、理论、计算模拟之后的第四范式：数据密集型科研。

从价值维度看，大数据是潜在资源。麦肯锡报告指出，在医疗行业，大数据每年创造的价值预计超过 3000 亿美元，在零售业方面，大数据预计将提升利润 60%以上。[7]

大数据为科学提供了新的研究方法。其主要研究方法是数据挖掘，基本目标有两个：描述（description）与预测（prediction）。通过描述来刻画海量数据中潜在的模式，并根据数据中潜在的模式来进行预测，从而发现数据中有价值的模型和规律。

数据挖掘的主要技术有：分类（classification）、关联分析（association analysis）、聚类分析（cluster analysis）以及异常检测（anomaly detection）。[8] 分类是指通过数据学习得到一个分类模型（classification model），该模型将自变量对应到因变量，从而实现对自变量的分类。关联分析是指发现海量数据中有意义的数据关系，包括频繁项集和关联规则（association rule）。聚类分析是指将海量数据划分成有意义的多个簇（cluster），簇内的对象具有很高的相似性，不同簇中的对象很不相似。异常检测是指找出其行为很不同于预期对象的过程，这种对象称为离群值（outlier）。

目前，国际上对于大数据方法中的模式（pattern）与模型（model）并没有作区分。在谭（Pang-Ning Tan）等人编写的教材《数据挖掘导论》中[8]，对数据挖掘的定义使用的是"模式"一词，在分类这一具体技术中，使用的则是"模型"一词。W. 皮奇则指出，大数据的目标就是发现海量数据中潜在的模型。在此意义上，大数据方法是一种模型方法。

二、大数据方法的变革

1. 大数据模型与传统模型比较，有很大的区别

例如，孙小礼将科学模型划分为物质形式的科学模型与思维形式的科学模型（表 1）[9]。在物质形式的科学模型中，模型来源属于天然存在物的便是天然模型，模型来源属于人工制造物的便是人工模型。在思维形式的科学模型中，根据模型不同的特点分为理想模型、数学模型、理论模型以及半经验半理论模型。理想模型强调的是模型的抽象性，数学模型强调的是模型的数学基础，理论模型强调的是模型的理论基础，而半经验半理论模型强调的是模型的来源，既包含理论成分，又包含经验成分。

表 1　科学模型的类型

科学模型	分类	举例
物质形式的科学模型	天然模型	飞鸟
	人工模型	房屋模型
思维形式的科学模型	理想模型	质点模型
	数学模型	拓扑
	理论模型	原子模型
	半经验半理论模型	社会系统

就它们的区别而言，首先，大数据模型并不具有物质形式，因此并非物质形式的科学模型；其次，大数据模型是根据海量数据以及算法得出的，无理论介入，因此也非理论模型；再次，大数据模型从海量的数据出发，通过复杂的计算，最终得出复杂的模型，都是具体的数据运算，并无抽象过程；最后，大数据模型虽涉及算法，但大数据模型与数学模型的得出过程不同，数学模型是通过寻找研究问题与数学结构的对应关系而确定的，大数据模型

则是通过寻找海量数据与算法的对应关系而确定的。显然，大数据的模型方法与这里列出的已有科学模型方法均不相同，是一种新型的模型方法，更多地体现为一种经验模型。

2. 大数据模型与统计建模比较，也有本质的不同

数据挖掘作为一个多学科交叉的领域，涉及数据库、统计学、机器学习等领域；从模型方法的角度来看，其中最为相近的是统计学。尽管数据挖掘涉及一定的统计基础，但数据挖掘与统计建模还是有本质的区别的。[10]

首先，在科学研究中的地位不同。统计建模经常是经验研究和理论研究的配角和检验者；而在大数据的科学研究中，数据模型就是主角，模型承担了科学理论的角色。

其次，数据类型不同。统计建模的数据通常是精心设计的实验数据，具有较高的质量；而大数据则是海量数据，往往类型杂多，质量较低。

再次，确立模型的过程不同。统计建模的模型是根据研究问题而确定的，目标变量预先已经确定好；大数据模型则是通过海量数据确定的，且部分情况下目标变量并不明确。

最后，建模驱动不同。统计建模是验证驱动的，强调的是先有设计再通过数据来验证设计模型的合理性；而大数据模型是数据驱动的，强调的是建模过程以及模型的可更新性。

由此可见，尽管大数据与统计建模均是从数据中获取模型的，但两者具有很大的区别，大数据带来的是一种新的模型方法，大数据模型是数据驱动的经验模型。

3. 大数据模型与计算机仿真比较，同样也有很大的区别

计算机仿真主要包含三个要素——系统、模型与计算机，联系着三个要素的内容有：建模、二次建模以及仿真实验（图2）[11]。

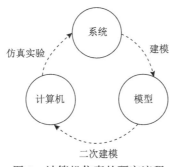

图2　计算机仿真的研究流程

W. 皮奇通过考察大数据方法与计算机仿真方法，指出二者有如下区别。

第一，研究对象不同。大数据面向的是海量的数据，而计算机仿真面向的是根据系统建立的数学模型。因此大数据是数据驱动的，计算机仿真是模型驱动的。

第二，推理逻辑不同。大数据是根据数据归纳得出数据模型的，而计算机仿真是根据模型演绎得出计算结果的。

第三，自动程度不同。大数据从数据获取、数据建模到预测均是计算机自动进行的，而计算机仿真只有仿真实验这一步是自动的，仅仅占了科学研究过程中的一小部分。

第四，说明力度不同。计算机仿真的模型假设为模型的说明提供了坚实的基础，大数据由于建模过程的自动化而缺乏这样一个基础。因此前者说明力度较大，而后者说明力度较小。

第五，角色地位不同。计算机仿真主要扮演了实验的角色，通过不断实验来确定模型中的参数。在科学研究中，大数据无论是对模型的获得还是进行预测都占了主体地位。

第六，基础设施不同。计算机仿真可能涉及一台或多台计算机，但大数据却涉及更多的基础设置，包括自动获取数据的传感器、连接用户与电脑的网络设施等。

综上，尽管大数据与计算机仿真都运用了现代的计算机以及网络技术，但二者有着诸多区别。这也印证了吉姆·格雷的观点：大数据是继实验、理论以及计算机仿真之后的第四范式。在此意义上，大数据带来了新的科学方法，代表着科学方法的变革。

三、大数据的方法论考察

笔者从四个方法论维度（图3）对大数据方法进行了考察。

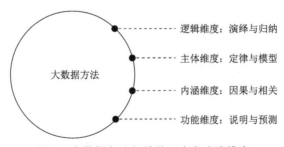

图3　大数据方法相关的四个方法论维度

1. 逻辑维度：演绎与归纳

从逻辑的角度看，科学的论证有两种：演绎与归纳。演绎论证要求前提决定性地支持结论，而归纳论证并不要求这一点。[12]

如在大数据的分类中，分类是找出属性集到类标号的分类模型，决策树是其中被广泛使用的一种分类方法。决策树是由节点和有向边组成的层次结构，节点包括根节点、内部节点以及叶节点。下列所示的分类就是根据一个数据集（表2）找到一个决策树（图4）。[8]

表 2　脊椎动物的数据集

名字	体温	是否胎生	类标号
人类	恒温	是	哺乳动物
鲑鱼	冷血	否	非哺乳动物
鸽子	恒温	否	非哺乳动物
豹纹鲨	冷血	是	非哺乳动物
企鹅	恒温	否	非哺乳动物
豪猪	恒温	是	哺乳动物

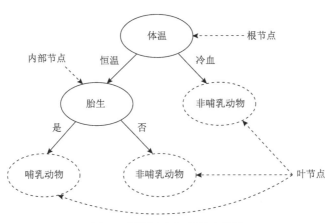

图 4　决策树建立过程示意图

在"是否属于哺乳动物"的决策树建立的过程中，首先建立根节点"体温"，然后建立两个有向边，分别为"冷血"与"恒温"，冷血有向边指向的是一个叶节点"非哺乳动物"；叶节点就意味着此处分类的结束。在恒温动物中，既包含哺乳动物，又包含非哺乳动物，因此无法成为叶节点，需要继续分边；进而根据内部节点"胎生"来进行分边，分为"是"与"否"两个有向边。恒温动物中是胎生的均为哺乳动物，因此到达叶节点"哺乳动物"，恒温动物中不是胎生的均为非哺乳动物，因此到达叶节点"非哺乳动物"。于是，完成了整个决策树。

决策树包含了"节点"与"有向边"，根节点与内部节点由数据集中的属性构成，叶节点由类标号构成，而有向边通过对于已有数据的归纳得来。其中涉及的具体归纳方法包含了"求同法""求异法"。为方便起见，将恒温记作 A，冷血记作 B，胎生记作 C，非胎生记作 D，哺乳动物记作 E，非哺乳动物记作 F。在决策树第一个叶节点"非哺乳动物"建立的过程中，使用了求同法：因为 $BC \to F$，$BD \to F$，所以 $B \to F$。在第二个叶节点"哺乳动物"建立的过程中，使用了求异法：因为 $AC \to E$，$A\&$非 C（即 D）→非 E（即 F），因此 $C \to E$。同理第三个叶节点"非哺乳动物"的建立也是使用了求异法。

尽管决策树只是分类中的一种算法，但其他算法的原理基本相同，均是从数据集中提取分类的模型，从而实现分类的。模型的提取过程便是根据已有数据集进行归纳的过程。

关联分析是挖掘海量数据中符合特定支持度和置信度的关联规则，它根据已有数据统计得来，使用的是归纳法。聚类分析将数据按照相似程度划分为簇，与分类相比，可以称为非监督分类，使用的也是归纳法。异常检测是发现数据中的离群点，一种方法是通过发现数据集中的模型，从而寻找不能与模型完美匹配的点，模型是通过归纳得来的，检测是基于模型进行的，因此它属于归纳方法。

考虑大数据模型的预测方面，根据模型进行预测，属于从一般到个别的论证。大数据模型具有一定的预测能力，但并不具有必然性，属于归纳逻辑。

大数据方法虽然算法很多，但都是对不确定性的量化，属于归纳方法。

2. 主体维度：定律与模型

对科学定律的传统理解，主要来自于休谟的因果观：心理习惯、恒常联系（系统）、必然性。这三种理解也就是关于科学定律的三种进路，前两种是规则性进路，第三种是必然性进路。规则性进路中有两派，第一派认为定律是心理习惯，第二派认为定律应当是最佳演绎系统的一部分。必然性进路则强调定律的必然性。[13]

在此可以注意到，首先，大数据模型是可以用来预测的，通过不断的预测可以形成心理习惯，因此符合心理习惯进路；其次，大数据模型是根据算法和数据得来的，并不属于某个演绎系统的一部分，因此不符合系统进路；

最后，大数据模型尽管可以预测，但并不具有必然性，因此不符合必然性进路。

由此可见，大数据模型并不属于某一个演绎系统，也不具有必然性，但由于它的预测性，因此符合主观意义下的心理习惯。的确，相比大数据模型，传统意义上的物理定律具有更好的系统性与必然性，从而成为科学的典范。但这并不意味着大数据模型就较差，大数据模型与物理定律只是应用领域不同而已。面对一片飘落的羽毛，大数据及其模型方法一定会比物理定律给出更好的预测。

3. 内涵维度：因果与相关

因果关系与相关关系是大数据哲学及其方法中的热门问题。舍恩伯格认为，大数据不是因果关系，而是相关关系[14]。《连线》杂志主编安德森则认为相关关系已经取代因果关系。他们的观点在学术界掀起了轩然大波。支持者有之，如纽约大学心理学家格雷·马库斯（Gray Marcus）；但反对的声音更多一些，如 W. 嘉利宝（W. Callebaut）就针对安德森的观点进行了批判。[15]

对于因果与相关的考量，可以归结为两个问题：①大数据方法是否只能获得相关关系？②相关关系是否能够代替因果关系在科学中扮演的角色？

就第一个问题而言，在 W. 皮奇看来，大数据方法不仅可以获取相关性，而且可以探索因果性。他从马奇的因果性定义出发，针对决策树与贝叶斯算法进行了分析，指出这两个算法中蕴含了消去归纳法（eliminative induction），因此大数据方法可以探索到因果性。

事实上，按照马奇的"所谓原因是结果的一个非必要而充分的条件中的一个非充分而必要的部分"[16]的定义，从消去归纳法到因果性，需要极其严格的条件。大数据的算法中尽管蕴含了消去归纳法，但是并不能完全等价于它可以得出因果性。上文中指出在决策树算法中使用了求同法与求异法，从求同法、求异法到因果性还需要其他严格的条件。

消去归纳法可以对充分条件作一个筛选，也可以对必要条件作一个筛选，但却不能从充分条件中筛选出必要条件来，也不能从必要条件中筛选出充分条件来。因果性强调的是充分条件中的必要条件。

例如，医院可以通过罕见病患者的临床症状来对病情进行分类，但临床症状并非病情的原因；医院也可以通过基因变异来对罕见病患者的病情进行分类，而基因变异是病情的原因。这两种情况使用的都是分类方法，却出现不同的结果。可见，W. 皮奇的论证只能说明大数据可以用来发现因果关系，但真正发现因果关系的并不是大数据，而是既有的数据与背景知识。背景知识决定了基因是病情的原因，而症状不是。因此，大数据方法发现的只是相关关系，如果大数据分析的对象恰好本身就有因果关系的话，那么大数据可以发现因果关系的具体模型。

就第二个问题而言，因果与相关的对立似乎隐含了一个假设，就是传统科学是必须追寻因果性的。然而事实并非如此，科学说明究竟是定律说明还是因果说明尚存争议[13]。既然大数据发现的并不是因果，那么因果说明这条路很可能就堵上了。但还有另外一条路，就是定律说明。如果将大数据所挖掘的数据模型当作定律，那么相关是否就可以代替因果了呢？

当蛋挞与飓风用品销量的关联规则被发现后[14]，这一规则是否可以转变为"所有购买飓风用品的人都极有可能购买蛋挞"呢？如果可以，那么"所有购买飓风用品的人都极有可能购买蛋挞"就可以成为定律，尽管这个定律也许只适用于沃尔玛。那么大数据中的模型究竟离定律有多远呢？上文中已经指出，在定律的三条进路中，大数据符合其中的心理习惯进路，不符合系统进路与必然性进路。因此，如果对于定律的理解仅仅认为它是心理习惯的话，大数据中的相关关系是可以进行科学说明的，因而也就可以代替因果性。

综上所述，大数据方法仅仅能够发现相关关系，而且只有在心理习惯的定律进路下，相关关系才能够代替因果关系在科学中扮演的角色。

4. 功能维度：说明与预测

说明与预测是科学的两个主要目标，在大数据的两个主要任务中，描述是发现既有数据的模型，数据是经验的表征，因此描述便是对经验的说明。

从说明的角度来看，大数据方法并不能够发现因果性，因此无法进行因果说明；在定律说明方面，大数据模型只符合心理习惯进路。可见，大数据模型的说明力较弱。此种例子比比皆是：银行将用户的违约率控制得很低，但客户经理并不知道原因，他只是按照算法来选择客户；Google可以翻译不同的语言，可设计它的工程师并不懂语法。

从预测的角度来看，大数据的预测虽然不具有必然性，但的确拥有较好的预测力。首先，大数据的模型会经过评估，从而达到一个较好的预测水平；其次，随着数据的更新，大数据的模型也会进行相应的更新；再次，大数据一般都是针对具体的问题，因而模型也是针对具体的问题，并不需要去与某个演绎系统进行对接；最后，大数据模型的来源是海量的数据，越多的数据蕴含着越多的经验信息，越多的信息在模型中得到体现，那么预测就会越准。

这里，笔者以说明力与预测力作为两个维度对科学进行了分类（图 5），形成了四个象限。

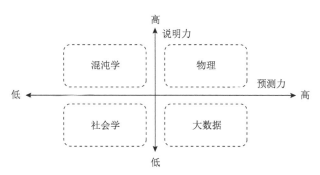

图 5 科学的"说明力-预测力"象限图

第一象限是物理，科学大厦的经典代表，拥有着完美的演绎系统。不仅可以说明地面物体的运动，而且可以预测星球的运行轨迹。无论是说明力还是预测力，物理都是当前科学中的最优典型。

第二象限是混沌学，虽然可以通过基础理论予以说明，但很难进行预测。比如在对台风的研究中，科学家们可以通过气体动力学等科学知识给予很好的说明[17]，但却无法对台风予以准确的预测。

第三象限是社会学，社会学理论并没有形成漂亮的演绎体系，不具有必然性，也无法形成心理习惯，在定律说明方面较弱。在因果说明方面，社会学只有在一定的前提假设下才可以进行一定说明，而且对同一现象也有很多不同解释，因此说明力仍旧较弱。[18]在因果方面，社会学显然要比大数据强，因为人们可以根据常识予以理解。在预测方面，社会学很少作预测，即便预测了也很少成功。

第四象限是大数据，它在具有较高预测力的同时，却只拥有较低的说明力。

大数据方法基于一种理论与经验的权衡，将会影响预测力较低的传统科学，为此类科学提供一种新的研究路径，实现较好的预测力。

四、大数据的核心特征及其意义

技术的发展带来了经验世界的改变，正如望远镜让人们看到了遥远的星球一样，海量的数据让人们看到了复杂的世界。如果说一个点并不能决定线性函数的形式，两个点并不能决定二次函数的形式，那么海量的点则可以逼近任何连续的函数。大数据，不仅仅是一种经验表征的新方式，更是一种探索经验背后知识的新方法。

美国大选的预测模型在设计的时候几乎没有用到任何政治学知识[19]，J. 克雷格·文特尔（J. Craig Venter）小组通过基因测序仪发现了上千种新物种，即便他完全不了解这些物种的外貌和生活习性，但是，他们均以一种人们难以理解的方式获得了成功。

这种"难以理解"是大数据的核心特征。1997年，国际商业机器公司（IBM）计算机"深蓝"战胜了当时的国际象棋世界冠军卡斯帕罗夫；2011年，IBM计算机"沃森"在美国智力竞猜节目《危机边缘》中战胜了最优秀的人类选手，它们都令人难以理解。这种难以理解突破了人类的智力，还要突破人类的心理习惯。大数据已经做到了前者，后者的到来也只是时间问题。

这种"难以理解"，其根本原因是"低说明力"却"高预测力"，这预示了一种新的科学。现有的科学，要么可以通过科学定律予以说明，要么可以通过因果机制予以说明，又或者可以通过模型的隐喻类比予以说明[13]。可是，大数据模型是直接从具有数据形式的经验世界通过超计算量、高复杂性的算法挖掘得来的。科学研究的总部直接建在了海量的数据里，忽视概念与理论，数据里的信息已经足够，只需要挖掘即可。

海量的数据蕴含着经验世界中丰富的信息，海量的数据便是海量的经验。开普勒看到了第谷的数据，从中找到了美丽的开普勒定律。物理学等经典科学致力于寻找宇宙中美丽的定律。然而，世界不仅仅是这样的。世界上还有另外一些领域，这些领域中没有美丽的定律，有的只是复杂的、混沌的、大量的、不确定的经验，比如市场经济、社会学、地震预测等领域。在图5的第二象限与第三象限中，预测力较低的科学将拥有一次提升预测力的机会，这个机会便是走向第四象限的大数据科学。

大数据是一种新的经验表现形式、一种新的科学研究方法、一种新的科学研究类型。在经验层面，大数据带来了"随处可见"；在方法层面，大数据带来了"难以理解"；在科学层面，大数据将带来"新的世界"（图6）。

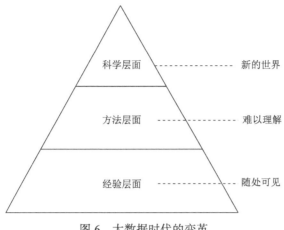

图 6 大数据时代的变革

（本文原载于《哲学动态》，2014 年第 8 期，第 83-91 页。）

参 考 文 献

[1] Cass T. A handler for big data. Science, 1998, 282（5389）: 636.

[2] Science. Special Online Collection: Dealing With Data. http://www.sciencemag.org/site/special/data/.

[3] 刘红, 胡新和. 数据革命: 从数到大数据的历史考察. 自然辩证法通讯, 2013, 35（6）: 33-39.

[4] 刘红, 胡新和. 数据哲学构建的初步探析. 哲学动态, 2012,（12）: 82-88.

[5] Leonelli S. Classificatory theory in data-intensive science: the case of open biomedical ontologies. International Studies in the Philosophy of Science, 2012, 26（1）: 47-65.

[6] Reed S. Is there an astronomer in the house? Science, 2011, 331（6018）: 696-697.

[7] Manyika J, Chui M, Brown B, et al. Big Data: The Next Frontier for Innovation, Competition, and Productivity. McKinsey Global Institute, 2011.

[8] Tan P-N, Steinbach M, Kumar V. 数据挖掘导论. 范明, 范宏建, 等译. 北京: 人民邮电出版社, 2011.

[9] 孙小礼. 文理交融: 奔向 21 世纪的科学潮流. 北京: 北京大学出版社, 2003.

[10] 王星, 等. 大数据分析: 方法与应用. 北京: 清华大学出版社, 2013.

[11] 何江华. 计算机仿真. 合肥: 中国科学技术大学出版社, 2010.

[12] 欧文·M. 柯匹, 卡尔·科恩. 逻辑学导论: 第 13 版. 张建军, 潘天群, 顿新国, 等译. 北京: 中国人民大学出版社, 2014.

[13] 王巍. 说明、定律与因果. 北京: 清华大学出版社, 2011.

[14] 维克托·迈尔-舍恩伯格, 肯尼思·库克耶. 大数据时代: 生活、工作与思维的大变革. 盛杨燕, 周涛译. 杭州: 浙江人民出版社, 2013.

[15] Callebaut W. Scientific perspectivism: a philosopher of science's response to the challenge of big data biology. Studies in History and Philosophy of Science Part C: Studies in History and Philosophy of Biological and Biomedical Science, 2012, 43(1): 69-80.

[16] Mackie J L. Causes and conditions. American Philosophical Quarterly, 1965, 2(4): 245-265.

[17] 美国国家科学院国家研究理事会. 理解正在变化的星球: 地理科学的战略方向. 刘毅, 刘卫东, 等译. 北京: 科学出版社, 2011.

[18] Dhar V. Data science and prediction. Communications of the ACM, 2013, 56(12): 64-73.

[19] Issenberg S. The Victory Lab: the Secret Science of Winning Campaigns. New York: Broadway Book, 2013.

自然辩证法应重视科学实践方法论

| 马佰莲　　曾国屏 |

一、问题的提出

自然科学本质上是实验的科学，科学认识活动是感性实践和理性建构的统一。恩格斯说："单凭观察所得的经验，是决不能充分证明必然性的"[1]。在科学实验产生以前，自然科学研究只能停留在自然哲学的思辨水平上，难以深入系统地认识自然对象的本质，科学活动只是表现为一种理性活动。科学实验的产生是近代科学的起点，而科学仪器是科学实验的物质手段。近代科学借助于科学仪器，使古代对自然提出"为什么"的哲学思辨发问变为对自然过程提出"是如何进行的"发问，从而使科学从定性研究走向客观化、精确化、定量化，丰富了感性认识的内容，深化了对自然客体对象的认识。难怪弗兰西斯·培根把以实验为基础的归纳法视为科学复兴的新工具。

作为一项探索性活动，科学的进步依赖于认识工具上的变革。科学认识系统中包括两类工具：概念理性工具和物质实体工具。纵观科学发展史，科学上"存在两类科学革命，一类是在新工具的发明推动下产生的革命，一类是在新观念的驱使下产生的革命"[2]。这里所讨论的新工具，主要指的是以科学仪器为主的实体工具，如望远镜、显微镜、基因图和互联网等。近代科学是以理性工具为主导的时代，它主要表现为一种理性认知活动。但是，随着科学和技术发展的一体化，科学实验在当代获得了重大进展，科学的进步越来越依靠科学仪器的发展，仪器不仅给科学研究提供了重要支撑，而且实验创新和仪器创新成为知识创新和技术创新成就的重要体现形式，是国家创新能力和科技水平的标志[3]。

科学仪器在科学创造中的作用和地位上的重大变化，反映了当代科学研究的性质和功能的改变。从活动论的观点看，科学活动和技术活动是统一的，理论活动和实验活动难以区分。科学不仅表现为一种理性活动，同时也是一种实践形式，在当代科学认识体系中，既存在一个相对自主发展的理论研究纲领，同时还存在一个同样也是相对自主发展的实验研究纲领[4]。并且在科学探索过程中，"理论与实验之间的相互作用是复杂的。并不是首先出现理论然后再由实验家对其进行验证，或者是实验家做出了发现后再由理论家来解释。理论和实验常常是同时进行，并强烈地相互影响着"[5]。就是说，科学实验既受理论的指导，又具有相对的独立性，理论和实验之间是相互作用共同进化的。因此，对科学的理解中，要对科学理论和科学实验给予同等重视。

自然辩证法的科学观和方法论，不仅要重视对科学理性方法、科学价值观的研究，还应该重视对科学实验、科学活动的结构及运作机理的研究，把科学实践的观点引入内容体系和教学中去，加强对科学实践方法论的研究和教学的重视。

那么，目前自然辩证法的科学观和方法论的教材和教学的情况如何呢？以下窥豹一斑，对此进行一点考察。

二、自然辩证法教学中存在的问题及分析

（一）我国自然辩证法教学中存在"理论优位"倾向，重理性工具分析轻实体工具研究

众所周知，自从 1978 年教育部（1985—1998 年称国家教委）把自然辩证法课程定为全国理工农医类硕士研究生的公共理论课以来，先后组织了三次自然辩证法教材教学要点的编写，产生了三个版本的教学要点，它们分别是《自然辩证法概论教学要点（试用本）》（1988 年）、《自然辩证法概论教学基本要求（征求意见稿）》（1998 年）和《自然辩证法概论教学大纲》（2003 年）；组织专家编写了三个版本的"统编教材"，它们是 1979 年推出的《自然辩证法讲义（初稿）》（以下简称《讲义》）、1991 年版的《自然辩证法概论》（修订版）和 2004 年版的《自然辩证法概论》。其中，后两个

版本分别是遵循1988年和2003年的自然辩证法概论教学要求和大纲编写的。尽管各高校出版的教材名目繁多，除个别情况之外，绝大多数教材都是按照教育部颁布的教学基本要求，并以"统编教材"为蓝本编写的。但是从总体上，也呈现了不同阶段的特点。

1.1979～1987年的情况

这一阶段自然辩证法教材不多，比较有代表性的有三本。一是教育部1979年版统编教材《讲义》。该书内容包括三个部分：自然观、自然科学观和自然科学方法论。在自然科学方法论部分，观察与实验方法专门为一章，并具体讨论了科学仪器的作用，以及观察和实验中的机遇问题，在一定程度上体现了对科学研究的实践探索性特征的重视。但其总体上主要强调理论思维对观察、实验的指导作用，偏重于对科学抽象、逻辑思维方法、数学方法和科学假说方法的分析，科学研究主要被描述为一种理性活动，这一特点在自然科学观部分尤其突出[6]。

二是黄顺基、吴延涪等主编的《自然辩证法教程》（1985年）。该书的整体理论结构同《讲义》一样，内容也分为三部分，但标题分别变成了"自然界的辩证法"、"自然科学认识的辩证法"和"自然科学发展的辩证法"。经过从"自然科学方法论"到"自然科学认识的辩证法"的改动，自然辩证法的方法论内容的理论倾向性明显起来。比如在谈到观察和实验的作用时，该书虽然提出了"实验只有在自身的发展过程中才能成为不断发展着的科学知识的有效证明手段"[7]285，但又明确把观察、实验方法作为"自然科学的经验认识层次"，强调观察、实验是积累科学事实和验证假说的工具，"始终是在某种理论的指导下进行的"[7]287。换言之，著作者们主要认为科学活动是由思想观念驱动的，在强调科学是一种理性活动时，却忽视了科学实验的相对独立性及其发现的功能，也就在一定程度上忽视了从实践角度去认识科学的本质。

三是舒炜光主编的《自然辩证法原理》（1984年）。从理论构架上看，该教材突破了"三大块"体系，而以人和自然的矛盾与科学实践和科学认识的关系作为中心支柱，创立了以科学认识论为中心的一种新体系。与其他教材比较，它突出强调了科学实践和科学仪器是科学认识、科学理论的来源和基础，科学实践概念是辩证法原理逻辑进程上的"重大的关节点"[8]，不仅分析了科学实践的静态结构特征，而且讨论了其动态过程，揭示了其科学研究的探索性特征。如该书提出，"科学实践是一种对认识客体施加变革的活动"[9]99，它不仅能够促进科学认识的发展，而且科学仪器等物质实验条件"是制约科研目的提出和实现科研目的的现实条件"，就是说，"科研目的、预定的目标是科学仪器的产物。因为，科研目的绝对不是单纯地由人的意志和愿望所设定的"[9]110。尤其是每一章内容的展开都体现了方法论因素在其中的作用。可以认为，该教材比较侧重于对科学活动的实践特征的分析。

2. 1988～1997 年的情况

这一时期产生了一批自然辩证法教材。全国许多高校根据教育部的《自然辩证法概论教学要点（试用本）》（1988 年）基本精神，主要以 1991 年教育部"统编教材"为蓝本，各自组织编写了教材。所以下面我们主要以 1988年的《自然辩证法概论教学要点（试用本）》和 1991 年的"统编教材"为例说明之。

1988 年的《自然辩证法概论教学要点（试用本）》和 1991 年的"统编教材"同《讲义》一样，主体内容包括"三大块"，但各标题稍有变化，"自然科学观"和"自然科学方法论"分别变为"科学技术观"和"科学技术方法论"。所不同的是，该教材在科学技术方法论部分多出了"观察实验中的若干认识论问题"，体现了对观察、实验和理论之间关系的重视。但从所列出的几个问题（可观察性原则、观察渗透理论、仪器的性质和作用、观察、实验中的机遇）来看，与《讲义》相比较，以"观察渗透理论"取代"理论思维对观察、实验的指导作用"，尤其因为强调把科学问题作为科学研究的起点，忽视了机会、现有可资利用的仪器设备、技能等对确立科学问题的重要意义[10]，其实际结果当然更加突出了实验受理论支配的思想，科学实践方法论在一定程度上被淡化了。

另外，由华中理工大学李思孟、宋子良、钟书华主编的《自然辩证法新编》（1997 年）是比较有自己特色的教材之一。该教材的理论结构虽然也是传统的"三大块"体系，但它与 1991 年版"统编教材"相比，在"科学技术观"部分增加了"科学界的越轨行为"；在"科学技术方法论"部分主要讨论了西方科学哲学的实证主义、证伪主义和历史主义各派的理论观点，分析了科学研究始于观察、科学研究始于假说和科学研究始于问题三类科学研究的起点。从总体上看，该教材较侧重于对科学技术体制运行或科学价值观的分析，而较少涉及对科学方法的研究，这部分内容不仅减少了对于理性思维方法的系统讨论，同时也几乎不涉及科学观察和实验方法，从而科学方法论内容在整体上被削弱了。

从科学观和方法论角度看，如果说，自然辩证法教学在前一阶段对科学实验的重要性和科学实践的观点有所关注的话，那么在这一时期，由于普遍受西方科学哲学"科学始于问题"命题的影响，科学实验的重要性在一定程度上被忽视。

3. 1998～2007年的情况

《自然辩证法概论教学基本要求（征求意见稿）》（1998年）在自然观上，增加了"可持续发展观"；科学技术观上增加了"科学技术与社会"内容；科学技术的认识论和方法论部分基本上没有变化。《自然辩证法概论教学大纲》（2003年）和2004年的"统编教材"——《自然辩证法概论》，内容由原来的"三大块"变成现在的四部分：辩证唯物主义自然观、科学观与科学方法论、技术观与技术方法论和科学技术与社会。从内容上，"辩证唯物主义自然观"增加了生态自然观的内容，充分反映了当代自然科学成果的总的精神；"科学技术与社会"突出了科学、技术与社会互动关系的问题导向，紧紧把握住了科学技术发展的前沿成果。尤其是在"科学观和科学方法论"与"技术观与技术方法论"部分，紧扣时代主题，扩大了技术论和创造性思维的比重，高度重视创造性思维在科学发现和技术发明中的主导作用。遗憾的是，科学实验的运作机制和过程仍然没有被给予足够的重视，这一部分内容变动不大。

值得一提的是，武汉大学杨德才主编的《自然辩证法》（2006年）是教育部"高校思想政治教育课程建设研究"重大攻关项目创新教材，在内容体系上，该教材改变了传统以人和自然的关系为核心的"三大块"的逻辑结构，而是侧重于从"科学技术论"角度进行建构，把自然辩证法具体内容分为"科学技术对象论"（自然观）、"科学技术结构论"（科学技术结构观）、"科学技术运动论"（科技观与方法论）以及"科学技术功能论"（科学技术与社会）。这种结构安排无疑在理论体系上是一种创新，但却从整体上消解了对科学技术方法论的讨论。比如在"科学技术运动论"中，比较强调人的需要、情感、意志和个性心理等对科学发展的动力作用，而科学观察和实验则被大大忽视了。

以上考察分析说明，在目前的自然辩证法教材编写或教学中，存在着严重的重理性工具分析，轻视对实验探索以及科学家的发现过程等实体工具研究的倾向，尽管都承认实验的验证理论作用，但却忽视了实验的发现作用。

（二）存在问题的原因分析

自然辩证法教学中重视理论，其一，它与自然辩证法学科产生的背景有关。恩格斯的《自然辩证法》写于 19 世纪 70 年代，主要任务是阐述辩证唯物主义的自然观，反对当时流行的唯心主义哲学和科学家的形而上学思维，帮助人们纠正科学认识上经验主义的错误。在恩格斯生前，《自然辩证法》手稿没有出版，它是在苏联首次出版（1925 年），并经由苏联传播和发展起来的。20 世纪 30 年代初，自然辩证法作为马克思主义思想运动和革命运动的一个组成部分开始在中国传播[11]。新中国成立以后，它作为马克思主义理论的一个组成部分在政府的支持下得到蓬勃发展，这无疑强化了自然辩证法理论武器的批判功能。

其二，自然科学方法论体系又受西方科学哲学的影响。改革开放新时期的自然辩证法研究在与世界的交流中，当然会吸收西方科学哲学的成果。但是，传统科学哲学强调的是关于科学证明的方法论，它主要把科学整体上看作是一个以理论为主、以命题的逻辑关系为主的学科，并且认为观察和实验除提供可靠的经验基础外，没有可值得研究的内容。尤其到了历史主义阶段，随着汉森的"观察负载着理论"命题的提出，实验的独立性和基础性地位被严重忽视了，实验被理论所掌控，理论成为实验的主宰。

从前一方面来说，面对今日理工农医研究生教学中的科学观和方法论，我们有必要更全面地了解科学理论与实验的关系，不仅要揭示实验的重要性，而且还应该对其结构、模式、机理和运作过程等有一个基本认识，即需要下大力气进行实验方法论问题的研究。从后一方面来说，传统的科学哲学被引介到中国后受到了高度重视，为中国学者所熟悉，在其影响下，我们自觉不自觉地采取了一种理论优位的立场，有关科学实践认识论和方法论的关注反而在一定程度上被削弱了。

特别值得注意的是，我国各高校理工科院系在专业课学习方面，同样存在着对学生们重理论知识的灌输，轻实验技能、科研能力的培养的弊端。虽然从大学一年级起理工科院系开设了系列实验课程，但由于受社会经济发展水平和资金状况的约束，它们往往不过是一些简单的演示实验，即事先由实验工作人员将仪器调试好，实验对象、程序都是固定的，理论和实验的关系出现严重的不对称。目前，有些高等院校开始试图改变这种学生被动学习的状况，如 2003 年 11 月清华大学在本科生教学中全面推出了"新生研讨课"，2007 年 3 月清华大学又率先在全国开设面向全校本科生的大型选修课——

"实验室科研探究"课，组织学生轮流到相关教学单元实验室，由高水平教师进行现场教学，以各种直观形式全方位地展示科研过程。这种让大学生在本科阶段直接介入到科研工作中去的做法，无疑是从注重知识灌输到注重能力和素质训练转变的一个良好开端。

自然辩证法概论作为一门面向理工农医研究生的马克思主义理论课，将科学方法论作为其基本内容之一，学生们对这门课学习的热情很高，课程内容的定位，必然影响到他们对待科研的态度，进而影响到综合科研素质的培养。毫无疑问，强调科学家创造性思维能力的培养很重要，科学发现和技术发明都离不开思想上的创造。然而，科学的发展并不是先有理论然后再由实验对其进行验证的，实验和理论之间不是一种简单线性的关系，相反，在实际科学实践过程中，科学实践和科学理论既相互作用又各自具有相对的独立性，因而是一种非线性的关系。当前这种以理论涵盖实践、轻视实践方法论教学的弊病，容易使他们养成重视对理论体系的完美性的建构而轻视对观察和实验技能训练的倾向。

三、从理论优位的教学走向理论与实践的统一

（一）新实验主义哲学与实践优位

库恩的《科学革命的结构》（1962 年）第一次把科学视为科学家从事的劳动，从而在对科学理论形成的阐释中引入了实践的观点。但在库恩看来，科学是由新概念驱动的，他过分强调了观念和信念的作用，而低估了实验及其实体工具对于科学发展的基础性，因而库恩的历史主义也是理论优位的。20 世纪 70 年代兴起的科学知识社会学（SSK），循着库恩把科学作为实践活动的思想脉络，但同时又抛弃了库恩概念分析的传统，强调了实验室的核心地位。以拉图尔和塞蒂纳为代表的实验室研究首次打开了科学实验的黑箱，科学家的实验室活动真正进入理论分析的视野，揭示了科学实践的社会维度和人的力量。但是，SSK 在确立科学的实践形象的同时，将科学的社会维度和物质维度对立起来，否定了科学物质实践的基础作用[12]，提出科学知识是"社会的建构"，即科学的社会建构论，认为科学活动完全是由利益因素驱动的过程，而自然事实对科学理论的建构不起任何作用。这种对科学的建构主义的解释，严重扭曲了科学的基本形象，不可能给予科学实践以合理的分析，

SSK 对实践的认识有着严重的片面性。

20 世纪 80 年代以来，随着新技术革命的蓬勃发展，科学实验有了重大发展，从原来主要以理论假设驱动的实验研究更多地转向探索性实验，物质工具进步成为科学突破的先导。科学哲学研究也开始出现向科学实践哲学的转向。以哈金为代表的新实验主义，把哲学的重心转向了科学实验，第一次试图扭转科学哲学的理论优位的偏向，赋予科学实验以独立的地位。如哈金在《表征与干预》（1983 年）中，强调科学知识并非由自然界决定的，而是在实验室中生成的思想。哈金指出：科学实验经常沿着自己的方向发展，探索理论还未论及的领域。实验往往不为明确的、系统的理论假设所指引，而是为值得研究之事物的暗示所提醒，为对如何开展这样的探索的把握所引导[13]。就是说，科学实验的目标不是由待验证的理论来确定的，而是通过实验中逐步发展起来的实验理性来加强的。正是实验相对于待检验理论的独立性，维护了科学的合理性。可见，新实验主义是一种实践优位的哲学，它致力于为当代科学找回被传统科学哲学长期忽视的科学的实践本性，同时克服了 SSK 研究因否定科学对象的本体论地位而将科学实践主观化和"空心化"的片面性，将科学实验还原为客观的物质实践过程的活动，从而使科学研究的某些重要因素，如科学家的个人经验、科学仪器、实验技能等得到重视。

（二）走向理论与实践的统一的自然辩证法研究与教学

科学进步受到两个动力的驱动，一是理论，二是实践。没有实践的理论是空洞的，而没有理论的实践又是盲目的。传统科学哲学突出了科学发展的理性形象，包含有真理的成分，但它把实验实践视为理论证明的工具，完全受理论支配，抹杀了实验对于研究对象的介入性，使观察实验成为被动的理论辅助品，所以只是片面地反映了科学认识的理论纲领。这样的科学形象有很大的局限性。新实验主义给予科学仪器以应有的重要地位，揭示了科学实验自身的生命力，但由于它过于强调实验操作的重要性和实验的独立性，往往又使科学实验变成了纯工程形式，忽视了理论对实验的启示和指导意义，割裂了实验与理论的关系，因而主要看到了科学活动的实践纲领，这同样也是失之偏颇的。

总之，理论优位的科学哲学由于放弃了对科学观察和实验的说明功能，无法达到对科学的实践本质的把握；而实践优位的新实验主义由于否定了前理论观察和实验的存在，走向地方性知识，使理论和实践之间的平衡无法实现协调。正如吴彤教授所提出的："实验可以有自己的生命，理论也可以有自己的生命，实验和理论还可以有相互纠缠的双螺旋式的缠绕在一起的生命"[14]。自然辩证法研究应该在批判地继承其重视理论分析的传统的基础上，加强对实验方法论的研究，科学观和方法论的教学需要加强对科学实验的发现功能、结构、模式和运作机制等方面内容的讨论，将理性认识方法论和实践方法论相结合，从而实现理论和实践的统一。

（三）余论

到目前为止，关于自然辩证法教学在科学实践方法论这一方向的研究探索，除前面已提到的舒炜光主编的《自然辩证法原理》（1984 年）对科学实践和科学仪器进行了较为深入的认识论分析外，仍有几部教材值得一提。一是河海大学南同茂、陈文林、任殿雷主编的《自然辩证法 案例教学》（1989年），该教材用案例代替理论教学；二是清华大学曾国屏、高亮华、刘立、吴彤等主编的《当代自然辩证法教程》（2005 年），该教材将理论分析和实践案例结合起来；三是由大连理工大学组编、胡光等编著的《自然辩证法教学案例》（2006 年），该教材以教育部 2003 年的《自然辩证法概论教学大纲》为准则，参照 2004 年版的统编教材《自然辩证法概论》形成相应体例，用案例评析代替单纯的理论阐述，试图克服"以知识体系为中心"教学编写偏向。在目前对于实验方法论以及从实践角度研究不够的情况下，通过案例探讨实验实践方法，至少可以起到一定的补充作用，以上教材体现了向这个方向的努力。但是，自然辩证法学科发展要与时俱进，不能单靠紧密结合实际，需要从基本理论层面做深入研究，更深入地认识科学实验以及理论与实验的辩证法，并及时将有关的研究成果引入到自然辩证法的教学中。

（本文原载于《自然辩证法研究》，2008 年第 5 期，第 94-98 页。）

参 考 文 献

[1] 恩格斯. 自然辩证法. 中共中央马克思恩格斯列宁斯大林著作编译局译. 北京: 人民出版社, 1971: 207.
[2] 弗里曼·戴森. 想象中的世界. 庞秀成, 刘莉译. 长春: 吉林人民出版社, 2001: 39.
[3] 金钦汉. 对于我国科学仪器发展战略的几点思考. 现代科学仪器, 2004, (4): 3-8.
[4] 弗罗洛夫. 辩证世界观和现代自然科学方法论. 孙慕天, 李成果, 张景环, 等译. 哈尔

滨: 黑龙江人民出版社, 1990: 336.

[5] 史蒂文·温伯格. 仰望苍穹: 科学反击文化敌手. 黄艳华, 江向东译. 上海: 上海科技教育出版社, 2004: 73.

[6] 《自然辩证法讲义》编写组. 自然辩证法讲义(初稿). 北京: 人民教育出版社, 1979: 155.

[7] 黄顺基, 吴延涪, 黄天授, 等. 自然辩证法教程. 北京: 中国人民大学出版社, 1985.

[8] 舒炜光. 自然辩证法原理的逻辑. 社会科学辑刊, 1984, (2): 26-32.

[9] 舒炜光. 自然辩证法原理. 长春: 吉林人民出版社, 1984.

[10] 吴彤. 科学研究始于机会, 还是始于问题或观察. 哲学研究, 2007, (1): 98-104.

[11] 龚育之. 自然辩证法在中国(新编增补本). 2 版. 北京: 北京大学出版社, 2005: 17.

[12] 安德鲁·皮克林. 实践的冲撞: 时间、力量与科学. 邢冬梅译. 南京: 南京大学出版社, 2004: 2.

[13] 吴彤. 科学实践哲学视野中的科学实践. 哲学研究, 2006, (6): 85-91.

[14] 蒋劲松, 吴彤, 王巍. 科学实践哲学的新视野. 呼和浩特: 内蒙古人民出版社, 2006: 140.

自然辩证法课程改革中的 STS 课程体系建设

| 雷毅 |

一、问题的提出

随着博士研究生"现代科技革命与马克思主义"课程的取消和硕士研究生"自然辩证法"课程由必修的 3 学分改为选修的 1 学分，高等学校思想政治理论课的改革已使原有的课程体系发生了很大变化。这意味着高校自然辩证法教师队伍及其所承担的教学任务也需要随之进行调整，这不仅涉及新课程体系的建设，更是关系到学科未来如何发展的大问题，需要我们认真思考和合理谋划。

思想政治理论课改革的宗旨在于强化其课程体系的思想教育功能[1]，它既突出了自然辩证法课程作为马克思主义理论课程体系重要组成部分的属性，同时又通过教学课时数的压缩，将以往在自然辩证法教学平台上发展起来的那些改善学生知识结构并深受学生欢迎的教学内容引导到其他课程体系之中，这无疑使自然辩证法课程的学科属性更加清晰，但也给高校原有自然辩证法课程体系带来了新的挑战。

事实上，对于思想政治理论课改革的大趋势，一些敏感的学者早在十多年前就前瞻性地意识到了。他们试图从 STS 的学科属性上去寻求"自然辩证法"课存在的合理性，并努力使之成为一级科学，通过学科的专业化发展，为自然辩证法研究与教学找到一块可以立足的领域，从而根本性地解决问题。[2]不过，现在看来，这种试图把自然辩证法"学科化"或"专业化"的努力并不大成功。这是因为，自然辩证法先天性地具有综合性和跨学科的特质，即通常意义的"中介"或"桥梁"功能。这就决定了它不大可能成为一个专业的学科，而只能是一个整合了科学技术工程的历史和哲学、社会和文化的跨学科研究平台。此次的课程改革，为我们合理地规划科学技术与社会的平台课程体系提供了良好的契机，这也使原来依托自然辩证法平台建立起来的交叉课程体系回归到 STS 跨学科的交叉平台。因此，当下我们需要更多地关注，怎样才能在 STS 这样一个跨学科的平台实现教学与研究资源的合理配置。

由于高校教学与科研的关系通常是以教学带科研，以科研促教学，因而在很大程度上以教学工作量决定教师队伍大小。一方面，在原有教学格局发生重大改变的情况下，唯有开设更多的 STS 平台课程方可稳定原有的教师队伍；另一方面，新的课程改革方案也为开设 STS 平台课程提供了机会。新思政课要求强化"自然辩证法概论"课程的马克思主义思想政治教育功能，这将使"自然辩证法"原有的"四大板块"内容的三分之二无法在新课程中涉及或展开，这部分内容可以通过进入科学文化素质通识教育性质的 STS 平台来实现，这样的分工既明确地区分了原有自然辩证法课程的两大功能，又在凸显"自然辩证法概论"思想政治教育功能的基础上，使得科学文化素质教育功能的实现在 STS 交叉学科平台上更为合理，也更为系统和全面。

二、实施 STS 通识教育的必要与可能

做 STS 通识教育，不只是为了促进自然辩证法向 STS 方向发展，更是顺应社会发展趋势和满足人才培养需要。教育的本质是人格的塑造，即如何做一个理智和人格健全的人。然而，在学科分工日益细化的时代，高等教育变成了专业化的知识学习，尽管这种模式获取技能迅速而有效，但却无法处理好日益复杂的技术的社会运用问题。解决好这些问题仅有专业知识不够，还需要专业之外的人文、社会和科技知识，以及将这些知识综合运用的能力。培养这种能力，只能靠科学交叉和通识教育。

纵观世界一流大学，它们无一不重视这种能力的培养。[3]从关注科学技术的发展及其与自然、社会、经济、文化的关系，到从科学技术活动的人文社科视角进行研究都被纳入教学内容之中，如剑桥大学开设有科学史与科学哲学系列课程，哈佛大学、麻省理工学院（MIT）、加州理工学院、斯坦福大学、普林斯顿大学等都开设了大量的科学技术的社会、历史与哲学课程，

专门讨论科技活动与政策带来的重大社会问题。从表 1 中我们可看到，美国一些主要大学开设 STS 课程的相关情况。

表 1　美国知名大学开设 STS 课程的相关情况（单位：门）

序号	高校名称	开课总数	医药与健康	能源与环境	性别与身体	战争与核武器	数据与信息	科幻	校史
1	哈佛大学	120	15	2	7	3	4	3	—
2	MIT	75	4	6	2	4	3	—	1
3	斯坦福大学	45	4	—	6	—	—	—	—
4	加州理工学院	51	—	—	1	1	2	—	—
5	约翰斯·霍普金斯大学	83	13	1	3	2	1	—	1
6	康奈尔大学	97	11	8	6	2	2	1	—
7	宾夕法尼亚大学	91	16	4	2	3	—	—	—
8	哥伦比亚大学	59	2	—	—	3	—	—	—
9	加州大学伯克利分校	53	2	12	2	5	2	3	—
10	匹兹堡大学	42	9	1	—	—	—	—	—

资料来源：数据均来自各校官方网站，秦晋、谭立完成了此表的材料收集、整理工作，特此致谢。

尽管每学年开设的课程有变化，但从表 1 可以看出，美国各大名校涉及的 STS 通识教育课程主要关注的是科技社会运用的热点如"医药与健康""能源与环境""性别与身体""战争与核武器""数据与信息"等领域，而这些问题恰恰是当今社会面临的重大问题。这反映出学术研究和课程教学需要面对重大社会问题，并从各自的角度对这些问题进行分析，给出自己的答案。

欧洲、日本等一些名校（如牛津大学、剑桥大学、帝国理工学院、爱丁堡大学等）也开设了 STS 教育的类似课程。[4]更进一步，2015 年日本东京工业大学已将从事 STS 教学和研究的教师队伍从原所属的经营工学部移出，单独成立了通识教育研究院。

大学通识教育由于能够为当今社会发展提供高素质和复合型人才而成为世界性的大趋势。当今中国在科技快速发展和社会转型过程中面临的问题比发达国家更多，更尖锐，更为迫切地需要大量跨学科跨专业的高素质人才，大学的人才培养应该顺应这一趋势。自然辩证法领域的教师队伍既有理工科的专业背景，又有很强的人文科学素养，这为 STS 通识教育课程平台的建设提供了一支素质良好的专业队伍。在这种意义上，今天的政治理论课改革给自然辩证法教学队伍带来的并非都是不利因素，至少它从侧面为推动我们从原初的 STS 的研究生专业教育转向通识教育提供了契机和动力。

三、STS 课程体系建设：探索中的清华案例

STS 通识教育课程的建设既需要遵循国际大趋势，又需要与自身人才培养的社会目标相结合。中国社会正处在转型时期，有许多重大的社会问题需要思考和解决。国务院办公厅 2015 年发布的《关于深化高等学校创新创业教育改革的实施意见》，突出强调了高校要落实立德树人的根本任务，主动适应经济发展新常态，以推进素质教育为主题，以提高人才培养质量为核心，以完善条件和政策保障为支撑，促进高等教育与科技、经济、社会紧密结合，加快培养规模宏大、富有创新精神、勇于投身实践的创新创业人才队伍。[5]这表明政府对高等教育人才培养提出了新的要求，而科学技术的高度专业化，使得学生的知识学习仅限于某个专业领域，这往往会使学生的思维方式模式化；另一方面，科技领域的高度综合和科学技术社会化趋势要求高等教育的学生培养要有一个完善的知识结构。在这种情况下，大学的通识教育课程体系应立足于"价值观塑造""思维能力培养""学术品位提升"三大理念的基础来建设，从最基本的本科教育做起。

就目前的情况看，尽管各理工科院校为本科生开设有大量人文学科类的选修课，但引导学生合理地认识当代科学技术快速发展和广泛的社会应用带来的诸多问题，仅有专业课和纯人文类的课程是不够的，需要有与专业结合的相关课程来补足。[6]因此，STS 通识教育课程就有不可替代的作用。通过科学文化类及相关课程的开设，改善学生的知识结构，使学生能从科学技术与社会互动关系的视角来认识和解决当代科学技术发展的社会历史和哲学问题；通过哲学和方法论课程的设置，提升学生理论思维以及理论思维与实践结合能力。通过科技与人文课程来沟通科学文化和人文文化，提升学生的科学文化素质，尤其是加强学生对科学精神、人文精神以及创新能力的深刻理解，明确当代科学家和工程技术人员的社会责任，等等。总之，我们试图通过系列通识教育课程的开设来实现价值观塑造、思维能力培养和学术品位提升的教育功能。

近年来，我们的教学与研究团队，围绕着上述目标和清华大学推进学科

交叉与通识教育的战略做了大量工作。早在 2003 年，我们率先在本科生中开设了"科技伦理"等一系列素质教育课程，并使一批课程进入了全校素质教育课程体系。此后经过与研究生院的多次沟通，我们于 2010 年在全校范围研究生层面开设了公共选修课"科研规范"和"工程伦理"，并在 2014 年使之成为全校硕士研究生与博士研究生的必修课，虽然只有一个学分，但全校所有专业研究生必修，加之案例式教学、小班研讨型上课，教师的工作量增加了不少。通过教学促科研，我们近年来在科技伦理方面投入的力量不小，也出了一批研究成果。鉴于该课程在中国的重要性，我们正在筹划在通识教育中增加科技伦理课程。

作为 STS 通识教育课程体系建设的阶段性成果，目前我们已在本科生中开设了六大类 40 多门课程（表 2）。

表 2　目前已开设的本科生 STS 通识教育课程

社科学院专业基础课类	科学文化类	科学技术史类
1. 科技发展与人类文明 2. 科学技术史 3. 科学社会史 4. 社会科学方法论 5. 科学技术哲学	1. 自然与人文 2. 科技与人文讲座课程 3. 科学、技术与艺术 4. 自然与文化（1）：诗画与炼丹 5. 大学与大师 6. 戏剧中的科学 7. 技术与人文 8. 沈括与《梦溪笔谈》 9. 性别与科技 10. 信息技术、自我与社会 11. 汽车的历史、生活与文化 12. 面向科学和公众的写作	1. 科学技术史系列讲座 2. 李约瑟难题：从科学思想比较角度的初探 3. 近现代中外科技交流史 4. 现代科技史 5. 嬗变与碰撞：现代中国科学观念的演变

科技哲学与伦理类	科学技术与社会类	科技创新与政策类
1. 现代西方技术哲学 2. 西方后现代主义思潮述评 3. 现代西方科学哲学 4. 后现代科学哲学 5. 当代科学中的哲学问题 6. 科学研究道德入门 7. 环境伦理 8. 动物伦理学与护生文化	1. 科学技术与社会导论 2. 技术社会学专题 3. 诺贝尔自然科学奖的启迪 4. 科学技术概论 5. 现代日本的科学技术与社会 6. 俄罗斯科学技术与社会 7. 舌尖上的社会学	1. 高科技战略和管理 2. 科技法与知识产权制度 3. 创新理论与案例 4. 科技创新与国家强盛 5. 高技术公司创业与成长探析

表 2 中课程除第一类主要针对社科专业外，其他五类均为全校性的通选课。上述课程只是我们 STS 通识教育课程体系建设中的一部分，在后续的课程布局中还将增加问题导向的通识课程，并努力使更多的课程进入学校素质教育课程系列之中。由于学校有"文理会通"的通识教育传统，教务处和素质教育基地对我们的 STS 通识教育课程体系建设给予了有力的支持。关于 STS 通识课程体系的建设，我们考虑的是，立足本科，逐步实现本硕贯通，最终建立起一个相对完善的 STS 通识教育课程体系。我们希望通过构建 STS 通识教育课程体系来完善学科布局，并在现有基础上稳定或扩大师资队伍，进而形成一个教学与研究相互促进的学术团队。

自然辩证法的教学与研究重心从 STS 的专门教育向通识教育的转向，是我们对自身身份回归的重新确认，在这一过程中，课程体系的建立及其制度化极其重要，它不只在于稳定教师队伍，更重要的是它能够拓展我们对问题研究的视角和范围，通过它可以带动 STS 更多方向的发展。这些课程本身对完善学生的知识结构、提升思维能力的重要作用毋庸置疑，单就社会需要而言，未来的发展只会使需要更加迫切，关键是我们要在课程设置、内容安排和讲授上下功夫。如果这一考虑能够得到学校或教育主管部门的认同，未来的教学和研究就能兴旺，就能为更多有志献身于自然辩证法事业的年轻人提供良好的学术空间，从而促进中国自然辩证法事业的发展。

（致谢：清华大学科学技术与社会研究所杨舰教授提供了重要帮助，特此致谢。）

（本文原载于《自然辩证法研究》，2016 年第 8 期，第 125-128 页。）

参 考 文 献

[1] 王跃, 王永贵. 以思想政治理论课教学改革促进马克思主义学院建设. 思想理论教育, 2015, (5): 33-36.

[2] 曾国屏. 论走向科学技术学. 科学学研究, 2003, 21(1): 1-7.

[3] 张砚清. 美国研究型大学通识教育课程设置及其启示. 高等教育研究, 2015, 36(9): 67-70.

[4] 易红郡. 英国大学通识教育的理念及路径. 华东师范大学学报(教育科学版), 2012, (4): 89-95.

[5] 国务院办公厅. 国务院办公厅关于深化高等学校创新创业教育改革的实施意见. http://www.gov.cn/zhengce/content/2015-05/13/content_9740.htm[2015-05-13].

[6] 刘少雪, 洪作奎. 综合课程: 现代大学通识教育之路. 高等教育研究, 2002, 23(3): 78-81.

系统科学哲学

试论系统的整体性原理

| 魏宏森　　曾国屏 |

钱学森说，"系统论"是系统科学与哲学的桥梁，是一种哲学分论。[1]这里的系统论，是一种广义的系统论。所谓的系统整体性原理，即广义系统论的一条基本原理。本文尝试对这一基本原理作一初步讨论。

一、系统的整体性

整体性是系统最为鲜明、最为基本的特征之一，系统之所以成为系统，首先就必须具有整体性。

系统的整体性原理指的是，系统是由若干要素组成的具有一定新功能的有机整体，各个作为系统子单元的要素一旦组成系统整体，就具有独立要素所不具有的性质和功能，形成了新的系统的质的规定性，从而整体的性质和功能不等于各个要素的性质和功能的简单加和。

我们置身其中的世界是一个系统的多层次的世界，同时也是一个表现出多层次整体性的世界。

首先，种种无机系统体现出整体性原理。宇宙学中，宇宙是作为一个整体来加以研究的。地学中，地球也要作为一个整体来加以把握。化学中，分子作为整体则已经不等同于原子和原子的简单加和。物理学中，人们必须要从整体上把握种种物理运动。对于有机系统，同样如此。生物学中，生命体首先作为一个有机整体，各种生命体的差别，最主要的并非由于组成要素成分不同，而是由于组成要素的结合方式不同。生态学表明，生态平衡也是一个有机的整体，生态失调也就是整体功能失调。在工程技术中，在社会系统中，整体性问题也是一个极为重要的问题。系统分析、运筹学等，都要从整体上分析、研究、预测和规划系统。一个生产组织具有其中每一个劳动者在单独劳动时所不具有的分工协作的功能，而且整个生产组织的劳动效率也具有整体性，不等同于各个劳动者的简单加和。进一步说，对于我们的主观世界，思维也有整体性，这正如心理学所揭示的，人的思维具有"完形性"，也就是一种整体性。人的思维能够进行联想，能够把零星的知识综合起来，能够从整体上把握客观对象，也体现了主观世界的整体性。

各种系统理论都不言而喻地把系统的整体性问题作为自己的基本问题之一。

一般系统论的创始人贝塔朗菲这样写道："亚里士多德的'整体大于它的各部分总和'的论点，至今仍然是基本的系统问题的一种表述。"[2]他认为，一般系统论就是对"整体"和"整体性"的科学探索，从而把以前的被看作形而上学的、哲学思辨的概念变成了一个可定量描述的、可实证研究的科学概念。控制论和信息论研究的是系统整体的信息传递、控制协调以及功能优化等问题。耗散结构首先考虑的是整体系统的自发组织的种种前提条件，从而开创了动态系统研究的新局面。协同学创立者哈肯把协同学定义为关于子系统合作的科学，从而协同学也就是一种关于系统整体的科学。超循环理论研究的是大分子如何自发组织起来，形成协同整合的超循环组织从而向更高复杂性进化的。混沌学和分形学中，奇怪吸引子的无穷嵌套的自相似结构也体现着系统的整体性。

从事物存在的观点看，一个系统具有整体性，是这一系统区别于其他系统的一种规定性。反过来说，一个系统之所以区别于另一系统，只是因为系统都是作为具有整体性的东西而存在的。如果没有整体性的系统是可以想象的，那么这个世界实际上就是没有区别的一团乱麻，就是乱七八糟、混乱不堪的，实际上也就是没有差别的世界。种种系统之所以可以区别开，各自具有相对独立性，就必须各自具有一定的整体性，有了这样的整体性，才有相对的差别性，才形成了具有质的多样性的世界。一个没有差别的世界，也就至多是一个量的世界，是一个丧失了质的规定性的世界。总之，若系统不能作为整体事物而存在，那么系统也就不复存在了，整体世界也就是一个无差别的世界。

从事物演化的过程来看，一个系统具有整体性，也就成为这一系统能在运动中得以保持的一种规定性。这一系统得以保持，才有这一系统的演化。

如果在演化之中这一系统的整体性消失了，这等于就是说这一系统在演化之中走向了消亡。一个系统崩溃了，新的系统又诞生了，无论是这一系统发生了质变形成了新的系统，或是它融入其他系统之中使得该系统发生变化，新的系统也会带来新的整体性。一个特定的系统，总是伴随着特定的整体性。随着系统的演化，系统的整体性也要发生变化。一个特定系统消亡时，该系统的整体性也就消亡了。而且，系统具有整体性，才有系统的整体变化，才有系统的整体突变，否则系统就仅仅具有量变，仅仅具有逐一发生的系统要素的渐变，就如同从一堆沙子之中逐一取走沙粒一样。这也与实际情况不符合。严格说来，一堆沙子，最好看作是物的堆积，可以称作是简单的集合而不称为系统。系统，正如其定义指出的，它是由要素、部分有机联系起来的整体。

从相互作用是整体的最根本原因来看，系统中要素之间是由于相互作用联系起来的。系统之中的相互作用，是非线性相互作用，这就使得系统具有了整体性。对于线性相互作用，其作用的各方实际上是可以逐步分开来讨论的，部分可以在不影响整体的性质的情况下从整体之中分离出来，整体的相互作用可以看作是各个部分的相互作用的简单叠加，也就是线性叠加。对于非线性相互作用，整体的相互作用不再等于部分相互作用的简单叠加，部分不可能在不对整体造成影响的情况下从整体之中分离出来，各个部分处于有机的复杂的联系之中，每一个部分都是相互影响、相互制约的。这样就有了每一个部分都影响着整体，反过来整体又制约着每一个部分。近代科学信奉原子论分析的观点，恰恰与近代科学信奉线性规律、以追求运动方程的线性解为自己的崇高目标相一致。当数学家最先证明实际上线性系统的测度几乎为零，即系统几乎都是非线性系统，这就已经告诉人们，我们的世界在本质上是一个非线性的世界，现实的系统几乎都是非线性系统。从整体与部分的关系看来，这恰恰是说，系统具有整体性是必然的，普遍的和一般的。

二、整体性：整体和部分，分析和综合

系统的整体性，常常又被说成系统整体大于部分。古人已经猜测到整体不同于部分，整体大于部分。所谓的整体大于部分，作为一个关于整体与部分关系的最一般哲学命题，其实质是说系统的整体不同于系统的部分的简单

加和，即机械和，系统整体的性质不可能完全归结为系统要素的性质。一般系统论的创立者贝塔朗菲也说过："'整体大于部分之和'，这句话多少有点神秘，其实它的含义不过是组合性特征不能用孤立部分的特征来解释。"[3]51

人们常常说，系统整体与系统部分之间，实际上存在三种关系，即整体大于部分和，整体等于部分和，以及整体小于部分和。"三个臭皮匠，顶个诸葛亮"，这是整体大于部分和；而机械的加和，如一堆沙子、一筐水果，都是整体等于部分和；"一个和尚担水喝，两个和尚抬水喝，三个和尚没水喝"，则被视作整体小于部分和。当人们在做这样的划分时，人们所讨论的问题的层次已经发生了转移，人们所论的问题的一般性已经降低了，从纯粹的哲学领域逐步地迈向了科学领域。整体大于部分，这是普遍性最大的哲学命题，无疑仍然是有效的。一旦当普遍性加上更多的条件限制时，普遍性也就在向特殊性转化，普遍性命题也就在向特殊性命题过渡。另外，就上面的讨论而言，在讨论部分和整体的关系时，部分和是否等于整体，其实质就在于部分之间有没有协同作用。部分之间如果具有协同作用，那么就其有这种协同作用所决定的性质而言，整体就会大于部分和。部分之间如果没有协同作用，实际上不存在相互作用，仍然是各自独立的，那么就这种互不相关的性质而言，整体就会等于部分和。部分之间如果也存在着相互作用，但这种相互作用不是协同的相互作用，它们没有造成所论方面的整体优势，三个和尚互相扯皮就反而没有了水喝，其结果就可以表述为整体小于部分和。

系统的整体性原理，总是在系统和要素、整体和部分的对立统一之中来把握系统的整体性的。

系统是由要素组成的，整体是由部分组成的，要素一旦组合成系统，部分一旦组合成整体，就会反过来制约要素，制约部分。所谓的"整体大于部分"，也是这种情况的概括。又正如原子不等于分子、个人不等于社会一样，整体就是整体，部分就是部分，整体与部分互相区别。就整体有别于部分而言，这种区别是客观的，是不以人的意志为转移的，因而也就是绝对的，无条件的，否则就无所谓整体和部分区别的客观性了。

但是，系统和要素、整体和部分的区别又是有条件的，相对的。宇宙作为一个整体，星系只是它的部分。银河系作为一个整体，太阳系又只是它的一个部分。太阳系也是一个相对独立的整体，我们的地球只是它的一颗行星……物质世界的层次性，也反映着这种整体与部分区别的相对性。一个系统，对于它的要素成为系统，而对于更高层系统，它就成为这个更高层系统的要素了。客观世界形成的是普遍联系之网，整体与部分的区别也就只能是相对的，有条件的。在实践中，我们往往根据实际的需要对系统进行分类，可以根据系统的一种性质来分类，也可以根据系统的其他性质来分类，这样的分类可以是没有交叉的，也可以是具有交叉的，这就更能体现出系统与要素、整体与部分区别的相对性了。

总之，系统与要素、整体与部分是互相区别的，但是，这样的互相区别也是有条件的，在一定的情况下是可以发生转变的。

系统的整体性原理，又总是与分析和综合联系在一起的。

分析是把整体分解为部分来加以认识，认识部分是分析的主要任务。客观世界本来就总是处于相互联系之中，但人们为了深入认识部分，同时也是为了更好地认识整体，就不得不把特定系统、整体从普遍联系中暂时划分出来，分门别类地、孤立静止地加以剖析。正因为如此，科学研究是离不开分析的，离开了分析就不可能深入事物的内部，就不能剖析事物的细节。由此可见，分析是认识走向深化的前提。科学发展的历程表明，近代科学正是借助于分析的方法大踏步前进，取得辉煌成就的。也正是由于这个原因，分析就一度被当作了唯一的科学方法，以致几乎成为科学研究中的偶像。

综合则与此相反，它把部分综合为整体来加以认识，认识整体是综合的主要任务。为了实现综合，就要把各个部分、各个要素、各个方面联系起来，有机地组织起来，使之成为一个有机的整体。显然，真正的综合并非把诸多部分、诸多要素、诸多方面简单地混合在一起，机械地加和在一起。真正的综合要求揭示系统的部分、要素、方面所不具有的整体性质，发现全新的系统整体才具有的性质。科学研究离不开综合，离开了综合就不可能认识研究对象整体，也不可能认识对象整体内部的部分、要素、各方面之间的本质的、统一的联系。于是我们可以说，综合是分析的深入，也是分析的归宿。当代科学研究范式从分析走向综合，从分门别类研究走向系统综合研究，是科学思想的革命和进步。

从部分和整体的关系、分析和综合的关系来看，系统整体之所以具有整体性，只因为它是系统中的要素、部分有机联系的综合，也是系统中多种关系的统一和协调。

一方面，系统是由要素组成的，不存在没有要素的系统，没有要素的系统只是一种"空"系统，从而也就不是现实存在的系统。另一方面，要素是系统的要素，不存在完全脱离系统的要素。分子是由原子组成的，分子中的原子已经不是独立于分子的原子。有机体是由细胞组成的，有机体中的细胞只是该有机体的组成部分，并非全然可以离开有机体的。一个有机体，如果将其加以肢解成为它的组成部分，它就死亡了。

反过来，已经被肢解成为部分的东西，就不再是有机体，如果再堆积在一起，也不会成为有机体。生命是这样，即使是非生命体，甚至比如一个机械系统，部分要组织成为一个有机的整体，也不能仅仅堆积在一起，而要具有某种有机的配合。正如没有整体的分析是片面的分析一样，没有分析的整体也是片面的整体，从而也就是仅仅停留在思维中的整体。

正如部分和整体、系统和要素是不可分离的一样，分析和综合也是辩证联系在一起的，单纯强调某一个方面都是片面的。近代科学崇拜分析，而且就几乎把科学方法等同于分析，这就带来了它的机械性，成为形而上学的温床。传统的整体论（holism），一是由于时代科学的限制，二是强调整体时又过分了，以致它的"综合"往往成为阻碍研究深入的障碍。恩格斯指出："以分析为主要研究形式的化学，如果没有它的对极，即综合，就什么也不是了。"[4]系统科学也强调综合，但这是一种在分析基础之上的综合，是不脱离开分析的综合，也是在综合之中的分析，因而也就是在辩证法意义上的对事物整体的综合。系统的整体性原理，赞成的也就是这种在分析基础之上的综合，在综合之中的分析。

三、整体性：系统论、原子论和整体论

系统具有整体性，但不能归结为整体论。系统论之所以在当代得到了极大的重视，不仅仅在于它具有科学的形态，而且更重要的是它既有这样的科学的形态，又是一种新的思维方式，发生了深层思维方式的改变。具体说来，系统论既不同于传统的原子论，也不同于传统的整体论，还与近代科学的系统概念有重要的差异。

1. 系统论与传统的原子论相区别

按照原子论传统，高层次现象归结到低层次实体来解释，事物整体行为归结到部分来加以解释，相应地，事物的质就归结到量来进行解释。片面地强调分析，体现的正是这样的原子论传统。从原子论出发，进行研究时要把对象整体分解为部分，整体就仅仅在对于部分的研究之中来加以理解，从而

整体也就等同于部分了。换言之，部分也就取代了整体。事实上，这种理解也就把世界仅仅分解为支离破碎的部分，如果说还有整体的话，那么整体就等同于部分的简单加和，即整体 = ∑部分。近代科学把这样的思想作为自己的武器，坚持的正是这样的原子论的分析观。

原子论的分析观，是一种只见树木不见森林的片面观点。在科学发展的初期，对于科学的初步进步来说，它是完全必要的，甚至是必不可少的。这样做，可以使得人们关于对象的知识得以深入。但是，当科学的知识积累起来，当人们的认识由一个个点发展到需要进一步弄清这些点之间的联系，需要把个别的知识综合起来时，原子论纲领的局限性就明显起来。系统科学的兴起，正是与克服这样的片面性相联系的。也正是在这个意义上，系统范式的形成就代表了科学研究范式的一种转变。一般系统论的创立者贝塔朗菲就这样写道，当"我们被迫在一切知识领域中运用'整体'或'系统'概念来处理复杂性问题。这就意味着科学思维基本方向的转变"[3]2。

2. 系统的整体性也有别于传统的整体论

传统的整体论，虽然正确地看到了原子论观点的局限性，而试图从整体上来把握事物，这无疑有其合理性。但是，由于时代科学水平的限制，这样的整体往往成为一种没有分清具体内容的整体，从而也就只能是笼统的整体性，或者也可以是暧昧不清的整体性。这样的整体论，一方面，往往成为伪科学或非科学的避难所。在一定的意义上，近代科学中的种种生命力论、活力论正是这样的整体论的变种。另一方面，这种整体论，实际上又在很大程度上不再鼓励对对象进行科学研究，整体就是整体，除此之外，再也无话可说，从而实际上往往在科学的名义下取消了科学。我们也可以将其称为没有分析的综合。不过，更严格说来，没有分析的综合已不是现实的综合。而且，正是在综合指导下的分析，在分析基础上的综合，才把系统论与整体论区别开来。更为主要的是，系统论以精确的数学语言定量地描述了整体——系统，并给出部分与整体、子系统与系统之间的变化的数量关系。把思辨性论述变成了科学理论。

传统东方思维中，以强调事物整体方面见长。体现在宇宙观上，各种学说都强调宇宙一体，天人合一，天人相通。这也是一种传统的整体论，尽管这种整体思维有其独特的优点，但我们也不得不承认：它的缺乏分析的缺陷，甚至可以说是一种致命的缺陷。缺乏分析的整体，是具有片面性的整体，也不是真正意义上的整体、系统的整体。当代科学的发展，使得把两种传统结合起来并发扬光大成了时代的要求，具有现实的意义。这也是当代系统科学思想发展的富有启迪性之处。

3. 现代科学系统理论中的系统整体性，还与近代科学之中的"系统整体性"相区别

系统这一概念，作为一个科学中的概念，是随着 19 世纪热力学的兴起进入科学之中的，并且在热力学中得到了明确定义。但是，最初的热力学中对系统的描述只是唯象的描述，对系统的定义是一种类似普通集合的定义，是不问系统之中的要素之间的相互联系方式和途径的，深深地带有传统整体论的烙印。在分子运动论中，到了统计力学，虽然也初步接触了系统中要素之间的相互作用，但也仅仅把它们作为某种平均作用来处理，是不追究要素之间的差异和联系的，如果要素之中的确表现出来某种差异，譬如出现了某种偏离了平均作用的涨落，那么这种偏离和涨落也就仅仅被看作某种为人们所不希望的对于系统稳定的破坏性因素。事实上，正是在差异之中的整体才是现实的整体，也才表现了真正的系统整体性。没有差异的整体实际上是不存在的，系统的整体性正是在系统要素、部分的差异之中以系统整体方式表现出来的系统的一种同一性。

4. 现代系统理论注意到系统论与传统的整体论以及原子论的联系与区别

与贝塔朗菲一起在 20 世纪 50 年代创立一般系统论研究会的拉波波特，在 1986 年出版的《一般系统论》一书中用了相当长的篇幅专门讨论了"分析方法和整体方法"与系统方法的区别和联系。在他看来，系统方法实际上是分析方法和整体方法的整合。

在实际应用上，系统自组织理论研究中创新的中观方法，其实质就是试图以此来吸取整体论和原子论之长，并避免两者的不足。中观方法，在耗散结构理论研究中体现为局域平衡假设。对于一个非平衡系统，将系统划分为宏观上足够小、微观上看足够大的单元，从而沟通了宏观和微观、整体和基元。哈肯在《高等协同学》中专门讨论了中观方法，他写道："在微观层次上用各个原子或分子的位置、速度及其相互作用描述所研究的液体。在中观层次用许多原子或分子的集合描述液体。假定这种集合比原子的间距大得多，但比正在演化的宏观模式小……当我们研究连续分布的系统（各种流体、化学反应等）时，我们将从中观层次出发，并且预测演化的宏观模式的方法。"[5]

　　总之，系统论吸取了整体论从整体上看问题的长处，以及原子论深入分析的优点，注意克服它们各自的片面之处，试图将两者整合起来，形成部分和整体、分析和综合有机、辩证地结合起来的系统整体性原理。

（本文原载于《清华大学学报（哲学社会科学版）》，
1994 年第 3 期，第 57-62 页。）

参 考 文 献

[1] 钱学森, 等. 论系统工程. 长沙: 湖南科学技术出版社, 1982.
[2] 路·冯·贝塔朗菲. 普通系统论的历史和现状. 王兴成译. 国外社会科学, 1978, (2): 66-74.
[3] 冯·贝塔朗菲. 一般系统论: 基础、发展和应用. 林康义, 魏宏森, 等译. 北京: 清华大学出版社, 1987.
[4] 恩格斯. 自然辩证法. 中共中央马克思恩格斯列宁斯大林著作编译局译. 北京: 人民出版社, 1971.
[5] H. 哈肯. 高等协同学. 郭治安译. 北京: 科学出版社, 1989: 25.

耗散结构理论、时间和认识论

| 曾国屏 |

耗散结构理论的创建者普里戈金对时间的新探索，不仅具有自然观上的重要意义，而且具有科学认识论上的重要意义。

一、时间对称破缺：认识与生命特征相联系

时间，是一个基本的哲学范畴，也是一个基本的科学范畴。它与科学思想的演进密切相连，也与认识论的发展密切相连。

在经典科学的可逆的钟表时间观支配下，自然界被描述成一个量的世界、几何的世界，自然界是钟表，动物是机器，人只不过是更精妙的高级的会学习的机器。那时代的一部分思想家提出，学习是从感觉经验中来的，除感觉经验之外，一切都不可知；另一部分思想家则认为，这台机器中已先天地装有某种概念程序，从而可以接纳跟这种内存程序相容的东西。康德则明确提出了"先验时间"是认识得以发生、发展的一个基本前提。

进入 19 世纪，终于出现一系列关于自然演化的理论。热力学第二定律把不可逆的演化、时间之矢问题提到了醒目地位。在普里戈金看来，20 世纪以来的一系列科学进展，特别是基本粒子的不稳定性的发现、现代宇宙学演化观念的发展，以及非平衡成为有序性的基本因素的发现，都标志着时间的再发现。所谓的时间的再发现即时间对称破缺、不可逆性作为自然界的一种建设性因素的发现，这标志着一种新的科学认识论观点的产生。

在对时间的新探索中，普里戈金导出了一个内部时间。一个系统的内部

时间本质上不同于从钟表上读出的外部时间,但其与某个态相联系的平均"年龄"与钟表上读出的时间的数量相同。一旦得到了内部时间,就有一个时间对称破缺变换,从而把热力学第二定律表述为一个选择原则。

当普里戈金以"更带有认识论色彩的说明"来阐述上述科学发现的意义时,他认为:"测量过程相应于人与其周围世界相互作用的一种特殊形式。要对这种相互作用进行更为详细的分析,必须考虑到,活的系统,包括人,有一个破缺的时间对称性。时间不仅仅是我们内部经验的一个基本的成分和理解人类历史(无论是在个别人,还是在社会的水平上)的关键,而且也是我们认识自然的关键。"[1]209-214 当然,"这并不是说,我们必须恢复主观主义的科学观;而是说,在某种意义上,我们必须把认识与生命的特征联系起来"[1]5。

从相对论、控制论到宇宙学,都接触到了时间对称破缺、不可逆性对于科学认识和认识论的意义。相对论中,时间与认识有关;爱因斯坦还注意到:如同拍电报那样,"这里重要的是,发送信号在热力学意义上是一个不可逆的过程,是一个同熵的增大有关的过程(然而,按照我们现在的知识,一切基元过程都是可逆的)"[2]。维纳写道:"能够和我们通信的任何世界,其时间方向和我们相同。"[3]35 霍金试图论证热力学时间箭头、心理学时间箭头和宇宙学时间箭头的一致性,他写道:"我们必须按熵增加的次序记住事物。"[4]

普里戈金通过耗散结构理论的新成就,比较深入地探讨了这一问题。他认为,热力学第一定律表述为一个选择原则表明,时间对称破缺意味着存在着一个熵垒,即存在不允许时间反演不变的态。如同相对论中光垒限制了信号的传播速度一样,熵垒的存在则是通信有意义所必需的。无限大的熵垒保证了时间方向的唯一性,即保证了生命与自然的一致性,使认识成为可能。换言之,人之所以能认识世界,是因为天人相通、人跟世界的时间之矢一致。

生命系统是耗散自组织系统,是有内在生命节律的过程系统。生命中即使是最简单的单细胞生物,也正是借助这种内在的生命节律机制,从而内在地对时间有方向性感觉。对时间方向性的理解,随着生物组织水平的提高而提高,很可能在人的意识中达到最高点。而且,耗散自组织系统具有历史和分叉,通过某种滞后返回时表现出某种对历史的"记忆"。从认识的角度看,这些也正是主体能够认识客体、主观时间得以反映客观时间的物质过程基础。没有这种基础,那么,如同白板说终将导致不可知而先验论只能停留在认识此岸一样,认识论就无法解决认识发生问题。

康德正确地指出了时间对于认识发生的重要意义，但他采取的是经典科学的时空观，只能把它说成"先验形式"，停留在认识的此岸。玻尔在思考认识的发生问题时强调，存在一些原始概念，这些概念并不能认为是先验的，但是每种描述都必须被表明是和这些原始概念的存在相容的。普里戈金认为："生命系统具有对时间方向性的感觉。这个时间的方向性就是上述'原始概念'中的一种。没有它，任何科学，不论是关于动力学中可逆时间行为的科学，还是关于不可逆过程的科学，都是不可能的。因此，耗散结构理论……最使人感兴趣的方面之一就是：我们现在能在物理学和化学的基础上发现这个时间方向性的根源。这个发现反过来又以自洽的方式证明我们认为自己所具有的对时间的感觉是合理的。"[1]6

普里戈金对时间、生命和认识关系的见解，有助于进一步深化我们对时间范畴的本质和科学认识论的探讨。

二、人在自然之中：既是参与者又是观测者

主体和客体是认识论的一对基本范畴，也是科学认识论的一对基本范畴，主客体关系是规定科学认识的各种关系中的基本关系，并构成科学认识的基本内容。

现代科学的发展，不再如同经典科学那样试图把物质世界描述成一个我们不属于其中的分析对象，即不再认为科学认识中主体完全可以与客体分离，可以超然于客观世界之上了。

在相对论中，光速是一切信号传播的极限速度。这里意味着认识主体在认识客观世界时可以利用的资源是受到约束的，因而认识者是处于被认识的世界之中来认识世界的。普里戈金认为，这个事实赋予物理学以一个"人类学"性质，但是这并非意味着它是一种"主观的"物理学，是我们的偏爱和信念的结果，而是带来一种把我们认作是我们所描述的物理世界的一部分的内在约束，我们对自然的认识仅仅当它是来自自然之内时才会成功。

在普里戈金看来，量子力学更彻底地动摇了经典物理学基础，更尖锐地涉及主客体关系问题。按照量子公设，观测过程是一个微观客体同测量仪器相互作用的、不可分割的整体过程，观测的现象是一个完整不可分的现象，然而观测过程同理论分析的目的又要求把被观测的客体和观测仪器区分开来。从不可分的现象中得出不依赖于认识主体又不依赖于认识手段的关于客

体的知识是否可能，成为量子理论面临的困难，涉及深刻的科学认识论问题。

对此，玻尔以著名的"互补原理"做出一种认识论概括。普里戈金也认为：即使在物理学里，也像在社会学里一样，用玻尔的名言来说，我们"既是观众又是演员"。结合自己的科学探索，普里戈金进一步提出了内在包含"历史因素"的一个科学认识模式。这一模式认为，人——作为嵌入物理世界的宏观存在物，反映物理世界的过程如图1所示。

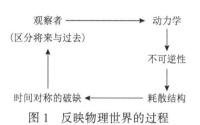

图 1 反映物理世界的过程

普里戈金认为，这个认识模式跟皮亚杰的发生认识论是相通的。他同意皮亚杰的观点：认识既不是先天预成的，也不仅仅是环境单向作用的结果，而是循环往复的主客体相互作用的建构过程；主体的认知结构产生于一种有效的内部结构，经过主体对客体的同化和顺应而逐渐建立起来。

按照这个模式：观察者，作为一个有生命的体系，即一个开放得极其复杂的自组织系统，能够推断将来和过去的区别。他测量坐标和动量并研究它们随时间的变化，这就使他发现不稳定的动态系统以及其他内在随机性和内在不可逆性的概念。一旦有了内在不可逆性和熵，就遇上了远离平衡系统中的耗散结构，就能理解观察者的时间定向的认识活动。

实际上，当把这一模式跟科学发展联系起来时，这个模式又是对科学发展的一种认识论概括，即科学首先认识到经典动力学，进而认识到不可逆性，正是在这个基础上才发展到对耗散结构的认识，从而重新发现了时间对称的破缺，于是引起了科学图景、科学方法和科学认识论的转变，形成了新的科学观念。

在普里戈金看来，这不是从逻辑上导出的结论，而是考虑了人作为一个远离平衡世界中的宏观存在物，是一个远离平衡的宇宙这个"宇宙学事实"的结果。"而且这个图式的根本特点在于它不对描述的任何基本方式作什么假设，每一个描述层次都隐含着另一个层次，也被另一个层次所隐含。我们需要的是多重化的层次，它们都联系在一起，任何一个都不要求突出。"[5]358

现代科学表明，这至少是三个层次的描述。第一层次是经典动力学层次。

在时间可逆的意义上，量子论也属于这一层次。第二层次是由热力学特别是热力学第二定律所表述的过程或不可逆层次。第三层次是可以成为相干进化系统或耗散自组织的层次。而且，各层次并非截然割裂。恰恰相反，这个模式已把某种统一的特点带进了自然科学，尤其是物理学之中。

这几个层次不能互相归结，但是能互相影响。活的有机体是远离平衡的耗散自组织系统，这就决定了我们的认识是一种系统与环境的相互作用，绝非一种机械的反映。而且，我们始于宏观级别的描述，对外界的认识、测量结果，特别是譬如对微观世界的测量和认识，都会在某点反过来影响我们的宏观级别的描述，因此不同级别的认识是互相影响的。

近代科学以超然于自然的态度来理解自然，力图把自然归结为简单的、由少数几个"永恒"定律统治着的、只有量的差别的抽象世界，认为局部分析就正好反映了这整个世界，人的认识也因此一蹴而就。现代科学揭示出，人是嵌入自然界来认识自然的，自然界整体上是一个复杂的、多层次的、不断演化的、质上千差万别的现实世界，人们对自然局部的、某个层次的有选择的探索并不能穷尽整个世界，人的认识不可能一劳永逸，亦是历史演化着的。

总之，经典的客观性已成明日黄花，主观主义的科学观也不可取，只有把不可逆观点即演化发展的观点彻底贯穿在科学活动中才能真正理解人——既是参与者又是观测者——的科学认识，从而才能既坚持认识的客观源泉又高度重视主观和客观、主体和客体的相互作用。

三、科学观测：动力学描述和热力学描述，不可逆与可观测

科学观测是科学认识中涉及主客体关系的一个重要问题，从近代科学到现代科学，人们对科学观测的理解发生了深刻的变化。

经典动力学描述了一幅轨道的、可逆的世界图景，其中初始条件可以任意规定，任何状态都可以达到；轨道一旦给定了，就永远给定了。任何事物都是给定的，同时任何事物也是可能的。于是，一切都是确定不移、秩序井然的，一切都是可观测的、可知的。拉普拉斯精灵，成为动力学描述外推的一个重要的标志。

随着热力学的兴起，出现了热力学不可逆图景与动力学可逆图景的冲

突。玻耳兹曼试图把轨道物理学扩展到包括热力学描述的情景，运用概率方法实现从热力学平衡态的微观层次向宏观层次过渡来协调这种冲突。他的重要结果是，熵的不可逆性的增加会逐渐忘记任何初始非对称性，总是趋向于概率的增加。他的研究使得概率的概念第一次起了根本的作用。

玻耳兹曼在取得巨大成功的同时也遇到困难，吉布斯考虑以完全的分布函数代替速度分布函数以避免有关困难时未获成功，这促使他得出"不可逆性的主观主义观点"，把不可逆性看作是观测者感官的不完善造成的假象，这是知识的缺失所造成的错觉。他给出的著名"墨水"例子认为，宏观上好像是不可逆的过程，微观世界里系统保留大量的墨水分子进行着无规则的随机运动。似乎这才是分子的真实运动，而所谓的系统宏观的不可逆性，只不过是由过程中观测者感官的不完善造成的错觉。

现代科学进一步埋葬了纯客观观测的偏见，把以前隐含的矛盾突显出来，特别还从观测的角度涉及可逆和不可逆、动力学描述和热力学描述的矛盾。量子力学中，如玻尔所强调的，每个测量都是内在地不可逆的，测量记录和放大，又总是和光电吸收或发射这样一些不可逆事件相关联的。然而，量子力学描述本身，系统的状态由动力学方程中的波函数决定，这里是可逆时间，本身是不能描述测量的不可逆性的。事实上，一般而言，如同维纳曾指出的，所有的测量本身都是一个不可逆过程。[3]33-34

面对量子力学中方程的可逆性和测量的不可逆性构成的佯谬，一种观点认为，量子论把观测者引入了微观认识过程，导致了量子认识的主客体不可分，从而在认识对象和结果中把观测者的主观因素不可剔除地包括在内。有人说，量子力学取消了主客体之间的区分。冯·诺依曼的"测量理论"中，没有"抽象的自我"参与整个量子测量过程作"最后的一瞥"，量子状态的测量就不能最终地完成。在普里戈金看来，这是把自然界看作一个可逆世界的产物："这符合我们已提及的那种一般准则，即不可逆性不在自然界中，而在我们当中。在现在的情况下，正是从事观察动作的感觉的主体决定了从纯态到混合态发生的转变。"[1]65

传统上，面对动力学描述和热力学描述的令人烦恼的矛盾，人们把前者作为基础描述，而把后者看作是附加在前者上的近似，更有把热力学第二定律看作是主观的或拟人的。玻恩断言，不可逆性是把无知明显地引入到基础（动力学）中去的结果。爱因斯坦则写道："在物理学的基本定律中没有任何不可逆性，你必须接受这样的思想：主观的时间，连同它对'现在'的强调，都是没有任何客观意义的。"[1]174

与此相反，在普里戈金看来，从今日的基本粒子物理学、生物学到宇宙学，不可逆性都展示出某种比上述看法更为基本的作用。他写道："我相信，已经取得的主要进步是：我们开始看到，概率性并非一定和无知连在一起，决定论描述与概率论描述间的距离并没有爱因斯坦以及其绝大多数同时代人所认为的那样大。"[1]174

现代物理学中，一个算符的本征函数描述系统的状态，其本征值即该算符代表的物理量，也就是可观测量。普里戈金尝试定义一个微观熵算符 M，它与刘维尔算符 L 不可对易，相应地定义"微观熵产生"：$-i(LM-ML)=D\leqslant0$。这里，要么考虑刘维尔算符的本征函数以便决定系统的动力学演化，要么考虑微观熵算符以便决定系统的热力学演化，但是不存在两个非对易算符所共有的本征函数。这个对易量引申出来动力学描述和热力学描述之间的互补性，这里也涉及其数值是不能同时确定的可观测量。

而且，熵算符与刘维尔算符根本不同。刘维尔算符作用在一个与纯态相对应（即与一个完全确定的波函数相对应）的密度矩阵上时，使系统处于一个纯态（即对应于一个十分确定的波函数）。熵算符不再保持纯态与混合态之间的区别（或波函数与密度矩阵之间的区别），即纯态与混合态之间的区别不再是可观测的。

当进一步把热力学第二定律表述为一个选择原则时，即断言对称破缺变换导出两个时间方向，其中只有一个方向是物理上可以实现的。引入这种变换的系统叫作"内在随机系统"，选择原则也有效时，可叫作"内在不可逆系统"，概率在此获得了内在的意义，并非主观或无知的代名词。可见，对于一个系统，或更一般地——对于自然界，某些状态是被严格禁止的，既不会自发发生，也不会由我们制备出来，而被容许的态则与一个概率测度联系起来。同时不可逆性也不是主观的或无知的结果，而是一种新的深藏在空时结构中的非局域性的表现。

从静态的即时间可逆的观点看待科学观测，总是在认识的此岸和彼岸、主体和客体之间跳跃或截然两分。只有把演化的观点即不可逆的观点引入科学观测，才能理解联系着主体和客体的辩证法的科学观测。

四、科学认识的演进：共鸣与涨落放大

关于科学和科学认识的演进，科学史研究中有内史论和外史论等不同的

研究角度，在现代西方科学哲学中更是研究重点。普里戈金也运用关于时间不可逆的科学成果，把科学系统放入社会文化的环境之中，从系统演化、系统与环境的相互作用方面探讨了这个问题。

按照在时间不可逆性基础上建立的耗散结构理论，对于耗散自组织，涨落可能引起系统功能的局部改变，但也可以得到整个系统的响应，涨落放大，使得整个系统的结构发生改变，反过来又决定了未来的涨落的范围，见图 2。

图 2　耗散自组织系统示意图

普里戈金认为，它不仅是理解自然演化的一个基础，而且也是理解社会和文化演进的一个基础。这也正是他讨论科学认识发展的基础。

近代科学认为，自然的奥秘在于自然是简单的、可用数学表述而且只有一种这样的数学语言，通过实验对自然的发问，从而就能通过局部发现自然的全局真理。某个革命的世界概念，也许是给实验战士们以坚强信念和有力论据使他们能坚持反对先前形式的唯理主义所必需的。形而上学的信念也许是把手工工匠和机器制造者的知识变成对自然进行理性探讨的新方法所必需的。科学就是这样与自然对话并一往无前的。

但是，普里戈金指出，这是一种线性时间链的科学认识发展观，如果仅仅以此去解释近代科学的兴起，就造出了一个"科学发祥的神话"。按照这种说法，近代科学就是单一的理性的胜利，自然就是一台线性时间的钟表机械。实际上，忽视了整体上占统治地位的文化气氛，很难解释近代科学何以能冲破宗教神学的桎梏。他认为，近代科学和神学说教之间，必定有某种共鸣，才有涨落放大，获得突破。首先，钟表世界是一个隐喻，它暗示存在一个钟表匠上帝，即自然的理性主人。其次，一个更深层的联系是，近代实验科学与希伯来和古希腊的西方文明之间的某种"基本"联系的问题。怀特海认为这种联系处在本能信念的水平上，即"基督上帝实际上是被召唤来为世界的可理解性提供基础的。"[5]86-87 科学家和神学家尽管有严重冲突，但还是令人不可思议地联合起来，努力把自然描述成一个没有思想的、被动的机构。科学的发祥，可以看作是这个特殊复杂性的产物，该复杂性在中世纪建立起经济、政治、社会、宗教、哲学和技术各因素之间共鸣和放大的条件。

科学思想是社会文化的一部分，与社会文化相互作用，结果对两者的发展都会产生深远的影响。德国人亥姆霍兹、迈尔、李比希，分属不同领域，严格意义上谁也不是物理学家，他们何以得出呼吸以至整个世界都是由某个"基本当量"关系即能量守恒原理统治着的呢？这里不能不看到德国文化传统的影响。例如，亥姆霍兹就公开承认，能量守恒原理不过是所有科学赖以建立的一般先验条件在物理学中的体现。反过来，能量守恒原理的深远文化影响，导致了把社会和人看作是转换能量的机器。傅里叶定律的发现，在法国和英国却成了不同历史道路的起点：在法国，拉普拉斯决定论美梦难圆导致了对科学的实证主义分类；在英国，追求科学统一性开创了对不可逆理论的渐次表达。陨石被从维也纳博物馆中扔出去，是因为在太阳系的描述中没有它的位置。化学钟的发展可以追溯到19世纪，可是它似乎与均匀地衰退到平衡态的思想相矛盾，于是它在当时的文化环境中没有引起人们的注意，反而被压抑了。

社会文化并不只是影响科学思想的被接收与否，还通过相互作用、涨落共鸣的方式影响科学认识方法的内容，影响科学思维的方式。麦克斯韦采用概率方法来描述复杂现象时，受到凯特尔关于社会学"平均人"著作的影响。玻耳兹曼深受"达尔文世纪"的感染，立志成为"物质进化的达尔文"，致力于导出熵的力学解释。普里戈金认为，1920年德国的非理性运动，作为因果性决定论、约化论以及理性等这样一些经典科学所认同概念的对立面，却被认为是体现了自然界的基本非理性，构成了量子认识的文化背景；爱因斯坦把不可逆性看作一种幻觉，似乎与他以超然于现实之上的态度来对待科学有关。而且，他自己之所以对时间的探索一往情深，提出对时间的新理解，也跟自己的经历和所处的文化气氛有深层的联系。

正是把科学放入整个文化背景中，考察文化环境在科学认识中的积极作用，把它看作一个有创造性的时间过程，普里戈金对库恩的"科学革命的结构"提出了批评。他认为，在大学里，研究工作与对未来的研究人员的培养教育结合在一起，在这样的大学里考虑问题时，科学活动和库恩的观点相当一致。他认为，按照库恩的范式—危机—新范式模式，科学团体习以为常地向自然发问，最终自然难以回答时出现了危机，引起了革命。这样一来，隐藏在科学革新后面的推动力倒是科学团体的强烈的保守行为。

普里戈金指出，过去一百年的科学发展中，一些危机与库恩给出的描述相当一致，但科学家们并未深究过这些危机，例如，发现基本粒子的不稳定性和发现演变中的宇宙。可逆世界和不可逆物理学的关系，没有表现出"明显的"连续性，而是那种包含着种种难题的隐蔽式的连续性。这些难题一直被许多人斥为不合理、不真实，却又被一代又一代的人们重新提出来。在这里把不可逆性纳入物理学的新进展，并非某种全然"意外"，而是"清楚地反映出科学的内部逻辑和我们时代文化和社会的发展脉络"。

五、时间的再发现：自然观和科学认识论

一般而言，科学哲学将自然观、本体论、客观规律、哲学基本问题等排斥在研究对象之外，将哲学研究限于认识论、方法论的范围，甚至仅仅归结为语言和逻辑分析。这是康德二分法的传统。实证主义要把科学上最富有成果的东西和"真"的东西区分开来，借以克服经典科学中蕴涵的经典理性的困难。马赫认为，科学帮助我们去组织我们的经验，它导致一种思维经济。维也纳学派一方面赋予科学以裁决一切实证知识以及保持这实证知识有效所需的哲学权力，使所有理性知识和问题都合理地服从科学。另一方面，哲学的目标是分析科学方法，把理论公理化并清晰地表达出来，哲学这个科学的科学就仅是科学的一种工具。

当代科学的进展，使普里戈金得出结论，我们正在形成一种新的自然观，存在和演化二者可以归并到一个单一的不矛盾的观点中去。我们的自然观正在经历着根本性的变化，向着多重性、暂时性和复杂性的变化。正是自然观迅速变化这一事实，自然观、认识论总是难分难解的，脱离自然观的认识论是难以想象的，同样地，脱离认识论的自然观也是不可思议的。时间，联系着自然观也联系着认识论。

近代科学成功地开创了人向自然发问、强迫自然回答的单向的人与自然的对话，却疏远了人和自然的关系；坚持以"自然真理"反对"天启真理"的布鲁诺的宇宙观，却又意味着人和自然分裂的二元真理。经典科学带来的是变化世界和永恒世界的分裂，人文文化和科学文化的隔离。

康德、拉普拉斯以宇宙演化论，开创了自发的自组织的宇宙观。但是，牛顿科学、经典动力学仍然至高无上，这个没有时间的世界仍然需要"第一推动"。谁来代替上帝的位置？康德响亮回答：人为自然立法。人现在代替了上帝。康德还论证了：现实可分为现象的层次和实体的层次，前者对应着科学，后者对应着伦理学。因此，经典科学是对的，人类与科学所描述的现象世界的疏远也是对的。近代科学是绝对真理，现在的问题倒成了人为何能认识这个绝对真理。于是他又开了在认识范围内去寻找科学成功的原因的先河。近代科学是绝对真理，再也没有必要去探讨科学成果的哲学意义了。这

些成果不会导致任何真正新的东西；哲学的主体是科学认识，而不是科学的成果。一个自组织会出现新事物的宇宙，却又成为一个终究不会出现新事物的宇宙。于是，康德的哲学为两个世界、两种文化鸿沟的扩大再一次推波助澜，既明确地表达了经典科学的内容，也反映了经典科学的理想。

黑格尔不满意康德的自然观和认识论的二分，认为这种二分法终将导致不可知论。他主张，自然观和认识论是同一的，并不是人为自然立法，而是某个"绝对精神"为自然立法，而且它就是自然的法，它的"异化"和外部表现就是自然界，自然界的发展也就是"绝对精神"自我发展的外在表现。因此，自然界就决非全然被动的、被组织的。为了构造自己的理想，黑格尔以思辨代替实证，以猜测的联系来代替现实的联系。黑格尔的自然哲学的非时代科学气质，当然决定了它将为时代科学所反感。

自然观和科学认识论是一对矛盾，在形式语言中成为悖论。如果在活生生的过程中——从而也就是在演化的时间中认识这对矛盾，那么这就只能是一种辩证的矛盾。自然观和科学认识论的关系，归根结底，只能是在承认客观辩证法基础上的辩证关系。

亚里士多德把天上世界和月下尘世割裂开来，经典物理学把人们从地带到天并漠视月下尘世，从而割裂了自然观和认识论。但是，时间的再发现，使我们再一次从亚里士多德的天上世界回到月下尘世，从天返回地，从脱离自然观的认识论返回联系自然观的认识论。这是一场科学的革命，也是一场科学图景和科学认识方法的革命，从而也就开创了人的真理和自然真理的有机统一，自然观和认识论在更高基础上结合起来的契机。

（本文原载于《自然辩证法通讯》，1996 年第 2 期，第 1-9 页。）

参 考 文 献

[1] 伊·普里戈金. 从存在到演化: 自然科学中的时间及复杂性. 曾庆宏, 严士健, 马本堃, 等译. 上海: 上海科学技术出版社, 1986.
[2] 爱因斯坦. 爱因斯坦文集. 第一卷. 许良英, 范岱年编译. 北京: 商务印书馆, 1976: 483.
[3] N. 维纳. 控制论. 郝季仁译. 北京: 科学出版社, 1985.
[4] 斯蒂芬·霍金. 时间史之谜. 张星岩, 刘建华译. 上海: 上海人民出版社, 1991: 176-177.
[5] 伊·普里戈金, 伊·斯唐热. 从混沌到有序. 曾庆宏, 沈小峰译. 上海: 上海译文出版社, 1987.

柯尔莫哥洛夫：复杂性研究的逻辑建构过程评述

| 吴彤　于金龙 |

　　柯尔莫哥洛夫（A. N. Kolmogorov，1903 年 4 月 25 日—1987 年 10 月 20 日，图 1）是 20 世纪苏联最伟大的数学家之一，也是 20 世纪世界上极有成就的数学家之一。苏联科学院数学部、莫斯科数学学会和苏联数学学报编辑部在柯尔莫哥洛夫 70 周年诞辰之际对他所研究的领域及做出的成就作了如下概括：“您对现代数学的发展及其应用做出了杰出的贡献。您的基础性研究决定了 20 世纪数学领域许多分支的整个发展图景。三角级数理论、测度论、集合论、积分理论、可构造性逻辑、拓扑学、逼近论、概率论、随机过程理论、信息论、数理统计、动力系统、有限自动机、算法理论、数理语言学、湍流理论、天体力学、积分方程、希尔伯特的第 13 问题、弹道理论和在生物学、地理学、金属结晶学中的数学应用，是您所涉及的数学分支和您深邃的思想所丰富起来的理论应用的一个不完备列表。您总是把数学应用与数学和其他学科建立起重要的联系。您广博的研究兴趣和教育天赋总能吸引许多年轻的科学家。”[1]按照他的简短传记[2]，他 1925 年毕业于莫斯科大学，1929 年获得博士学位，同年进入莫斯科大学任教，1931 年成为该大学教授。1939 年他当选为苏联科学院院士、苏联大百科全书的数学部分的主编。1963 年他获得国际巴尔扎恩奖（Balzan Prize）。1965 年他首次获得列宁奖章（Lenin Prize），之后还获得过十月革命奖章和苏联英雄的称号。1980 年，他获得了沃尔夫奖（Wolf Prize），他是多个外国科学院的院士和科学社团的成员。

图1 柯尔莫哥洛夫

柯尔莫哥洛夫在许多方面都取得了重大科学成就，他是位科学巨匠。我们特别注意到，他的工作为21世纪的复杂性科学研究奠定了重要基础。柯尔莫哥洛夫具有深刻的洞察力和科学批判精神，他总是把有待研究的问题与该理论的逻辑数学基础联系起来，深入理论体系的逻辑底层，对逻辑前提的批判考察和逻辑体系的缜密建构是他具备驾驭不同科学分支及整个科学理论体系发展能力的一个重要的因素。本文试图理清柯尔莫哥洛夫通过对直觉主义逻辑、信息论、概率论的批判与建构，发现复杂性的逻辑发展脉络；把柯尔莫哥洛夫"复杂性"概念置于逻辑发展过程中理解并阐明其出现的逻辑必然性，以纪念柯尔莫哥洛夫100周年诞辰。

一、从传统直觉主义逻辑出发

对数理逻辑系统的看法主要存在两种不同观点：纯形式主义逻辑和直觉主义逻辑。对于满足一致性但不可证明真假的命题，二者的结论完全不同。对于形式主义观点而言，这种命题的真假问题是无意义的，这种命题的存在只能表明公理系统本身不完备，可以根据方便性需要，把该命题或其否定形式作为公理系统的一个新公理，以使系统完备化。对直觉主义观点而言，可能存在两种情况。第一，该命题的真假可以由直接观察做出判断。在这种情况下，可以把该命题（如果它为真）或其否定命题（如果它为假）作为一个新公理。第二，不能通过直接的观察判断其真假。这时，要么从其他明显为真的命题中试图推导出该命题，要么认为该命题是不确定的，它的真假可以根据以后新接受的公理得出。在该命题得出真假值之前，直觉主义观点不赋予它在逻辑系统中合法的公理地位。也就是说，我们在直觉上无法构造一个具有实际意义的能被人们接受的程序来得出它的真假。

纯形式主义逻辑作为人类认识世界的思维工具没有给直觉上的"真"以合法的公理地位，这使得其公理系统的完备化具有很大的自由度，因为它仅仅需要满足一致性条件且本着方便性原则，对那些不能被证明但具有一致性的逻辑命题做出选择以作为该逻辑系统的一条公理。建立在此基础上的科学理论体系往往不具有可靠的经验基础。直觉主义在公理的确立及完备化上归根到底有一个约束机制，即必须是直觉上可接受的（能行可判定的），有效地减少了理论建构的随意性。建构在此基础上的科学理论体系就有了扎实的经验事实基础，也是用实践检验真理的理论依据。

柯尔莫哥洛夫对传统直觉主义作了批判，他指出："我们否认数学对象是简单的精神活动的成果……事实上是独立于我们思维的现实存在形式的抽象。"[3]有限推理的合理性证明经常由无限推理表达，这自然使柯尔莫哥洛夫深入到对无限推理的逻辑前提的考察，探讨它们的意义。柯尔莫哥洛夫在其两篇论文《论排中律》（TNDP）和《关于直觉主义逻辑的解释》（IIL）中致力于对直觉主义逻辑做进一步研究，否认第五公设和排中律作为逻辑系统公理的合法地位。美国著名数理逻辑学家王浩（Hao Wang），在 TNDP 的英译本前言中写道："该论文希望对 Heyting 的直觉主义逻辑形式化作进一步扩展，不仅促成了传统数学与直觉主义数学的可变换性，而且确立了直觉主义数学基础在其他方面研究的重要关系。"[3]柯尔莫哥洛夫对传统直觉主义进行了革命性的改造，他给数学命题赋予了实际意义。

然而，否认第五公设和排中律使希尔伯特式演绎系统产生了很大局限性，事实上存在许多不用排中律就无法证明的命题。如布劳威尔给出的一个很好的例子：每个实数可以被表示为一个有限的十进分数这一命题不能被认为是已被证明了的。它的证明必须借助于排中律。鉴于此，柯尔莫哥洛夫对传统直觉主义逻辑在数学上作了进一步的扩展。他指出："尽管排中律不能作为一般命题逻辑的公理，但是在命题的有限范围（布劳威尔把它们称为有限命题）内它是有效的。"[4]在 TNDP 一文中，柯尔莫哥洛夫把一般命题逻辑系统（希尔伯特式演绎系统中的四个蕴涵公理和一个否定公理）扩展成为有限命题逻辑系统（在一般命题逻辑系统中引入双重否定公理 $\overline{\overline{A}} \rightarrow A$）。柯尔莫哥洛夫发展的有限命题逻辑系统成为建构递归函数论、算法理论以及算法信息论的逻辑基础。

柯尔莫哥洛夫发展起来的直觉主义的逻辑既承认经验在人类认识中的基础性作用和形式化（经验上为真的命题作为公理）的合理性，又强调以逻辑推理为主要形式的理性思维在把握客观世界和其他认识对象中的重要性；逻辑命题的真假问题的判定是能行可构造的（IIL 提出的语义学使直觉主义逻辑转变为可构造性逻辑成为可能）。这一思想成为他建构理论的逻辑起点，并贯彻到了递归函数论、算法理论、信息论和概率论的基本概念中，成为许多分支学科的基石和许多理论体系得以建立和发展的一颗充满生机的种子。

二、直觉概念的形式化

柯尔莫哥洛夫对排中律进行的批判和对传统直觉主义逻辑的发展，为直觉概念的形式化和开创新学科或新学科分支奠定了基础。他认为"只要引入一个适当的符号系统，我们就可以形成一个用符号构造的求解图式系统的一个形式演算"[5]。既然我们所考虑的对象是实际问题，柯尔莫哥洛夫试图用问题演算涵盖命题演算，建立处理两类对象——命题和问题的一个统一的逻辑工具。柯尔莫哥洛夫认为，对命题公理系统的批判性研究绝不是定义基本概念和证明命题逻辑公理的问题，而是如何使用这些逻辑概念和方法的直觉源泉。同样，直觉概念形式化系统的构建首先关注的是这些逻辑概念和方法的直觉源泉，进而建立起直觉概念与逻辑系统之间的内在关联。

（一）建立算法和递归函数在直觉意义上的等价关系

递归函数是指由一些可计算的基本函数根据一定的演算规则复合而成的函数。其中基本函数（以及后继函数等）的可计算性被认为是人类的最基本的计算能力所能够达到的；演算规则被认为是符合人类最简单的逻辑推理能力规则。递归函数及其演算相当于一个形式逻辑系统，基本函数相当于逻辑前提，演算规则相当于逻辑推理运算。递归函数是把实际问题的求解过程形式化为逻辑命题演算的桥梁。

直觉主义的能行可构造性在数学或计算机科学中形式化为能行可计算性。在考察了四种关于"算法"的直觉概念后，柯尔莫哥洛夫认为，用严格的数学术语定义一个严密地反映所有这些算法直觉概念的定义是可能的。为了得到算法的更一般的数学形式，柯尔莫哥洛夫又分析了五种算法或可计算函数的不同形式的数学定义，进而明确地指出，算法的最一般概念很自然地与部分递归函数联系起来。因此，定义一个算法问题在本质上等于定义一个可计算函数即递归函数的问题。

算法概念的形式化成为今天人类的主要认识手段——计算机科学和信息论在逻辑基础建设过程中的重要环节，并且促进了计算和算法复杂性概念的诞生。

（二）概率论的直觉主义逻辑基础

柯尔莫哥洛夫对概率论的研究兴趣始于 1924 年。当时，有关概率论方面的研究非常多，但却缺乏基础性意义。1931 年，柯尔莫哥洛夫发表了论文《概率论中的分析方法》，奠定了现代马尔可夫过程理论的基础。他在 1933 年出版的德语著作《概率演算的基础》中深入地研究了概率论的前提假设（R. von Mises 的频率稳定性），重新建构了概率论的逻辑基础，成为他开创随机过程理论的一个必要基础。Gnedenko 对柯尔莫哥洛夫在概率论方面的突出贡献给予了高度评价："在概率论的历史中，难以找到以如此决定性的方式改变已经建立起来的观点和基本倾向的研究著作，它标志着概率论一个新的发展阶段的开始。"[2]

概率论所处理的随机事件在数学形式意义上和在直觉意义上的含义往往并不相同。直觉意义上的随机事件指的是那些我们不能发现任何规律性以使我们预测它们行为的现象。柯尔莫哥洛夫认为，没有任何直接理由说明这种意义上的随机事件遵守概率论。然而，为什么概率论完全可以应用到现实世界的随机现象中呢？该问题的本质内涵可以通过算法理论和递归函数论做出解答。

从历史上看，柯尔莫哥洛夫对概率论逻辑基础的考察根植于 Mises 关于随机的无限序列的概念。Mises 提出了概率论应用的基本假设为频率的稳定性，即概率的传统定义为

$$p = m / n \tag{1}$$

其经验基础是自然界中的许多现象具有频率稳定性特点。对这一直觉观念的考察以及试图用形式化的数学语言给予表述就成为概率论应用的一个重要逻辑前提。式（1）表示的是所有事件结果中占优势的结果数目 m 与总数目 n

的比率。假设有一个由 0～1 组成的长为 n、包含 m 个 "1" 的序列。可以通过某种方法从该序列中得到两个子序列，比较每个子序列中 "1" 的频率之差：$|\mu_1/n_1 - \mu_2/n_2|$。其中 n_1 和 n_2 是两个子序列长度，μ_1 和 μ_2 分别是两个子序列中 "1" 的数目，这样有 $n_1 + n_2 = n$，$\mu_1 + \mu_2 = m$。我们总倾向于认为这个差对于给定的 $\varepsilon > 0$ 总是很小，即当 n_1，$n_2 \to \infty$ 时：

$$p_{\text{class}}\{|\mu_1/n_1 - \mu_2/n_2| < \varepsilon\} \to 1 \qquad (2)$$

柯尔莫哥洛夫认为，把它作为概率论的一个定理应该作进一步的规范，即限定子序列的选择规则。实际上，第一个把算法和递归函数应用到概率论的是丘奇（A. Church）。1940 年，丘奇已经提出了一个 Mises 随机序列的算法形式，但是结果并不令人满意。柯尔莫哥洛夫在对直觉主义逻辑、递归函数论和算法理论所做的发展的基础上指出：这样的选择规则可以由一个算法（或图灵机）得到。

三、对信息论逻辑基础的批判、建构与复杂性概念的建立

柯尔莫哥洛夫对信息论的研究主要受到 20 世纪五六十年代维纳（N. Wiener）和香农（C. Shannon）在信息论方面研究的影响。

（一）信息论的组合基础

柯尔莫哥洛夫的数学家眼光和批判精神使他直接深入信息论的根基，把信息论的逻辑前提放在一个更加基础的背景下考察。柯尔莫哥洛夫特别强调 "信息量定义的逻辑方法对任何概率论假设的逻辑独立性" [6]185，并且提出了一个全新的观点："信息论在逻辑上要先于概率论出现，而不是以后者为基础" [6]192；信息论的逻辑基础应该为有限的组合性质。

香农的信息公式是基于概率论的，即

$$H = -\sum p_i \log p_i \qquad (3)$$

通常用熵表达信息的基本概念。柯尔莫哥洛夫给出了最基本的条件熵的数学表达形式：

$$H(x|y) = H(x) - H(x,y) \qquad (4)$$

即条件熵 $H(x|y)$ 为在 y 已知的情况下 x 的熵。用 ϕ 表示"必然知道的对象"，我们得到条件熵：

$$H(x|\phi) = H(x)$$

这样，式（1）、式（2）的差就可以表示在 y 中所包含的 x 的信息：

$$I_S(x|y) = H(x) - H(x|y)$$

自然地，我们有

$$I(x|x) = H(x)$$

用熵来定义信息是传统信息论的基础，但柯尔莫哥洛夫并没有停留在这一层面上，而是深入考察熵的定义，对信息论的前提作了重要的批判工作。一般地，熵的概念用概率定义，形式同式（3）。其含义与个体对象无关，而只是与"随机"事件（对象）的概率分布有关。这间接地决定了信息概念在含义上也是一个统计意义上的概念，与个体对象无关。然而并不是所有的信息论应用都满足这种统计要求。

为了弥补信息的概率定义的这一局限，柯尔莫哥洛夫把概率计算问题归结为组合问题。式（3）表示：如果有 n（n 很大）个相互独立事件，且每个事件有个可能结果，那么，为了确定其中的一个事件，我们需要大约 nH 个二进制位数。但这一结果在完全组合的假设情况下有效。为了得到事件的结果，只要知道每一事件的出现的次数 m_1, $\cdots$, m_s 和事实上（可能）发生的结果的数目：

$$C(m_1, \varLambda\varLambda, m_s) = \frac{n!}{m_1!\varLambda\varLambda m_s!}$$

此时，我们只需要不超过 $s\log n + \log C(m_1, \varLambda\varLambda, m_s)$ 个二进制位数就可以。当 n 足够大时，上式变为

$$n\left(-\sum\frac{m_i}{n}\log\frac{m_i}{n}\right) \sim nH \qquad (5)$$

这一结果与式（3）相比不但满足大数定理，也适合单个事件的情况，因此它具有更大的普适性，而信息的概率定义可以作为信息的组合定义的一种特殊情况。

（二）"柯尔莫哥洛夫复杂性"定义

直观意义上的"复杂性"是和"简单性"相对而言的，它们与"真"和"能行过程"一样都是非形式化概念。信息论的出现，使得"复杂性"概念的形式化成为可能。一般来讲，如果一个对象是"简单的"，对于它的表述需要很简短的描述，即需要很少的信息，如果一个对象是"复杂的"，对它的表述需要很长的描述，即需要更多的信息。因此，复杂性的含义在于：复杂性的对象需要更长的描述，"复杂性"的定义自然地与对象的描述长度联系起来。然而，由于概率概念是当事件的数量趋于无穷时的极限概念，这就决定了信息的概率概念也具有同样的特点，因此不能证明可以把概率信息概念应用到有限事件的实际问题中去，即复杂性不能用传统概率信息所表征的描述长度进行度量。

随着有限对象的一般描述以及描述复杂性、随机性和先验概率概念的递归不变方法的发现，柯尔莫哥洛夫建立了信息论的算法逻辑基础。正如柯尔莫哥洛夫所说的，"除已经接受的信息量的概率论定义之外，在许多情况下，其他方法是可能的和自然的：组合方法和代数学方法导致一个新的科学分支——算法信息论即柯尔莫哥洛夫复杂性理论的出现"[7]。1965 年，柯尔莫哥洛夫在不知索莫戈洛夫工作的情况下，用算法理论把描述有限对象的复杂性定义为算法上可构造的且可生成对象的最短程序长度。

我们把所描述的对象集合中的元素通过一个映射枚举出来，形成函数 $n=S(p)$。进一步地，如果该函数是可计算的，则这种表达方式被称为"有效的"。在所有这些描述中，把最小描述长度作为"复杂性"的量度，即柯尔莫哥洛夫的复杂性定义为

$$K_S(x) = \min\{l(p), S(p) = n(x)\} \tag{6}$$

式中的 K 是柯尔莫哥洛夫复杂性测度，x 是被测量的对象，p 是生成 x 的算法程序，$l(p)$ 是程序的长度。从该定义的形式上看，复杂性的测度依赖于所使用的算法，即采用的算法不同，复杂性的测度值可能不同，但是柯尔莫哥洛夫的复杂性定义也同时表明存在描述对象复杂性普适方法的可能性。柯尔莫哥洛夫进一步认为，尽管算法选择对于复杂性测度有相关性，但是通过多种可使用的算法优化方法，使得相应的复杂度之间的差别不超过某一附加常数。我们可以认为，柯尔莫哥洛夫复杂性定义在一定意义上深刻地揭示了对象复杂性的客观实在性，因算法不同而带来的对复杂度的测度差异，反映的是主

观通过中介对客观认识的接近程度和距离，并不影响该复杂性测度方法的普适性意义。

可以看出，柯尔莫哥洛夫算法复杂性概念的逻辑基础为：递归的，可枚举的和可计算的。因此，算法复杂性是对一类复杂对象的描述。柯尔莫哥洛夫还指出了该复杂性定义的一个基本缺陷：它没有考虑用程序 p 生成对象 x 的"困难"。[6]192 这一缺陷成为后来在复杂性研究中的一个重要概念——"深度"的研究动力和起点；与此相对应，我们估计根据复杂对象得到它的图式，即程序 p 的"艰难性"也成为度量复杂性的新维度——"隐蔽性"概念的思想源泉。它们都是衡量人们在认识复杂对象过程中所付出的"代价"。

（三）用"复杂性"重构"随机性"前提假设

传统的随机性（randomness）通常指的是缺乏规则性（regularity）。对于规则性好的序列，其描述长度必定很短，如对十进制序列 1274031127403112740311274031……的描述可以用"重复打印 1274031"来表示，其复杂性很小；而对于规则性差的序列，其描述长度也不一定很长，如序列 π 的值 3.141592……满足几乎所有的随机性测试，但是用很短的描述"打印 π"即可得到该序列，其复杂性很大。因此，柯尔莫哥洛夫复杂性并不是传统随机性大小的量度。

根据 Mises 的观点，传统概率论应用的基础是频率稳定性假设。例如，假设有一串用 0～1 表示的长度为 n 且有 m 个 1 的事件结果序列 1101000111001011……，如果 1 出现的概率

$$m/n \sim p \tag{7}$$

并不随着其子序列的选择而发生变化，那么，就认为 1 的出现是随机的。

这一要求可以用一个更简单方法描述：满足上式的 0～1 序列的复杂性不可能超过

$$nH(p) = n(-p\log p - (1-p)\log(1-p)) \tag{8}$$

柯尔莫哥洛夫进一步证明了，如果序列的复杂性充分接近式（8）的上界，则 Mises 的频率稳定性条件自动得到满足。由此可以得到，如果一个有限对象的复杂性不少于对它本身的描述长度，那么自然地认为该对象是随机的。这样柯尔莫哥洛夫从复杂性概念定义了随机性概念，而不是相反。

对柯尔莫哥洛夫的各个领域的工作做一个全面的总结是很困难的，人们越是沿着柯尔莫哥洛夫复杂性概念进行各个领域复杂性研究和探索就越是满怀着对这位数学天才和思想巨人的深深敬意，这种动力也推动人们不断在复杂性研究上继续探索下去。

（本文原载于《自然辩证法研究》，2003 年第 9 期，第 71-74 页。）

参 考 文 献

[1] Kolmogorov A N, Shiriaev A N. Selected Works of A N Kolmogorov. Vol. 3. Dordrecht: Kluwer Academic Publishers, 1993.

[2] Paul M B, Vitanyi. Andrei Nikolaevich Kolmogorov. CWI Quarterly, 1988,（1）: 3-18.

[3] Tikhomirov V M. Selected Works of A. N. Kolmogorov. Vol. 1. Dordrecht: Kluwer Academic Publishers, 1991.

[4] Shiryayev A N. Selected Works of A. N. Kolmogorov. Vol. 1. Dordrecht: Kluwer Academic Publishers, 1991: 44, 48.

[5] Kolmogorov A N. On the interpretation of intuitionistic logic//Tikhomirov V M. Selected Works of A. N. Kolmogorov. Vol. 1. Dordrecht: Kluwer Academic Publishers, 1991: 151.

[6] Kolmogorov A N. Three approaches to the notion of amount of information//Shiryayev A N. Selected Works of A. N. Kolmogorov. Vol. 3. Dordrecht/Boston/London: Kluwer Academic Publishers, 1993: 185, 192.

[7] Dobrushin R L. Information theroy//Shiryayev A N. Selected Works of A. N. Kolmogorov. Vol. 3. Dordrecht/Boston/London: Kluwer Academic Publishers, 1993: 223.

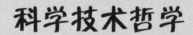

科学技术哲学

科学说明和历史解释[①]

——论自然科学与人文学科的方法论统一性

| 王巍 |

我们每天要对大量的现象进行说明，日全食是怎么回事？我怎么感冒了？近年来中国为什么有天翻地覆的变化？这些说明有没有一般的形式？对自然界的说明和人文领域中的解释是不是一回事[②]？

人类之初，对自然界的说明通常是神话式的，把自然现象归结于拟人化的神的作用。例如，为什么会有打雷下雨的现象呢？这是因为天上有司雨的龙王以及打雷的雷公。在此，神话中的"行动者"（agent）成为自然现象的原因。此后，许多哲学家试图为世界给出形而上学的说明，试图寻找现象背后的终极原因。例如亚里士多德用质料因、形式因、动力因、目的因四种原因来说明世界上的一切现象。但如果我们继续追问最终的形式、动力和目的又来自于何处时，可能还得将上帝作为最后的依据，所以仍然避免不了"形而上学的行动者"（metaphysical agent）。

因此后来的科学家如马赫（E. Mach）等人提出，我们在科学中不应该问"为什么"（why），只能够问"怎么样"（how）。回答"怎么样"的问题，只需对自然界作出数学的描述即可，就避免了问"为什么"可能引入的

① 本文曾在清华大学科学哲学与技术哲学沙龙上宣读，并得到北京大学哲学系叶闯博士的批评指正。

② 本文预先把"说明"和"解释"作了区分，然后讨论它们是不是一回事。本文试图讨论自然科学同社会科学、人文学科（泰勒称后二者为"人的科学"）在方法论上的统一性，但为了行文方便，文中经常把社会科学和人文学科二者放在一起讨论，略去了二者之间的区别。社会科学和人文学科作为研究"人的行为"的学问，与研究自然现象的自然科学相对应。

"行动者"。

20 世纪 30 年代，科学哲学界开始对科学说明的一般形式进行深入的探讨。当时德国哲学家、生物学家德里施（Hans Driesch）用"活力"（entelechy）来解释生物学中的再生、再殖现象。他认为，"活力"虽然就好像电场、磁场一样看不见、摸不着，甚至根本不能被检测出，但它是所有生物都有的。从植物到动物，它们的"活力"也越来越复杂。例如壁虎尾巴断了会再生出来，人的手指破了会自动愈合，都是"活力"在起作用。他用这一概念来解释生物学中的很多现象，甚至认为人的心灵也是它的一部分。

1934 年在布拉格的国际哲学会议上，卡尔纳普（Rudolf Carnap）和赖欣巴哈（Hans Reichenbach）都批评德里施是为了说明而引入新名词，但这一新名词却不会带来新的科学发现，因此是虚假说明。卡尔纳普为此专门撰文探讨了科学说明的一般形式。[1]12-19

此后，波普尔（Karl Popper）和亨普尔（C. G. Hempel）都对科学说明进行了讨论，但通常认为亨普尔的表达更为清楚与完整，因此我们就从亨普尔的科学说明模型说起。

一、亨普尔的科学说明模型

亨普尔在 1948 年提出了科学说明的"演绎-律则"模型（deductive-nomological model of explanation），这一模型也被简称为 DN 模型。[1]DN 模型的结构可以写成如下形式：

其中 C 是先行条件，L 是普遍定律[2]，它们构成了说明项。二者的合取可以逻辑演绎出有待说明的 E，即被说明项可以由说明项逻辑演绎出来。

亨普尔提出，DN 模型要分别符合三项逻辑条件和一项经验条件。它的

---

① 亨普尔对 DN 模型和 IS 模型的讨论，可参阅文献[2]。
② 这里的"普遍定律"指的是与"统计定律"相对的"决定论定律"，经典力学的定律就是这样的"决定论定律"。

逻辑条件如下。第一，被说明项必须是说明项的逻辑结果。换言之，被说明项必须能够从说明项所包含的信息中逻辑地演绎出来，否则说明项不足以说明被说明项。这一条件是为了保证被说明项和说明项之间的相关性是必然的，而不是偶然的。因为从被说明项能够演绎出说明项，那么当说明项为真时，被说明项也必然为真。这一条件也被称为"演绎的论旨"（The Deductive Thesis）。

第二，说明项必须包含普遍定律，而这些定律是推导被说明项时所必需的。必须有普遍定律，是为了确保说明项产生被说明项是可以重复的，因而有规律性。这一条件也被称作"含摄性定律论旨"（The Covering Law Thesis）。当然，说明项通常也需要包含非定律的陈述，即先行条件。

第三，说明项必须具有经验内容，即它必须至少在原则上可由实验或观察来检验。这样德里施用"活力"来说明生命现象的做法就被排除在科学说明之外，因为"活力"不能由实验或观察来检验。

DN 模型还需要满足一项经验条件：组成说明项的语句必须为真。如果说明项的普遍定律或先行条件本身就是假的，那么即使能够逻辑演绎出被说明项，也不能视为科学说明。

在 DN 模型的基础上，亨普尔为了处理科学研究中的概率说明，又提出了"归纳-统计"模型（inductive-statistical model），又称 IS 模型。IS 模型结构如下。

F	先行条件
$p（O, F）=r$（r 接近于 1）	统计定律
———————————	使得非常可能
O	有待说明的现象（被说明项）

例如我出汗后不小心吹了风，这是先行条件。出汗后吹风的人不一定感冒，但会有比较高的概率（如 80%）感冒。所以我们有一个统计定律：出汗后吹风会有 80% 的可能性得感冒。先行条件和统计定律的合取对被说明项"我感冒了"有很高程度的支持，因此说明项说明了被说明项。

在这里，值得留意的是，从先行条件和统计定律可以逻辑地推出"我有80% 的概率会感冒"。对于这样的推论，亨普尔称之为"演绎-统计"模型（deductive-statistical model，简称 DS 模型）。[3]它的逻辑形式为

F 　　　　　　　　　　　　　　　初始条件

$p(O, F)=r$（r 接近于 1）　　　　　　统计定律

　　　　　　　　　　　　　　　　　逻辑演绎
_____

$p(O)=r$ 　　　　　　　　　　　　有待说明的现象

但 DS 模型只能说明某个事件发生的概率，如"我有 80% 的可能性感冒"，而不是某个确定的事件，如"我感冒了"。因此亨普尔更多关注的还是 DN 模型和 IS 模型。

在前面提到的 IS 模型说明中，根据说明项只能逻辑地推出"我有 80% 的概率会感冒"，但不能逻辑地推出被说明项"我感冒了"。因此在 IS 模型中，说明项对被说明项只有很高程度的支持，不是必然的支持，这里用到的推断是归纳法而不是演绎法。所以，IS 模型的说明项和被说明项之间用两条横线来表示，以示和 DN 模型的说明项和被说明项之间的逻辑演绎关系（用一条横线表示）的区别。

IS 模型须满足三个逻辑条件和两个经验条件。

逻辑条件如下。

（1）被说明项必须有很高的或然性从说明项得出。

（2）说明项必须至少有一个统计定律，它对推导被说明项是必要的。

（3）说明项必须具有经验内容，即它必须能够至少在原则上可由实验或观察来检验。

经验条件如下。

（4）说明项中的语句必须为真。

（5）说明项中的统计定律必须满足最大明确性的要求。

IS 模型的前四项条件和 DN 模型比较相似，不必详述。它的第五个条件是要求，在使用 IS 模型时，要尽量选用概率最高的统计定律。例如某人吃糖后昏倒了。如果我们用"人吃糖后可能昏倒"这一统计定律，这样的概率非常之低，可能不到万分之一，因此不能将其视为满意说明。但如果经检查发现这个人患了糖尿病，糖尿病人因吃糖而昏倒的概率为 99%，这个统计定律具有更大的明确性，所以应该选用这个统计定律来说明昏倒事件。

亨普尔认为，真正的科学说明都必须符合他所提出的科学说明模型，否则是虚假说明。他进而希望将他的科学说明模型推广到人文学科，如历史领域。

如果亨普尔的科学说明模型是成立的，那么，它是否真的可以推广到人文学科领域，从而实现自然科学和人文学科在方法论上的统一呢？

二、科学说明模型在历史领域中的推广

亨普尔提醒我们，即使在自然科学领域，也不是所有的科学说明都完全符合 DN 模型或 IS 模型的。在实际的科学说明中，为了方便或是其他的原因，会有一些变形了的说明模型。他提出了省略说明（elliptic explanation）、部分说明（partial explanation）和说明概略（explanation sketch）这三种形式。[4]62-64

省略说明是省略众所周知的定律或先行条件，从而构成一个简化了的说明。一旦这些省去的定律或先行条件被增加进来，那么它仍然符合完整的 DN 模型或 IS 模型。例如我们在说明为什么铜会导电时，有时会说"因为铜是金属"。这里其实省略了"所有金属都导电"这一已知的定律。如果加上这一定律，就构成了一个完整的说明："所有金属都导电，铜是金属，所以铜导电"，这显然是符合 DN 模型的。当然我们有时候也会用"所有金属都导电"来说明为什么铜会导电，这时省略的就是"铜是金属"这一先行条件。

在部分说明中，被说明项可以只是说明项能够推导出结论的一部分。例如根据心理学的定律，人在极度沮丧时会丢三落四，但究竟丢什么东西却是不能说明或预测的。①例如从张三心情极度沮丧这一先行条件以及相应的心理学定律，只能说明"张三丢东西"，不能够说明"张三丢了钱包"。但"张三丢了钱包"却是"张三丢东西"的子集，因此构成了一个部分说明。

说明概略则是因为在说明中，用到的定律太过复杂，无法精确地将它们陈述出来，而只能为被说明项提出说明的轮廓或方向。说明概略有别于"虚假说明"。原则上，说明概略所提出的是一个经验的假说，研究者试图通过更多的经验考察以充实它的内容，而经验是可以被验证或否证的。

例如 1997 年亚洲金融风暴，涉及的因素繁多，相应的经济学定律也非常复杂，难以准确描述。但我们可以试着用"金融体系不稳定导致了金融风暴"来提供一个说明的轮廓和方向。这样的说明概略，显然也是有意义的。

在阐述了科学说明模型及其他变化形式之后，亨普尔认为历史中的解释也是符合他的科学说明模型的，因为历史解释也有普遍性定律，只是这些定律和先行条件不太精确，或是太含糊、太琐碎，只能以部分说明或说明概略

---

① 亨普尔认为，在科学说明模型中，说明和预测是一回事。这一观点也引起了科学哲学家的批评，可参阅文献[5]。

的形式出现。他特别举例说明历史解释中常用的"发生论说明"（genetic explanation）和"理性说明"（rational explanation）两种，它们是符合科学说明模型的。①

"发生论说明"是以一种叙事式的方式，把某个事件的发生过程完整地叙述出来，从而为这一事件提供说明。例如 D 事件的发生可以最初推溯到 A，从 A 到 B，再到 C，最后到 D，形成了事件的整个过程。那么从 A 到 D 这一进程就是以发生论的方式说明了最终的历史事件 D。

亨普尔认为，这样的"发生论说明"其实是符合科学说明模型的。因为"发生论说明"是从描述历史上的一个初始阶段开始，然后进展到第二阶段的。第二阶段的产生与初始阶段有规律性的联系，可以由初始阶段的特点来说明。第二阶段的特点又可以进一步说明下面的阶段。即"发生论说明"其实是分阶段的说明，A 说明了 B，B 说明了 C，C 最终说明了 D，整个过程是遵守科学说明模型的。

"理性说明"是用来说明历史中某人有动机的行为方式，德雷（W. Dray）把它的形式表示如下。

A 在 C 情境中。

在 C 情境中，正确的做法是 X。

所以 A 做 X。

但亨普尔辩解说，德雷的说明只解释了 A 应该做 X，并不能解释 A 实际上做的是 X。他把德雷的"理性说明"模型修改为如下表述。

A 在 C 情境中。

A 想理性地行动。

任何理性的人在 C 情境中都会选择（或有很高的概率）做 X。

所以 A 做 X。②

修改后的"理性说明"就符合科学说明模型了。因此亨普尔认为，他的科学说明模型不仅可以适用于自然科学，还可以进一步推广到历史领域，他自豪地宣称："我们的图式展示了所有经验科学在方法论上统一性的一个重要方面。"[4]79

---

① 亨普尔对"发生论说明"和"理性说明"的讨论，参阅文献[4]68-79。

② 德雷对亨普尔的这一修改提出了批评，笔者对德雷的回应参阅本文的第四部分"含摄性定律论旨与历史研究"。

三、演绎论旨与因果说明

对于亨普尔的科学说明模型，许多哲学家首先批评的是其演绎论旨，这一论旨又往往和因果说明的概念联系在一起。东纳根（Alan Donagan）就试图证明，演绎论旨是科学说明模型所必需的[6]，进而表明因果说明不适用于历史领域。

石元康对此给出了更详细的阐发。他认为，想要对事件 E 的发生做一个说明，必须要排除该事件 E 不发生的可能性。例如我们要说明"香港某座大厦在某个时候失火"这一事件，"澳大利亚某时某地死了一只蚂蚁"显然不能为此提供适当的说明，因为"澳大利亚某时某地死了一只蚂蚁"不能排除"香港某座大厦在某个时候失火"不发生的可能性。科学说明的演绎论旨表明，从说明项可以逻辑演绎出被说明项。这就保证了说明项为真时，被说明项也必然为真，排除了被说明项不发生的可能性。

因此石元康认为，说明某事件发生的原因，就是找出该事件的充分条件。在另一篇论文《历史中的原因、目的与理由》中，他进一步把"说明"和"原因"联系在一起，认为"提出说明的方法之一，就是找寻到该事件所以发生的原因"[7]。

但是在科学说明的 IS 模型中，从说明项到被说明项是一个归纳推论，不是逻辑演绎的关系。因此石元康认为演绎论旨和 IS 模型是相矛盾的，他指出："接受了'归纳—统计模式'，这个论旨将无法再坚持。同时，由于接受了'归纳—统计模式'，实证论者对于说明这个概念，必须做一个彻底的修正。"[8]102

在此，东纳根和石元康都是将科学说明等同于因果说明，并进而表明历史事件是不能够用"原因""因果定律"等概念而只能用"理由""目的"等概念来说明的。这样一种对亨普尔的批评，在历史哲学领域也是非常普遍的。

这种理解其实误解了科学中的"说明"概念。的确，因果说明是一种科学说明，但它只是科学说明的一种形式，不能涵盖科学说明的全部内容。

首先，因果说明只是表明了事件与事件之间的联系，但科学说明不仅可以表明事件间的联系，还可以说明定律之间的联系。因此亨普尔认为，"因果说明不是 DN 模型的唯一模式。例如，通过理论的演绎-包容（deductivesubsumption）来说明一般定律，就显然不是因果说明"[3]352。又如，万有引力定律可以为自由落体定律提供说明，但这样的说明也不是因果说明。①

万有引力定律：$F=GMm/r^2$（G 为万有引力常数）
先行条件：M 为地球质量，m 为物体质量，
　　　　　r 为地球半径。②　　　　　　　　　　说明项

自由落体定律：$S=1/2gt^2$（S 为产生的位移，

　　　　　　g 为重力加速度，t 为时间）　　　　被说明项

其次，因果说明中所使用的因果定律是决定论定律，而科学说明中所用的定律既可以是决定论定律，也可以是统计定律。这一点亨普尔并未加以论述，但为科学界普遍接受。尤其是随着 20 世纪量子力学的发展，科学家发现微观粒子只能以概率波的形式来描述，遵循的是统计定律，而不是决定论定律。因此卡尔纳普指出："19 世纪的决定论已被现代物理学所抛弃。"[1]288 与此相对应，他建议通过科学定律来重新定义因果律："世界上任何因果性都被表达为科学定律。如果我们要研究因果性，我们只能通过研究这些定律来进行，如研究它们是以什么方式表达的，又怎样被实验验证或否证。"[1]227

我们甚至可以认为，因为遵守决定论定律的宏观现象最终是由微观现象构成的，而根据量子力学的观点，微观现象服从的是统计定律，所以在某种意义上，可以说决定论定律是统计定律的特例。例如艾耶尔（A. J. Ayer）就认为，因果性定律可以视为概率为 100% 的统计定律，是统计定律的"极限形式"。[10]

因此，在 19 世纪将科学说明等同于因果说明可能还有一定的道理③，但随着 20 世纪现代物理学的发展，这样的做法就不成立了。很多历史学家和哲学家在批评亨普尔的时候，经常论证因果说明在历史领域是不适用的，这显然是对科学说明的误解。

在澄清了科学说明和因果说明概念的异同之后，笔者认为，亨普尔的科学说明模型可能秉承的是自然科学中的"数学化"传统：从说明项到被说明

---

① W. Salmon 将这样的理论说明也当作是因果式的，但他的做法实际上扩充了"因果性"概念，不再是传统的用法，参阅文献[9]。

② 因为自由落体的距离与地球半径相比，小得可以忽略不计，因此 r 为常量。此处为了简化起见，将地球与落体都当作质点来处理。

③ 这样做需要将理论间的说明定义为"还原"（reduction），而用"说明"特指"对事件的说明"。

项之间是数学计算的关系，而不一定是逻辑演绎的关系。在 DN 模型中，从说明项可以计算出被说明项必然成立（DS 模型也是如此）；在 IS 模型中，从说明项也可以计算出被说明项有很高的概率成立，并进一步将其近似（或约等于）为被说明项成立。

所以，在科学说明模型中，含摄性定律论旨（即说明项必须包含定律）才是最基本的。演绎论旨不是最根本的，它和 IS 模型的归纳推论也不矛盾。亨普尔将 DN 模型、IS 模型以及 DS 模型统称为"含摄性定律模型"（covering law models）[3]412，因为这些模型中都包含了科学定律。

四、含摄性定律论旨与历史研究

通过前面的讨论之后，现在的问题不再是因果说明能否应用于历史领域，或是演绎论旨是否与 IS 模型矛盾，而是历史解释中是否必须要有定律？

文德尔班（Wilhelm Windelband）曾经提出，历史是研究"个殊事件的学问"（idiographic science），而科学是"建立定律的学问"（nomothetic science）。但研究"个殊事件的学问"是否需要普遍定律呢？东纳根和德雷都给出了否定的回答，石元康在《实证论与历史说明》一文中，详细地阐发了他们对亨普尔的批评。①

东纳根提出，人是可以自由选择的，因此在人的事件中，没有放诸四海而皆准的定律。例如亨普尔在说明政府机构为什么会不断扩大时，用了三个普遍定律：①有职业的人不想失去自己的职业；②当人们习惯于某种技能后不想作出改变；③人们不想失去已有的权力，而希望能够发展更大的权力和威望。

显然，这三个定律都可以找出反例：有些人巴不得早些退休放弃职业；也有人希望转变技能；虽然有些人喜欢权力，但也有厌恶权力的隐逸之士。历史事件中有太多人的因素，因此东纳根认为在历史事件中没有普遍定律，科学说明在历史解释中是不适用的。

但东纳根的"人的事件中无定律"的立场显然太强了，因为我们只要能够在人的事件中找到一条普遍定律，就可以否证他的观点。虽然个人有自由意志，可以自由选择，但有些事件是集体行为的结果，与个人无关。例如，"科学通常在重视理性和崇尚实用的文化中才能够得到充分的发展"这一定

---

① 东纳根和德雷关于历史中有无定律的讨论，参阅文献[8]104-108。

律，描述的单位是文化或者国家。虽然个人（如伽利略、牛顿）可以对科学的发展产生深远影响，但这并不影响该定律的成立。

此外，在历史领域中，只要有统计定律成立，仍然可以算是符合含摄性定律。例如东纳根提及的三条经济学定律，虽然可能有反例，但是如果改成以下概率很高的统计定律，仍然可以说明政府机构的膨胀。

（1）有好职业的人通常不想失去自己的职业。

（2）当人们习惯于某种技能后有很高的概率不想作出改变。

（3）很大比例的人不想失去已有的权力，而希望能够发展更大的权力和威望。

德雷没有提出"历史没有定律"，但他认为历史事件是独特的，因此科学说明不能用于历史解释。例如在解释路易十四为什么不得人心时，人们可能会提到他执行了一系列错误的政策，如穷兵黩武、迫害异教徒、朝廷腐败等。但是如果我们像逻辑学家那样，将其概括为"如果任何统治者在路易十四的环境中，执行他的全部政策 P_1、P_2、P_3……就会不得人心"，是不是形成了对历史的科学说明呢？

如果任何统治者在路易十四的环境中，执行他的全部政策 P_1、P_2、P_3……就会不得人心。　　　　　　　　　　　　　　　　　　　　（普遍定律）

路易十四处于这样的环境中。　　　　　　　　　　　　　　（先行条件）

路易十四不得人心。　　　　　　　　　　　　　　　　　　（被说明项）

德雷认为这样的定律太特殊了，世界上不可能出现第二个路易十四，也就不可能有同样的例子来符合这一定律。普遍定律怎么能只适用于一个特殊例子呢？因此在历史解释中，定律是用不上的。

亨普尔在科学说明模型中，区分了说明项中的先行条件和普遍定律。在此，我们也可以替亨普尔辩护，将德雷所总结的定律修改为"任何统治者在执行某些政策时都可能增加其不得人心的概率"，这些政策可以是所有坏政策的罗列。[①]然后，我们不妨把路易十四所执行的政策，如 P_1、P_2、P_3……

---

① 也许有人会宣称，某些不好的政策如穷兵黩武在某些时候也可能很得人心。例如第三帝国初期，希特勒的尚武政策在当时的历史条件下反而获得了德国民众的支持。但对此我们可以用化学中的规律来类比：虽然某些化学药品是有毒的，但它与另一些化学药品的化学反应得到的产物却无损健康。

作为先行条件，与这一定律合取，从而说明为什么"路易十四不得人心"。当然，我们不能精确地计算出这些政策导致"路易十四不得人心"的概率。

任何统治者在执行某些政策时都可能增加其不得人心的概率。（统计定律）
路易十四执行了 P_1、P_1、P_3……政策。　　　　　　　（先行条件）

路易十四不得人心。　　　　　　　　　　　　　　　　　　（被说明项）

修改后的论证可以视为"说明概略"，为解释"路易十四不得人心"提供了方向和轮廓。在这一说明概略中，虽然有关路易十四的先行条件是独一无二的，但并不意味着所涉及的历史定律也是独一无二的。这样也就避免了德雷的批评。

因此笔者认为，虽然东纳根和德雷都对科学说明模型的"含摄性定律论旨"应用于历史领域提出了批评，但他们未能真正排除历史领域中存在定律的可能性。历史领域中存在着大量的统计定律让亨普尔的科学说明模型仍然可以成立。

五、有意义的行为与科学的客观性

温奇（Peter Winch）从社会科学的客观性这一角度，批评了自然科学方法应用于人文学科的可能性。温奇深受后期维特根斯坦的影响，他使用了维特根斯坦关于语言与实在的论述，以及"语言游戏"等概念，辩称自然科学的方法不能应用到社会科学中来。因为人的行为是受规则支配的（rule-governed），是"有意义的行为"（meaningful behavior）。[11]

人的行为当然会受到文化规则和规范的影响，因此社会科学中有很多解释依赖于这些规则和规范。规则性的说明和使用自然规律（包括决定论规律和统计规律）的科学说明模型是否一样呢？

早在古希腊时期，就有自然真理（truth by nature）和规范真理（truth by convention）的区分。前者是普遍成立的，后者因文化而异。物理学是典型的自然真理，因为它被认为是自然界本身所固有的，所有文化都必须遵循它的规律。语言则属于规范真理，例如汉语和英语各有自己的约定，汉语的语法和拼写规则不能照搬到英语中去，反之亦然。

人的行为受文化规则和规范的支配，因此在解释这些现象时需要用到规范真理。例如中国大陆车辆靠右边行驶，因为中国大陆的交通规则是车辆右行。但这不是一个普遍定律，只是一种社会规范。英国的交通规则是车辆靠左行驶。规则性的说明可以举例如下。

英国的交通规则是车辆靠左行驶。　　　　　　　　　　　　（规则）
某人在英国按规则开车。　　　　　　　　　　　　　　　　（先行条件）

所以某人靠左行驶。　　　　　　　　　　　　　　　　　　（被说明项）

在这一说明模型的说明项中，我们只用到了规则而没有涉及科学定律。这样一来，似乎在解释人的行为时，亨普尔的科学说明模型中的"含摄性定律论旨"就失效了，科学说明模型在社会科学中不再适用了。

但我们仍可试着为亨普尔辩护，将文化规则和规范作为说明的先行条件，然后再补充科学定律，就可以维护"含摄性定律论旨"。这样，规则性的说明就被修改如下。

车辆按方向分道行驶最安全。　　　　　　　　　　　　　　（科学定律）
英国按安全原则制定靠左行车的交通规则。某人在英国按规则开车。
　　　　　　　　　　　　　　　　　　　　　　　　　　　（先行条件）

所以某人靠左行驶。　　　　　　　　　　　　　　　　　　（被说明项）

这样的说明形式是符合科学说明模型的，因此温奇所提出的"人的行为是规则支配的"，其挑战应该主要针对社会科学的"客观性"[1]。如果社会科学不是客观的，而自然科学通常被认为是客观的，自然科学的方法能否应用于社会科学也就成了问题。

社会科学和人文学科的"客观性"是个很大的问题，笔者在此只能作简单讨论。在历史学领域中，兰克（Leopold von Ranke）主张历史学应"如实地重构过去"，即科学的历史是对过去的客观描述。他的观点被称为"客观主义"。

与此相反，不少学者强调历史研究是选择性的（selective）与评价性的（evaluative），这二者都是依赖于价值的，而"客观性"是独立于价值的（value free），因此历史研究不可能是客观的。他们的观点被称为"相对主义"。

---

① 对"客观性"的概念分析，可参阅文献[12]。

相对主义的论证主要有：首先，历史的主题是价值负荷的（value charged）；其次，历史学家在建构历史时的题目选取是价值引导的（value guided）。这两点构成了"相对主义的源泉"（the fountain-head of relativism）[13]。

相对主义者对人文学科"客观性"的质疑是很有道理的，但自然科学是否如他们认为的那样就是客观的呢？

很多历史学家和哲学家认为，自然科学的客观性表现在它是对自然现象的真实描述。例如，柯林伍德（R. G. Collingwood，又称科林伍德）写道：

> 对科学家来说，自然界总是并且仅仅是"现象"……但历史事件绝不是单纯的现象，绝不是单纯被观赏的景观，而是这样的事物：历史学家不是在看着它们而是要看透它们，以便识别其中的思想。[14]

这样的观点受到了库恩（Thomas Kuhn）的"范式"（paradigm）概念的严重挑战。他在《科学革命的结构》一书中，将自然科学的发展分为常规科学和科学革命。所谓常规科学，就是科学共同体在范式的指导下从事"解谜"活动。不同的范式有不同的世界观，拥有不同范式的科学家仿佛生活在不同的世界之中。

因此，自然科学对世界的描述不是必然的，唯一的，而是相对于范式而言的。自然科学家不是在"看"（see），而是"看作"（see as）。正如有人将鸭兔图中的动物"看作"鸭子，有人"看作"兔子，不同范式的科学家"看作"也会不同。例如经典力学把时空"看作"为静止的，绝对的；相对论却把时空"看作"是物体运动的参量，是相对于参照系而言的。因此，在这个意义上，自然科学家也不是在"看着"自然界，而是要"看透"它们。[15]

其次，很多人认为自然科学是独立于价值的，因此是客观的。这一点也受到了很多科学哲学家的质疑。

例如，库恩在《客观性、价值判断与理论选择》一文中提到，科学理论的选择并不在于其客观性，而是科学家根据价值观所作的决定。这样的价值观包括精确性（accuracy）、一致性（consistency）、广阔的视野（scope）、简单性（simplicity）以及丰富性（fruitfulness）等。科学理论的选择虽然不是个人的，但也不是客观的，而是接受了共同体训练的"科学家的集体判断"。他进而提出，"客观性"应当用精确性、一致性等价值标准来分析，这样"表明的可能不是客观性的界限，而是客观性的意义"[16]。

亨普尔在《科学与人类价值》一文中也提出，科学不能为"绝对价值判断"（categorical value judgements）提供有效性证明，反而科学知识却需要价值预设。[17]

因此，虽然温奇提出了社会科学中人的行为受文化规则和规范的支配，进而探究社会科学的"客观性"问题，但如果自然科学也同样面临"客观性"的挑战，同样依赖于科学共同体的价值判断，那么我们有理由怀疑，客观性问题还不足以表明自然科学和社会科学在方法论上的分离。

六、说明与解释

与前面的批评相比，泰勒（Charles Taylor）提出的挑战更加审慎而有力。他将人文学科领域中的"解释"（interpretation）和自然科学中的"说明"（explanation）作了区分，从而试图把"解释科学"（science of interpretation）作为"人的科学"（science of man），与自然科学区别开来。

"解释"一词的具体哲学含义，可追溯到西方自施莱尔马赫（Schleiermacher）以来的"解释学"传统。狄尔泰（Dilthey）、海德格尔（M. Heidegger）、伽达默尔（Hans-Georg Gadamer）、利柯（Ricoeur）等人对此都有详细的阐述。在帕尔默（R. E. Palmer）看来，解释学试图超越近代科学的"主体-客体图式"（subject-object schema），是对自然科学的"科学客观性"（scientific objectivity）批判。[18]

泰勒认为，解释的对象通常是文本或是诸如此类可以有意义（meaning）的东西。它通常有三个条件：首先，它必须是有含义的；其次，它的含义可以和其表达式分离；最后，它的含义是针对某个主体而言的。解释的目的，就在于揭示其对象背后的融贯性和含义。

泰勒把人类看作是"自我解释的动物"（self-interpreting animal）。人的行为是有意义的（meaningful），因此只能用解释的方法来阐发。而且意义是相对于主体而言的；是可以和其表达相分离的；只在某领域有意义，并和其他事物的意义相联系。[19]这显然和自然科学寻找普遍定律的做法是不一样的。

泰勒对"解释"和"说明"的区分有一定的道理。如果这个区分成立，似乎自然科学的说明和人的科学的解释，就不再遵守同样的方法论模式了。但这一结论会导致自然科学和人文学科在方法论上的分离吗？

笔者认为，库恩对泰勒的回应[20]很好地回答了这一问题。泰勒认为自然科学是普遍成立的（用解释学的话来说就是有科学客观性），所以天文现象的知识也是普遍的，即人类有"共同的天体"（heaven for all）。库恩反驳了这一说法。他指出，古希腊的天体和我们现在的天体概念不一样，因为古希腊人和现代人采用的是不同的分类法。古希腊人将天体分为三类——恒星、行星和流星，但和现代人不同的是，他们将太阳、月亮放在行星的范畴，因为太阳、月亮和火星、水星、金星等行星更为相似。我们现在是把太阳当作恒星，把月亮当作卫星。因此，套用库恩的术语，自然科学知识也是相对于范式而言的，并非在所有文化中都普遍有效。

库恩在《科学革命的结构》一书中除了"范式"概念，还提出了"科学共同体"的概念。在他看来，无论是自然领域还是人文领域的概念，所有的概念都是共同体所拥有的。这些共同体因为文化或语言的不同，会导致概念上的差异。所以自然科学和人文学科一样，它的概念词汇也会因为"范式"的不同而意义不一样。

库恩表明，自然科学与人文学科一样，都既有说明又有解释。例如，自然科学中存在着大量的解释。刚刚加入科学共同体的人，需要由资深科学家解释科学符号的意义以及科学仪器的使用。尤其在科学革命之后，许多新的概念或仪器更需要解释，如新范式中的"波粒二象性"是什么意思，核磁共振仪该如何使用？这些不能靠普遍定律来说明，因为人们对定律中的符号等还不了解。换言之，普遍定律中的符号、意义、应用等，本身不能靠普遍定律来说明，只能靠解释。

例如，以下两个自然科学中的问题看起来形式是一样的：①为什么相对地面以接近光速运动的物体质量增大了？②为什么时间是相对于参照系而言的？

但其实第一个问题是关于科学说明的，可以用狭义相对论的公式来推导。第二个问题涉及我们如何理解"时间"概念，这就不能由相对论的定律来说明了，而需要在相对论的范式中解释"时间"概念是怎么一回事。[①]

人文学科中除了解释，有没有说明呢？按库恩的想法，目前的人文学科仍然处于学派林立、百家争鸣的"前范式阶段"。如果人文学科能够像自然科学那样建立起自己的范式，那么人文学科的专家也能够像自然科学家那样从事解谜的工作。当他们用人文学科的定律来阐述人的行为时，就构成了说明。

例如以下两个历史领域中的问题，就可以分别归入解释和说明的范畴：③为什么法国大革命是近代史上的重要事件？④为什么会发生法国大革命？

第三个问题涉及我们如何理解法国大革命的意义，所以需要历史学家根

---

① 这样的解释对相对论范式是有意义的，但在经典力学的范式中就成了"虚假问题"。

据不同的价值标准作出解释。第四个问题要求历史学家详细地描述出法国大革命这一事件产生的条件。如果这些历史学家拥有相同的范式，信奉相同的历史规律，那么他们给出的说明也应该是一致的。[①]

因此，库恩同意"说明"和"解释"的区分，但不同意将此区分用来划分自然科学和人的科学。如果自然科学和人文学科一样，都包含大量的解释；而一旦人文学科建立自己的范式之后，也可以像自然科学那样形成说明，那么笔者认为，自然科学和人文学科在方法论上仍然可以是统一的。

关于自然科学和人文学科的统一性问题，目前主要有两种态度。一种是科学主义（scientism），他们认为自然科学可以推广到人文学科领域。其代表是逻辑实证主义，其中卡尔纳普和纽拉特（Neurath）的"统一科学"或"物理主义"论旨，更是希望将所有的经验科学都统一起来，并最终还原为物理学。与科学主义立场相对立的学者，德雷称之为观念论者（idealist）[21]。他们倾向于认为人文学科与自然科学有本质的区别，因此应当各守其界，互不侵犯。

对于亨普尔提出的科学说明模型，以及这一模型应用于人文学科的可能性和以此为基础的经验科学在方法论上统一性的论证，很多历史学家和哲学家提出异议。对此，笔者认为，首先，演绎论旨不是科学说明的根本论旨，含摄性定律才是最基本的，将科学说明等同于因果说明是不准确的；其次，历史领域中可以有定律，含摄性定律论旨在历史说明中也是必需的；再次，自然科学和人文学科一样，都需要学术共同体的价值判断，都是"看作"而不是"看"；最后，所有经验科学都要涉及解释和说明，因此"说明"和"解释"的区分，不足以成为自然科学和人的科学的划界标准。

当然，这样的讨论或许还不足以证明自然科学和人文学科在方法论上就是统一的。但笔者赞同康德的观点，追求"系统的统一性"（unity of system）是人类的理想之一。"理想"虽然不像"范畴"概念那样具有"客观有效性"（objective validity），却是指导人类行为的动力。正如人类会不断追求"德福一致"的理想一样，人类也会不断地寻找自然科学和人文学科的统一性。当然，最终的统一未必如早期的逻辑实证论者设想的那样，由自然科学来统一人文学科，而可能是随着自然科学中的人文因素不断被发现，从而找到自然科学和人文学科的共同切入点。不仅人文学科可以学习自然科学的方法，

---

① 当然在现实中，由于历史领域仍处于"前范式阶段"，所以不同学派的历史学家给出的说明是不一样的。

自然科学也需要向人文学科学习，从而使二者统一为"人类的知识"。

这一立场不仅表明了自然科学和人文学科的方法论统一性，其实也是科学主义与观念论的统一。因为它既承认了科学主义所希望的科学与人文的统一，同时也承认了观念论的立场，即"解释"和"说明"至少目前在形式上是不一样的。只不过二者的区分，不足以表明自然科学和人文学科的分离而已。

（本文原载于《中国社会科学》，2002 年第 5 期，第 29-40 页。）

参 考 文 献

[1] Carnap R. An Introduction to the Philosophy of Science. New York: Dover, 1995.

[2] Hempel C G. Two Basic Types of Scientific Explanation, Philosophy of Science: The Central Issues. New York/London: W.W. Norton & Company, 1998: 685-694.

[3] Hempel C G. Aspects of Scientific Explanation. New York: The Free Press, 1965.

[4] Hempel C G. Explanation in Science and in History, The Philosophy of Science. London: Oxford Univ.Press, 1968.

[5] Curd M. Philosophy of Science: The Central Issues, part 6, "Models of Explanation". NewYork and London: W. W. Norton & Company, 1998.

[6] Donagan A. Explanation in History, Theory of History. New York: The Free Press, 1959: 430.

[7] 石元康. 历史中的原因、目的与理由. 鹅湖, 1983, (100): 23.

[8] 石元康. 实证论与历史说明. 史学评论, 1983, (6): 102-108.

[9] Salmon W. Scientific Explanation: How We Got from There to Here, Introductory Readings in the Philosophy of Science. 3rd edn. New York: Prometheus, 1998: 241-263.

[10] Ayer A J. What Is a Law of Nature?//Curd M. Philosophy of Science: The Central Issues, part 6, "Models of Explanation". NewYork and London: W. W. Norton & Company, 1998: 816.

[11] Winch P. The Idea of A Social Science and Its Relation to Philosophy. 2nd edn. London: Routledge, 1990.

[12] 石元康. 意义与社会科学的客观性. 食货月刊复刊, 1982, 12(7): 1-5.

[13] Dray W H. Philosophy of History. New Jersey: Prentice-Hall, 1964: 23-24.

[14] R. G. 柯林伍德. 历史的观念. 何兆武, 张文杰译. 北京: 中国社会出版社, 1986: 243.

[15] Kuhn T S. The Structure of Scientific Revolutions: 50th Anniversary Edition. 2nd edn. Chicago: The University of Chicago Press, 2012.

[16] Kuhn T S. The Essential Tension. Chicago and London: Univ. of Chicago Press, 1977: 320-339.

[17] Hempel C G. Science and human values//Klemke E, Hollinger R, Rudge D, et al. Introductory Readings in the Philosophy of Science. 3rd ed. New York: Prometheus, 1998 :110-127.

[18] Palmer R E. Hermeneutics. Evanston: Northwestern University Press, 1969: 223-241.

[19] Taylor C. Interpretation and the sciences of man//Klemke E, Hollinger R, Rudge D, et al. Introductory Readings in the Philosophy of Science. 3rd ed. New York: Prometheus, 1998: 110-127.

[20] Kuhn T. The natural and the human sciences//Klemke E, Hollinger R, Rudge D, et al. Introductory Readings in the Philosophy of Science. 3rd ed. New York: Prometheus, 1998: 128-134.

[21] Dray W H. Laws and Explanation in History. London: Oxford University. Press, 1957: 8.

科学中的认知与价值

——与陈瑞麟教授商榷[①]

| 王巍 |

一、科学中的认知价值

自休谟（David Hume）提出了"事实-价值"或"实然-应然"的二分后，[1]在很长一段时间大家普遍认为科学是价值中立的；或至少科学研究本身是价值中立的，科学的应用才会关涉价值。然而自 20 世纪下半叶以来，很多科学哲学家试图寻找科学研究中的价值判断。例如，鲁德纳（Richard Rudner）提出，纯粹的科学家也需要作价值判断。[2]亨普尔（C. G. Hempel）也在《科学与人类价值》一文中提出，科学家在做理论选择时需要价值判断。[3]

当然，最著名的可能是库恩（Thomas Kuhn）的论文《客观性、价值判断与理论选择》。他提出：科学理论选择不存在客观的规则或证明。科学家接受或放弃一个理论或范式，这样的决定不能用"证明来解决"。其选择机制在于"说服的技巧，在没有证明情况下的论证与反论证"。因此科学理论的选择不是纯粹客观的，而是科学家根据价值观所作的决定。这样的价值包括：精确性（accuracy），是指科学理论导出的结论应表明同现有观察实验的结果相符；一致性（consistency），要求科学理论不仅要内部自我一致，而且与现有公认的理论相一致；广阔的视野（scope），理论的结论应远远超

① 论文初稿曾于 2014 年 4 月在北京科学哲学论坛 2014 年第 2 期暨清华大学科学哲学与技术哲学沙龙第 128 期报告，得到北京大学哲学系孙永平老师的批评指正。

出它最初想要说明的特定现象或定律；简单性（simplicity），要求理论在数学上形式简洁，避免增加不必要的预设；丰富性（fruitfulness），理论应当产生大量新的研究结果[4]。

然而，如果我们仔细推敲这些科学哲学家所提及的价值，如精确性、一致性、简单性等，其实严格来讲这些仍属"认知价值"。科学研究中是否必然包含社会价值，将是本文讨论的重点。

二、陈瑞麟的《认知与评价：科学理论与实验的动力学》

我国台湾中正大学哲学系暨研究所的陈瑞麟教授，现任台湾科技与社会研究学会理事长（2012 年以来）。他在 2012 年出版了《认知与评价：科学理论与实验的动力学》上下册，对科学理论与实验作出了非常完整的哲学分析。

《认知与评价：科学理论与实验的动力学》共有五大目标："①展示科学理论与实验的历史存在某种模式，据以重建科学理论与实验的发展史。②建构一个说明理论与实验发展的动力模型。③提炼与精炼科学家推动理论与实验发展的思考模式。④提出'哲学性科学思考方法'。⑤争论认知与评价总是优先于利益，但仍为利益的角色留下位置。"[5]v

该书"企图建构一个科学理论与实验发展与演变的动力模型、一个科学哲学与科学史的理论。它可以被总结成下列主张：①科学理论和实验的发展共享一个人类家族似的发展样式，即透过先行者（亲代）结构局部的修改而产生彼此间具有家族相似和歧异的后继者（子代）。②此发展样式的原因和动力是科学家对先行理论与实验作认知评价后、局部修改其内在结构、再发展自己的新版本而造成的。③模型媒介于理论和实验之间，必须透过模型来分析理论和实验的内在结构。④理论、模型、实验与世界两两之间的关系，可以透过结构相似程度的比较来进行认知判断；其比较方法是分析理论、模型和实验的结构成为组成局部，再比较先行者与后继者的对应局部的相似性来作判断；此方法为认知评价提供一个较客观的参考架构。⑤科学活动有发现、结构、发展（发育或发生）、变迁、社会环境、规范等多元向度，彼此在不同的脉络中互相关联，但不能被化约成发现脉络和证成脉络的二分架构。⑥我们可以推荐新的认知评价来引导科学未来的发展。原因和动力的实然与认知评价的应然不断地循环互动"[5]46-47。

在该书中，陈瑞麟一方面承认社会因素在科学中的作用："……科学家的认知评价也就是理论发展的关键动力……科学发展还有其他因素：理论与模释的技能（由理论与模型潜能来代表）、经验拘束、社会资源与社会拘束，一起构成一个因果机制，推动理论与模型沿着一定轨迹而发展。"[5]49

另一方面，他明确提出，认知评价具有优先性："认知与价值"范畴相对于"利益、成规、权力、同盟、网络"等社会范畴而言，具有优先性。认知与价值具有核心、主导、内在的地位，透过认知与价值的中介，社会因素才能对事实的形成与科学的发展，产生因果影响[5]291。

笔者把陈瑞麟的认知评价总结至表1。

表1　陈瑞麟的认知评价[5]31-33

划分标准	评价	价值
按形态来划分	概念性评价	一致性
		具启发性的
		间接的
	经验性评价	准确性
		说明力
		广泛性
		预测力（理论）
		可靠的
		重要的
		值得探讨的（模型）
	实作性评价 （又译实践性评价）	完整性
		创新性
		丰富性
按对象来划分	模型评价	可落实性
	实验评价	稳定性
		有效的可复制性
		投射性
		跨脉络性

总之，陈瑞麟认为，成熟科学的知识与实践是由其内在结构形塑的；科学家的认知评价或认知判断是关键因素；其他不同类型的变迁，也可以透过内在结构的变迁来解释，其主要的动力仍然是科学家的认知评价[5]26。

三、陈瑞麟对 SSK、ANT 等的批评

首先，陈瑞麟指出，科学知识社会学（sociology of scientific knowledge，SSK）强纲领的理论架构有三大困难：①"旨趣"（interest）概念的含糊和歧义；②强纲领反身应用的困难；③事实是经验拘束，其建构来自经验的结构，不能被理解为成规[5]49。

布鲁尔（David Bloor）曾经提出 SSK 强纲领的四原则：因果性、无偏性、反身性、对称性[6]。陈瑞麟赞同 SSK 强纲领的因果性、无偏性、反身性原则，但反对其对称性原则："利益……是一个理论家族发展的社会资源，偶然被科学家取用，但利益并不是理论和理论家族发展的关键原因，利益的效果仍然必须透过个别科学家的认知判断来显现。"[5]281

其次，陈瑞麟对行动者网络理论（ANT）提出批评：ANT 的重点不是非人或物是否被排除或纳入，而是认知因素与评价因素被排除[5]340。他写道：

> ……社会建构论和 ANT 最大的缺失在于过度强调"科学行动者"（不管是人或非人）只是追求欲望的欲求者（wisher）和只重利害考量的算计者（calculator）……科学行为者还必须总是一位想知道未知的探讨者（inquirer）和认知者（knower），还必须总是一位不断地在进行好坏判断的评价者（evaluator）。[5]341

陈瑞麟还对朗基诺（Helen Longino）的价值理论提出了修正。朗基诺是美国著名科学哲学家，专长于生物学哲学、社会认识论、女性主义哲学。曾任斯坦福大学哲学系主任、科学哲学协会（PSA）主席（2013～2014 年）。她提出"语境经验论"（contextual empiricism）①，主张我们要在具体语境中判断价值。她对比了女性主义的科学价值与传统的科学价值（表 2）。[7]

表 2　女性主义的科学价值与传统的科学价值

女性主义的科学价值	传统的科学价值
（性别）经验的适当性（empirical adequate）	精确性
新奇性（novelty）	内在/外在一致性
本体论的异质性（ontological heterogeneity）	简单性

---

① 陈瑞麟译作《脉络经验论》。在引用朗基诺的表格时参考了陈瑞麟的译法，但根据中国大陆通行的语言习惯进行了部分改译。

续表

女性主义的科学价值	传统的科学价值
互动的相互性（mutuality of interaction）	广泛性
当前人类需求的可应用性（applicability of current human need）	
权力的分散（diffusion of power）	丰富性

但陈瑞麟仍然坚持认知价值与社会价值的二分。社会价值包括：种族、道德、爱、人道、和平、民主等[5]328。他也折中地提出了"价值的功能论论题"：如果一价值在某个脉络中扮演认知的功能角色或可作为认知的目的，则它此时是"认知价值"；如果该价值在另一脉络中能产生道德规范或政治效果的作用，则它是"道德或政治价值"[5]333。

虽然有一些社会价值可以成为工具认知价值，但他坚持存在内在认知价值或核心认知价值：说明力（经验适当性）、准确、内在一致性、范围宽广、简洁、丰富、可落实性等等[5]334。

陈瑞麟据此提出了自己的价值观。

（N3）如果我们想要得到最大的认知效益，则我们不该把任何一个工具认知价值当成是选择理论时的唯一判准。

（N2）如果我们想得到最大的认知效益，则在理论选择时，我们应该考虑理论在脉络中所相关的一切核心认知价值和工具认知价值，经过理性的权衡以获得最大的认知效益总量。

（N1）一个工具认知价值（一般的社会价值）之所以能产生认知价值的功用，唯若其所促进的核心认知价值大于其所悬置的核心认知价值，亦即其所实现的核心认知价值之总量是一个正净值。

推导是从 N3 回溯到 N1，不过在逻辑秩序上，则是 N1 蕴涵 N2，N2 蕴涵 N3[5]336-338。

四、笔者的回应：认知价值与社会价值

笔者其实非常欣赏陈瑞麟的《认知与评价：科学理论与实验的动力学》，认为它在华语世界中对科学实验与模型提供了最早也是最完备的哲学研究。笔者也几乎完全赞同他书中的大多数论述，但是不太赞同他的价值理论，以

下试图提出一些反驳论证。

1. 旨趣的多样性

陈瑞麟批评 SSK 的"旨趣"概念太过含糊致有歧义,但实际上哈贝马斯(J. Habermas)在《知识与人类旨趣》一书中对"旨趣"给出过明确的区分:①技术认知旨趣(technical cognitive interest),是人类需要控制自然从而获得生存,它所对应的是"经验-分析科学"(empirical-analytic sciences);②实践认知旨趣(practical cognitive interest),是人类需要沟通、互动和公共生活,它对应的是"历史-解释科学"(historical-hermeneutic sciences);③解放认知旨趣(emancipatory cognitive interest),让人类从压迫力量(包括物质的,政治的,心理的,意识形态的等)中解放出来,它对应的是"批判优位科学"(critically oriented sciences)。[8]

笔者认为,恰恰是陈瑞麟对科学与旨趣的理解比较狭窄——仅限于自然科学,实际上限制了他理论的适用范围。在历史-解释科学或批判优位科学中,社会价值的重要性是毋庸置疑的。

2. 认知价值与社会价值的二分

陈瑞麟倾向于把认知价值与社会价值分开,尤其是承认存在"内在认知价值"。但笔者认为,内在认知价值也可能有其社会根源。例如,"精确性"在"日出而作,日落而息"的古代社会并不是那么重要,因此古代科学知识往往偏重定性的研究,精确的定量研究并不是那么重要;但到了强调操控与改造自然的现代社会,精确性才变得日益重要,成为现代社会乃至现代科学的内在价值。

此外,有些价值可能同时起着认知价值与社会价值的作用。例如在牛顿的力学研究中,"普遍性"既有认知价值,也有宗教价值的作用——他提出万有引力定律,是因为他相信只要上帝存在的地方,引力就无所不在,他的自然哲学就是通过现象来研究上帝[9]。

最后,我们也能找到社会价值大于认知价值的科学案例。例如,有些生物学家因为担心一旦研制出可以在人与人之间传播的超级病毒,会带来极大的社会风险,因而自愿暂停 H5N1 禽流感病毒的研究[10]。

3. 科学的多样性

科林斯(Harry Collins)建议把科学区分为常规科学、魔像科学(Golem

science）、历史性科学（historical science）、反身性历史科学[11]。常规科学是发展比较成熟、争议很少的，如物理学；魔像科学是往往在学科内部还存在争议的，如转基因研究；历史性科学是指一次性发生、很难做重复性实验的，如生态学；反身性历史科学是指不仅是一次性发生，而且人类的参与有可能改变其现象，如气候变暖。

在此，笔者担心陈瑞麟的著作忽视了科学的多样性。或许常规科学往往是认知价值优先的，但是在其他科学中未必如此。陈瑞麟关注的主要是常规科学，例如他选取的科学案例主要来自于物理学与传统生物学。但是像在转基因、干细胞等研究中，公众的广泛参与、社会价值的充分考量等，至少应该与科学家的认知与评价具有同等重要的地位。

此外，陈瑞麟不反对 ANT 应用于技术、发明和科技产品上有其合法性和适切性[5]312。那么，STS 领域非常强调的"技性科学"（technoscience）①，是否可以适用 ANT 呢？

英国 STS 学者齐曼（John Ziman）还提出了"后学院科学"或"产业科学"的概念。如果说美国科学社会学家默顿（Robert K. Merton）的"学院科学"行为规范是 CUDOS②，那么齐曼主张产业科学的行为规范将会是所有者的（proprietary），局部的（local），权威的（authority），定向的（commissioned）和专门的（expert），其首字母可以简写为 PLACE[14]79。在学院科学中，认知价值通常是优先于社会价值的，但是在后学院科学或产业科学中是否仍然如此呢？《认知与评价：科学理论与实验的动力学》没有展开论证，笔者对此持怀疑的态度。

4. 社会建构论的元意义

陈瑞麟的尝试其实很打动人心：如果我们确保认知价值的优先性、保障科学的自主性、尽量减少社会价值与利益考量对科学的侵蚀，那么我们就能有效捍卫科学的客观性与合理性。但笔者认为，社会建构论可能在更深的层次上有其元意义：我们如何通过科学体制的公正性来捍卫科学的客观性？

---

① 这一概念有多重理解，但大体而言是强调科学的技术性，甚至认为科学就是技术。哈克特（Edward J. Hackett）等主编的《科学技术学手册》第三版中的第 5 篇是专门讨论技性科学的（参阅文献[12]813-999）。

② CUDOS 是公有性（communalism）、普遍主义（universalism）、无私利性（disinterestedness）、原创性（originality）、有条理的怀疑（organized skepticism）的首字母。默顿本人提出的是普遍主义、公有性、无私利性、有条理的怀疑（参阅文献[13]361-376），后来齐曼加上了原创性，将其首字母合称为 CUDOS，读音与 kudos（荣誉）相近（参阅文献[14]44）。

朗基诺对此有所回答：要减轻对某种背景假定的主观偏爱之影响、把主观转化为客观，必须依赖于社群的互动，以及社群所建立的几个制度性的特征（或"制度性的规范"）（转引自[5]331）。因此，朗基诺的努力很有启发性：我们不必担心科学的社会建制必然会带来相对主义或非理性主义，公正合理的社会建制反而有利于更好地捍卫追求创新、客观求实、批评怀疑的科学精神！

五、从"后 HPS"到"新 HPS"

陈瑞麟倡导"后科史哲"[post HPS，HPS 是 history and philosophy of science（科史哲）的简称]。一方面，他承认，这是不同于传统"科史哲"之处。另一方面，他坚持认知价值优先于社会利益的考量，"科史哲"优先于"科学的社会研究"（social studies of science）。这其实与科学哲学家拉卡托斯（Imre Lakatos）对科学史的理性重构非常相似：科学哲学提供规范性的方法论，科学史家据此重构"内史"，从而为客观知识的增长提供理性说明……任何科学史的理性重构都需要经验的（社会心理的）"外史"来补充[15]。

笔者在本文试图论证：①科学研究应该认知与价值优先；②在大多数科学案例中，认知与价值确实优先；③但我们不能预设科学研究必然认知与价值优先；④在原则上，我们应该对称地对待认知与社会！

因此，与陈瑞麟的"后 HPS"相对，笔者希望走向科学技术的"新 HPS"（new HPS），即科学技术的"新史哲社"（history, philosophy, and sociology of science and technology）。它强调具体问题具体分析，原则上平等地从历史学、哲学、社会学等多个角度去研究、分析、批判科学技术，从而更好地理解与反思当代社会最为核心的驱动与变革力量。

（本文原载于《自然辩证法通讯》，2017 年第 1 期，第 95-99 页。）

参 考 文 献

[1] 休谟. 人性论. 关文运译. 北京: 商务印书馆, 1980: 509-510.

[2] Rudner R. The scientist *Qua* scientist makes value judgments. Philosophy of Science, 1953, 20(1): 1-6.

[3] Hempel C G. Science and human value//Klemke E D, Hollinger R, Kline A D.

Introductory Readings in the Philosophy of Science. New York: Prometheus Books, 1998.

[4] 托马斯·库恩. 必要的张力: 科学的传统和变革论文选. 范岱年, 纪树立, 等译. 北京: 北京大学出版社, 2004: 312-330.

[5] 陈瑞麟. 认知与评价: 科学理论与实验的动力学. 上下册. 台北: 台湾大学出版中心, 2012.

[6] Bloor D. Knowledge and Social Imagery. Chicago: University of Chicago Press, 1991: 7.

[7] Longino H E. Gender, politics, and the theoretical virtues. Synthese, 1995, 104(3): 383-397.

[8] Habermas J. Knowledge and Human Interests. Boston: Beacon Press, 1971: 308.

[9] 牛顿. 自然哲学的数学原理. 赵振江译. 北京: 商务印书馆, 2009: 647-651.

[10] 梁慧刚. 从 H5N1 论文之争看科学伦理和监管. 科学文化评论, 2012, (1): 5-10.

[11] Collins H M, Evans R. The third wave of science studies: studies of expertise and experience. Social Studies of Science, 2002, 32(2): 235-296.

[12] Hackett E J. The Handbook of Science and Technology Studies. Cambridge: The MIT Press, 2007.

[13] R. K. 默顿. 科学社会学. 鲁旭东, 林聚任译. 北京: 商务印书馆, 2009.

[14] Ziman J M. Real Science: What It Is, and What It Means. Cambridge: Cambridge University Press, 2000.

[15] Lakatos I. History of science and its rational reconstructions// Rothbart D. 科学哲学经典选读. 北京: 北京大学出版社, 2002: 59-76.

隐性知识、隐性认识和科学研究

| 肖广岭 |

　　自 1996 年经济合作与发展组织（OECD）发表《以知识为基础的经济》的年度报告以来，在世界范围内讨论和发展知识经济的浪潮滚滚而来，人们对知识的认识也进一步加深，其中把知识划分为显性知识（explicit or tangible knowledge）和隐性知识（tacit or intangible knowledge）特别引人注目。由于显性知识就是指那些能够被编纂整理（codified）并能用语言和文字等大众工具传播的知识，因此这里不再赘述。这里要阐述和讨论的是，隐性知识及隐性认识和科学研究。

　　在国外，关于隐性知识及隐性认识与科学研究大致有两方面的研究，一是以波拉尼（Michael Polanyi）[①]的《个人知识》（*Personal Knowledge*）和《隐性方面》（*The Tacit Dimension*）为代表，主要从人类的认识过程和科学认识论进行探讨；二是以朱克曼的《科学界的精英》（有中文本）为代表，主要从科学社会学和科学研究中的师徒关系等方面进行研究。本文将在分析概括上述两个方面研究的基础上，进一步探讨隐性知识、隐性认识和科学研究的关系，以及由此对教育和科学研究的启示。

----

　　① 波拉尼 1891 年生于布达佩斯，获布达佩斯大学医学和物质科学双博士研究生学位。1929 年成为德国凯撒威勒姆研究院（德国马克斯·普朗克科学促进协会的前身）物理化学方面的终身成员，1933 年被选为英国曼彻斯特维多利亚大学的物理化学主席；1948 年变为该大学社会研究主席。从此，作为客座教授或高级研究员，波拉尼先后在英国牛津大学及美国的芝加哥大学、斯坦福大学、弗吉尼亚大学等进行科学哲学和科学技术与社会等方面的研究和讲座。波拉尼是英国皇家学会成员、国际科学哲学学会成员、德国马克斯·普朗克科学促进协会成员和美国科学与艺术院外籍荣誉成员；波拉尼除发表了《个人知识》和《隐性方面》之外，还发表了《科学、信仰与社会》《人的研究》《自由的逻辑》等十多本书和许多论文。

一、波拉尼的有关研究

波拉尼 1958 年出版的《个人知识》和 1966 年出版的《隐性方面》是西方学术界第一个对隐性知识、隐性认识和科学研究进行较为系统地探讨和分析的著作。在《个人知识》一书中，他在对人类知识在哪些地方依赖于信仰的考察中，偶然地发现这样一个事实：这种信仰的因素是知识的隐性部分所固有的。这里出现了两种区别，一是隐性知识与显性知识的区别，二是聚焦感知和附带感知的区别。这两种区别是密切相关的。

当人们依赖对 A 事物的感知来认识 B 事物的时候，人们便附带地感知到了 A 事物。这时，B 事物作为人们认识的焦点决定了 A 事物的意义。作为聚集点的 B 事物总是明确的；附带地感知到的 A 事物可能是不明确的。这两种感知是相互排斥的：当人们把注意力转到曾经是附带地感知到的 A 事物时，A 事物就失去了以前的意义。这就是隐性认识的结构。

人们聚集感知到的事物能被明确地认识，但人们不能使知识完全明确地表达。这是因为，一方面，当人们使用语言时，其含义依赖于其隐性部分；另一方面，用语言涉及的只是人们附带感知的身体活动。因此，隐性认识是比显性认识更基本的：人们能够知道的比人们能讲述的更多；如果人们不依赖对不能讲述事实的感知，人们就不能讲述。

对人们能够讲述的事物，人们通过观察它们来认识；而对人们不能讲述的事物，人们通过内心留住于它们来认识。所有的理解都基于人们内心留住于所领会事物的细节。内心留住还是对世上各种综合性实体进行认识的工具。正是这种内心留住的逻辑使得波拉尼进一步得出分层次宇宙的概念和进化的全景，并导致具有理解逻辑的人类的出现。

波拉尼认为，一旦通过内心留住来认识被看作具有普遍意义，人们就能看到古老的柏拉图的提出问题和解决问题的逻辑难题，能通过理解其特殊的逻辑来解决；一旦隐性认识的逻辑扩展到一种创造性思维的理论，那么这种理论就会与进化突变的逻辑相一致；随着对内心留住普遍性的认同，人们无疑问地会接受这样一种不同寻常的观点：所有的知识最终是个人的。

波拉尼在《隐性方面》一书中，对隐性知识及其结构做了进一步的分析和发展。第一，他在对一些认知心理学实验进行分析后，得出人们在对由一些基本要素构成的整体表现进行认识的过程中，人们的注意力从这些基本要素转到了其整体表现。因此，人们尽管获得了对整体表现的认识，但往往不能详细地说明这些基本要素的行为。这可被称为隐性认识的功能结构。

第二，在认识过程中，人们以事物的远期或整体表现而感知到近期或细节隐性认识行为。例如，在相貌识别过程中，人们以注意力集中于整体相貌而感知到相貌的某些部分的特征；再如在技巧训练过程中，人们依据所关注的整体动作表现而感知到几种肌肉运动细节。这可被称为隐性认识的现象结构。

第三，他用医生用探针和盲人用探棒的过程为例说明，人们从关注于探针头或探棒头落点的意义而感知到手的感觉；人们从手感觉的变化来关注其意义的变化。这可被称为隐性认识的意义方面。

第四，上述隐性认识的功能结构、现象结构和意义三个方面都可把隐性认识过程分为近期和远期或分为第一和第二两个阶段。从隐性认识的三个方面能推演出隐性认识的第四个方面，即隐性认识的实体论方面。由于隐性认识在认识过程的两个期之间建立了一种富有意义的联系，人们便可以理解由这两个期联结所对应的综合性实体。这里的近期代表实体的特征，人们依赖于对这些特征的感知来关注这些特征联结起来的意义，从而理解这种实体。

波拉尼在《隐性方面》一书中进一步用这种观点解释科学问题。例如，人们依赖某一理论理解自然就是使这一理论深入人心。人们的注意力从这个理论转到要考察的事情，并且正是在运用这个理论来解释所考察事情的时候，人们才感知到这个理论。这就是为什么只有通过做习题人们才能掌握数学理论。人们的真正知识依赖于人们运用知识的能力。同样，一种理论知识的真正建立只有当其深入人心并被广泛地用于解释经验以后才可发生。

波拉尼认为，由于隐性思维是所有知识不可分离的组成部分，那种要消除所有知识的人为要素，实际上要破坏所有知识。宣布现代科学的目的是建立一种严格的不受干扰的客观知识，任何达不到这种要求的知识只能作为暂时的不完善来接受。同样，那种想通过消除所有隐性认识来建立一种全面的数学理论的理想是自相矛盾的。

波拉尼阐述了隐性认识在科学研究中的作用。所有的研究都是从问题开始的。只有问题是好的，研究才可能是成功的；只有问题是新颖的，研究才可能是独创性的。然而，提出一个问题实际上是察觉到了某种隐藏的东西，是得到某种暗示。如果这种暗示是真的，则问题就是好的；如果这种暗示还没有被人们察觉，则问题是新颖的。也就是说，提出一个能导致重大科学发现的问题不只是察觉到隐藏的东西，而且要察觉到其他任何人都察觉不到的东西。

但如果所有的知识都是能明确表达的，人们就不能提出问题和寻求解答。这就是两千年前柏拉图的悖论。柏拉图指出寻求一个问题的解答本身就是荒谬的，因为或者你知道寻求什么，那么就不存在问题；或者你不知道寻求什么，那么你就不能指望发现任何东西。解决柏拉图这一悖论的关键在于隐性认识使得人们能够预感到某些隐藏的东西，然后去寻找，找到了，就是科学发现。

在科学研究中，不仅提出问题需要隐性知识和隐性认识，而且寻找解答的途径并导致科学发现，以及对科学发现的评价都需要隐性知识和隐性认识。人们常常把重大科学发现看作有重大应用前景和能导致更多科学发现的发现。这实际上是承认科学发现的意义不只是提供显性知识，更重要的是提供隐性知识，使人们预感到还没有被发现东西的存在和能发明更多的东西。人们接受科学发现及由此得出的科学理论不仅是接受其中人们能讲述的知识，而且更重要的是得到进一步的不确定范围的暗示，并相信这些暗示将引导人们获得新的科学成果，甚至获得意想不到的成果。人们寻求科学发现也正是由此开始的，并且在寻求的过程中，人们总是预感到某种隐藏的不明确的东西的存在，而科学发现既是这种寻求的结果，又会以同样的方式使人们获得新的暗示并使人们相信沿某一方向前进将会导致不确定范围的新成果。

总之，科学研究的整个过程都离不开隐性知识和隐性认识。正是科学发现所提供的隐性知识才使得科学家在隐性认识或暗示的引导下，而获得新的科学发现，并使得科学不断发展。

二、自朱克曼以来的有关研究

1977年，朱克曼发表《科学界的精英》一书，用科学社会学的方法探讨杰出科学家之间的关系，特别是师徒关系。例如，她的研究表明，到1972年为止，92名美国诺贝尔科学奖获得者中有48名曾经作为老诺贝尔奖获得者的学生、博士后或年轻的同事，表明诺贝尔奖获得者通过师徒关系在不同代际延续。

这些诺贝尔奖获得者在作为"徒弟"的时候，从"师傅"那里学到了什么呢？根据朱克曼的调查，他们主要学到的不是显性知识，而是诸如工作标准和思维模式等更大范围的倾向性态度和不能被编纂整理的思维和工作方法等隐性知识[1]。

卡尼格尔（Robert Kanigel）在其所著的《天才学徒》一书中，引述诺贝尔奖获得者梅达沃（P. B. Medawar）在"对年轻科学家的忠告"中的观点："任何时代的任何科学家要获得重要的发现，必须研究重要问题。"但什么东西使得一个问题变为"重要的"？当你看到某一问题的时候，你怎么知道它是重要的？人们不能从书本中得到答案，也不能明确地说出答案。答案往往要通过例子，通过慢慢增加的个人喃喃不清的自言自语和抱怨，通过师徒之间若干年密切合作中所发出的微笑、皱眉和感叹来获得[2]。这就是说，科学家要发现一个好的问题，就需要通过隐性认识和通过隐性途径。

比彻（Tony Becher）在其所著的《学术部落和领地》一书中认为，研究生在进入某一学术领域的过程中，会接触到两种主要的隐性知识。一种是从这一学术领域的长期经验中产生的隐性知识。这是一种实际的、几乎是下意识的知识，是该领域的精英完全掌握的能力。这种隐性知识中最重要的成分是调控科学论文发表的能力，如什么东西算作有意义的贡献，什么东西算作回答疑问，什么东西算作回答的论据，哪些成果要赶快发表，哪些成果要保留，等等。另一种隐性知识是研究生自己在研究生期间的科研实践中获得的，如直觉力、想象力、研究技巧、合作能力等[3]。

克拉克（Burton R. Clark）在其所著的《探究之地》一书中对显性知识和隐性知识的关系和传播进行了阐述。他认为，如果把显性知识比作歌词，那么隐性知识就可比作音乐，两者是不同的，但只有两者有机结合才能成为剧目。隐性知识有时被看作"秘密知识"，在实际的科学研究中有大量的隐性知识。这种隐性知识的载体是科学共同体、课题研究组和科研人员。由于隐性知识不能被正式地定义和公开地传授，所以其传播也是无言地进行的。人们只有加入研究组，亲身参加科研实践才能获得或传播科研中的隐性知识[4]。

另外，隐性认识所强调的内心留住与一些科学家所倡导的参与认识论是一致的。由于发现基因变换而获得诺贝尔奖的生物学家麦克林托克（B. McClintock）形象地描述了自己是如何进入研究对象的："我发现我与这些染色体一起工作得越多，它们就长得越来越大，并且当我真与它们一起工作的时候，我不是在外边，而是在它们中间。我是这个系统的一部分。我正在与它们在一起，并且一切都变大了。我甚至能够看到染色体的内部——实际上一切都在那里。这真使我吃惊，因为实际上我感到就在它们那里，它们是我的朋友。当你看到这些东西的时候，它们变成了你的一部分。并且你忘记了你自己。"[5]

上述学者和科学家从不同的角度说明，隐性知识和隐性认识在实际的科学研究中不仅存在，而且起着不可或缺的重要作用。同时，他们对隐性知识如何产生、如何传播、如何获得和怎样起作用的分析和阐述也很有启发意义。

三、对教育和科研的启示

波拉尼关于隐性知识及隐性认识与科学研究的理论分析和朱克曼以后的有关研究和感受，不仅能从理论和实践两方面丰富和加深人们对知识的认识，而且给教育和科学研究提供了许多新的启示。

第一，根据隐性知识结构，人们往往能在不关注或不彻底认识部分或细节的情况下，而能认识整体。这就对人们通常所采用的先分析后综合、先认识部分后认识整体的教育和研究方法的有效性提出了疑问。例如，在语音教学时，应关注发音的总体准确性，而不应关注舌尖、口型和送气等细节，因为人们在没有弄清或掌握这些细节的情况下，往往也能把音发准确。再如，在人工智能的图像识别研究中，应关注整个图像或图像特征之间的关系，而不是细节特征。因为人们在不很清楚细节特征的情况下仍能识别整体图像，甚至当细节特征发生很大变化的情况下仍能识别整体图像。当然，也不能把这种隐性认识结构绝对化，在有些情况下分析和认识细节特征，会加深对整体细节的认识。但即使在这些情况下，往往也不采用先分析后综合、先认识部分后认识整体的认识路线；而是先对整体有一个大体的认识，再分析整体的某些部分特征，从而加深对整体的认识。在这些情况下，人们关注的重心仍然是整体而不是细节特征。

第二，隐性认识的关键是内心留住，也就是认识主体的精神深入被认识对象或客体之中，或者说让认识对象或客体深入人心。这种隐性认识过程对教育和研究有重要意义。在有关客观知识和理论的教学中不是侧重外在灌输，而是侧重内在消化；要用启发式，激发受教育者全身心投入并通过练习和有关的实践环节，使知识能留驻于受教育者的心中。在有关道德知识的教育过程中，除注意以理服人以外，还要注意以情动人；要引导和激发受教育者对所学道德知识的认同，主动地将这种知识留驻于心中，并以隐性或不自觉的方式引导人们应如何做人做事。在科学研究中，研究者要注意使自己的身心深入到被研究对象之中，力求从已有研究成果和自己的观察和实验中不断获得新的"暗示"，从而不断提出新问题，不断把研究向前推进。

第三，隐性认识体现了人类思维所固有的创造性，激发和自觉利用隐性认识就是要发挥创造性思维的作用。因为从隐性认识的观点来看，任何知识都有其隐性的方面；越是新知识其隐性的内涵就越多，给人们提供新的暗示的机会就越大。这种隐性认识所固有的创新性对教育和研究无疑是非常重要的。在传授已有的知识的过程中，要强调知识既有可讲授的显性方面，又有不确定范围的隐性方面；要鼓励受教育者充分发挥主观能动性和隐性认识的作用，努力从已有知识中获得新的暗示，从而培养受教育者的创新意识。在科学研究中，要充分关注自己和他人新的科学发现所具有的隐性内涵，力争尽快察觉出新发现的潜在意义在哪里，有多大，从而能在科学最新成就的基础上，不断有新的发现或发明。

第四，隐性知识的获得主要不是靠读书或听课，而是要亲身参加有关实践。这对教育和研究很有启发意义。在教学中安排相关的实践环节，不仅是为了使受教育者会用课堂所讲授的显性知识，而且通过实践环节使受教育者获得课堂不能讲授的隐性知识，从而全面掌握有关知识，也就是使有关知识真正能深入人心并能创造性地解决实际问题。在科学研究中，除要努力获得新的发现和发明等显性知识外，还要有意识地领悟和掌握诸如提出问题的时机、科研工作的先后排序和调整、有效的思维模式和如何判断研究结果优劣等等隐性知识；同时要努力感悟新科研成果的隐性内涵。

第五，科学中的隐性知识的载体是科学共同体、研究组和研究人员；师徒关系是传递隐性知识的重要形式，它在高级研究人才的培养中仍有重要作用。隐性知识的载体和传递特征对教育，特别是研究生培养很有启发意义。现代教育，特别是高等专科和本科教育，采用类似于大规模生产的方式，流水线式地培养学生，这对降低培养成本无疑是必要的。但这样培养出来的毕业生，往往只能是"半成品"。对从事工程、科研和其他技术工作来说，其知识结构中最主要的缺陷是有关的隐性知识不足。因此，以有独立科研和工程能力为目标的研究生培养，除需要进一步系统地掌握本专业的理论知识外，关键是要真正进入科学共同体，进入研究组，实际参与科学研究，特别是与导师进行密切接触和合作。研究生在科学研究中，要注意吸取课堂上学不到的科研实践中的隐性知识，特别是注意从导师和其他研究人员那里吸取隐性知识。

第六，隐性知识的上述特征，对我国科技和教育政策的制定、科技体制和高等教育体制的改革也有启发意义。

首先，隐性知识的获得离不开实际的科学研究，这就要求研究生培养与科学研究一体化。这也要求我国在科技体制和高等教育体制方面进行必要的改革，并且在有关政策措施方面进行相应的调整。例如，基础研究和应用基础研究对培养研究生的独立科研能力有重要意义，而目前我国的这些研究有相当大的部分游离于高校之外，这不利于研究生培养与科学研究一体化。因此，国家应该通过改革和政策措施调整，使基础研究和应用基础研究向高校，主要是向有研究生院的重点大学集中。再如，我国的国家自然科学基金的申请和成果评定没有要求培养研究生，而研究生培养经费没有要求获得资助者要同时进行科学研究。两者都应该做相应的调整来促使研究生培养与科学研究的一体化。

其次，隐性知识的传播主要靠人员之间的密切接触和人员交流；而我国的大学，特别是重点大学的"近亲繁殖"现象仍很普遍，这显然不利于隐性知识的传播。在美国和加拿大等西方国家，博士研究生毕业后只能到其他学校或单位工作，而不能在本校或单位工作；即使要在本校或单位工作也需要几年在其他单位工作或做博士后的经历。这种做法的本质是促进教学和科研经验，特别是有关隐性知识的交流和传播。这种做法很值得我国借鉴。

（本文原载于《自然辩证法研究》，1999 年第 8 期，第 18-21，32 页。）

参 考 文 献

[1] Zuckerman H. Scientific Elite: Nobel Laureates in the United States. New York: Free Press, 1977.

[2] Kanigel R. Apprentice to Genius-The Making of a Scientic Dynasty. New York: Macmillan Publishing Company, 1986.

[3] Becher T. Academic Tribes and Territories: Intellectual Enquiry and the Culture of Disciplines. U. K.: Open University Press, 1989: 26-27.

[4] Clark B R. Places of Inquiry: Research and Advanced Education in Modern Universities. Berkeley and Los Angeles: University of California Press, 1995: 232-239.

[5] Keller E F. Reflections on Gender and Science. New Haven: Yale University Press, 1985: 165-166.

论科学的"祛利性"

| 曹南燕 |

科学家的科学研究活动是否受利益驱动？受什么利益的驱动？这些利益之间有没有冲突？这些问题经常被科学共同体成员有意无意地回避。因为长期以来，"无利益性"被认为是科学的精神气质的重要组成部分；许多人希望，科学家是"无私利"的，他们只"为科学而科学"，只是出于好奇心而从事科学研究。那么，科学或科学家真的与利益无涉吗？应该如何理解科学的"祛利性"（disinterestedness）^①?

一、对科学的"祛利性"的误解

"祛利性"是美国科学社会学家默顿提出的科学的精神气质或科学家行为规范的重要组成部分。1937 年 12 月，默顿在"美国社会学学会"会议上宣读的论文《科学与社会秩序》中，认为可以把"科学的精神气质"（the ethos of science）所体现的情操概括为"正直"（honesty）、"诚实"（integrity）、"有条理的怀疑主义"（organized skepticism）、"祛利性"（disinterestedness）和"非个人性"（impersonality）[1]。1942 年，默顿在他的著名短文《民主秩序中的科学与技术》（后来以《科学的规范结构》为题收录在他的科学社会学文集《科学社会学：理论研究和经验调查》一书中）中首次系统论述了

---

① disinterestedness 在国内常常被译为"无私利性"或"无偏见性"，笔者认为这样的译法会引起误解，建议译为"祛利性"，但在本文的一些引文中仍用原译者的译法。

科学的精神气质或作为惯例的行为规则："普遍主义"、"公有主义"、"祛利性"和"有条理的怀疑主义"。[1]119-131,267-278。1957 年，默顿当选为美国社会学学会主席，在就职仪式上，他发表了题为"科学发现的优先权"的讲演。在这次讲演中，默顿从科学的建制目标——扩充正确无误的知识——出发，进而指出"原创性"（originality）也是科学建制的规范之一，它与上述四条规则以及"谦逊"一起，组成科学精神气质的复杂体系。就在这次讲演的结论中，默顿还强调："即使到了今天，在科学已经大大职业化了的时候，对科学的追求在文化上还是被定义为主要是一种对真理的祛私利的探索，仅仅在次要的意义上才是谋生的手段。"[1]172

尽管后来又有不少科学社会学家对有关科学规范的研究作了补充和发展，但默顿关于科学规范的理论无疑影响最大，引起的争论也最多。对默顿的科学规范争论最多的一条也许就是"祛利性"。支持者认为，"祛利性"区分了科学家与其他职业的道德水准，保证科学家比其他人更加诚实无私。反对者则认为，在实际中科学家必然要考虑科学之外的因素，因此，它只描述了一种理想状态，或者是小科学、纯科学的社会形象。有意思的是，许多支持者和反对者一样误解了科学的"祛利性"，把它解读为对科学家从事科学研究的动机的"无私"或"利他"。

"祛利性"常常被理解为科学家应该而且只应该"为科学的目的从事科学研究"[2]6。对此，英国科学家、科学社会学家约翰·齐曼在他的《元科学导论》一书中作了阐述，给人以深刻的印象。他写道："无私利性：为科学而科学。这就是说，科学家进行研究和提供成果，除了促进知识以外，不应该有其他动机。他们在接受或排斥任何具体科学思想时，应该不计个人利益。学术科学家对于知识的原始贡献者不直接偿付报酬，这一惯例的基础就是无私利性。"[2]124

国内学者则更加明显地把科学的"祛利性"解读为"毫不利己、专门利人"的利他主义。我们常常可以在一些文章里看到这样的段落："不谋利精神。这条原则规定科学家之所以从事科学，首先是为了求知而不是谋取物质利益。科学家应当具有求知的热情、广泛的好奇心和造福人类的利他主义。"[3]13 "科学精神的第三要素是，提倡从事科学事业的无私利性；要求科学家具有正直的品格、诚实的态度和高尚的动机。"[4]21 "无私利性规范要求科学家把追求真理和创造知识作为己任，它与'为科学而科学'的信条是相通的。"[5]62

可见，许多人把科学的"祛利性"理解为对科学家从事科学活动的动机的约束。也就是说，科学家应该怀着纯粹的好奇心、毫无实用功利的动机去满足个人的精神需要（自我实现），只顾求知、不管应用，只考虑科学自身的发展、不参与科学的应用；或者不求个人名利，为他人、为社会、为人类应用科学知识。正是这后一种理解使得人们常常把"祛利性"翻译成"无私利性"，虽然这个词并没有强调私利或公利。

二、科学活动可以离开利益驱动吗？

科学知识生产是人类的有目的的思维活动，这种活动是不可能完全脱离人的利益的，以纯粹的好奇心驱动并不能把科学推得很远。对此，马克思曾明确指出："如果没有商业和工业，自然科学会成什么样子呢？甚至这个'纯粹的'自然科学也只是由于商业和工业，由于人们的感性活动才达到自己的目的和获得材料的。"[6]49-50 恩格斯也直截了当地把科学和与人类物质利益紧密相关的生产活动联系在一起，他说"科学的发生和发展一开始就是由生产决定的"，"以前人们夸说的只是生产应归功于科学的那些事；但科学应归功于生产的事却多得无限"[7]523-524。他又说："社会一旦有技术上的需要，这种需要就会比十所大学更能把科学推向前进。"[7]732

对于这一点，默顿本人也非常清楚。他的博士论文《17 世纪英国的科学、技术与社会》除说明科学作为一种社会建制是怎样受到以新教为标志的特殊价值观念的培育而出现的以外，另一个重要内容就是说明科学是如何回应英国当时的社会利益的，如解决社会急需的军事技术、采矿和航海等问题。

真理或具有某种客观性的科学知识与社会利益密切相关，因为人们可以借助这些知识的力量实现社会利益。例如，人们借助自然科学有效地控制自然过程，把人从自然界的强制中解放出来；借助人文社会科学可以维护和加强人际的相互理解、解决种种社会问题。一味强调"为科学而科学"，把社会应用排除在科学家的责任之外，是不利于科学的发展的。现代社会把大量的资源通过政府和企业投向科学事业，作为社会一员的科学家，其应尽的责任是运用科学知识回报社会，为人类的福利和世界和平作贡献。

从整个社会来说，科学应该有其功利价值，追求实际应用，那么对于科学家个人来说，是否应该或可以追求私利呢？对于这个问题，人们有不同的看法。确实，"求知的热情、强烈的好奇心、对人类利益的无私关怀，是许多人从事科学活动的动机，而把追求权力、金钱、地位作为目标的心理和行为，则为科学共同体所不齿"[5]62-63。然而，科学探索的动机也是各式各样、五花八门的，诚如爱因斯坦所说，有许多人之所以爱好科学，是因为科学给他们以超乎常人的智力上的快感，科学是他们自己的特殊娱乐，他们在这种娱乐中寻求生动活泼的经验和雄心壮志的满足；有人之所以把他们的脑力产物奉献在祭坛上，为的是纯粹功利的目的；还有人是为了逃避生活中令人厌恶的粗俗和使人绝望的沉默，是要摆脱人们自己反复无常的欲望的桎梏而进入客观知觉和思维的世界的；还有一些人，他们总想以最适当的方式画出一幅简化的和易领悟的世界图像，以自己的这种世界体系来代替经验的世界，并征服它。[8]100-101 固然，科学的庙堂里如果只有前两类人，那就绝不会有科学；但是，如果只有最后一类人，同样不可能建成现代科学的宏伟庙堂。人们选择以科学为职业的动机常常是复杂多样的。一位英国科学家曾说："科学家动力的一览表，实际上会包含人类需要与渴望的整个范围。"[9]36 我们决不能认为那些不是出于"纯粹好奇心"或"利他"动机而以科学活动为职业的人，违反了科学共同体的行为规范。

科学的产生、发展及其发展的速度、方向和规模与人类的社会利益密切相关，这在当代社会恐怕已成共识。但科学与科学家的个体利益又是什么关系呢？个人利益是否应当成为科学活动的动力？在马克思主义看来，利益是人的欲望和需要在人与人之间关系上的表现，追求利益是人类一切社会活动的动因。从根本上讲，利益首先是物质利益、经济利益，当然也包括由此衍生的阶级利益、家族利益、宗教利益、国家利益、社会利益等。"人们奋斗所争取的一切，都同他们的利益有关。"[10]82 恩格斯还批判了当时的经济学家认为科学是免费的礼物而没有把科学的支出计入生产成本的做法，认为"在一个超越于利益的分裂（正如同在经济学家那里利益是分裂的一样）的合理制度下，精神要素当然就会列入生产要素中，并且会在政治经济学的生产费用项目中找到自己的地位。到那时我们自然就会满意地看到科学领域中的工作也在物质上得到了报偿"[10]607。

100 多年前，许多科学家、发明家无偿地拿出了自己的研究成果，大大提高了生产效率，使资本家受益，这实在不能认为是合理的现象。20 世纪以来，科学给社会物质生产带来的效益已远远超过 19 世纪，难道人们还希望科学家只是在精神上得到报偿吗？事实上，我们可以看到，个人利益作为一种动力常常可以使人的智慧潜力得到充分发挥，也正因如此，现在各国政府纷纷调整其科技政策，大幅度增加科技投入，改善知识分子待遇，以期更好地发展科技事业，促进经济增长，增强综合国力。

三、科学的"祛利性"的实质

科学的"祛利性"作为科学的行为规范既不是指科学家只应"为科学而科学,不追求科学的功利价值",也不是指科学家只能"利他",不应"利己"。那么,科学的"祛利性"的实质是什么呢?

人类的思维活动,当然也包括科学活动,从来就不是一种能够摆脱群体生活影响的特殊活动;因此,必须把它放在社会背景中加以理解和解释。世界上没有任何人可以在寻求真理的过程中依靠自己个人的经验来建立世界观。知识从一开始就是群体生活的合作产物,个人的知识是群体的共同命运、共同活动以及克服共同困难的产物。共同的活动需要共同遵守一些规范。"祛利性"是科学家从事科学活动时的行为规范,亦是一种游戏规则。换言之,通过"科学"追求"利益"需要遵循一定的规则,规则之一就是不能要求生产出来的科学知识直接为生产者自身的"利益"服务,因为利益常常导致盲目和偏见。恰恰相反,科学共同体需要在制度层面,以"有经验证据"和"逻辑上一致"为先决条件,排除科学知识产品中因个人利益所导致的偏见和错误,使科学知识逐步从不太可靠的个人知识转化为比较可以信赖的公共知识。这就是默顿等人倡导的科学的"祛利性"的含义。

美国科学社会学家伯纳德·巴伯对此有一个很好的说明:在科学中盛行着一种与其他职业不同的道德模式。人们在其他职业活动中首先为自己的直接利益服务,虽然任何这类活动都可以自然地、间接地导致"最大多数人的最大利益";而科学家被其同行要求直接服务于群体的利益,由此实现体现在工作满足和声望中的自我利益;这种间接的服务就是要为科学的核心,即概念结构的发展作出贡献。[9]110 或者说,科学家不应因个人利益而影响对真理的提出、接受与辨别,不应因个人利益影响对真理的追求。

我认为,巴伯的理解是对的。这种"祛利性"并不是指科学家不应该有"自利"的动机,或者科学家与其他人有什么特殊的个性差异。它只是指要把知识生产过程中可能渗透到知识产品中去的个人或群体利益清除出去。"祛利性"作为科学共同体的行为规范和科学的精神气质的重要组成部分,其作用既不是要约束科学家从事科学活动的动机,也不是要否定应用科学于物质世界的功利目的,它是保证知识产品具有客观性和公正性的手段。

其实,默顿在他 1942 年那篇论文中,在提出把"祛利性"确立为一种基本的制度要素时已经明确强调:"祛利性不等同于利他主义,而有利益的活动也不等同于利己主义。这样的等同混淆了制度层次分析和动机层次分析。科学家具有求知的热情、不实用的好奇心、对于人类利益的无私关怀以及许多其他特殊的动机。探讨与众不同的动机显然是误导。对表现科学家行为特征的多种多样动机实行制度控制的模式是相当独特的。因为,一旦这种制度责成祛利性的活动,科学家的利益就要遵守祛利性,违者将受制裁的痛苦,而在规范已被内在化的情况下,违者就要承受心理冲突的痛苦。"[1]275-276 在默顿和他的老师帕森斯(Talcott Parsons)这样的社会学家看来,区分"制度要求"和"动机"是社会学的一个重要概念。对"祛利性"的许多误读恐怕也与这种混淆有关。

齐曼在他的新著《真科学》一书中对作为制度规范的"祛利性"作了进一步的论述,笔者认为比较准确。他说:"不管怎样,作为一条社会规范,祛利性主要起着这样一种作用,即在保障科学知识的生产中排除个人偏见和其他'主观'影响。严格说来,这是不可能做到的。不可否认,科学事实和理论是由人提出来的,而人的思维不可能完全清除个人利益。因此,学术科学通过将这些利益融入一个集体过程,从而力求共识的客观性。因而,祛利性规范自然地就把公有主义和普遍主义规范结合起来,以剔除科学知识中的主观因素,把它变成真正的公共产品。" [11]155 因此,我们也可以把"祛利性"理解为控制和避免科学活动中的利益冲突①的制度规范。齐曼认为,人类的知识最终要脱离其所有的人的根源,甚至包括孕育和发展它的"集体思想"。在知识形成过程中,祛利性规范和其他规范一起,保证了这一分离的彻底性,不放任那些可以破坏公共知识的个人偏见、不公正或谎言。② "当两位科学家私下商定在一个科学争论中相互支持时,他们还必须设计出似乎可信的论据来支持自己的观点。他们完全明白,在他们参与磋商中,智力交易的筹码必须足够重,以至于在科学评价的公开法庭上能够站稳脚跟。除非他们那一套东西在外观上尊重科学文化的认识规范、修辞价值、形而上学的承诺和其他认知利益,否则是没有人会理会他们的。" [11]160 况且,科学研究具有继承性,理论网络中的错误和虚假即使不被当代人揭示,也会被后人发现。在科

---

① 笔者认为,对于从事科学研究的科学家来说,利益冲突是指这样一种境况:科学家的某种(或某些)利益具有干扰他在科学活动中做出客观、准确、公正的判断的趋势。

② 基于这种理解,把"祛利性"翻译成"无私利性"确实有些不贴切而且容易产生误解,因此,在自然辩证法通讯杂志社编译出版的《科学与哲学:研究资料》1982年第2期中,顾昕先生把它译成"无偏见性"是有道理的。但"无偏见性"的译法没有把那种动态过程的意思表达出来,即科学家在把自己的个人认识纳入公共知识体系时必须控制、避免、淡化个人利益,把个人利益融入社会利益之中。

学文化中，"可靠性"或"可信性"的信誉是科学家的重要资产，也是科学
在整个社会中具有权威地位的基础。巨大的风险使得科学家乐于把个人私利
融于专业利益和社会利益之中。

个人利益会使人产生偏见、错误，当然也会产生正确的思想。科学的舞
台任各种思想观念交锋，个人特定的偏见在集体成果中将趋于客观。科学界
与其他领域一样也存在着为了私利进行欺骗、伪造、拉帮结派、玩弄权术等
活动。但由于科学知识在交流与传播中要接受来自同行的评价和来自实践的
审核，科学活动的产品的"私利性"在制度上受到控制。因此科学的"祛利
性"的制度保证，并非是一时一地的严格的同行评议和实践检验。

四、保证科学的"祛利性"，让科学更好地为人类利益服务

既然科学活动离不开利益驱动，而科学活动又需要祛利，那么利益对科
学知识是否有影响？有什么样的影响？可以肯定，利益对科学知识是有影响
的。利益实际上是联系科学活动与人类社会的中介。广泛的社会背景因素（如
政治冲突）、一般的文化取向（如意识形态）以及科学共同体内部的特殊条
件（如专业或学派）都将通过利益影响科学活动：不仅影响科学的发展速度
和方向，而且在某种程度上影响科学知识的形式和内容。当然，人们对利益
影响科学知识的形式和内容是有争议的。比较流行的看法是，社会科学知识
可能渗透着利益因素，而自然科学知识则不包含也不应该包含利益因素。但
也有一些学者试图寻找自然科学理论与利益的关系，其中比较有代表性的是
巴恩斯（B. Barnes）等人的工作。

20 世纪 70 年代，科学知识社会学家巴恩斯和麦肯奇（D. Mackenzie）对
20 世纪初发生在英国统计学中的两场争论进行了案例研究。[12]35-83 他们的研
究表明，科学家的家庭出身、阶级地位和专业利益与他们的科学信念的产生
和维持是完全一致的；在科学争论中，科学家的社会环境和利益关系会影响
他们对理论的取舍。因而他们认为，可以把利益当作原因来解释科学知识的
增长。但是，正如许多批评者指出的，科学知识与利益之间绝非简单直接的
一一对应的因果关系。[13]553 而且他们还发现，即使科学知识与其提出者的利
益之间存在着联系，这种联系也只出现在最初的创始阶段，随着理论的发展
与完善，这种联系就消失了。[14]51-52

笔者认为，这些研究恰恰使我们看到科学知识有可能渗入利益因素，而利益因素需要祛除，但祛利是一个社会过程。爱因斯坦曾说过一段耐人寻味的话："科学作为一个现存的和完成的东西，是人们所知道的最客观的，同人无关的东西。但是，科学作为一种尚在制定中的东西，作为一种被追求的目标，却同人类其他一切事业一样，是主观的，受心理状态制约的。"[8]298科学在制定过程中不断自我纠错和自我完善，排除个人的包括因种种利益造成的偏见和错误，把个人的认识纳入可以共享的、代表社会公共利益的（既有认知功能又有工具功能的）公共知识。因此，每个特定时期的科学知识有可能渗透着应该排除或控制的个人利益或科学共同体的专业利益，但是，科学知识始终渗透着社会利益或人类利益构成的各种利益的合力。

在科学发展的早期，科学与其社会应用的联系并不十分密切，人们将其称为"纯科学"、"小科学"或"学术科学"等。那时，科学活动通常给科学家更多地带来精神的而不是物质的回报。科学的"祛利性"主要靠科学家良心的自我约束和舆论监督。通过学术交流、讨论和批判，一般可以"过滤""清洗"掉大量带有个人利益色彩的偏见。近一个世纪以来，科学的社会应用日益广泛而且重要，科学家也越来越多、越来越直接地参与应用研究。在当今这个被称为"大科学"、"后学术科学"或"知识经济"的时代，国家和企业界给科学界以巨大的投入并期望得到更大的回报。当物质利益的诱惑大到一定程度，就会有一些科学家用信誉和良心去冒险。科学活动中的利益冲突不仅时时发生在商业性的应用研究活动中，而且发生在监督科学产品质量的同行评议中。科学的"祛利性"，或者说，努力实现科学知识的客观性（无偏见性）和科学活动的社会公正性，需要有更强有力的制度保证。例如，在涉及重大经济利益的研究中，要公开资助的来源，披露研究者的重大经济收入，以至在必要时实行回避制度等。

目前，许多国家的科研管理机构和大学正在努力探讨控制、避免和减少科学活动中的利益冲突的负面影响的措施，这正是为了从制度上确保科学的"祛利性"。为此，我们不仅要加强科研道德教育，还要借鉴那些科学发达国家的经验，制定和落实应对利益冲突的规章制度，让科学更好地为人类利益服务。

（本文原载于《哲学研究》，2003 年第 5 期，第 63-69 页。）

参 考 文 献

[1] Morton. 科学与哲学: 研究资料. 第 2 期. 北京: 中国科学院自然辩证法通讯杂志社, 1982.

[2] 约翰·齐曼. 元科学导论. 刘珺珺, 等译. 长沙: 湖南人民出版社, 1988.

[3] 吴忠. 后期默顿的科学共同体社会学. 自然辩证法研究, 1986, (6): 9-16.

[4] 周华. 社会结构中的科学——默顿科学社会学理论的一个模式. 自然辩证法通讯, 1985, (3): 20-30.

[5] 李醒民. 科学的精神与价值. 石家庄: 河北教育出版社, 2001.

[6] 马克思, 恩格斯. 马克思恩格斯全集. 第 3 卷. 中共中央马克思恩格斯列宁斯大林著作编译局译. 北京: 人民出版社, 1956.

[7] 马克思, 恩格斯. 马克思恩格斯全集. 第 4 卷. 中共中央马克思恩格斯列宁斯大林著作编译局译. 北京: 人民出版社, 1960.

[8] 许良英. 爱因斯坦文集. 第 1 卷. 北京: 商务印书馆, 1976.

[9] 伯纳德·巴伯. 科学与社会秩序. 顾昕, 郏斌祥, 赵雷进译. 北京: 生活·读书·新知三联书店, 1991.

[10] 马克思, 恩格斯. 马克思恩格斯全集. 第 1 卷. 中共中央马克思恩格斯列宁斯大林著作编译局译. 北京: 人民出版社, 1972.

[11] Ziman J M. Real Science: What It Is, and What It Means. Cambridge: Cambridge University Press, 2000.

[12] Mackenzie D, Barnes B. Scientific judgment: the biometry-mondelism controversy// Barnes B, Shapin S. Natural Order. Los Angeles: Sage Publications, 1979.

[13] Zuckman H. The sociology of science//Smelser N J. Handbook of Sociology. London: Sage Publications, 1988: 511-574.

[14] Ben-David J. Sociology of scientific knowledge//Short J F. The State of Sociology. Los Angeles: Sage Publications, 1981: 40-59.

实验实在论中的仪器问题

| 邵艳梅　吴彤 |

科学哲学中崇尚"概念框架""逻辑还原"的理论优位传统并未对科学仪器问题予以充分的反思，传统认识论中的科学仪器只是从属于理论来"表征"世界，在工具论意义上联系主体、客体（科学理论）的中介。20世纪80年代前后，科学哲学、技术哲学、科学史与科学技术论等领域开始关注鲜活具体的"实验"实践，其中科学仪器作为一种独立的物质性力量，其研究地位日渐凸显：科学史家盖里森（Peter Galison）提出"仪器也有自己独立的生命"，科学实践哲学家皮克林（Andy Pickering）将仪器视为"科学家与物质力量进行较量的核心"，科学知识社会学家拉图尔（Bruno Latour）认为仪器是一种"铭写装置"，建构着科学实在。新实验主义者哈金（Ian Hacking）在众多的仪器理论中独辟蹊径，其实验实在论中不乏仪器问题的洞见。作为一位具有英美分析哲学传统的新实验主义者，哈金很少使用知觉术语，但他的仪器分析以"感知-实践"模式开启了一场科学实在性与现象学的重要对话。

一、科学仪器与实验实在论

科学哲学的实在论与反实在论之争久悬不决，莫衷一是。实验实在论的开创者哈金从评判争论的本质入手，指出它们是以实在论与唯名论作为对立面的"知识的旁观者理论（spectator theory）"，属于理论分类意义上的争论。实验实在论的创举就在于它不再围绕"理论-世界"联结的模式（客体依赖于理论或概念框架，其本质是表征主义）来探讨实在性，而是直面鲜活具体的实验实践，考虑科学家们如何"介入"世界，如何在对世界的干预中提出更具限制性的主张，怎样用充分的实验来保证或鉴别理论实体的实存信念，"实验不仅仅填补了先前的理论化留下的空白或仅仅检验理论的充分性。它开创了新的研究领域，并不断完善这些领域以使它们适合理论反思，同时也提供了对作为资源的研究领域的实践性理解"。[1]101

针对实证主义的观点——可观察的实在"仅仅是显微镜下的图像，而不是任何可信的微小实体"[2]145，哈金主张，我们通过科学仪器来观察一个假定的实体，并且该实体能在以各种不同的物理理论为基础制造的不同的科学仪器中显现，也就是说，如果通过许多不同的物理过程能看到一个结构的基本特征相同，那么我们就有理由认为所说的实体是实在的，而不是假象（artifact）。哈金将这种实体称为微小但可观察（tiny yet observable）实体，另一种则是原则上不可观察（in principle cannot be observed）实体。其论证思路是：如果我们用这个实体做实验，并按实体假定存在的思路建设实验仪器，而最终的实验结果产生了某些现象，这些现象体现了实体的别的不相关的因果关系，继而拓展了新的认知领域。那么所有对新现象或者新模型的最佳说明就是，科学家确实操作了这个理论实体，并且该实体的确真实存在。

哈金关于实体存在的论证至少表明如下观点。其一，科学家并不是鉴定或报告一些预先存在的现象，因为用理论的名称去指称理论是单薄无力的，只有从仪器中提取出来的现象才是真的。通过实践对这个世界不断地发生干预，不断地修正仪器运行过程中的物质性和智力性的东西，使其二者不断契合，才是科学活动获得稳定的本质特征。科学仪器的优点在于，它能够创造实验操作和世界之间的不变关系，如果被适当地使用，它从一个实验过渡到另一个实验时会保持相同的特性，这体现了科学仪器在科学观察和科学实验中发挥着恒常作用。其二，科学仪器是获得实体"现存性"的重要物质条件，对判定一个假设的或推测的实体实在性的最好证据就是我们能够测量它或者理解它的因果关系，而我们所具有的这种理解的最好证据就是一开始我们就能够利用这个或那个因果关系来建造可靠工作的仪器。[3]469-471 只有当理论和实验仪器以彼此匹配和相互自我辩护的方式携手发展时，稳定的实验室科学才能产生。

以实体的工具操作性为核心的实验实在论并没有完全抛弃理论的作用，哈金持有一种温和的"介入"观点。在他看来，桥架理论与实验作用的各种理论模型能够指引我们朝向一个实验的情境，理论实在仅仅是一个过渡时期的假定。它最终被确证成为指称实在的理论或者仅仅是一个假想概念，都对科学实践活动影响不大。从本质上说，实在论只是哈金的一个选择，用于顺利地将实验这个视角引入到科学哲学的舞台正中央。

与以往集中于科学仪器的功能作用、意义认识不同，实验实在论中的科学仪器涉及了新的认识论，特别是实在论问题。对于科学仪器的重要认识不在于它是促进知识扩展和科学发现的物质性力量，而在于科学知识如何内含科学仪器本身的作用，科学知识的本性与科学仪器如何关联。科学仪器成为人类作用于世界的方式，它在实在论意义上参与着物体实在性的建构。科学仪器为新的知识类型提供了合理性辩护，它的创造和使用涉及了从"理论-世界"到"实践-世界"的新的知识类型转变。在具体实验情境中，科学仪器不是被明确的理论所导引，而是被事物的潜在实在以及如何开展这样的探索所导引。

二、科学仪器的"居间调解"模式

实验实在论中仪器理论的发轫之处在于哈金对"科学观察"的重新解读。在关于显微镜所见是否为实体的争论中，大多数哲学家只是秉承了一种旁观的认识论，科学仪器的运用只是单纯的"看"，正在使用科学仪器的行动主体与仪器设备之间、实验仪器之间的相互作用对表征结果的影响并不曾进入哲学家的视野。哈金注意到，在培根时期，科学观察就已经与仪器相关，仪器为直接的感官活动提供了帮助，"1800 年后，看的概念发生转变，看就是看事物不透明的外表，所有的知识由此而来。这是实证主义和现象学的共同出发点。我们这里只关心前者"。[2]169 他采取分析的、因果推演的方式来陈述仪器观察及其涉及的认识论和实在论问题，虽然没有使用任何现象学知觉术语，但他的很多洞见确实与现象学不无契合。他发现问题之处与北美现象学哲学家惊人地相似，哈金谴责经验主义的"看见"仅仅是看见事物的不透明的表面，现象学哲学家派崔克·希兰（Patrick A. Heelan）也不赞同传统的"科学观察"理论，他依照知觉诠释学研究进路将科学观察作为一种仪器"文本"的阅读，是一种知觉的、诠释学的行为。[4]71-88

在实体进入可操作性的过程中，科学发现的"感知-实践"模式开始出现在哈金的观点之内。他认识到，通过仪器观察的结果实际上与人的学习过程相关联。"观察是一种技能，你经常可以通过训练和练习来提高这种技能。"[2]168 一个好的实验者通常具有敏锐的观察力，可以看到实验仪器或设备某个部分的有启发意义或者出乎意料的结果，有时候持续关注一个异常事件会产生新知识，但粗枝大叶的实验者是会视而不见的。这种隐性知识依

据在实践观察中的默会体悟，类似梅洛-庞蒂提及的"身体图式"。身体图式
建立在我们对身体觉知的动觉感觉之上，作为身体的一种内知觉，它是身体
的能动性的力量和诉求，并在事物显现中赋予其意义。[5]101

　　以显微镜技术的历史发展为脉络，哈金列举了无数种类的显微镜，从普
通的光学显微镜、偏振显微镜到场发射显微镜、相差显微镜，制造它们所依
据的物理学、光学原理各不相同，但是我们观察到相似的标本具有非常相似
的结构。我们之所以相信，是因为我们对于与制造仪器有关的大部分物理学
知识有清晰的理解，并能够据此制造出实用仪器，正是借助于这些仪器，我
们才看到这些科学实在。以哈金关于"致密体"论述为例，由于电子显微镜
分辨率较低，最初部分科学家认为"致密体"可能是在显微镜的操作过程中
产生的一些人为物质，但是荧光染色以及随后的荧光显微镜出现后仍然可以
发现它们。两种物理过程——电子透射和荧光二次发射属于本质上毫不相关
的物理系统，两种截然不同的物理过程一再得到相同的视觉形态，两种不同
物理系统的显微图上"致密体"出现的位置完全相同。这说明"致密体"不
是物理过程的人为产物，而是细胞的真实结构。科学实在与仪器关联在一起，
仪器成为实在得以呈现的中介。在某种程度上，科学知识的范围和程度以及
科学实在可以向人类"呈现"的内容都由仪器来决定，这表明科学仪器不仅
为我们"呈现"了"实在"，而且决定了"实在"的表征程度。

　　借助于技术手段与环境相互作用的各种方式去感知世界，技术的好坏决
定于对于技术可见性和透明性的接近程度[6]78-79，仪器产生了新的居间调解的
知觉形式，它放大或缩小观察实体的同时也扩展了主体的某项"身体活动"，
这正是"通过显微镜看"的一种现象学结果。我们总是追求仪器的最佳使用
状态或者说追求仪器调节主体知觉的最理想状态，即"使用工具的透明性"，
就是完全感觉不到仪器的存在，仪器和主体融为一体。伊德说，"机器也总
是按照能够具身的方向完善，根据人的知觉和行为来塑造"[6]80，但尘世间最
基本的人与物的矛盾也就在于此。仪器不能完全融入人的身体，变成人，其
物质性决定了它是一种独立于人自身知觉的存在物。哈金在他的显微镜篇章
论述中，尤其关注不同种类显微镜的理论驱动原理和技术障碍的解决条件。
关于光学显微镜，哈金注意到它约有八个像差，其中重要的两种是球面像差
与色差，球面像差是因为打磨镜头的方式不当引起的，但是克服球面像差的
凸透镜和凹透镜的实际组合，要经过很长一段时期才能实现；色差是由不同
颜色的光之间的波长不同引起的。没有人努力尝试制造没有色差的显微镜，
因为牛顿已经表明这在物理学上是不可能的。但是后来燧石玻璃的折射率与

普通玻璃不同，它的出现使得消色差透镜的制造成为可能。

简言之，原始显微镜保留了一种不透明度和分辨率模糊性，使得它们还没有达到"工具透明度"。在此阶段，人们不能以任何方式达到类似于裸视地通过显微镜看。类似地，微生物细胞的组织透明性的问题直到染色的苯胺染料的发明才被解决。总之，我们不能简单地、不加批判地接受仪器调解的任何结果，仪器自身的发展进步也往往依赖于仪器居间调解过程中所产生视觉形式的校正向量的发展。

仪器的确能扩展身体的某项感官感觉，我们能够捕捉到裸眼看不见的细胞结构，但是同时缩减了身体的多重感官感觉，比如眼睛的知觉能力极端复杂，裸眼所见是各种光学原理共同作用的结果，同时加上眼睛的美学意义等。通过透镜观察只是刻意地"扩展"或者"缩小"了其中的一种或部分，科学作为一种特定的知觉方式，恰恰需要适当地牺牲一些不可见性来达到视野的纵深。哈金认识到的光的某些特性局限性与仪器的"放大-缩小"的现象学特征相通，只不过他以分析哲学的语言表述："偏振望远镜提醒我们，光除折射、吸收和衍射之外还有别的传播形式。为了研究样本的结构，我们可以运用与样本互动的光的任何属性。"[2]197 在仪器的居间调解过程中，主体只能用这种方法而不能用那种方法"看到"仪器所显现的科学实在，而科学实在也只是通过仪器的"过滤"和"筛选"才得以显现。由于仪器的居间调解，在经过科学仪器转化、变更我们的知觉模式过程中，新的科学知识才能产生。

三、科学仪器的"主体—仪器—世界"的多维互构模式

随着主体和世界之间相互交流的"界面"不断被突破，仪器对世界与主体的作用远远超出了"居间调解"的解释力，它表现得更加活跃，已达到了"干预"微观粒子运动状态的程度。仪器作为必要条件参与了实在意象（image）与镜头意象的同构，诸如分馏塔（fractionating column）、馏分（fraction）只有在仪器识别的过程中才存在，核磁共振分光计产生的光谱是因为分光计而存在。随着科学知识越加深入，仪器与实在之间的同构性也越加复杂，科学实在的显现越加依赖"主体—仪器—世界"的立体动态的多维互构。哈金本人并没有对仪器作用于世界的模式加以明确的区分，但他已经注意到"透过"仪器观察与"用"仪器观察的不同。"通常情况下，我们不是'透过'（through）显微镜看，而是'用'（with）显微镜看……对于飞行员来说，他

不仅需要看到几百英尺①以下的情况，而且需要看到数英里②以外的情况。视觉信息被数字化，被加以处理投射在挡风玻璃上的显示器上，这与他下机后观看的地形不是一回事。"[7]207 透镜连接着挡风玻璃上的显示器，我们看到的是图像而非实体事物，这与透过镜头看到的实体事物直接放大或缩小的确不同。

范·弗拉森（Van Fraassen）曾用形象的比喻区分科学仪器的作用，相对于宏观、低速对象，科学仪器（甚至一些理论工具）在观察中起到的作用主要是辅助性的"表征"或"模仿"，是"不可见世界的窗户"[8]96；而对于微观、高速对象，科学仪器则能"制造现象"，是"创造的引擎"。哈金的"用显微镜看"确实介于细胞时代与原子时代之间。显微镜观察到细胞，看到的是事物本身，而不是一个渗透着理论的观察图像，显微镜在此起到的作用是"不可见世界的窗户"。但如果显微镜上连接着计算机，而我们最终面对的是计算机屏幕的话，显微镜就会成为"创造的引擎"。哈金对仪器的关注过多地集中于可观察实体领域，对原则上不可观察的实体采用"工具性操作"立场。至于如何制造、使用甚至改进与亚原子相关的精密仪器以及本体论与认识论，他并未提及，他的仪器分析主要在显微镜章节。将哈金的工作推进一步的是另一位新实验主义哲学家罗姆·哈勒（Rom Harre）。他从实验室设备和世界之间关系的基础上细分了"apparatus"（仪器）和"instrument"（工具）的区别。[9]22-28 在他看来，哈金探讨的显微镜、温度计等设备只是以一种可靠的方式因果地联系着世界的某些特性，属于"工具"范畴。与此不同，被称为"仪器"的设备应该作为世界某些部分的运作模型而存在，大致有两种：其一是对自然中存在的物质设施（material setup）进行驯化或简化的物质模型，如用于实验室的果蝇群体；其二是"玻尔式"仪器，在仪器的作用下创造出不发生在自然中的某些现象。一些现象并不是自然界本身能够产生的，而必须借助仪器与世界的相互作用。海森伯（又称海森堡）将这种整体性解释为："只有当某些现象与测量仪器，从而与世界的其余部分发生相互作用，从可能到现实的转变才会发生。"[10]21 很明显，只有仪器参与了的物理倾向才能成为既定的物理属性。玻尔效应既不是仪器的性质，也不是由仪器所引起的世界的性质，此类科学实在性质新奇，表现为一个仪器与世界不能分解开的复合体（仪器/世界），科学仪器不仅是现象实在的内在要素，而且也为独立实在的科学建构所必需。在这里，仪器的本体论和实在论倾向逐步加强。

---

① 1 英尺=0.3048 米。

② 1 英里=1.609 344 千米。

　　实际上，将意向的相关项作为一种动态的、内部的关系性整体加以分析恰恰是"意向性"的本体论内容。现象学哲学家胡塞尔指出，意向性是意向活动和意向相关项之间的相互关系。它既不存在于内部主体之中，也不存在于外部客体之中，而是具体的主客体关系本身。[11]216沿其进路，海德格尔和梅洛-庞蒂分别将"在世之在"的存在论结构和身体的维度引入意向性分析。梅洛-庞蒂对此回应道：身体与世界的共存在在经验上引出了世界展开的方向[5]236。身体存在是行动的和指向的，它与向行动开放的周围环境相联系，一些身体的经验通过工具或者仪器向周围环境传递，如贵妇人帽子上的羽毛和盲人的拄杖。正是在这种实践关联的基础上，科学仪器在人类知觉和实践领域中起到中介作用的观点才得以展开。

　　科学仪器延伸或转化知觉的方式与体现出主体和世界的关联结构不同。居间调解模式是用仪器（工具）去感知，即身体知觉和仪器（工具）中介联系在一起，然后去感知世界。在这种关系中，知觉大致还是身体知觉的原始类型，仪器只有"放大-缩小"的效应。知觉借助仪器改变了知觉的效果，而不是改变了知觉的本质。多维互动模式是用身体知觉去感知仪器中介所"干预"的世界。在这种关系中，身体知觉被转化了，身体无法感知太阳中心热核反应的温度、微观高速的粒子世界，而光谱、盖格计数器可以表示这些数值。用现象学科学哲学家希兰的话来讲，科学知识通过"可读仪器"通达知觉。[12]99-187仪器的"干预"和"成像"的技术中所能够知觉到的东西现实地与主体联系在一起了，科学认知过程与主体的实践关系得到强调，实体实在性在仪器与主体的知觉变更中与主体照面并显现出来。

　　以上分析是基于身体与仪器之间的物质性层面差别和感知互动，身体感觉作为工具使用的原始自反式参照，是实验实践的基础。问题是不同的感知模式之间在复杂的实验情境中何以能够维持一种经验的连续性。知觉经验的时间性、不同个体之间经验差异、生疏和熟练之间的差异等应该包含不同层次。伊德式的方案试图用"技术的身体"勾连不同模式的工具觉知。何为技术的身体？他将经验的身体区分为与触觉、视觉等知觉相关的感官经验"身体一"（body），与语言、历史等相关的文化形塑的存在论意义"身体二"（senses of being），而技术的身体贯穿于两种身体之中。二者固然都贯穿了技术，作为人与世界的媒介拓展了世界的思路，但是正如伊德批判胡塞尔的科学世界"掏空了知觉和实践"一样，我们无法得知他的知觉的、社会的、文化的维度建基于海德格尔"在世之在"和后期梅洛-庞蒂"多维度的在场"之上。他以相对论为隐喻，刻画出的"人—技术—世界"的变项，只能作为方便讨论的权宜之计，结构分析无法替代对这一过程的本体论说明，而且他只关注了各个极项的分析，忽视了极项之间的相互作用过程。换言之，他只给出了在人类利用技术和世界打交道的已完成的现象中呈现出来的结构，却没有考察这一结构得以形成的机制。正是这一做法，使他不得不在"技术的含混性"和身体的"多稳态感觉"中穿梭于多个结构的变项（variant）中，寻那个现象学常量终而不得。这类似于胡塞尔一开始就画出"意象活动（noesis）-意象相关项（noema）"意向性结构的两极分立形式，如果不探讨意向及意向的充实过程，以现象学的途径来克服笛卡儿以降的主客二分传统仍然未中肯綮。

现象学科学哲学家希兰强调，"知觉唯一掌管着有效的、实在的认知，科学理论通过我们的知觉框架转换为知识的领域"。[13]2 当科学仪器作为"可读文本"服务于科学家的时候，出现了知觉的新视域，它作为可以"脱离开的感觉组织器官"，造成主体知觉的显现。[13]193 主体知觉性地具身于其实验工具中，通过这样一种方式：实验仪器的功能不仅仅是数据记录器，它们实际上允许一个实验者具身性的行为来"钩住"或"追随住"（hook on to）[7]211 一个先前不可知觉的事物孕育的侧显，在一个可靠的和系统的方式中整合知觉视域中的对象物体。肉眼观察事物的知觉过程本来就是一个依赖于我们的身体内部动觉感觉（kinesthesis），将身体作为一种特殊的媒介或"工具"来知觉到事物并确信其实在性的过程[14]59，经由身体感官的知觉在本质上与经由科学仪器的知觉具有同构性，在运用仪器观察得更复杂的知觉中，知觉媒介由身体自身拓展到了主体在实验仪器中的具身化。

仪器-世界纠缠状态的本体论立论并不能依赖日常知觉与仪器知觉在诠释学方面的相似，为仪器和主体之间的实践共生关系奠基的不是伊德意义上的人类利用技术与世界打交道的完成现象中呈现出来的结构本身，也不能是希兰全然超出文化经验基础的、独特优先的知觉视域。我们认为能够意识到共生实践关系的超越性的是前反思的身体，正如海德格尔所讲的"'吾身之随同被展示性'是属于意向性的"[15]211，梅洛-庞蒂称之为"沉默的我思"（silent cogito）。这种存在论意义上的身体其独特之处在于它能揭示事物的所在，又能将自身与事物分离开来，身体的能感知和所感知的双重维度同构于每一个知觉经验的特性之中。在直接经验活动本身当中，"我"就能以一种在世界之中的方式领会自身，即事物的实在性证据来自于我与它们的相遇，来自于"我"是一个特殊的、稳定地展现我的时空视域中的因果依赖模式的承担者。

以 μ 子的发现过程为例。μ 子并不是一个现成的理论实体，而是在实验操作过程中产生的新现象。实验主体遭遇的它的实在性，不是被动的或瞬间的事件，而是动态的、具身的参与过程。实验过程中为探明新物质性质，安德森改进摄影感光板，将铅感光板放在相机中，特里斯实验小组在木质的云室两边分别设置了两个与符合电路相连的计数器，在两组实验中无论是感光板或计数器等仪器都指向具有某种规范的情境，向主体发出任务邀请。这种规范一直处在不断地重建之中，主体一直保持着对于新任务的开放，主体了解做什么样的调整可能纯化（去噪）或者探究一个事件意义的类型或面向。所有这些交织都是共生同在的，身体寓居于世界之中，在某一个时间、地点，而由于时间、地点的持续展开和变化，知觉的模式、不同事物的不同样式也是持续展开和变化的。当然识别不可思议的链接和冲撞所需的仪器设备、理论参数远远比左手触摸右手的感知更为复杂，但是这些仪器作为他们感知的延伸，在实验主体的监视下为知觉目的严格地检测、辛劳地维持，这与在认识论的本质上感知模式并无不同。正如 μ 子具有不同理论背景的主体，在不同的实验仪器下，以不同的样式也会被知觉到。视角性的变换、知觉经验在不充分性中的某种统一性，这样的显现特征归根结底是由于知觉主体是一种身体性的存在。

四、结论

实验实在论突破了"理论-世界"这一传统实在论的思维框架，从干预和操作的角度为不可观察的实验实体提供了实在性保证，但是缺乏本体论根基的工具主义受到了种种诘难。科学实在论的代表人物夏佩尔（Dudley Shapere）指控：不可观察的粒子也可能来自经验或者理论领域，"工具操作性"的框限过于严格，可能还存在着在哈金意义上不能"操作"的实体。[16]134-150 社会建构理论的代表人物拉图尔也质疑：原则上不可观察的微粒子及其发现是由精心、细致控制的科学仪器在实验室内建构出来的"事实"[17]57，科学家所看见的仅仅是他们想要看见或需要看见的东西。其实这些批判的立场无论是来自实在论内部还是来自反实在论，究其根源它们都基建于笛卡儿主义二元对立的实在观念：既然主体、客体是彼此异质性、独立外在的，"我思"通达事物的方式要么依据被理性主义观念赋予"纯粹理性"的形而上学地位，要么依据经验主义的观念寻找各种"通道"或中介来说明主体对世界的表征途径，这在本质上都是关注科学是否真实地反映或表征了我们的世界，错失了科学的实践本性。我们同意实验实在论的基本观点，现象学地重构哈金的操控判据，可以潜在地转移实验实在论受到的攻击。如果在存在论意义上，我们与世界原初地交织在一起，实体实在是通过人、仪器、世界之间以及与周围其他事物的目的性互动，最后才被确定下来的。身体觉知的双重维度作为连接主体、仪器、世界的重要枢纽为我们所知觉的一切事物（无论裸眼知觉还是具身性的仪器知觉）奠基，是我们以现象学的方式来思考科学仪器与科学和实在性关联的一次尝试。这种研究进路可能为实验实在论提供一种无法辩驳的实在性承诺。

（本文原载于《哲学研究》，2017 年第 8 期，第 101-107 页。）

参 考 文 献

[1] Rouse J. Knowledge and Power: Toward A Political Philosophy of Science. Ithaca and London: Cornell University Press, 1987.

[2] Hacking I. Representing and Intervening. Cambridge: Cambridge University Press, 1983.

[3] Rothbart D. Experimentation and Scientific Realism. Classical Reading of Scientific Philosophy. Peking: Peking University, 2002.

[4] Heelan P A. Hermeneutical phenomenology and the natural sciences. Journal of the Interdisciplinary Crossroad, 2004, (3): 71-88.

[5] 莫里斯·梅洛-庞蒂. 知觉现象学. 姜志辉译. 北京: 商务印书馆, 2001.

[6] 唐·伊德. 技术与生活世界: 从伊甸园到尘世. 韩连庆译. 北京: 北京大学出版社, 2012.

[7] Ihde D. Bodies in Technology. Minneapolis: University of Minnesota Press, 2002.

[8] Van Fraassen B V. Scientific Representation: Paradoxes of Perspective. New York: Oxford University Press, 2008.

[9] 汉斯·拉德. 科学实验哲学. 吴彤, 何华青, 崔波译. 北京: 科学出版社, 2015.

[10] W. 海森伯. 物理学和哲学. 范岱年译. 北京: 商务印书馆, 1981.

[11] 埃德蒙德·胡塞尔. 现象学的方法. 倪梁康译. 上海: 上海译文出版社, 2005.

[12] Heelan P A. Interpretation and the structure of space in scientific theory and in perception. Research in Phenomenology, 1986, 16(1): 99-187.

[13] Heelan P A. Space-Perception and the Philosophy of Science. Berkeley: University of California Press, 1983.

[14] Noë A. Varieties of Presence. New York: Harvard University Press, 2012.

[15] 马丁·海德格尔. 现象学之基本问题. 丁耘译. 上海: 上海译文出版社, 2008.

[16] Shapere D. Discussion astronomy and antirealism. Philosophy of Science, 1993, 60(1): 134-150.

[17] Latour B, Woolgar S. Laboratory Life: The Construction of Scientific Facts. New Jercy: Princeton University Press, 1979.

科学修辞学对于理解主客问题的意义①

| 谭笑　刘兵 |

一、修辞学概念的界定

修辞学经历了从古典修辞学到新修辞学的一系列变革。因此，为了在讨论今天科学中的修辞学问题时有一个合理的平台，我们首先需要对修辞学的范畴作一次历史的审视，以获得一个崭新的、明晰的修辞学概念。

1. 修辞学的概念自发源起被逐渐狭窄化

古典修辞学从智者时代发展到亚里士多德（下简称"亚氏"）形成一个顶峰，之后在很长一段历史时期内，修辞学都沿着这条线索不断成熟发展。在民主城邦时代，智者认为世界是不确定的，模糊的，需要通过语言的手段去阐释和理解，因此真理和现实并不是先于语言的自在之物，而是语言的产物，修辞是一种必需的方法。柏拉图严格地区分了"辩证术"（dialectic）与修辞学，认为辩证术关心的是认识和真理，而修辞术关心的是舆论（doxa）、信念或个人意见。真理是绝对的、必须接受的观念，而舆论则是无关紧要的。[1]以后西方在很长一段时期里都延续了这种轻视修辞的态度，普遍认为修辞是一种迷惑人的、多余的甚至不道德的行为。亚氏正式将修辞学系统化，在其《修辞学》中探讨了构思、谋篇布局、演说技巧、文体风格等具体实践问题，形成了传统的五艺说。[2]此时的修辞学研究的主要对象是演说者如何

---

① 本文系清华大学 2007 年度人文社科振兴基金项目"建构主义科学编史学研究"部分成果。

劝服听众相信自己的观点。

古罗马时期的修辞学尝试复兴智者时代，将修辞与哲学、政治、伦理等联系起来，作为人们获得知识、形成道德观的一种手段。但是文艺复兴时期将这一条线索发展为两个截然不同的倾向：一种是强调人本主义，突出语言的作用，修辞被放在了一个很高的位置；另一种是对修辞的批评，并主宰了以后的修辞学理论研究。后种倾向是以笛卡儿（又称笛卡尔）为代表的理性主义，追求绝对的、客观的、永恒的真理，认为修辞学只是研究表达方法问题。这种倾向对古典修辞学的研究范围作了很大的剥离：论辩部分被分割到辩证法中，构思和谋篇布局被置于逻辑规则之下，修辞学只剩下文体风格和演说技巧。这种狭窄化导致修辞学自身的发展一直停滞不前，并且受到其他学科尤其是科学的排斥，甚至在道德上成为一个负面的概念。

这种对于修辞学的认识绵延了很长一段历史时期，至今被人们广泛接受的也是这种认识。它也导致了在现代的 STS 研究中，修辞学习惯性地被遗忘甚至被反对。但是事实上，修辞学的概念在近现代已经有了革命性的发展。

2. 新修辞学：修辞拓展到所有交流活动中

近代以来，修辞学中逐渐出现了认识论的研究特征。苏格兰牧师坎贝尔在《修辞哲学》中借鉴了功能心理学的成果，认为修辞学的作用是启迪理解、满足想象、触动情感或影响意志。意大利修辞学家维科（Vico）认为修辞是一切艺术的中心，是人类理解世界的关键方法；人类以语言为手段，使完全无序的自然变得有序。他提出以修辞格为基础的关于语言、思维和经验之间关系的理论。他假定人类的思想首先是由隐喻发展而来的：从最初人类大脑运作的隐喻开始，人类的思想进步到转喻，思想、语言和文学再从转喻移动到提喻，语言发展的最后阶段是反语。[3]20

肯尼思·博克拉开了新修辞学的序幕，彻底扭转了对修辞的认识。他指出，"如果要用一个词来概括旧修辞学与新修辞学之间的区别，我将归纳为：旧修辞学的关键词是'规劝'，强调'有意识的'设计；新修辞学的关键词是'认同'，其中包括部分的'无意识的'因素。'认同'就其简单的形式而言也是'有意识的'，正如一个政客试图与他的听众认同。"[4]263。在认同中"有意识"的部分与旧修辞学中的规劝类似，博克将其归结为由共同的东西构成的"同情认同"（identification by sympathy）以及在分裂中求同的"对立认同"（identification by antithesis）。但是，博克更加强调的是"无意识的认同"即"误同"（identification by inaccuracy），他以今天科技社会为例，指出人们常常不自觉地将机械的能力当成自己的能力。这种无意识认同概念的提出，实际上有把修辞概念泛化的倾向。博克还对语言的概念做了进一步的阐释，指出人的语言不是纯粹的符号，还包含着态度，并且可以通过这种态度来影响行动。把一个人称作是朋友或兄弟，是表明与他、他的价值观或目的具有通体的性质；把一个人斥为坏蛋，是对他的整个方式、他的"写作活动"、他的"原则"或"动机"的攻击。一个表达词语具有双重的内容，因为在叙述物体的性质时，它包含了对那种物体的一种暗含的行动方案，因此起了动机的作用。[4]41 博克还认为，语言不仅影响行动，而且建构我们的现实。我们生活中包括科学中使用的术语在本质上是选择性的：一个术语是现实的一种反映，它同时也是对另外一些现实的一种背离。不仅术语影响我们观察的内容，而且我们的许多观察就是因为这些术语而产生的。这样就将语言渗透到了科学的认识活动中。他在《动机语法学》中给修辞下的定义是："一些人对另一些人运用语言来形成某种态度或引起某种行动。"[4]57 于是，修辞就跳出了"演说者对于听众的一种有意行为"的框架，发展到关注广泛的社会交往中的语言；修辞的分析模式也不再是亚氏的技巧分析，而是发展到关注一种言语行为如何能够达成交际目的。

之后，修辞的研究范围得到了不断的拓展和突破：修辞学家、哲学家韦弗指出要把修辞学从语言形式中超脱出来，并把"物质或场合"也包括在内[5]；修辞学家道格拉斯·埃宁格认为，"那种将修辞看作在话语的上面加上的调料的观念被淘汰，取而代之的是这样的认识：修辞不仅蕴藏于人类一切传播活动中，而且它组织和规范人类的思想和行为的各个方面。人不可避免地是修辞动物"[6]8-9。

3. 修辞学核心概念转移到理性的论辩

在修辞学复兴之时，修辞学的研究范围成了学界热烈争论的话题。耶鲁大学的哲学教授莫里斯·内坦森也加入了这场讨论，在其《修辞的范围》中通过重新探讨古希腊修辞传统中辩证与修辞的关系，重新确立了修辞的范围。他指出，亚氏对修辞题材的强调导致了对修辞技巧的过分注重，而忽略了修辞理论部分。这使得人们将修辞的本质理解为功用性的，是用来解决、游说和说服等实际问题的，是以实际唆使为目标的。内坦森认为，用哲学的眼光来看待修辞的辩证基础，能够重新认识修辞的本质。通过梳理修辞与辩证的关系，他提出辩证构成了修辞中的真正哲学。辩证术研究的不是事实，而是在逻辑上先于事实存在的理论结构。修辞哲学研究的是以下问题：语言与其含义之间的关系，思维与思维对象之间的关系，知识与其学科之间的关系，意识与其不同内容之间的关系，等等。[7]200-210

哲学家佩雷尔曼在两个方面推进了修辞学的研究：首先，他拓展了理性的范畴，把修辞性的理性主义也包括其中；其次，他将修辞研究结合到认识论中。他认为理性的作用不仅仅在于逻辑上的证明和计算，还有思考和论辩。因此，他认为在逻辑理性之外还存在着修辞理性。修辞理性的存在对人类有着重要的意义，因为传统的理性是一种独一无二的绝对性，而修辞理性则暗含一种多元的价值观，更加强调自由-责任的概念。它要求人们在面对各方面观点时，要根据各方的理由等各种条件来决定哪一方更有分量，最后做出决定。佩雷尔曼指出，修辞学的复苏应该伴随着一种现代认识论的形成；修辞学在认识论中有着根本的作用，构成了知识社会学的方法论。传统理性主义下产生的是一种非人的、神的知识理论，是一种不需要经过传授、训练、传统认知或学习而获得的知识理论。这种理性主义尽一切可能减少语言在其中的副作用。佩雷尔曼认为，知识理论的全部作用是"决定"在形成我们思想中所起的作用。这种观点强调了以某种方式做出决定的各种理由，也强调了我们做出那些决定所用的理论技巧。[8]

图尔明将以前被忽视的、非正式的日常论辩上升到一个新高度，提出了自己的论辩模式，为评价日常论辩的推理方式提供了方法。他指出，日常生活中出现的更多的是实质论辩，即把论辩放在特定的情境之中，涉及从事实到结论的推断，而传统的形式逻辑只适用于脱离语境的分析性论辩。[9]

经过这样的历史发展，修辞学被赋予了与传统概念大大不同的指向和意义，也为在科学话语领域中讨论修辞问题提供了一个大前提。

二、历史上主客二分观念的变化

1. 主客二分观念的由来和发展

17世纪，笛卡儿开启了哲学上主客二分的传统，他发明了作为自然之镜的"心灵"的观念。[10]心成为一种内在世界，而哲学主要讨论的就是内部表象是否准确的问题，从而引发了认识论转向。洛克进一步发展了这种认知机制，提出了心灵白板说：心灵像一块蜡制板，对象在上面刻上印记。这种印记是人的神经系统对于外界事物的刺激的反应，是一种生理条件，只是认知过程中的一个因果前件；但是洛克将这种印记看作是认知本身。这种白板机制的产物就是知识，因此洛克的知识概念完全建立于经验之上。为了区分一般经验与幻想、梦境等，洛克同时又赋予心一种反思功能——能对印记做出判断，例如判断真的表象和头脑中的想象。心灵这个白板在生理上和隐喻上的机能被混同起来。他把知识看作是人和对象之间的关系，而不是人和命题之间的关系，也就是说他将表现于命题中被证明的真信念归结为心中关于对象的印记。[11]

康德克服了洛克以来的问题。他提出先验的概念来代替洛克隐喻中的"心灵"，提出了先验自我和统觉的观念：先天的时间、空间、因果性等知性范畴能够对孤立、分散的外部材料进行统合。这样就区分了经验材料和理性结构，在此基础上康德对知识也做出了必然知识和经验知识的区分。他的理论的一个前提假定就是杂多（经验）是被给予的，而统一（概念）是被造成的。[12]但事实上，概念和经验不可能如此绝对地被区分开来。

逻辑实证主义者抛弃形而上学而开始语言学转向，以另一种方式来表达主客二元论。人类所有的认识活动体现在命题、概念等语言活动中，而语言中有一种本质的客观的逻辑关系。哲学的根本使命就是探究这种逻辑关系，然后对所有的语言进行逻辑分析。对于语言，逻辑实证主义者采取一种还原论的方式：分析语句在逻辑上永恒为真或假，综合语句可以用中立观察语句来判断，从而还原为经验。对于主体内在状态的描述，只有在与外在现实的无可置疑的联系提供了共同基础的领域内才有意义。语言被假定能为一切可能的内容提供普适的图式；这种一致的可能性是先在的，它将说话者统一在共同的合理性之中，而现实中话语间达成的一致是这种共同基础存在的征象。然而，这种研究的努力表明并不具有一种可以表述一切有效说明假设的永久中性模式的语言，这种语言甚至是无法想象的。逻辑实证主义者无数种解决方案的失败，也证实了这一点。

2. 现代哲学对于主客二分的清算

现代哲学家们纷纷对主客二分思想进行了批判，例如尼采直接攻击客观不过是某个类别的虚假概念[13]28。最为典型的是罗蒂在《哲学和自然之镜》中对主客二分思想的彻底清算，提出以解释学来替代传统认识论。他认为在过去的认识论哲学中都暗含着一种"可公度性"的假定，也就是说相信有一种哲学能够显示永恒、中性的构架，认识论下的科学哲学存在的理由就是为可公度性提供一个规则系统。"解释学把种种话语之间的关系看作某一可能的谈话中各线索的关系，这种谈话不以统一着诸说话者的约束性模式为前提，但在谈话中彼此达成一致的希望决不消失，只要谈话持续下去。这并不是一种发现在先存在的共同基础的希望，而只是达成一致的希望，或至少是达成刺激性的、富于成效的不一致的希望。"[14]299 认识论的任务是去发现一组适当的语言，所有话语都转译成这组语言，从而达成一致。解释学是希望学会对话者的行话，而不是转译。解释学不是一种方法，也不是一种研究纲领。解释学的中心——理解活动是人存在的最基本的模式，而不是主体认识客体的活动。因此，解释学希望在认识论的研究方式被排除之后，不是成为它的替代物，而是彻底走向另一种进路。

这样，一些关键的概念得到新的理解。客观性在认识论中是本体性的，独立于主体的；它是认识活动中达到真知的一种方式，也是证明实践的基础，主观认识与它的符合程度是判定认识真假的关键；并且，这种基础经常被看作是不证自明的。萨特用"自欺"来形容这种观点。[15]82-112 在解释学中，客观性则仅仅被看作是一种证明规范，它符合于我们所发现的有关我们的陈述及行为。

3. 解释学中新型的主客关系

伽达默尔（又称加达默尔）的"效果历史"概念重新说明了一种主客关系。对于效果历史，伽达默尔论述道："真正的历史对象根本就不是对象，而是自己和他者的统一体，或一种关系，在这种关系中同时存在着历史的实在以及历史理解的实在。一种名副其实的诠释学必须在理解本身之中显示历史的实在性。因此我就把所需要的这样一种东西称之为'效果历史'（Wirkungsgeschichte）。理解按其本性乃是一种效果历史事件。"[16]385 效果历史意识首先是对解释学处境的意识。处境这一概念的特征在于表示我们位于处境中，而不是处境的对面，因此对处境不会有任何客观性的认识，也不可能阐明处境。效果历史意识作为一种真正的经验形式，它是一种开放的、历史的过程，是一种能使人类认识到自身有限性的经验，因为我们自身就是作为历史存在的本质。在系统哲学中，一切经验只有被证实时才是有效的。因此经验依赖于它在原则上可重复，也就是说，经验要丢弃自己的历史并取消自己的历史。罗蒂认为，伽达默尔的效果意识表明：与其关心世界上的存在物或关心历史上发生的事件，不如关心为了我们自己的目的，我们能从自然和历史中攫取什么。[14]338 按照这种态度，正确获得事实，仅只是发现一种新的、更有趣地表达我们自己，从而去应付世界的方式的准备。这里不存在所谓的主观和客观：理解的过程是理解者和理解的对象之间视域融合的过程，二者在不断接触的过程中不断形成新的视域，从而最终融为一体。

三、科学修辞学对主客关系的解决

1. 修辞学的地位与主客二分的紧密相关性及其中的权力关系

修辞学的地位，尤其是对于科学而言，是与主客二分的观念密不可分的。主客二分观念的盛行就伴随着修辞学的被排斥和贬低，而修辞学复兴的重要前提就是主客二分观念的消解。在主客二分的观念下，日常语言和修辞被放到了真理和理性的对立面。修辞从或然性入手，容许多元的理据共存，以说话者和听者的共识为出发点，双方试图达成一致意见。科学强调的是从观察和理性着手，运用形式逻辑演绎，从真前提出发，运用逻辑推理推出精确结论。它的理据是单一的，客观的，绝对的，因此科学也将修辞放到了自己的对立面。

这种关系中其实暗含着一种权力关系。修辞的起源和发展与政治的民主等观念密不可分。修辞学起源时的智者时代的民主城邦政治制度，为修辞学提供了沃土以及发挥的舞台；今天许多西方国家的政治活动中，修辞学也是一个重要的因素。除这种显在的与政治权力相关之外，修辞学和主客二分的观念中更多地渗透着福柯意义上的广义权力。修辞学的典型特征是论辩，是言者与听者之间获得认同的努力。这种认同关系也是一种理解关系，是言者与听者之间视域融合的过程；话语的所谓"正确性"与"客观性"需要有双方的交流和共识。主客二分的观念中树立起了一个不证自明的宣判者——客体，因此主体之间、不同的话语之间不存在民主的论辩关系，而是直接地由外在的客体依据"是否符合"的标准来选择或淘汰。这时，需要探索的就是主体如何选择一种安全的、纯粹的方法来满足客体，从而可以犹如掌握神谕般来发表话语。

就科学而言，一向持有也是这样一种观念："较传统的措辞风格对聆听的人好言悦貌，论说平和亲切；而较新的科学主义方法使读者屈服于证明或方法的统治之下，威吓和排挤掉大部分人——即使我们原则上准许被统摄其中的人/主体追寻个人的专长。那些真正'知道'的人从专有特享的、一般来说不可讨论的观察中获益良多。他们是无可辩驳的，因为科学技术证明那些研究结果一定是如实地反映自然。卑微的主体/被统摄的人只能够提些意见，要登上真理的高峰，就得臣服于方法的严格（规范）之下。如此的对立将措辞弃诸脚下，并且以折服（convince）取代说服（persuation）。"[17]13

当然，这里讨论的是形而上学意义上的理解和划分。在实际的科学研究活动中，从来没有因为科学共同体等主体持有主客二分的观念，修辞就真正地消失了。在这种观念下，修辞以另一种方式存在。

2. 修辞学与解释学的同源和相似性

修辞学与解释学在很多领域相互重叠，甚至相互隶属。二者在起源上其实是融合的，只是在亚氏之后，随着二者的历史发展而被分离开来，解释学被与逻辑学结合在一起，而修辞学中的逻辑被剥离出去。直到文艺复兴时期，二者重新被联系起来。在今天的解释学、修辞学范畴中，解释学中的"理解"指的是相互理解、二者的视域融合，在对话中就是指言者和听者双方达成一致意见，这正是修辞学的重要概念"认同"。二者也同样强调语境和话语的动机分析。"如果想把握陈述的真理，那么没有一种陈述仅从其揭示的内容出发就可得到把握。任何陈述都受动机推动。每一个陈述都有其未曾说出的前提。惟有同时考虑到这种前提的人才能真正衡量某个陈述的真理性。"[18]另外，二者同样地具有强烈的实践特性，在自身的运用中而自我生长，只有被运用到具体的文本中才有真实的生命力。伽达默尔就曾指出，解释学的理论工具在很大程度上是从修辞学借用过来的。[19]24

洪汉鼎先生在论述二者的关系时，引用了伽达默尔的说法来论述这两个领域的一致性，"我发现我们没有认识到以下事实，即诠释学领域其实是诠释学和修辞学分享的领域:令人信服的论据的领域(而并非逻辑强制性领域)。它就是实践和一般人性的领域，它的活动范围并不是在人们必须无条件地服从的'铁一般的推论'力发生作用的领域，也不是在解放性地反思确信其'非事实的认可'的地方，而是在通过理性的考虑使争议点得到决定的领域。正是在这里，讲话艺术和论证技巧（及其沉默的自我思虑）才得其所哉。如果说讲话术同样乞求情感（这点自古就是如此），那它也决未因此就脱出了理性的领域。"[20]V。

在学科起源、理论工具和分析方式上的一致性，使得科学修辞学和解释学在主客二分问题上也有异曲同工之妙。如同解释学一样，科学修辞学不承认对世界描述、解释的唯一性，它将每一种科学话语看作是对世界的一种解释。科学话语永远处在一种语境中，面对着科学共同体及其他受众，希望得到认同。它所描述的对象不是传统上的客体，而是在言说者/研究者概念体系中的对象。在这一套概念体系中不仅有逻辑的自治性、解释的有效性，同时还融合了言说者/研究者的修辞动机、个人偏好等各种因素。在不同的科学话语竞争之后，最终形成的科学知识体系是科学家与科学共同体论辩后达成的相互的共识。

在解释学的相似进路之外，对于科学研究、科学话语中的主客二分问题，科学修辞学还有着自己独特的贡献。

3. 科学修辞学对主客问题的独特意义

修辞学的重要特性之一就是"自我韬晦"，也就是说，由于长久以来对于修辞的成见，它往往会被与欺骗等概念联系起来，因此每一位修辞者的最大修辞就是运用各种方式表明自己没有使用修辞。作者们总是不自觉地而且不可避免地运用着修辞。特别是在无意识状态下，我们甚至不能说修辞是被"运用"的，因为它是如此自然、如此内在地存在于话语之中。科学领域中尤其如此：在科学文本中，修辞的使用向来是受人鄙视、在原则上不被允许的。在传统主客二分的观念下，树立了一种理想的科学语言模式，即科学话语应如镜子映现对象那样纯粹。

科学修辞学的任务并不是如我们传统中所设想的那样，从科学话语中将修辞挑拣出来。恰恰相反，科学修辞学想表达的是科学话语必然是一种修辞行为，所谓的科学事实和修辞是一种混凝体，是不可分离的；科学概念、科学陈述等不可能是工具性的或者透明的；它们甚至从思考过程那里开始，就是与研究者的修辞动机并行的。科学修辞学主要通过经验式、案例式的研究方式来分析科学文本中的修辞行为；虽然无法剥离这些修辞行为，但科学修辞学要将它们凸显出来。例如，科学修辞学家坎贝尔在研究达尔文的论著时发现，达尔文所选用的"起源""选择""存活""竞争"等隐喻性概念，以其日常化拉近了与普通读者的距离。尽管达尔文一再声明使用这些概念是为了表达的方便，似乎他的理论也可以用另一种朴实的、严格的、实证主义的方式表现出来，但是根据与其笔记的对照研究，追踪其理论思考过程，坎贝尔发现这些隐喻是不可或缺的：它们本身就是一种思维方式、一种组织世界的框架。[21]3-17

科学修辞学通过将科学话语中的这种修辞"显现"出来的方式，表达了另一种对于主客关系的理解。首先，它明确地"标识"出科学话语中的显性或隐性的修辞，而修辞一直与主观建构等词有着同样的意味，因此它打破了理想的科学语言的神话。其次，科学话语代表了全部科学共同体的科学活动和成果，因此科学修辞学同时也揭示了修辞在认知活动、科学活动中的内在性，更明晰地指出了主客观概念在整个科学活动中的融合或者说消解。最后，修辞是一种三元的构成，包含着言者、听者及其情境，是共同体在相互理解、达成共识的过程中的必需品；其中根本不存在对立着的主体与客体。由修辞编织而成的科学话语中同样是这样的三元关系。

（本文原载于《哲学研究》，2008 年第 4 期，第 80-85，122 页。）

参 考 文 献

[1] 柏拉图. 柏拉图全集. 第 1 卷. 王晓朝译. 北京: 人民出版社, 2003.

[2] 亚理斯多德. 修辞学. 罗念生译. 上海: 上海人民出版社, 2006.

[3] 温科学. 20 世纪西方修辞学理论研究. 北京: 中国社会科学出版社, 2006.

[4] Burke K. A Grammar of Motives. Berkeley: University of California Press, 1969.

[5] Weaver R. The Ethic of Rhetoric. Chicago: Henry Regnery Co., 1953.

[6] Ehninger D. Contemporary Rhetoric: A Reader's Coursebook. Glenview, IL: Scott, Foresman & Company, 1972.

[7] 内坦森. 修辞的范围//肯尼斯·博克, 等. 当代西方修辞学: 演讲与话语批评. 常昌富, 顾宝桐译. 北京: 中国社会科学出版社, 1998.

[8] Perelman C. The New Rhetoric: A Treatise on Argumentation. Indiana: Univeristy of Nortre Dame Press, 1969.

[9] Tulmin S. The Use of Argument. Cambridge: Cambridge University Press, 1958.

[10] 笛卡尔. 第一哲学沉思集: 反驳和答辩. 庞景仁译. 北京: 商务印书馆, 1986.

[11] 洛克. 人类理解论. 关文运译. 北京: 商务印书馆, 1959.

[12] 康德. 纯粹理性批判. 邓晓芒译. 北京: 人民出版社, 2004.

[13] 弗里德里希·尼采. 权力意志: 重估一切价值的尝试. 张念东, 凌素心译. 北京: 中央编译出版社, 2005.

[14] 理查德·罗蒂. 哲学和自然之镜. 李幼蒸译. 北京: 商务印书馆, 2003.

[15] 萨特. 存在与虚无. 陈宣良, 等译. 北京: 生活·读书·新知三联书店, 1987.

[16] 汉斯-格奥尔格·加达默尔. 真理与方法: 哲学诠释学的基本特征. 洪汉鼎译. 上海: 上海译文出版社, 1992.

[17] 尼尔逊, 梅基尔, 麦克洛斯基. 学问寻绎的措辞学. 黄德兴译//尼尔逊, 梅基尔, 麦克洛斯基. 社会科学的措辞. 北京: 生活·读书·新知三联书店, 2000.

[18] 洪汉鼎. 诠释学与修辞学. 山东大学学报(哲学社会科学版), 2003, (4): 16.

[19] 汉斯-格奥尔格·加达默尔. 哲学解释学. 夏镇平, 宋建平译. 上海: 上海译文出版社, 1994.

[20] 伽达默尔(德). 诠释学 II 真理与方法. 洪汉鼎译. 北京: 商务印书馆, 2017.

[21] Campbell J A. Charles Darwin: rhetorician of science//Allen H. The Rhetoric of Science. New Jersey: Lawrence Erlbaum Associates Publishers, 1997.

技术哲学与技术史

| 高达声 |

技术史和技术哲学是姐妹学科。技术史是研究人类社会生产力的进化过程及其发展规律的科学；作为一门历史科学，它的研究重点在于揭示人类改造、控制自然的历史。技术哲学则是研究人类改造自然的一般规律，即技术的本体论、认识论和方法论的科学；作为一门哲学学科，它的研究重点在于阐明人类改造自然、控制自然的逻辑。因此，技术史是技术哲学的基础和事实依据，而技术哲学是对技术史的理论概括。本文试对技术哲学的历史考察，技术哲学作为一门独立学科的出现以及技术哲学与技术史的关系等问题作一概述。

一

人们常说科学技术推动了哲学的发展，然而长期以来谈科学的多，至于对技术如何影响哲学谈得不多。古代的哲学家较少谈及技术活动，他们大都轻视实践，鄙薄技术，看不起工匠、农夫改造自然的操作。正如德国技术哲学家弗里德里希·拉普（Friedrich Rapp）所指出的，长期以来哲学理论与技术实践是分离的。

近代文艺复兴及资本主义制度的确立、资本主义经济的发展使技术在人类生产实践和社会生活中发挥着越来越大的作用；因此，必然推动许多近代哲学家、思想家、科学家对技术作哲理性的研究和分析。

尽管在工业革命后，人类社会进入了"技术时代"，但技术哲学的诞生还是晚了一些，而且它不是从一个单一的胚胎中产生出来的。技术哲学就像在妊娠期间孕育的一对孪生子，两者呈现了相当程度的竞争和对立。

它的第一个分支是由技术专家和工程师精心培育的，人们称它为技术的哲学（technological philosophy），有时也称工程技术哲学。这一分支比较倾向于赞成技术。让我们来回顾一下技术的哲学发展过程中主要的代表人物及其技术哲学的思想、观点和理论。

美国的一位数学教师沃克（T. Walker）于 1832 年著文《为机械哲学辩护》，最早提出"机械哲学"这一概念，文章认为技术是一种使人人平等的手段，能使人们获得在奴隶制社会中只有少数人才享有的自由。

1835 年，苏格兰化学工程师安德鲁·尤尔（Andrew Ure）出版了书名为《制造哲学》（*Philosophy of Manufactures*）的著作，其主要内容是对制造业用自动机进行管理所遵循一般原理的说明。书中讨论了与技术哲学有关的概念问题，例如：手工工艺和工业生产的区别、机器的分类、技术发明的作用等。书中包含了一些控制论和系统论的思想萌芽。现在有人认为，现代控制论、系统论和运筹学可看作他的探索的自然延伸。

恩斯特·卡普（Ernst Kapp）是使用"技术哲学"名词的第一个人。1877 年，他写了《技术哲学导论》一书。他是一个左翼黑格尔分子（left-wing Hegelian），又是一位技术专家，具有相当丰富的关于工具和机器的实践经验。19 世纪 40 年代，由于他和德国当局发生争吵，被迫离开德国，移民到美国得克萨斯州，尔后 15 年做过农民、发明家、水疗法专家等，因此他经常和工具、机器打交道。他把对技术装备的详细分析和它们对人类或文化意义的思考联结在一起。1865 年，他返回德国，回顾在美国 20 余年工程技术实践的丰富经验，他正式提出技术哲学的概念。他认为，技术发明是想象的"物化"，工具的功能是"器官的投影"（organ projections）。例如，大锤是人手的投影，唧筒是心脏的投影，锯子是牙齿的投影，电报是神经的投影，铁路是人体循环系统的投影。对于手工工具和近代早期的机器来说，这个观点无疑是适合的。当大机器工业普及，技术发明更多地依靠科学知识的应用时，用"器官的投影"的观点就难以解释了。他在著作中得出两点结论：第一，机器应得到更详尽的哲学探讨，技术需要更精细的批判，而不是由社会批评家、文学批评家作出外部表面的评论；第二，借助于对工程经验的细致的思考，技术哲学应努力去充分揭示工程实践的社会影响。

俄国工程师恩格迈尔（P. K. Engelmeier）是第二个使用"技术哲学"这个名词的人。19 世纪 90 年代，他在德国期刊上发表两篇文章，强调要以哲学探索的观点和工程学的态度来对待世界。1911 年，在意大利热那亚召开的第四次世界哲学大会上发表了有关技术哲学的文章。十月革命后，他鼓吹专家治国论（technocracy），主张根据技术原理改造和管理社会。1929 年，他在全俄工程师协会上著文：《需要一门技术哲学吗？》（"Is a Philosophy of Technology necessary?"），在这篇文章中，他概括了技术哲学的全面研究计划，包括下列 8 个要点：技术的概念，当代技术原理，作为生物现象的技术，作为人类学现象的技术，技术在文化史上的作用，技术和经济，技术和艺术，技术和伦理以及其他社会因素的关系等。这个研究计划比较全面地概括了技术哲学应研究的重要课题，对尔后技术哲学的发展产生了积极的影响。

1913 年，德国化学工程师席梅尔（E. Zschimmer）写了一本书名为《技术哲学》的著作，他是使用技术哲学这个名词的第三个人。他主张对技术作新黑格尔主义的解释，即把技术看作为"物质上的自由"（material freedom）。他认为，技术的目的在于人的自由，这种目的只有在物质上摆脱了自然的限制才可能达到。这种在争取自由的意义上对技术的理解，不断被人们重复运用。例如，1903 年莱特兄弟（Wright brothers）第一架飞机试飞成功，1957 年苏联第一颗人造卫星的上天，1969 年美国宇航员第一次登上月球的太空飞行等，都可以解释为人类利用现代航空、航天技术摆脱地心引力这一自然的限制而争得的自由。

第二次世界大战后，同工程学有关的技术哲学经历了持续而系统的发展。在德国，这种发展的标志是工程师协会举办的一系列讨论技术哲学的会议。1956 年，德国工程师协会建立了一个"人与技术"研究组，下设教育、宗教、语言、社会学和哲学研究小组。在这个机构中工作的人，有些后来成了著名的技术哲学家。例如拉普于 1970 年出版的《分析的技术哲学》（*Analytical Philosophy of Technology*）概述了技术哲学的历史发展，对各种流派的观点和研究方法作了评述，是一本较好的技术哲学入门书。

德国技术哲学家弗里德里希·德索尔（Friedrich Dessauer）被认为是第二次世界大战前后在技术哲学界最杰出的人物之一。他本人是一位研究工程师，是开创 X 光疗法的先驱；也是第 4 个用技术哲学命名其著作的作家。德索尔把技术哲学和科学哲学作了对比。科学哲学主要是分析科学认识的结构和有效性，或是讨论具体科学理论对宇宙学、人类学的意义。他认为，科学哲学的这两种研究途径都不能认识科学-技术知识的力量。这种科学-技术知识，只有通过现代工程学才能成为一种全新的制造方式。他试图对科学技术的力量提供一种康德式的先验前提条件的解释，同时反思这一力量在应用上的伦理学意义。他认为，在康德对科学知识、道德行为和审美感受所作的三大批判之外，应增加一个批判，即对技术制造所作的批判。他认为，制造尤其以发明为形式的制造，可以与自在之物建立确实的联系；发明不是梦想出来的、没有力量的某种东西，而是与预先设定的解决技术问题的领域进行认知接触的结果。他提出了技术伦理学理论，认为现代技术所带来的改造世界的结果，就是技术的卓越道德价值的见证。人创造技术，但是技术的力量很像一道大山、一条河流、一个冰河期或一颗行星的力量，出乎人的意料之外；现代技术能发挥比尘世间的力量更大得多的力量。不应把现代技术看作是对人的状况的一个宽慰，相反它是一种参与的创造活动，是人类在世界上的最伟大的经验。

"技术哲学"的英语词汇第一次正式出现是在 1966 年夏天，美国技术史学会及其出版物《技术和文化》（*Technology and Culture*）为了加强和工程界的牢固联系，这个杂志的编辑部举办了一次讨论会，并出了一期专刊，名为《走向技术哲学》（*Toward a Philosophy of Technology*）。英语世界中一些著名的技术哲学家如刘易斯·芒福德（Lewis Mumford）、约瑟夫·阿加西（Joseph Agassi）等都提交了论文。第一个用英语提出技术哲学的人是加拿大籍阿根廷哲学家马里奥·邦格（Mario Bunge），他强烈希望用实证主义观点创建他的科学哲学，认为技术哲学正是这一庞大计划的一部分。这个计划包括用科学技术的语言来解释现实，用科学技术的模式来重新阐述人文科学，诸如哲学、伦理学等。

总之，技术的哲学或工程技术哲学，反映了工程技术人员的思维特点，是从技术内部对它进行分析，而且把人的技术活动方式看成是理解人的其他思想、行为的范式。

技术哲学的第二个分支是由人文社会科学家所建立的，他们从宾格的意义上去理解技术，是从人文科学（如宗教、诗歌、哲学等）的角度，用非技术的或超技术的观点来解释技术的意义。人们称这一分支为技术哲学（philosophy of technology）或人文主义的技术哲学，它或多或少对技术持批判的态度。下面对技术哲学的主要代表人物作一简述。

芒福德是美国著名的社会哲学家、社会评论家和人本主义的技术哲学家。他的主要著作有《技术和文明》（*Technics and Civilization*，1934 年）、《历史上的城市》（*The City in History*，1961 年）、《机器的神话》（*The Myth of the Machine*，1967 年、1970 年）等。18 世纪，美国著名哲学家富兰克林把人定义为制造工具的动物。芒福德反对这种看法，他认为人是心灵创造

（mind-making）的动物，而不是工具制造（tool-making）的动物；不是制造活动，而是思维活动使人有人性，不是工具而是精神使人有人性。考古学家特别重视石斧、石针、石刀等东西，并以此来标志人的智能程度。芒福德认为，这些都是外在的东西；人的语言、文字等符号文化（symbolic culture）在促进人类发展方面，比用斧头去劈山不知要重要多少倍，这才真正标志着人的智慧与人的特性。芒福德在人类学研究的基础上，从他的人性理论出发，区分了两种技术：综合技术（polytechnics）和单一技术（monotechnics）。综合技术亦称生命技术（biotechnics），是指直接以人的生活和自我完善为目的的技术。这种技术以人为中心，为人所喜爱，它丰富了人的生活，主要是精神生活。他认为，对于"生命技术"来说，它的作用不在于征服自然，征服外在世界，而在于改造人的内心，创造人的内在世界，因此，这种技术是合乎人性的。单一技术亦称权力主义技术（authoritarian technics）或巨机器（megamachine），它是指一种高度集中化的技术。随着权力的高度集中，这种技术就开始出现了。集中的权力可以把许多人集结在一起，从事某种单一目的的技术活动。比如，古埃及修筑金字塔，中国古代修筑万里长城。他认为，单一技术时常会带来惊人的物质利益，但却付出了重大代价：限制人的活动与愿望，丧失人的生活乐趣，使人失掉人性。芒福德探讨的中心问题是技术与人性。他的态度很明确：综合技术与人性是一致的，而单一技术与人性是相悖的。据此，他给当代文明开了"诊断书"，为了使人类从危机中解脱出来，当代社会要使技术回到以人为核心的技术体系中来，使冷冰冰的技术成为一种更为合乎人性的技术。

马丁·海德格尔（Martin Heidegger）是德国哲学家、存在主义的创始人，也是一位技术哲学家。技术哲学方面的代表作有：《关于技术的问题》（1951年）、《关于存在的问题》（1955年）、《关于事物的问题》（1967年）。关于技术的本质问题：技术究竟是什么？与技术的工具论相反，他认为技术是一种真理或显现。现代技术尤其是一种挑逗自然界释放其能量的一种显现。他对比了传统技术和现代技术，其共同点都是利用自然界的能量，为人的目的服务。然而传统技术与自然界的关系要比现代技术密切得多。例如风车、水磨这种传统技术本身依赖于自然，它能和土地风景配合，突出地理风貌，增添自然的姿色。现代技术依赖于自然较少，例如从水电站、火电站到核电站，它们常常破坏自然景色，甚至造成严重的污染。因此，他认为现代技术不能创造真正意义上的事物。例如原子核的爆炸只是把自然界已发生了的事物（太阳上的核爆炸）重新显现出来而已；而只有传统技术，例如制陶工人制造的陶器，才创造了真正意义上的事物。他还提出了这样一个问题：是谁或是什么从技术上显示或揭示了现象世界？他否认技术是人类活动的结果，认为：揭示并挑逗世界显现的那种东西是他所谓的"思想框架"，即精神的认识框架。"思想框架"不是技术的一部分，而是对世界的一种态度。他认为，因为自然界把它自身在某种程度上向技术操作开放，才使技术使用有了可能。自然界必须为它自身之被剥夺负某些责任：正如一位看房子的人因为没有上锁，而必须为失盗承担某些责任一样。显然，他把存在主义哲学中，以神秘化的人的精神生活的存在作为全部哲学的基础和出发点，贯穿到他的技术哲学中去了。

埃昌尔（J. Ellul）是法国社会学家、技术哲学家。其代表著作有：《技术的社会》（*The Technological Society*，1954 年）、《宣传运动：人类态度的信息》（*Propaganda: The Information of Man's Attitude*，1965 年）、《政治的幻觉》（*Political Illusion*，1967 年）、《技术的系统》（*The Technological System*，1980 年）等。其中，1954 年所著的《技术的社会》一书是他的成名之作。他从社会学的角度来研究什么是技术。谈到技术，一般人认为是机器装备等物质手段，而他认为技术主要不是物质手段，而是理性的方法，是理性地去控制事物和人的方法。机器中包含了技术原理、结构原理等，体现了对效率的无限追求，这就是理性方法即技术。它被人们抽象出来，推广应用到人类生活的各个方面，这样使人类的各种活动都成为技术活动。除了生产活动，经济、政治、宗教、个人生活都是技术活动，都遵循理性方法，以有效性为特征。因此，一切事物都是为技术而存在，都由技术所构成，当代社会就是技术的社会。他认为当代技术有种种特性，例如合理性、人工性、自我增长、一元主义、普遍主义等，但技术最重要的根本特性是它的自主性（autonomy）。技术已成为一个有生命的有机体，可以自己决定自己的发展，不受人的控制。人制定了技术目标，但技术不予理睬，技术还是按自己的逻辑发展，最后达到自己的目标。例如，到月球去旅行是几千年来人类的夙愿，但只有到 20 世纪 60 年代技术发达到一定程度才实现了。所以，不是人赋予技术的目标，而是技术发展赋予人的目标。人为技术而生，为技术而死。人和技术已融为一体，成为一种技术的动物。不是人控制了技术，而是技术控制了人。由此可见，埃昌尔的技术哲学是彻底的技术悲观主义和反技术主义的思想渊源之一。

如上所述，一对孪生子：技术的哲学进行技术哲学的工程学探讨；而技术哲学进行技术哲学的人文主义探讨。现在，极富竞争性的两个技术哲学分支建立了合作和互补的关系。这种合作在人工智能、生物伦理学、环境伦理学等领域内已结出丰硕的成果。

二

如果说 1877 年卡普的《技术哲学导论》一书问世作为系统地研究技术哲学的开端；那么在 20 世纪 60～70 年代技术哲学的研究掀起新高潮中，技术哲学才被确认为一门独立的新的哲学学科。

为什么技术哲学如此姗姗来迟呢？德国技术哲学家拉普认为"技术哲学缺乏根深蒂固的哲学传统。在哲学史上，学者们曾对唯理论、经验论、先验哲学、现象学、分析哲学进行过集中的探讨，而技术哲学研究却没有这种情况，每个研究者必须制定自己的研究方法。"[1]179-180 由于技术哲学是一门高度综合性的学科，所以研究技术哲学的学者们来自各个领域：有的是搞哲学出身的，如海德格尔和马尔库塞（H. Marcuse）；有的来自自然科学界，如德索尔、麦克卢尔（McClure）；有的来自社会科学领域，如埃吕尔、芒福德等。此外，由于现代技术对当代社会和人类的前景提出了严峻的挑战，技术哲学家们受到社会政治观点和宗教神学信仰的影响较大，所以在技术哲学领域中研究的传统、方法、风格很不相同，形成了多姿多态的格局。

到 20 世纪 60～70 年代，技术哲学进入繁荣时期。对技术进行多方面的哲学思考和探索，已成为历届世界哲学大会的重要议题之一。例如，1968 年在维也纳召开的第 14 届世界哲学大会上，其中一个重要课题是："控制论和技术科学中的哲学问题"（Cybernetics and Philosophy of Technical Science）。1973 年在保加利亚的瓦尔纳（Varna）召开的第 15 届世界哲学大会上，"科学，技术和人类"（Science，Technology，and Man）引起了与会学者的普遍关注和浓厚兴趣。1978 年在德国杜塞尔多夫（Düsseldorff）召开的第 16 届世界哲学大会上，国际公认技术哲学已发展成为一门新的重要的哲学学科。正如拉普所说，上述"三次世界哲学大会所提交的有关论文的数量，清楚地反映出人们对技术哲学问题的兴趣在日益增长。"[1]178

20 世纪 60～70 年代，在世界范围内正在兴起一次以微电子技术为代表的新技术革命浪潮，它对世界的政治、军事、经济、国际关系、教育、社会的劳动结构和产业结构、生产模式以及人们的价值观念、生活方式、思想方法等提出了挑战，迫切需要对这些问题做出理论上的解释和回答。技术哲学就是在这样的历史背景下兴起并形成的一门独立的学科。

军事尖端技术——从核武器到空间武器的发展，引起人们对技术的社会效应的哲学反思。从 20 世纪 60～70 年代的反对战争、反对核武器，到 80 年代美国的"星球大战计划"，这些引起世界人民反对发展空间武器，包括定向能武器（激光武器、微波束武器、粒子束武器）和动能武器（电磁轨道炮、非核拦截导弹等）。超级大国为了争夺霸权，采取"相互确保摧毁"的战略，双方都以亿万人民的生命为人质。反对核武器、空间武器，在某种意义上是反技术的运动，它推动技术哲学家对战争与技术、人与技术、技术发展和人类前景进行哲学思考。技术哲学中的英美学派诞生于 20 世纪 60 年代，其重要的原因是对反对战争、反对核武器运动的哲学反思。

人工智能的产生和发展向哲学提出挑战。人工智能这门新的综合性的学科诞生于 20 世纪 50 年代；进入 20 世纪 60～70 年代，人工智能专家系统已能根据人类已有的知识和科学资料进行归纳推理，形成一些新概念、提出新理论。机器能否有智能？科学的发展已作了明确肯定的回答。人工智能的出现以极其尖锐的形式向哲学提出了许多问题。例如：人工智能与人类智能有没有本质的区别？机器会不会思维？对于物质客体而言，是否存在人类智能和人工智能两个认识主体？电脑能否代替甚至超过人脑？将来机器人会不会统治人、奴役人？电脑的工作原理对研究人脑的思维规律和思想机制有什么启发？具有讽刺意义的是：人脑创造了科学，但科学迄今尚不能很好地解释人脑的机制。把这些问题概括起来上升到哲学的层次，就是：智能技术的本质是什么？人和机器的关系如何？人类能否控制她所创造的技术？……这些都是技术哲学的基本问题。

自动化技术的发展将引起人类生产模式的变化。18 世纪的产业革命使人类的生产模式从"人-手工工具-自然界"过渡到"人-机器-自然界"。机器的智能化是自动化领域中的一项高技术。将机器配上电脑和各种传感器，称为机电一体化，这一发展方向就是机器智能化。随着机器智能化和机器人技术的发展，人类的生产模式将从"人-机器-自然界"过渡到"人-机器人-机器-自然界"。一方面，自动化技术的发展可以使人类从危险、恶劣的工作环境中替换出来，而且将在极大程度上把人从直接生产的第一线置换出来；另一方面，生产高度自动化也会引起失业、劳动枯燥乏味、工人成为机器的附属物等日益严重的社会问题。这方面就涉及技术与人，技术与人性，技术伦理学等许多技术哲学问题。

新技术革命使人类从地球文明进入星际文明。自有人类以来，地球就成了人类繁衍生息之地。地球包括岩石圈、水圈、大气圈和生物圈。开始，人类主要在陆地（岩石圈）上活动，后来跑到海上（水圈），发展了航海事业，再往后又跑到大气（大气圈）里去，就是航空，世世代代人类创造了高度发达的地球文明。航天事业的发展使人类进入了外层空间，说明了人类征服自然的顺序是陆、海、空、天。这样，人类便开始从地球文明时代走向了星际文明时代。航天技术的发展提出了一系列问题：技术与人类文明的关系，技术与国际关系，航天事业的发展对军事战略与民用技术的影响等。

新技术革命推动了人们一系列观念的更新。要树立"人才是最重要的资本"这种新的价值观。高技术的发展使人类从工业化时代进入信息时代。如果说工业化时代用机器代替人的群体的体力劳动（当然绝不是简单地替代了人，而是在大大扩展了能力的基础上代替了人的体力），那么信息化时代则用电脑代替人类群体的脑力劳动，实现人类社会脑力劳动的自动化。在信息时代，价值的增加主要依靠知识、智力，而不是体力。因而，有系统地进行知识生产，加速人才培养，不断提高人们的智力，已成为决定生产力、竞争力和经济增长的关键因素。现代化大科学、高技术时代，对科技人才的素质提出了更高的要求。它不仅要求科技人员有丰富的想象力和高度的创新开拓精神，而且要求他们有较强的组织能力和社会活动能力，科技专家的群体作用正在变得越来越重要，科技专家个人的自由思考、钻研、创新和科技专家群体的组织、学术交流和密切合作，成为科技发展两个重要因素。这就提出了一个问题：技术革命怎样推动了人们的价值观和人才观的更新？这正是技术哲学中的一个重要问题。

新技术革命引起了劳动结构和产业结构的变化。一些发达国家实现现代化的历史进程表明，首先主要的劳动力从农业转移到工业，然后由工业转移到信息产业。到那时，人类将第一次从主要为延续人类自身生存的物质生产中摆脱出来，转到以精神文明"生产"为主，必将创造出空前繁荣的科学技术及文化艺术。高技术产业正以它特有的活力向前发展，引起了各国产业结构的变化，传统产业的地位逐渐让位于高技术产业。这就提出了高科技发展与社会变迁，与人类精神文明建设之间的关系等问题，这些也属于技术哲学研究的范畴。

高技术的发展将扩大富国和贫国之间的差距。世界各发达国家在高技术领域中互相角逐，因为谁掌握了高技术，谁就占有军事或经济上的优势，就可以高技术的独占性获取巨额利润。这虽然比资本主义初期积累原始资本那种掠夺、贩奴、卖鸦片等方式要文明，但从掠取的绝对数量来说却要比初期那种野蛮方式多得多。这就提出了下列问题：在新技术革命时代，怎样处理南北关系，怎样建立国际经济新秩序？发展中国家怎样发展技术？是引进发达国家的先进技术，还是优先发展适用技术？这些问题都涉及技术与政治、技术发展战略、技术评估、技术转移等，对这些问题的研究，必将推进技术哲学的发展。

如上所述，20世纪60～70年代技术哲学掀起一个新的高潮绝不是偶然的，它是在当时的社会历史条件下，新技术革命所提出的一系列问题迫切需要进行哲学反思，并做出理论上的回答，以解决人类面临的新问题。

技术哲学的研究包含了实践和理论两个方面。一方面，技术哲学表现为一种实践哲学，或对人类制造活动及其后果的理性思考。例如，研究工业化的社会后果、核武器的危险、环境污染以及生物医学工程提出的技术伦理学等问题。另一方面，技术哲学也包括理论的研究——人工自然物的本体论和技术知识的认识论，如探讨技术的本质、自然物和人工自然物的关系、工程科学的认识结构、对制造活动的伦理评估等。

三

技术史和技术哲学作为姊妹学科，具有同样的社会学根源。社会历史学家（例如芒福德）和技术专家一起，出于在工程科学和人文科学之间架起桥梁的共同愿望，推动了技术史的诞生。存在主义哲学家（如海德格尔）和技术专家一起共同探索一个问题——什么对我们时代起到占支配地位的影响，这一探索对技术哲学作为一门独立学科的出现起了重要作用。人们可以发现，不同的技术哲学学派展现了各自对技术史的基本态度。

古代，由于生产力水平很低，技术的力量常常被人所忽视。文艺复兴时期人文主义的兴起，以及确认人在自然界中具有高于一切、独一无二的价值，唤起了近代人的意识。人们设计、构思了技术，技术又赋予近代人驾驭自然的力量。技术史就是以历史例证的形式去揭示人们如何去发明技术，并借以驾驭自然的历史进程。然而，人们不是以同一模式去研究技术史的。由于研究角度、侧重点和知识背景的不同，技术史大体可以分为三种不同的类型。

第一类机器史（the history of hardware），它研究人类是如何制造和应用人工制品（artifacts）的。技术史的研究很大程度集中在这一领域。这一类的代表作有辛格（C. Singer）等编的《技术史》（*A History of Technology*）巨著。

第二类技术的社会史（the social history of technology），它研究技术的发展对于人类和人类社会结构、体制的影响。这就是把技术史的研究向社会关系方向扩展。这一类的代表作有克伦兹伯格和普塞尔编的《西方文明中的技术》（*Technology in Western Civilization*）。

第三类技术的思想史（history of ideas about technology），它研究在不同的历史时期，不同的个人是如何构思和评估人类的制造活动的。虽然国际技术界对技术思想史的研究表现出了很大兴趣，但人们还在期待着技术思想史方面的鸿篇巨制的降生。

上述三种类型的技术史和三种类型的技术哲学的需要和期望是相对应的。技术哲学大体上也有三种类型。

第一类用分析的方法，对技术进行哲学研究，它集中于研究关于技术理性的（conceptual）和方法论的问题。进行这一类型研究的技术哲学家有：邦格、贾维（I. C. Jarvie）和亨里克·斯科利莫夫斯基（Henryk Skolimowski）等。这些哲学家对下列问题表现出特别的兴趣：各种独特技术的历史案例研究以及由此产生的各种具体技术问题。这些将作为检验或阐明他们理性分析的原始资料。

第二类用历史学家的方法，对技术进行哲学研究，从而把技术哲学的研究和历史联结起来。例如，马克思对技术哲学的研究，他把黑格尔哲学颠倒过来，用称为技术的现象学（与之相应的唯物辩证法）去代替精神现象学（与之对应的黑格尔的唯心辩证法）。马克思用乐观主义的眼光对待技术的发展，把技术进步看作推进人类社会发展的重要动力。他认为，人类不仅要去解释技术史，而且要去"谱写"技术史。另外一些技术哲学家，如芒福德、埃吕尔等也把技术哲学的研究和历史联结起来，他们用悲观主义的眼光看待技术，把技术的发展看成人类逐渐失去人性（dehumanization）的过程。他们把技术史解释为人类本性的泯灭和扭曲的过程。海德格尔的技术哲学同样用悲观主义的观点来看待技术的历史发展，他期待在技术哲学的研究中得到人类学的和本体论的新发现，以便更清晰地阐明人类和存在的本性。

第三类，对技术进行历史哲学的研究（the historico-philosophical studies），也称为亚里士多德学派的研究（Aristotelian approach）。其代表人物有德索尔和范·里森（H. Van Riessen）等人。他们以技术史，特别是以技术思想史为背景，来推究技术的哲理。例如德索尔在《关于技术的论争》（1956 年）一书中，调查了关于技术的本质和人类制造活动的经典哲学理论，以及 19

世纪末、20 世纪初德国的科学家、工程师、经济学家、历史学家、哲学家、神学家的各种思想学说，以建立他们的哲学理论。范·里森在他的《技术和哲学》（1949 年）一书中，不仅评述了关于技术的发展思想，而且概括了各种思想家对技术的态度。在英国，安德鲁·范·梅尔森（Andrew G. Van Melsen）和汉斯·乔纳斯（Hans Jonas）的著作也是对技术进行历史哲学研究的例子。

上述三种类型的技术哲学研究和三种类型的技术史之间存在着明显的对应关系。"机器史"的研究能很好地满足对技术方法论进行分析哲学研究的需要；用历史学家的方法对技术进行研究的技术哲学家，投入于技术的社会史的研究之中；技术哲学的思想家和技术思想史的研究紧密相连。

这里，对三种类型的技术哲学和三种类型技术史的对应关系作具体的阐明。

在第一种对应关系中，对技术发明和产物进行明确的认识论的分析，需要运用技术史研究的成果，以便检验他们提出的许多概念的普遍性。任何技术哲学问题都是从理论和经验事实的关系中提出的。此外，在结构上，技术史比通史或专史（如科学史或艺术史）要简单得多，技术史较近于编年史（chronicle），它直接按时间列举技术发明，免去对叙事的解释。历史的行动者就是技术专家自身，他们把技术效率（technical efficiency）作为追求的唯一理想，并用它去判断技术的发展。

在第二种对应关系中，即技术的社会史和历史学家对技术哲学的研究也是密切相关的。首先，技术的社会史研究中包括了关于对技术的本性和社会意义的探讨，特别是技术人类学的理论蕴含了技术哲学的思想；同时，以历史学家的方法对技术哲学的研究中，也必须把技术价值观和人类的本性等问题的研究汇入技术的社会历史中去。其次，在技术的人类学意义上，乐观主义理论以胜利者的观点看待技术的历史和人类的本性；相反，悲观主义理论以反技术主义的观点来观察问题，把技术的进步看成对人性的背离和向非人性化方向发展。对技术社会后果看法的分歧，在于如何看待技术与人性的关系，这就要求对技术的社会史作出哲学的评估。最后，技术的社会史不仅是一部技术的社会后果的历史，还是要考虑社会如何影响技术的历史。不同社会具有不同的物质基础、不同的精神理想。例如，西藏的技术受到佛教思想的影响，英国产业革命中技术的发展受到资本家追逐利润的刺激。总之，哲学的研究离不开历史的研究，从而实现哲学和历史的结合（welding between philosophy and history）。

在第三种对应关系中，技术思想史和对技术进行历史哲学的研究也是相对应的。德索尔和范·里森等认为，除经济、文化等多种决定性因素外，社会影响技术的另一条途径是通过思想。例如，在编年史中讨论关于技术发展的分期问题时，应与人类思想史的分期相关联。

技术史和技术哲学的统一，归根结底是历史和逻辑的统一，也就是把社会经济史的逻辑和技术进化史的内在逻辑结合起来，这样技术发展的历史进程和技术发展的规律才能被揭示出来。

首先，生产力的发展总是以一定的社会条件为背景的，技术的发展总是同一定的经济、政治、军事、文化、教育、哲学等社会因素密切联系的。社会的经济需求是技术发展的重要推动力量，正如恩格斯所说："经济上的需要曾经是，而且愈来愈是对自然界的认识发展的主要动力。"[2]然而 19 世纪下半叶以来，政治上的和军事上的迫切需要对技术发展的影响也是极为重要的。例如，从 20 世纪 50 年代美国陆海空联合军种资助哥伦比亚大学辐射实验室开展激光器的研究到 80 年代美国"星球大战计划"大力发展激光武器，这充分说明军事的需要是技术发展的实在动力之一。马克思从技术史的研究中得出结论："如果有一部批判的工艺史，就会证明，十八世纪的任何发明，很少是属于某一个人的"。[3]近现代技术史以不胜枚举的"案例"充分证明了马克思的科学论断，它说明了科学技术的产生是社会的需要和生产的发展所决定的。社会对技术发展的制约作用还表现为社会对技术的选择。优胜劣汰是社会对技术选择的结果，也是技术发展的一条规律。各种技术方案相比较而存在，相竞争而发展，只有具有优良的经济、技术的潜能才有发展前途。科学技术发展的社会条件中最重要的因素就是人才的准备。近现代技术史表明，人才是科技活动的载体，科技要发展，关键是人才，基础在教育；尤其是中青年科技专家富有创新精神，较少保守思想，敢于突破禁区，向权威挑战，他们是科技攻关的突击力量。

其次，技术进化和变革也有其内在的逻辑。技术本身是一个复杂的系统，既有横向联系，又有纵向联系。各种专门技术之间存在着相互依存、相互渗透、相互促进的作用。技术发展的逻辑链中还体现了继承和创新的辩证统一。新的技术方案对旧的技术方案不是绝对的否定，而是既有扬弃，又有保留。新旧技术之间存在着一定的联系，表现为发展的连续性。这是辩证否定规律在技术发展史中的表现。科学技术转化为生产力是一个社会系统工程。一般来说，它是由基础研究、应用研究、发展研究、生产和市场销售等基本环节构成的，是一个不可分割的整体。近现代技术革命的历史经验表明，科学家在基础研究、应用研究领域中产生的新概念、新思想、新理论、新方法是孕育新技术的源泉。因此，雄厚的基础研究和应用研究的贮备是技术上产生突破性和独创性进展的前提。

（本文原载于《自然辩证法研究》，1990 年第 5 期，第 15-24 页。）

参 考 文 献

[1] F. 拉普. 技术哲学导论. 刘武, 康荣平, 吴明泰译. 沈阳: 辽宁科学技术出版社, 1986.

[2] 中共中央马克思恩格斯列宁斯大林著作编译局. 马克思恩格斯选集. 第 4 卷. 北京: 人民出版社, 1972: 484.

[3] 中共中央马克思恩格斯列宁斯大林著作编译局. 马克思恩格斯全集. 第 23 卷. 北京: 人民出版社, 1972: 409.

技术终将失控？

——"深蓝"获胜引起的思考

｜曹南燕｜

去年 5 月，美国 IBM 公司的计算机"深蓝"与世界国际象棋冠军卡斯帕罗夫的对弈引起全世界无数棋迷、计算机爱好者、哲学家以至普通人的热切关注。"深蓝"最终以 3.5 比 2.5 的总比分取胜，媒体对此大加宣传，人们也从各种角度对人机大战进行分析和思考。本文拟就四个问题进行探讨。

一、为何"深蓝"获胜会引起世人如此关注

人机对弈并非新闻。1956 年，IBM 公司的塞缪尔（Samuel）利用对策论和启发式搜索技术编制出跳棋程序。这个程序能够自适应、自学习，能不断积累经验。装备这个程序的计算机曾于 1959 年击败了它的设计者，于 1962 年击败了美国一个州的跳棋冠军。1958～1959 年，美国麻省理工学院的计算机专家编制出第一个国际象棋程序。1967 年，在美国业余国际象棋锦标赛上第一次按正式比赛规则举行了人机间接对弈。1974 年，瑞典斯德哥尔摩举办了首届计算机国际象棋赛，苏联人编制的"恺撒"程序获得冠军。1983 年，计算机（美国人编制的"倩女"程序）第一次获得国际象棋的"大师"称号。[1]1988 年，计算机（当时是美国卡内基·梅隆大学研究生的许峰雄与同学们共同研制的"深思"程序）第一次战胜了国际象棋特级大师本特·拉尔森。1989 年，许峰雄等人的"深思"赢得了世界计算机国际象棋比赛的冠军。

这引起 IBM 公司的重视。IBM 把许峰雄和他的"深思"吸收到公司的实验室。1990 年，国际象棋特级大师、前世界冠军卡尔波夫同"深思"交手，战成平局。此后"深思"改名为"深蓝"，其目标是战胜世界国际象棋比赛冠军。1996 年，卡斯帕罗夫同"深蓝"首次交战，以 3 胜 2 平 1 负取胜。去年5 月，卡斯帕罗夫再次同"深蓝"交战，却以 1 胜 2 平 3 负的结果败北。

为什么去年的人机对弈引起人们如此的关注呢？与以往不同的是，在这次人机交战中计算机是赢家，而且战胜的是当代世界最优秀的棋手、雄居世界棋王宝座 12 年的卡斯帕罗夫。除媒体的大肆宣传外，更深刻的原因是人们对科学技术新发展的不安。人们历来认为人类正因为有智慧、能思维，才高于世界上的其他生物，让整个世界为人类服务。下棋往往被认为是最具有代表性的纯智慧活动。既然机器今天能在纯智慧领域战胜世界冠军，那么人类举世独尊的地位何以保持？人与机器究竟谁怕谁？人类是否会被机器超过而受机器的奴役？难怪卡斯帕罗夫在赛前宣称自己为人类智慧的尊严而战。

二、机器是否会超过人

"深蓝"获胜是否意味着机器超过人？传统的机器在力量、速度、精确度或者耐疲劳等方面超过了人类，成为人类的四肢或器官的延伸。具有人工智能的计算机与其他机器不同，人们希望它能具有人类的特点：有意识、有情感、能学习、能思维、有创造性等。严格地说，意识、精神、思维、智慧、智能、创造力、意志都是不同的概念，但因为它们都是区别人与其他动物或机器的重要方面，所以在这种时候人们常把这些概念混在一起，也有时候用"思维"来表示智能。好在思维确实是智能的核心。计算机和人工智能技术的发展使机器具有符号运算的能力、逻辑推理的能力、解决问题的能力、以思维为核心的认知能力和自适应的学习能力，或者说，具有类似于人类的智能，成为人类大脑的延伸。

尽管目前的技术离这种设想还十分遥远，但计算机在存储、检索信息，运用符号进行计算、判断和逻辑推理等方面的能力已超过了人类，这是不言而喻的。以"深蓝"为例，机器能存储数千场以往比赛的资料，每秒钟可以运算 2 亿步，不会有分心、遗忘、怯场和偷懒等情况出现；而卡斯帕罗夫的运算每秒充其量不过 3 步。机器的某些能力，甚至涉及智慧方面的某些能力会超过人，这已是不争的事实。但机器会不会在智能方面全面地超过人类呢？

从原则上讲，人类的认识、科学技术的发展是没有止境的，作为科学技术知识之物化的机器当然也可以无限地发展。人工智能是指机器模拟人的智能活动。机器之所以能模拟人的思维是因为：我们相信，人的思维是由高度复杂的物质——人脑来实现的。它虽然是自然界发展到社会运动形式的产物，是一种高级运动形式，但其中包含着一系列低级运动形式，诸如生物的、化学的、物理的和机械的运动，因此可以用电子计算机中的物理和机械运动来模拟人的思维活动。

我们能实现智能模拟还因为人脑的活动是有规律的，它与物质运动的其他形式一样都是可以认识的。人们在认识物质世界的过程中认识思维过程本身，能够认识就有可能进行模拟。电子计算机的发展为这种模拟提供了技术手段和物质工具。计算机和人脑一样，是由一些要素组成的统一整体，尽管它们具有的物质运动形态不同，但它们都有输入、输出、存储、复制、建立符号结构和进行条件转移这样的一些功能，可以进行符号处理。它们都要通过信息的传递和处理，利用反馈实现控制以保持系统自身的稳定，达到一定的目的。而且，电子计算机作为一种有效的信息加工系统，还有它独特的优点，如存储量大、加工速度快、不易遗忘、不知疲劳、运算准确等。因此，电子计算机确实为实现智能模拟提供了现实的手段。现代认知科学对人类思维进行的功能模拟是卓有成效的，"深蓝"的获胜就是一例。

人的认识是无限的，因而人对人脑的智能活动规律的认识以及对计算机的改进也是无限的，所以智能模拟的可能性也是无限的。人类智能是全体人类几十万年经验的积累，而人工智能的发展只有几十年的历史。用现有机器的水平断言，它不可能做到某些事是武断的。

三、机器能否思维

尽管在与"深蓝"交战后，卡斯帕罗夫说它确实能达到和人类智慧一样的效果，"深蓝"的设计师还是认为："深蓝"甚至连最笨的人也比不上，它仅仅是处理并记牢人所撰写的程序。人们普遍承认，目前像"深蓝"这样的超级计算机不能感知和学习，没有情感、直觉和激情，更谈不上有自我意识和自由意志，完全受人操纵。所以人们说"深蓝"没有智慧，有智慧的是它背后的那些设计人员。

但是模拟的思维算不算思维，未来的计算机是否可能具有智慧，或能思维呢？该争论非常激烈。反对派相信人类的尊严、人类的至高无上在于思维，认为人类思维是不可还原的。例如，德雷福斯的《计算机不能做什么》、彭罗斯的《皇帝新脑》都对机器思维的说法作了尖刻的批判。人工智能被称为"在某些方面很像中世纪的炼金术。我们现在正处在把各种不同化合物倒在一起，观察会发生什么变化的阶段，还没有提出令人满意的理论"[2]6。在德雷福斯看来："计算机只能处理事实，而人——事实的源本——不是事实或一组事实，而是在生活于世界的过程中，创造自身及事实世界的一种存在。这个带有识别物体的人类世界，是由人靠使用满足他们躯体化需要的躯体化的能力组织起来的。没有理由认为，按人类的这些根本能力组织起来的世界，可用其他的手段进入。"[2]298 他把智能活动分成几类，其中有些是可以完全形式化的；有些原则上可以形式化，但实际上是不能用穷举算法处理的；还有一些是有规律却不受规则支配，不能形式化的。计算机只能处理那些简单的完全能形式化的活动。[2]299-301 彭罗斯则以哥德尔定理为根据提出，没有一种决定论的、以规律为基础的系统能够说明精神的创造力具有确定真实性的能力，所谓计算机的智慧就像皇帝的新衣一样是子虚乌有的想象。[3]

支持派则相信思维不是神秘莫测的领域，人和机器之间没有不可逾越的鸿沟。图灵在他 1950 年的著名论文《计算的机器与智能》中从功能的角度给机器智能下了一个定义：一个人在不接触对象的条件下同对象进行一系列的对话，如果他不能根据这些对话判断出对象是人还是计算机，那么就可以认为这台机器具有同人相当的智能。[4]在这种定义下，机器显然是能够思维的。

人工智能的创始人赫尔伯特·西蒙和纽厄尔等人相信，机器能够具有智能是基于"物理符号系统"的假设。如果一个"物理符号系统"能表现出智能的话，它就必须具有输入符号、输出符号、存储符号、建立符号结构和实行条件性转移这样一些功能。反过来，如果它能执行上述功能，那么它就能表现出人类所具有的那种智能，包括观察认识外界事物、接受智力测验、通过考试、料理生活中的事情等等。西蒙等人认为，运用启发式搜索去解决问题的过程可以看作是思维的最普遍的形式，甚至创造发明和直觉也是以此为基础的，而机器是完全可以做到这些的。他们设计的全球定位系统（GPS）、初级知觉和记忆（EPAM）程序、培根（BACON）程序、量子化学程序 DALTON 等就是这方面的尝试。[5]10-13

"机器能不能思维？"似乎是如何定义思维或智能的问题，但实质上它反映了基本哲学思想的分歧。当代从事计算机科学以及人工智能技术研究的科技工作者大都受理性主义和机械论传统的支配。他们中许多人相信机器是能够思维的。既然现代计算机可以进行符号处理，那么它们当然也可以进行智能活动。

理性主义传统把概念、逻辑、符号运算看作认识、思维乃至精神的核心，相信科学归根结底是从概念上掌握实在的努力。柏拉图要求所有的知识都必须可用任何人都能使用的清晰定义来表示。本质是构成个别形体的唯一根源，一切现象的出现都是为了实现本质，而概念正是主体对自然事物本质即本体的认识。科学认识就是要从经验客体的现象中得到不变的本质、规律（理念、逻各斯），由概念借助于逻辑组成知识体系。科学知识最完善的逻辑体系是公理体系。

在近现代科学中，逻辑使知识具有确定性，数学使逻辑关系具有定量性，从而使知识具有精确性。这种精确的反映事物本质的知识在预言和解释世界的实践中如此有效，致使科学界对理性主义深信不疑。"对笛卡尔以及在他前后的哲学家来说，数学达到了对清晰的理性知识的要求，它是科学的典范。把这种数学性的推理和方法（正如笛卡尔自己所发展的那些）引入科学，当然是他们明显成功的主要部分。"[6]59

西方理性主义常常运用二分法来区分理性与感性、本质与现象、理智与情感、普遍与特殊等，而且总是强调前者而忽视和排斥后者。亚里士多德曾把人定义为有理性的动物。理性思维的核心是语言符号、逻辑推理和数学计算，而这些都是可以形式化、符号化的。莱布尼茨相信，自己如果有足够的资金和时间就可以把一切思想归结为数字运算，并自以为已找到一种通用的精确的符号系统、一种代数、一种符号语言、一种我们可以用来"把确定的特征数赋予每种事物"的"通用特点"。他表示，"如果有人怀疑我作的结果，那么我就要对他说：'先生，咱们计算一下吧'"。[2]76-77 虽然莱布尼茨并没有使他的想法变为现实，但是后来计算机和人工智能领域的大量工作正是沿着他的思路前进的。

笔者认为，人类的思维（它是精神、意识、智慧、理性的核心）是人脑的机能、客观现实的反映。从某种意义上说，人脑和机器一样都是物理符号系统，因此思维并非神秘莫测，而是可以了解和模拟的。然而，人脑毕竟是生物亿万年进化的产物，它的复杂程度是机器难以比拟的。据现在的了解，人脑有100亿至1000亿个神经元，每个神经元又都具有极复杂的物理、化学和生理结构。对人脑进行完全的结构模拟既不可能，也无必要。因为运用物理、化学甚至生物的手段对人类思维进行彻底的还原是不可能的。虽然现代认知心理学用计算机类比的方法大大推进了对人类认知的了解，但这种信息加工心理学的局限性也是有目共睹的。

机器模拟的智能不可能完全等同于人的智能。这不仅因为现在的机器只能模拟智能活动中可以形式化的部分，而人的智能活动还包括没有形式化和不能形式化的部分；除意识活动之外，还有潜意识活动，还有情绪意志活动等。而且，人的智能活动要受社会因素的制约（当然，也可以设想，机器之间有类似社会的联系）。更重要的是，因为人工智能是人赋予机器的智能，是人类智能的物化。也就是说，人首先要把自己的认识能力作为认识对象，要在某种程度上了解自己的认识过程，然后才谈得上对自己的智能活动进行模拟。因此，人的认识能力的形成和发展，总是先于对这种认识能力的认识和模拟。

机器思维是人类智能的物化，它的某些功能会超过人类，例如计算、检索、逻辑运算等。但是机器不会和人一样思维。目前的计算机已可以运用符号进行被认为是人类理性中的高级的过程：比较、判断、推理等逻辑运算。在那些（许多其他动物也具有的）被认为是比较低级的感知、情感情绪等方面，计算机则远没有什么辉煌的成就，更谈不上机器有什么自我意识和自由意志了。因为人类思维不仅涉及物理、化学和生物过程，还涉及更高层次的心理过程和社会过程。人类思维的本质不仅仅是物理符号的加工过程，机器思维与人类思维有质的区别。

四、技术是否终将失控

"深蓝"的胜利是否意味着人类在智能活动方面将被计算机超过，人类最终将无法驾驭自己所创造的事物？在控制论的创始人维纳看来，机器超过人类是不成问题的。

其实，这类问题的提出隐含着把人和技术的产物——机器对立起来的前提。自从出现了技术，就有人对技术感到恐惧。中国古代有人把技术（即机巧）看作是伤风败俗的"奇技淫巧"，认为技术是道德沦丧的根源。20世纪以来，人们对技术的批判更加激烈、更加理论化。存在主义批评技术的发展将劫夺人的自由、幸福和人的存在，使人丧失个性、自主性和创造性。法兰克福学派批判技术的发展使人沦为它的奴隶。埃吕尔批评以机器为代表的技术将造成一个非人性的社会。现代技术还被认为带来城市拥挤、环境污染等问题。在他们看来，现代技术是现代人的世界性贪婪、内心的骚动以及被永恒的上帝注定了命运而又要摆脱的不安宁的心理的一种赤裸裸的表现，机械和技术有一种奴役人的自然倾向，因而它们可能变成像最不人道的那种资本主义一样的危险敌人。[7]

计算机和人工智能的发展使技术悲观主义有更多一层的忧虑。许多人担心人类在智能活动方面将被计算机超过，人类最终将无法驾驭自己所创造的事物。英国数学物理学家罗杰·彭罗斯说过，"机器能使我们实现我们过去在体力上从未可能的事，真是令人喜悦：它们可以轻易地把我们举上天空，在几个钟头内把我们放到大洋的彼岸。这些成就毫不伤害我们的自尊心。但是能够进行思维，那是人类的特权。正是思维的能力，使我们超越了我们体力上的限制，并因此使我们比同伙生物取得更加骄傲的成就。如果机器有朝一日会在我们自以为优越的那种重要品质上超过我们，那时我们是否要向自己的创造物双手奉出那唯一的特权呢？"[3]1-2

一些科幻小说表达了人们的这种担心：机器一旦有了理性，就会越来越多地夺走人类手中的工作，以人类为敌，征服人类，乃至消灭人类。其实，不能思维的机器要是掌握在那些能思维且想奴役别人的人手中，同样可以起到奴役人的目的，这种情形在现实的阶级社会中比比皆是。当然，要是某些有智能的人借助于有智能的机器共同来实现奴役别人的目的，那就更可怕了。如果不实现社会改革，只是谈论技术革命、智能革命，那么人机共生的智能社会未必是人类的福音。再进一步说，统治、征服他人并非与理性、智慧或思维必然联系在一起，甚至不是具有自由意志的人的必然产物，而是有理性、能思维、有自由意志的人类的社会产物。反过来，机器即使有智慧，也没有理由认为它一定要奴役、统治人类，除非制造它的人设法这样做。

与技术悲观主义相反的是技术乐观主义，技术乐观主义相信人机共存的智能社会的主流是和平、竞争与发展。[8]技术会给人类带来繁荣昌盛和进步，给人类带来共同的富裕与幸福，创造出新时代的个性和追求，最终过渡到完善而灿烂的新文明。总之，他们相信，机器改变着世界，技术进步是社会进步的决定因素。

应该看到，技术悲观主义和技术乐观主义有一个相同的基本观点，那就是把技术当作独立于人类社会之外的原动力，强调技术的自主性，认为现代技术中有某种内在的逻辑或机制，无论社会环境如何，它照样产生相同的社会后果，技术是决定一切社会文化的主导力量。笔者认为，在肯定技术作为直接的现实的生产力对社会有决定作用的同时，还应强调生产力中的其他要素以及生产力和生产关系的相互作用对社会发展的影响。同时，我们还要看到，技术的形成和发展是由社会决定的，一定的社会历史条件决定技术发展——技术是一种社会现象，技术和社会有着双向依赖关系。

在讨论计算机或人工智能对人类社会的影响时，一定不能忘记这些技术本身是人类社会的产物，是特定历史的产物，是特定的、在社会中生活的人为了实现某些目的而创造的。它们体现了人的知识、经验和价值观。然而，技术有其自然属性，有某种程度的自主性，一旦社会选择了某种技术，它在某种程度上将受"技术命令"的支配。人对技术的后果会有一定的认识，但人类的理性是有限的，人对技术的后果常常并不完全了解，或者需要逐渐了解。因此，人对技术的控制是相对的，有条件的。

机器智能在某些功能上会远远超过人的智能，但从整体上说，两者的结构和实际过程又有本质的区别。人工智能是由人类根据社会的需要制造的，它限于自己的载体、资源和工作条件，必然会发展自己独特的方法和系统。总之，人工智能不会完全等同于人的智能，它既有可能发展，但又有一定的局限性。智能机器和其他机器一样，在某些能力上会超过人，正因为如此，人们才致力于发展它。它在某些情况下会有利于人类，在某些情况下却会有害于人类，在某些情况下又可以对一些人有利、对另一些人不利，这取决于创造和使用它的人的认识水平和价值观念。在我们大力发展科学技术的同时，不可忽视社会改革。只有这样，人才能尽量让技术造福于人类社会。

（本文原载于《哲学研究》，1998 年第 2 期，第 11-16 页。）

参 考 文 献

[1] 吕武平, 唐映红, 王亮. 深蓝终极者. 天津: 天津人民出版社, 1997: 16-17.

[2] 休伯特·德雷福斯. 计算机不能做什么: 人工智能的极限. 宁春岩译. 北京: 生活·读书·新知三联书店, 1986.

[3] 罗杰·彭罗斯. 皇帝新脑: 有关电脑、人脑及物理定律. 许明贤, 吴忠超译. 长沙: 湖南科学技术出版社, 1995.

[4] Turing A M. Computing machinery and intelligence. Mind, 1950, 49: 433-460.

[5] 司马贺. 人类的认知. 荆其诚, 张厚粲译. 北京: 科学出版社, 1986.

[6] H. P. 里克曼. 理性的探险. 姚休, 等译. 北京: 商务印书馆, 1996.

[7] 陈振明. 法兰克福学派与科学技术哲学. 北京: 中国人民大学出版社, 1992.

[8] 童天湘. 从"人机大战"到人机共生. 自然辩证法研究, 1997, 13 (9): 1-8.

论当代技术哲学的经验转向

——兼论分析技术哲学的兴起

| 高亮华 |

　　在当代，技术作为一个焦点的象征与隐喻性意义已不言而喻；它成了问题之源，也折射着所有的问题。如果说哲学的任务是揭示并且批判性地探讨时代精神，那么，在这样一个技术已成为生活的主导性力量并带给我们无尽的惊异与挑战的时代，哲学已难以回避对技术的反思，因为这种反思实际上就是对人类的前途与未来的沉思与求索。事实上，自 20 世纪尤其是其 70 年代以来，技术破天荒地构成了当代哲学研究中的一个重要主题，而在此基础上，作为一种学科建制的技术哲学也迅速成形并成为哲学殿堂中一门引人瞩目的显学。这是哲学史上的一场重大变革，甚至可以用"哲学中的技术转向"来指称它。也许，这一当代哲学研究中的"技术转向"在哲学发展中的意义，将不会亚于"认识论转向"——近代哲学的变革，与"语言学转向"——现代哲学的变革。

　　然而，与技术在人类所有方面的渗透性、人造制品在人类生活与经验中的重要性相比，本应成为一门极具成长潜力的哲学分支学科或哲学中一个极具竞争力的一般哲学研究纲领的技术哲学的发展，却并不尽如人意。在哲学领域中，技术哲学的地位很难说不是边缘性的。在该领域之外，技术哲学也只取得了一定的边缘性的影响。这一点与其兄弟学科——科学哲学似乎形成了鲜明的对比。这种情形固然有种种外部的原因，如拉普所提到的自古希腊以降的忽视实践的哲学传统[1]3。但越来越多的人意识到，问题的症结可能更多地来自于技术哲学自身，来自于经典技术哲学研究纲领的固有缺陷。一场以打开技术的"黑箱"为指向的所谓"当代技术哲学中的经验转向"运动，便是在这种背景下所提出来的一种新的技术哲学研究纲领，并由此触动了技术哲学中的分析哲学研究纲领的兴起与繁荣。

本文将审慎地对当代技术哲学的这一新的动向予以分析与评估。

一、经典技术哲学的研究纲领及其困境

技术哲学的正当性是双重的，既具有知识性又具有实用性。一方面，技术本身就是哲学反思的一个有趣主题：在这里，知识的惊异性是其哲学反思的主要驱动力。与技术相关的概念问题如自然与人工制品的差别，从纯粹知识论的观点来看，也是相当有趣的。另一方面，技术的发展带来了关于技术的种种争论，诸如对新的技术（如克隆人）可能性的具体决策的争论，以及对作为一个整体的技术发展的社会控制的争论。这些争论显然有着直接的实用主义的尺度。这些争论渗透着不同的哲学假设与观念前提（如认为技术是一种自主性的力量等看法）。技术哲学有助于澄清这些哲学假设与观念前提，因而是有价值的。

尽管技术哲学部分地起源于人类对技术这一现象的知识上的惊异性，但技术哲学的兴起与发展更直接导源于其实用主义的需要：面对技术改变现实的巨大能力，技术哲学家需要解释与分析技术对人类社会、自然与我们的经验的影响及其作用方式——这是大部分经典技术哲学家如海德格尔、芒福德（Mumford）、约纳斯（Jonas）和埃吕尔所关注的问题。

概括起来，经典技术哲学的研究纲领可以表述如下。

（1）现代技术的绝对惊异性：现代技术具有改变现实的巨大能力；现代技术的出现是人类史的新的激烈转折点。

（2）技术的乌托邦与敌托邦（Dystopia）：建基于现代技术之上，我们的世界是已经实现的或者如培根"新大西洋岛"式的、笛卡儿"数学宇宙"式的乌托邦，或者如奥威尔"1984"式的、赫胥黎"美丽新世界"式的敌托邦。

（3）技术与符号—语言文化的两分：技术是符号—语言文化的他者。在所有的前现代文化中，符号—语言文化联系占据着人类条件的中心。尽管在传统文化中，人被当作工具制造者（homo faber），但技术活动总是处在符号—语言文化的指导下，符号—语言文化总是先于技术活动，并总是体现在

其中。但现代技术打破了这种等级结构。技术是一种全新的、不再是符号—语言文化驱动的接触实在的方式，它并不意识到也不接收那些来自人类条件的文化与其他限制。

（4）救赎（克服技术）：技术服从语言；在承认这种技术与语言的差别的同时，克服技术的方法却是最终退缩回去，将工具制造者与技术活动置于语言的统治之下。如海德格尔：他在全面地考察技术的"非人性"后，从它那里转向了语言。海德格尔在描述语言与技术概念的区别后，撤退到语言领域中。他宣称，只有在语言那里，技术本质作为最高的危险才能够被理解；也只有在语言那里，一种可能的拯救力量才能够产生。亦即，只有在语言那里，技术才能被理解、指导与限制。[2]

不难看出，经典技术哲学的贡献是巨大的。然而，其研究纲领也存在着不可忽视的固有缺陷：

首先，在主题上，经典技术哲学强调道德性的问题而忽视认识论与本体论的问题，关注的是技术的使用而不是技术的设计、制造等过程的问题；技术与工程本身，即技术制品的设计、发展、生产、维修游离于经典技术哲学家的视野之外。

其次，在方法上，经典技术哲学强调规范性而忽视描述性，采取一种外部性的方法看待技术。在这里，技术本身通常保留为一个黑箱，被当作一个不变的整体。

最后，从实际的观点来看，经典技术哲学缺少一致性。这个领域有一种斯多克所说的"连续性的开始的悖谬"（paradox of continual beginning）。[3]323其研究对作为一个哲学学科赖以成形的一整套中心问题（central issues）缺乏明晰性与一致性，这使得技术哲学难以形成一些集中于中心问题的内聚性的理论（cohesive theory），并借此推动学科的发展。

总之，经典技术哲学研究纲领的缺陷是忽视技术本身，这是技术哲学面临困境的主要原因。一个不认真地关注技术本身的技术哲学是不会受到认真对待的。如皮特在读到费雷（Ferré）的《技术哲学》一书时感叹，他怎能写一本技术哲学的书而不讨论工程与科学呢？[4]13

二、打开技术的黑箱：技术哲学中经验转向的内涵

如果上述的分析是正确的，那么，技术哲学需要重新定位。

（1）在研究的主题方面，应当从主要关注技术的使用阶段转向关注技术的设计、发展与生产阶段。这不仅因为技术本身提出了很多有趣的技术问题，而且因为这种分析使得与技术产品使用阶段相关的哲学问题能够得到有价值的处理。理解我们关于技术所知道的东西，理解我们怎样知道我们所知道的东西是否可靠，是提供关于技术与技术创新对我们的世界与生活的影响的可靠评估的前提。

（2）在分析的层次方面，应当从抽象的层次转向具体的层次。经典技术哲学研究的大部分工作停留在抽象的层次上，把技术处理为一个没有差异的整体。这种非历史的、单一的技术观与现代技术和工程的多种多样的形式形成明显对比。现代技术是历史形成的、高度复杂且多样化的现象，这是技术哲学家所不能忽视的一个事实。

（3）在方法方面，应当更多地发挥经验材料的作用。如果不说明技术内部的真正状态，即没有对具体的技术发展的详细的经验描述，有关技术的哲学问题就不能获得真正有价值的处理。皮特认为，在"知的秩序"上，技术的认识论问题具有对社会批判主义的逻辑优先性[5]iii。

事实上，正是自觉或不自觉地基于这种意识，从 20 世纪 80 年代以来，新一代技术哲学家如鲍尔格曼（Borgmann）、伊德（Ihde）、芬伯格（Feenberg）、温纳（Winner）、皮特、米切姆（Mitcham）以及克罗斯（Kros）等人启动了一场"技术哲学中的经验转向"运动。在这些技术哲学家看来，对技术的哲学反思不能开始于对技术的预先设想或神话；相反，必须建立在对现代技术的复杂性与丰富性的适当的经验描述上——这就是所谓的经验转向。[6,7]

具体而言，经验转向有如下三重含义。

第一，技术哲学必须建立在对技术与工程实践的适当的经验描述的基础上。

技术哲学的经验转向不能等同于把技术哲学这门哲学分支转变为一门经验科学，如技术社会学或技术经济学，那样技术哲学将失去它的哲学特点。相反，技术哲学应保持它独特的哲学性质，而只是将其分析建立在经验材料上。在这样做时，技术哲学将更集中于对技术中或有关技术的经验科学中的基本概念框架的澄清，而少去关注那些有关技术的抽象神话与虚构。

第二，经验转向并不意味着技术哲学要抛弃对技术的规范性与评价性的询问，相反，从转向中所带来的对技术的更好理解将有助于规范分析与评价。

对于大多数技术哲学家来说，技术哲学的方法内在的是规范性的。例如，杜宾说过，技术哲学要说明的是，一个好的技术社会应该像什么样子。[8]67

因此，技术哲学领域主要由对技术的规范性的评判所支配，这使得有关技术的哲学问题大多数具有道德的性质。

经验转向的一个重要含义是，技术哲学将从规范性的转变为描述性的。如表1所示，这样的转向可以以两种方式中的一种发生：一方面，它可以发生在技术哲学所涉及的方法上。这时，技术哲学将更多地采取描述性的方法而不是规范性的方法来处理有关技术的问题（水平箭头）。即使技术哲学的最终目的是强调现代技术的道德问题，并且以规范性的方法来处理它们，但在很多情况下，研究这些问题需要建立在对技术的可靠的经验描述的基础上。另一方面，它也可能涉及所研究的主题。在这时，经验转向意味着技术哲学从关注技术哲学的道德问题转向关注非道德的、描述性的问题，如认识论问题、本体论问题与方法论问题（垂直箭头）。这些问题本身是有趣的，为了更好地说明现代技术的本质，它们必须被研究。它们不是简单地服从于规范性问题，相反，研究这些问题是高度相关的。

两种转向的综合结果可以通过图中的斜箭头来表明，见表1。

表1　两种转向的综合结果

主题	描述性	规范性
非道德的	主流科学哲学	
道德的		主流技术哲学

在这里，将技术哲学与科学哲学作比较是有趣的：就方法与主题而言，科学哲学或多或少是技术哲学的一面镜子。从表面来看，经验转向似乎是使技术哲学追随科学哲学的道路。但技术哲学在经验转向中并不需要放弃其规范性，相反，经验转向有助于规范分析与评价。

第三，经验转向不是用更详细的经验案例材料去说明与支撑现有的哲学观点与分析，也不是应用现有的哲学思想与结果到技术中。其唯一目标是为了给在真正的技术实践中提出的解答提供坚固的经验基础。因此，它将带来技术哲学研究问题的漂移，甚至揭示新的问题群，从而开辟一个全新的研究领域。

概言之，新一代技术哲学家认为，对技术的哲学反思不能开始于对技术的预先设想或神话。相反，它必须建立在对现代技术的复杂性与丰富性的适当的经验描述上。亦即，我们需要打开技术的黑箱：首先，不是把技术看成一个既定的东西，而是去分析它们的具体的发展与形成过程。其次，拒绝把技术作为一个单一的整体来加以分析。最后，吸收建构主义的观点，理解技术与社会的共同进化（coevolution）。

无须说，经验转向意味着技术哲学的重建。纵观新一代技术哲学家的工作，我们能够看到，新的技术哲学围绕着描述性、规范性与批判性三大研究主题，最终建构出一个系统的框架体系：

描述性主题是技术哲学的基础。技术哲学需要对技术本身进行解析，对技术制品的设计、发展、生产、维修进行最一般的询问。有了这一描述性的主题，对技术的规范与批判才能够建立在坚实的基础上。

规范性主题是技术哲学存在的理由。技术哲学必须关注与强调那些技术使用后果的哲学与伦理问题，并致力于技术的人道化，因为正是在这里，技术哲学才表明了它的实用性目的。

批判性主题是规范产生的前提条件。技术哲学就是在失范的技术时代，寻求与提供一种先验的价值，并赖此批判技术，由此而引导技术时代的人性化。因此，技术哲学的整体的精神气质是批判性。

三、分析技术哲学的兴起

如前所述，当代技术哲学经验转向的目的之一就是通过研究主题的拓展，即通过描述性主题的建立与完善，将整个技术哲学建立在一个可靠坚固的基础上，从而使技术哲学重建为一个包括规范性、批判性与描述性三大研究主题在内的系统框架体系。的确，经典技术哲学的最大问题是在这一领域中技术的社会的—规范的评价内容成为唯一的焦点。这就是说，规范性、批判性主题占据了经典技术哲学的几乎全部。诚然，这些主题是技术哲学的核心部分，但却需要建立在一个可靠的基础上。这个可靠的基础就是对技术本身的解析，就是对技术制品的设计、发展、生产、维修的最一般询问，就是技术的本体论与认识论问题。有了这个基础，技术哲学就是从底部建立起来的，而不是悬浮于高层次的、因而也是脆弱易受攻击的社会的—规范的评价与判断之上。

事实上，在当代的技术哲学研究中，建立这样一个描述性主题已开始成为很多技术哲学家的共识。米切姆的《思考技术》一书第二部分就是试图建立这样一个描述性的主题。[9]对于他来说，如果技术哲学要成为一个严格的学科，就必须加强对技术的理解。皮特的《关于技术的思考》也强调了同样的问题[5]。然而，要建立技术哲学的描述性主题，必然要涉及技术哲学的研究主题的迁移与研究方法的变革，由此，分析哲学也适时地整合成为一个重要的技术哲学研究纲领，并构成当代技术哲学经验转向的重大事件。

分析哲学认为，哲学的任务是概念澄清，其基本研究方法是分析。因此，作为一种哲学研究纲领，分析哲学主要处理的是与认知尤其是与科学相关的哲学问题。事实上，正是在科学哲学这门哲学分支学科中，分析哲学的基本精神获得了最好的贯彻与实践，并由此形塑出了科学哲学的基本形象，这就是：科学哲学从本质上是理论指向的（theory-oriented），它偏重于科学理论本身的解析，强调科学的认识论与方法论问题；科学哲学实质上就是科学逻辑与科学认识论。这与技术哲学的基本形象大异其趣。在技术哲学中，分析哲学传统之所以能够最终整合成为当代技术哲学研究的重要的哲学纲领，一个基本的理由是，技术尤其是技术作为知识的认知维度适合于并要求分析哲学的处理。亦即，正是技术作为知识的认知特点，为分析哲学作为技术哲学的研究纲领提供了最基本的正当性。

当我们说分析哲学被整合成为当代技术哲学的研究纲领时，这实际上意味着在当代技术哲学研究中，出现了一种以分析哲学为基本研究手段的分析技术哲学（analytical philosophy of technology）。那么，这种分析技术哲学的要旨与特点如何呢？对此，至少可以从如下三个方面来把握。

（1）研究目的。如果说在分析哲学看来，哲学的目的是概念澄清，亦即通过逻辑分析与语言分析的方法澄清那些人类借以描述其经验的基本概念，那么，与此对应，分析技术哲学的目的可以理解为，对技术中以及我们关于技术的思考中借以表达与阐明的概念与概念框架,进行批判性的反思与分析。分析技术哲学的这种概念澄清活动实际上涉及两个方面：一方面是与技术和工程本身相关的概念，工程科学的思维结构使得它成为哲学反思的一个有趣主题，这种反思主要属于认识论与方法论范畴；另一方面是技术的社会维度，即它在人类社会生活所有方面的渗透性，以及由此带来的关于技术发展的种种争论，必然要渗透着不同的哲学假设与观念前提，如技术的自主性与他治性、技术的工具性与价值负载、技术的乐观主义与悲观主义等，这些更应该是哲学反思的主要任务。这种反思具有直接的实用主义的尺度，因而是批判性与规范性的。

（2）研究方法。归属于分析哲学传统，分析技术哲学主张运用分析方法来处理与解决与技术有着密切关系的哲学问题，要求对所要解决的问题剥茧抽丝、条分缕析，解析出命题、概念所包含的种种意义，而不是沉湎于纯粹的思辨之中。尽管"现象学分析"是技术哲学中常用的一种分析方法，但分析技术哲学的分析方法主要是语言分析：形式语言（逻辑与数学）分析与日常语言分析。语言分析大致可以包括句法分析、语义分析和语用分析等。然而，在不同的分析技术哲学思想里，对分析方法的理解与运用是不同的与综合的。

（3）研究主题。拉普在他编辑的《技术科学的思维结构》的前言中写道，人们可以对现代技术特有的理论结构和具体的工艺方法进行方法论的乃至认识论的分析。这种研究可以说属于分析的技术哲学。[10]vii 我认为，在这一段引文里，拉普大致界定了分析技术哲学的研究主题。的确，分析技术哲学主要集中于技术特别是工程科学的认识论与方法论问题。这些问题长期以来被忽视，因为一个曾经流行的教条是：（现代）技术是科学的应用，或应用科学。根据这一教条，技术不同于传统技艺，是理论负载的，是把科学理论应用到一个有实际用途的系统。因此，这种观点虽然意味着科学哲学的研究成果可以延伸到技术领域，但实质上取消了独立探讨技术知识的必要性。但现在，人们普遍认为技术具有其独特的作为知识的认知维度，因此，技术知识的性质、工程设计的性质、设计方法论、技术知识的发展以及技术与科学的关系等，已经开始成为技术哲学所关注的主要议题。但必须注意的是，分析技术哲学也处理技术的伦理与政治问题。

然而，作为从一种哲学传统出发而形成的研究纲领，分析技术哲学存在着明显的局限性。第一，分析技术哲学研究纲领对技术哲学的研究目的的理解过于狭隘。技术哲学在一定的意义上是一种应用哲学，其目的就是：要在一个技术已经构成现代人的不可逃脱之命运的时代，寻求理解技术，通过对技术的性质，对技术与人、自然和社会各因素的种种复杂关联进行详细的分析与解说，以促进对技术的社会控制与技术的人道化。第二，分析方法固然适宜处理技术的认知维度，但并不具备相对于其他方法的价值优先性。技术的社会维度或其他维度，促进技术的社会控制与技术的人道化，更适宜也要求其他方法的处理。第三，分析技术哲学的主题集中于技术的认识论与方法论，并在一定程度上拒斥技术的价值论与意识形态的讨论。然而，技术的认识论与方法论问题固然重要，但在技术哲学的整体构架中，它们既非目的也非唯一的核心内容。当然，所谓分析技术哲学的局限性，并非因为这种研究纲领本身有什么错，而是因为其基本方法与原则有它自己的适应范围；一旦超出这一范围，把这些基本原则扩大化甚至绝对化，真理也就成了谬误。

四、结语：技术哲学的前景

综上所述，当代技术哲学的经验转向，以及在此背景下分析技术哲学的兴起，从根本上促进了技术哲学的深化。技术哲学作为哲学领域的一块崭新且充满诱惑的处女地已是不争的事实。因此，不同的哲学资源被吸引与卷入到这一领域，并构成了当代技术哲学研究的多种多样的研究纲领。但问题的关键是，技术哲学不应该是各种哲学传统的竞技场，而是应该成长为一个统一的、凝聚性的与系统性的理论，具备自己独立的品质，亦即具备自己所独有的研究纲领。如果说大陆哲学传统促成了技术哲学中的批判性主题与规范性主题，那么，分析哲学传统的介入则正在促成技术哲学中的描述性主题，而这使我们看到了一个适应于技术时代情境的全新的包括规范性、批判性与描述性三大研究主题的技术哲学框架的雏形。

（本文原载于《哲学研究》，2009 年第 2 期，第 110-115，129 页。）

参 考 文 献

[1] Rapp F. Analytical Philosophy of Technology. Dordrecht: Reidel, 1981.

[2] Martin H. Poetry, Language, Thought. New York: Harper & Row, Publishers, 1971.

[3] Ströker E. Philosophy of technology: problems of a philosophical discipline//Durbin P T, Rapp F. Philosophy and Technology. Dordrecht: Reidel, 1983.

[4] Pitt J C. Insearch of a new Prometheus// Durbin P T. Broad and Narrow Interpretations of Philosophy of Technology. Dordrecht: Kluwer Academic, 1990.

[5] Pitt J C. Thinking about Technology: Foundations of the Philosophy of Technology. New York: Seven Bridges Press, 2000.

[6] Achterhuis H. American Philosophy of Technology: The Empirical Turn. Bloomington and Indianapolis: Indiana University Press, 2001.

[7] Kroes P, Meijers A. The Empirical Turn in the Philosophy of Technology. Amsterdam: Elsevier, 2000.

[8] Durbin P T. Philosophy of Technology: Practical, Historical and Other Dimensions. Dordrecht: Kluwer Academic, 1989.

[9] Mitcham C. Thinking Through Technology: The Path Between Engineering and Philosophy. Chicago: University of Chicago Press, 1994.

[10] Rapp F. Contributions to a Philosophy of Technology: Studies in the Structure of Thinking in the Technological Sciences. Dordrecht: Reidel, 1974.

从意识形态批判到"后技术理性"建构

——马尔库塞技术批判理论的现代性诠释

| 张成岗 |

自法兰克福学派受到国内学界关注以来，作为该学派重要代表，马尔库塞思想已得到诸多挖掘，但其中存在些许缺憾。主要表现在以下几方面。

第一，国内学者对马尔库塞的研究主要关注其技术（理性）批判、意识形态批判、大众文化批判、爱欲解放论、技术哲学等，其中现代性批判研究是被相对忽视的领域。实际上，在国外现代性研究中，马尔库塞已日渐受到重视，比如 Douglas 1989 年出版《批判理论、马克思主义与现代性》（*Critical Theory，Marxism，and Modernity*），Thomas J. Misa 等 2003 年出版《现代性与技术》（*Modernity and Technology*）以及 Ross 2006 年出版新著《现代性之后的马克思主义：政治、技术和社会转型》（*Marxism after Modernity：Politics，Technology and Social Transformation*）等，在这些文献中马尔库塞都被置于现代性研究的重要位置。

第二，马尔库塞技术批判是与现代性批判结合在一起的，这一点也被目前研究所忽视，实际上其技术及意识形态批判中隐藏着现代性诊断、问题分析与解决的内在逻辑。马尔库塞的不少思想还影响了该领域的重要学者，比如，作为马尔库塞的学生，在技术与现代性研究领域颇有建树的芬伯格思想便深受其影响①。

---

① 其技术哲学三部曲[《技术批判理论》（*Critical Theory of Technology*）、《可选择的现代性：哲学和社会理论中的技术转向》（*Alternative Modernity：The Technical turn in Philosophy and Social Theory*）、《质疑技术：技术、哲学、政治》（*Questioning Technology*）]很明显地带有马尔库塞现代性批判思想印迹。比如马尔库塞认为"后技术理性"是理性功能与艺术功能的汇聚，芬伯格则强调"技术编码"；马尔库塞在《单向度的人》第三部分专门论述"进行替代性选择的机会"，而芬伯格则著有《可选择的现代性》。

第三，国内学者对法兰克福学派技术理性批判的研究较多关注了哈贝马斯的"交往理性"理论，马尔库塞的"后技术理性"很少被注意到，实际上马尔库塞对此做过较为详细的阐释。

因此，从技术与现代性的角度重读马尔库塞，挖掘其意识形态批判、技术批判背后现代性批判的内在逻辑，系统解读其"后技术理性"内涵无疑具有重要意义。

一、现代性诊断：技术理性成为隐形的"意识形态"

传统理论倾向上，人们通常将意识形态视作与科学无关，或者将意识形态看作与科学对立，例如西方马克思主义者阿尔都塞认为，意识形态作为一种观念体系，往往受一定阶级利益的支配，是非客观的，不能提供科学的理论知识；而科学解释和研究规律是没有阶级立场的，不受阶级利益的支配。他将"科学"与"意识形态"对立起来，指出"我没有公开地用真理和谬误相对立的'传统'提法（这是笛卡儿主义沿用最初由柏拉图主义所'确定'的提法），也没有用认识和无知相对立的提法（启蒙哲学的提法），而是用了科学和意识形态相对立的提法"[1]。20 世纪中叶以来，以法兰克福学派为代表的西方学者开始抛弃科学与意识形态不相容观念，甚至提出了科学技术本身已经成为一种新意识形态主张。将技术理性视作统治的手段，从意识形态的维度来思考技术理性是法兰克福学派的重要特征与学术贡献。法兰克福学派将其现代性批判与技术批判结合在一起，通过对"意识形态"概念的运用在一定程度上实现了技术研究与现代性理论的融合。

霍克海默较早提出"科学是意识形态"，他指出，"不仅形而上学，而且还有它所批评的科学，皆为意识形态的东西；后者之所以也复如是，是因为它保留着一种阻碍它发现社会危机真正原因的形式"。[2]他认为，任何一种掩盖社会真实本性的人类行为方式，都是意识形态；科学正是这样一种人类行为方式，因此是一种意识形态。马尔库塞看到了在发达工业社会中科学技术在执行着意识形态的功能，指出"作为一个技术世界，发达工业社会是一个政治的世界，是实现一项特殊历史谋划的最后阶段，即在这一阶段上，对自然的实验、改造和组织都仅仅作为统治的材料"[3]7。

法兰克福学派往往将技术批判与意识形态批判结合，把技术社会功能同意识形态社会功能等同，认为科学技术起了将政治问题技术化、维持现有社会统治合理性的意识形态作用。应当说，将科学技术看作意识形态并非在理论上标新立异，而是在科学技术成为第一生产力的现代，基于对发达资本主义社会现状洞察而提出的有启示意义的学术断想，更重要的是技术批判与现代性批判也紧密相关，这往往是一个被相对忽视的维度。

总体而言，对现代性诊断有三种方案：其一，走到理性对立面，强调意志情感和本能冲动等非理性活动，彻底否定理性，最终走向非理性主义；其二，对理性进行彻底批判和解构，强调碎片化、多元化，最终走向后现代主义；其三，对理性进行批判，在此基础上进行理性重建并提出解决方案，例如马尔库塞提出"后技术理性"，哈贝马斯提出"交往理性"等。本人比较认同第三种方案。

现代性指"大约 17 世纪在欧洲产生的社会生活和社会组织模式，随之它或多或少具有了世界影响"[4]。现代性是一种全新时代意识，其基础是理性主义。现代性话语开始于现代思想家明确意识到，新时代人类面临的问题不能靠传统神话和宗教，不能祈求传统形而上学，而必须依靠理性来建立行为规范，"所有相悖于理性的东西或不合理的东西皆被设定为某种必须破除的东西。理性被建构为一个批判的法庭"[5]。在现代性方案中，理性成了一切进步的动力和源泉，他们宣称，"在已经灭绝或者无效的教会道德监控所留下的空间中，应当填充上一套仔细的巧妙的协调的理性规则；对于信仰做不到的事，理性可以做到"[6]。

韦伯的理性化概念在现代性理论，尤其在社会批判理论的法兰克福学派那里有特别重要的影响，法兰克福学派成员比如阿多诺、霍克海默、马尔库塞和哈贝马斯等，在一定意义上以韦伯的概念作为他们对现代社会进行现代性批判的基础[7]。韦伯区分了"工具合理性"和"目的合理性"，认为随着现代性的推进，整个社会进程将出现断裂，"日常生活，受到这种文化和社会合理化的影响，传统的、在现代初期原本靠人的手艺来区分的生活形式解体了"[8]。工具合理性渗透到现代社会生活各个角落，从总体上推动现代社会合理化。现代性运动是一个确定工具优先性的过程，在此过程中，服务于目的的工具超出并且取代了目的。工具合理性发展造成了物对人的统治、官僚化等消极因素，给现代社会合理化的过程投下阴影。

对于马尔库塞来说，理性并不是对存在"是什么"的形而上学反思，而是对决定特定事件为何发生的因果联系的调查[9]。他认为，理性具有历史性，其内涵处于不断演化之中，工具理性是技术演化的结果，"极权主义的技术合理性领域是理性观念演变的最新结果"[3]111。在现代性运动中，为求得能够征服自然的科技知识,启蒙理性必然主张通过抽象分析,把对象归结为确定的量,把自然界看成数学上可掌握的量化世界,"对于启蒙来说,任何不符合计算和功利规则的东西都是可疑的"[10]。在此情况下,"认识局限于重复,思想只是同义反复。思想机器越是从属于存在的东西,它就越是盲目地再现存在的东西"[10]。在科学知识求索过程中,启蒙理性逐步演变成了一种具有抽象普遍性与可重复性的"思想机器"或"工具理性",其所内含的社会、历史、人类、文化意义隐藏着被消解掉的危险;随着产业革命的到来,轰轰烈烈的工业技术实践活动使这种可能性转化成现实性;理性由一种解放力量退化成一种压抑力量与统治手段,启蒙理性退化成技术理性并逐步占据社会文化核心位置。

马尔库塞认为,资产阶级文化运用技术理性维护其统治,导致了文化政治化。文化对抗性经技术理性过滤被用于缓和阶级斗争,技术理性通过丰富人们的物质生活转而对人们的政治生活进行统治,技术在当代社会已经成为控制新形式,他指出,"一种舒舒服服、平平稳稳、合理而又民主的不自由在发达的工业文明中流行,这是技术进步的标志……这是一种可悲而又有前途的发展"[3]3。在工业社会,"自由社会"已不能用经济自由、政治自由和思想自由等传统概念来说明,马尔库塞看到,技术理性霸权背后的自由成了幻象,"机械过程(作为社会过程)要求顺从一种无形的力量系统"[3]43。他论证如下:在发达工业社会,个人似乎拥有诸多自由,可以自由地选择商品和服务,自由地发表言论,但这只是表面现象,如果广泛多样的商品和服务维持着异化,那么在这些商品和服务之间进行自由选择,并不意味着自由。技术社会中的经济自由意味着个人被经济力量和关系所控制,政治自由意味着个人对政治无法控制,思想自由意味着个人被大众传播和灌输手段所同化[3]31-32。

换言之,技术社会的"自由就等于不自由",作为一种历史设计,技术理性本身成了意识形态。在资本主义社会中,统治阶级通过技术的设计来达到实现其阶级利益的目的。在当代西方社会,技术合理性正在转化为技术拜物教并给当代资本主义社会的意识形态打上了深深烙印。技术理性不仅仅是意识形态的工具,而且正在演化成意识形态本身,不仅技术理性应用,而且技术理性本身就是对自然和人的统治。技术和技术理性是联系在一起的,作为方法和科学的技术,其本身就是筹划好的和筹划着的统治,统治的既定目的和利益不是后来追加和从技术之外强加上的,它们早已内含在技术设备的结构中。马尔库塞指出,自由衰落并不是一个精神道德败坏或者腐化问题,而是一个客观的社会过程[3]45。

二、现代性诡计：作为历史谋划的技术理性之运演

马尔库塞认为，贯穿和体现在科学技术活动中的技术合理性本身包含着一种支配的合理性，作为一种统治形式的技术理性实际上是一种历史谋划。谋划强调了历史实践的特殊性质，在技术现实中，客观世界（包括主体）被体验为工具世界。技术环境预先规定了对象出现方式，"对象作为不受价值约束的要素或关系复合体而先验地出现在科学家面前，并容易在有效的数理逻辑系统内组织起来；从常识角度看，它们则是工作或闲暇、生产或消费材料"[3]197。对象世界是特定历史谋划的世界，"初始的选择规定着种种可能性在这条道路上所开展的范围，并排斥与之不相容的其他可能性"[3]197-198。

作为一种历史谋划，理性是"进攻环境的指导"，人类进攻环境基于三重要求：①要生活；②要生活得好；③要生活得更好。然而，理性历史功能一直在压抑、推延或者破坏着三重要求。马尔库塞指出，技术作为一种超越性谋划，要具有合理性就必须具备如下两个特征。[3]198 第一，与在已有物质文化和精神文化水平上发展出来的实际可能性相一致。第二，在以下三方面证明自己具有更高合理性：①对文明的生产成就提供保存和改进的前景；②以其结构、趋势和关系为准绳来规定已确立的总体；③在为人的需要和才能自由发展提供更大机会的制度框架之内，实现为生存的和平提供更大机会。

在现代性行进中，人类试图利用技术理性来控制自然以获得一种安全性存在，自然科学在把自然设想为控制的潜在工具的技术先验论条件下得到发展。马尔库塞认为，对自然的控制实际上是一个迷惑人的概念，因为作为单个的人，谁都无法真正控制自然。在控制自然的口号下，实际上要达到的是对人的控制。不难理解，人类对自然进行控制的最终结果是人类被自然所控制，确立主体性的现代过程却遭遇了"主体的客体化"。当代社会，具有中立性面孔的科学技术开始扮演意识形态角色，一个允诺带给人类无限自由的科学技术却成了对人类自由的隐形框定，因此，这里隐藏着一个"现代性的诡计"。

马尔库塞对作为一种历史谋划的技术理性扮演意识形态角色的运演方式进行了具体分析。首先，科学技术创造了巨大物质财富，让大多数人生活得更舒适，"小轿车、高清晰度的传真装置、错层式家庭住宅以及厨房设备成了人们生活的灵魂。把个人束缚于社会的机制已经改变，而社会控制就是在它所产生的新的需要中得以稳定的"[3]10。

其次，在技术社会中，在利用科技不断实现现代社会物质需求的历史条件下，一切情感上的拒绝"服从"，都显得苍白无力。为抽象的自由观念而拒绝福利国家很难令人信服，"当技术成为物质生产的普遍形式时，它就制约着整个文化；它设计出一种历史总体———一个'世界'"[3]138，"在当代，技术的控制看来真正体现了有益于整个社会集团和社会利益的理性，以致一切矛盾似乎都是不合理的，一切对抗似乎都是不可能的"[3]10。

再次，技术社会的独特性表现在它不再依靠传统合法性为自己辩护，它将合法性基础移交给科学技术，让科学技术充当意识形态。

最后，科学技术作为意识形态非常成功，其高明之处就在于其表面上的中立性，它的成功还在于它已经渗透进了广大人民的意识当中。

总之，上述事实为马尔库塞的现代性诊断提供了依据，"社会整体日益增长的不合理性；生产率的浪费和限制；对侵略扩张的需要；经常的战争威胁；剥削的加剧；人性的丧失"，当然现代性危机并没有表明现代性已走到尽头，因为所有这些都指向一种历史替代性选择，"有计划地利用资源并花费最小量的劳动以满足根本的需要；把闲暇时间变为自由时间；并使生存斗争和平化"[3]227。

三、可替代的历史选择：走向"后技术理性"

尽管看到了技术扮演着意识形态角色，分析了技术对人类的全面统摄，马尔库塞相信有"进行替代性选择的机会"[3]181。他认为，作为一种历史性谋划的技术理性并不具有永恒意义，把价值准则变成技术需要，把存在终极原因变成技术上可能性仅仅是人类征服自然和社会进程中的特殊历史阶段，而"每一已确立社会也面临一种本质上不同的、可以摧毁现存制度框架的历史实践的现实性或可能性"[3]198。

从目前看，技术意识形态化导致了自由丧失和反抗意识衰减；但从长远看，技术政治化本身也蕴含着革命性因素。因为既然科学受政治因素的影响，那么通过变革政治本身，最终就有可能出现一种新型的技术，因此，马尔库塞并没有对技术失望。他认为，技术谋划成就本身就包括同流行合理性的决裂，解放的潜能存在于技术本身，"技术可以对理性和自由的不成熟状况提供历史的矫正，据此，人在以压迫为基础的自我持续的生产能力的进步中，可以成为自由的并保留自由"[3]210。他在技术进步中看到了新理性的成长，

"技术进步的这种新方向将是既定方向的突变，即不仅是流行（科学和技术）合理性的量的渐进，而且更确切地说是流行合理性的突变，是理论理性和实践理性新观念的突现"[3]205。

马尔库塞在科学合理性功能进一步发挥中看到了未来社会希望，"在工业文明的发达阶段，已转化成政治力量的科学合理性，在历史替代性选择的发展中似乎是决定性的因素"[3]207。科学合理性的继续应用将会达到一个终点。其进一步发展将意味着裂变，即量变向质变变化。它将展示一种本质上新的人类实现的可能性。其成就不仅将是超越技术现实的先决条件，而且将是超越技术现实的理论基础，"作为技术目的的新目的将在谋划和机器的建构中，而不只是在其应用中发生作用"[3]208。

历史谋划在对人与人、人与自然的斗争进行组织的过程中产生出来，"哲学谋划在多大程度上是意识形态的，它就在多大程度上是一种历史谋划的组成部分——就是说，它就在多大程度上与社会发展的特定阶段和层次相适应；批判的哲学概念则指涉（不管多么间接！）替代这种发展的可能性"[3]196。寻求在认识和改造人与自然的实际方式同各种可能方式之间进行评判，需要理性重建。在此，马尔库塞提出了"后技术理性"概念。该概念受到胡塞尔"生活世界"概念的启发。胡塞尔认为，为了理解表征科学范式的数学抽象过程，我们必须理解起源于生活世界的特定的实践过程，马尔库塞吸收了"胡塞尔为生活世界具体实践所引入的历史因素"[9]79，他预测，只有将理性与艺术汇聚一起，构建新的理性，走向后技术理性时代，人类才有可能走出目前困境，解决现代性难题，"凭借理性的认知能力和改造能力，文明创造了种种使自然摆脱它自己的兽性、不足和蒙昧的手段。理性只有作为后技术合理性才能实现这一功能，这时，技术本身就是和平的手段和'生活艺术'的原则。所以，理性的功能与艺术的功能会聚在一起"[3]213。

需要指出，发达工业社会艺术同样发生了严重异化，"不断发展的技术现实不仅使某些艺术'风格'失去其合法性，而且还使艺术的要旨失去其合法性"[3]58。在单向度社会中，马尔库塞强调要发挥艺术的否定性力量。他认为，批判思维力图正在确定统治合理性日益明显的不合理特征，"艺术只有作为否定力量才能拥有这种魔力（讲述真理）。只有当形象是拒绝和驳斥已确立秩序的活生生的力量时，它才能讲述自己的语言"[3]57。像技术一样，艺术创造了同现存思想和实践领域相抵触的不合理领域，"社会的不合理性愈明显，艺术领域的合理性就愈大"[3]214。

无疑，后技术理性需要借助艺术的批判性力量，马尔库塞看到，艺术合理性及其"谋划"存在并确定尚未实现的可能性能力。艺术的技术合理性似乎具有美学"还原"特征。美学还原与科学还原分属不同还原模式,近代科学以还原论作为预设,在此前提下:自然系统由相互分割的客体构成,客体可以还原为基本物质构件,构件性质和相互作用决定一切自然现象和过程。思维中对自然整体性的支离分割,反映到技术物的构建和使用上,就是片面追求其单一功能,忽视其依存环境的现实或潜在破坏性影响,"过分强调科学方法,强调理性的、分析的思维方式已经形成了一种根深蒂固的反生态的态度"[11],"在约 200 年的时间内,工业生产方式对自然界造成的破坏,已经超过人类历史 200 多万年的总和"[12]。

马尔库塞认为,与根基于科学还原的技术不同,艺术还原意味着解决,"艺术把某一对象(或诸对象的总体)存在于其中的当下的偶然事件,还原为对象在其中呈现出自由的形式和性质的一种状态……艺术的改造破坏了自然对象,而被破坏的自然对象本身就是压迫人的;因此,艺术的改造即是解放"[3]215。艺术和技术融合成的后技术理性是一种可替代历史选择,"如果艺术还原成功地把控制与解放联结起来、成功地指导着对解放的控制,那么在此时,艺术还原就表现在自然的技术改造之中。在此情况下,征服自然就是减少自然的蒙昧、野蛮及肥沃程度——也暗指减少人对自然的暴行……在它的花园、公园和禁猎区内,文明已经实现了这'另一种'解放的改造"[3]215。

对技术文明的传统批判侧重于对生产过程的非人化现象进行抨击,法兰克福学派把技术批判置于一个社会生活系统中加以考察,揭露出技术对于政治、文化、思维、语言等方面的全面影响,马尔库塞得出了"总体异化"结论,对现代性进行了诊断和分析,开出了"后技术理性"药方。尽管提出了"后技术理性"概念,马尔库塞并非要抛弃技术理性,历史实践关键之处在于在必然王国仍旧存在的同时,应当抱着本质上不同的目的对之加以组织。无疑,大力发展科学技术、努力构建创新型国家是我们的必然选择。

现代性在当代中国尚处于培育阶段,法兰克福学派的现代性批判理论则以发达国家社会情态作为历史背景。二者之间的时代差异是我们必须予以正视的前提。无疑,马尔库塞重建现代性以及"后技术理性"的主张为正在致力于现代化建设的中国提供了前瞻性启示。

(本文原载于《自然辩证法研究》,2010 年第 7 期,第 43-48 页。)

参 考 文 献

[1] 路易·阿尔都塞. 保卫马克思. 顾良译. 北京: 商务印书馆, 1984: 230.

[2] 马克斯·霍克海默. 批判理论. 李小兵, 等译. 重庆: 重庆出版社, 1989: 5.

[3] 赫伯特·马尔库塞. 单向度的人: 发达工业社会意识形态研究. 刘继译. 上海: 上海译文出版社, 1989.

[4] Giddens A. The Consequences of Modernity. Stanford: Stanford University Press, 1990: 1.

[5] 马尔库塞. 现代文明与人的困境: 马尔库塞文集. 李小兵, 等译. 上海: 上海三联书店, 1989: 176.

[6] Bauman Z. Postmodern Ethics. Oxford: Blackwell, 1993: 166.

[7] Misa T J, Brey P, Feenberg A. Modernity and Technology. Cambridge: The MIT Press, 2003: 40-41.

[8] Habermas J, Lawrence F. The Philosophical Discourse of Modernity. Cambridge: Polity Press, 1987: 2.

[9] Abbinnett R. Marxism after Modernity: Politics, Technology and Social Transformation. London: Palgrave Macmillan, 2006: 78-79.

[10] Horkheimer M, Adorno T W. Dialectics of Enlightenment. New York: The Continuum Publishing Corporation, 1972: 6, 23.

[11] 弗·卡普拉. 转折点: 科学·社会·兴起中的新文化. 冯禹, 向世陵, 黎云编译. 北京: 中国人民大学出版社, 1989: 31.

[12] 余谋昌, 王兴成. 全球研究及其哲学思考: "地球村" 工程. 北京: 中共中央党校出版社, 1995: 193.

科学实践哲学

走向实践优位的科学哲学

——科学实践哲学发展述评

| 吴彤 |

一、导言：新兴的科学实践哲学研究若干进路

从最近新兴的科学实践哲学的观点看，以往的科学哲学都可以被称为传统科学哲学。在传统科学哲学中，我们知道，按照历史进程，它又可以被划分为两个大的阶段，即逻辑主义和历史主义两个阶段。逻辑主义的科学理性研究将理论理性和实践理性分开，认为对理论理性的逻辑分析是理解科学理性的唯一途径，并把实践理性归入伦理学、社会学、心理学等其他学科的研究中。许多历史主义科学哲学家在否定逻辑主义方向的前提下，因为未能将理论理性和实践理性重新整合，从而对科学理性不可避免地采取了怀疑主义态度。

20 世纪 90 年代兴起的科学实践哲学采取一种自然主义的哲学方向，它把科学活动看成是人类文化和社会实践的一种特有形式，并试图对科学实践的结构和变化的主要特征做普遍性研究。在这个研究方向下，对科学理性的理解要求我们放弃理论理性和实践理性的人为分界，而对科学理性的主要特征做出各种经验研究。

目前科学实践哲学研究可以清晰地区分为三个进路：认知科学进路、解释学进路和新实验主义进路。其中，认知科学进路主要集中于脑机制、个体实践方式和实践活动对于认识涌现和影响的研究上。这个进路着力的是认知活动的实践性在塑造知识中的机制和作用。一些人建议，关于科学的认知科学应当取代科学哲学，如丘奇兰德（Churchland）、基尔（Giere）、西蒙（Simon）

等，他们基本上是用自发的认知个体的内在心理机制对实践进行说明和解释的，提供了实践的微观机制，这是典型的自然主义进路。但是，它多被批评为认知个体主义。本文不过多涉及这个方向的研究，下文所说的科学实践哲学均以后两个进路为主。

解释学进路的主要代表人物是约瑟夫·劳斯[1,2]。新实验主义进路则涉及一大批科学哲学家，他们主要是：伊恩·哈金[3]、艾伦·富兰克林[4]、彼得·路易斯·伽利森[5]、大卫·古丁[6]和黛博拉·G. 梅奥[7]。①事实上，对这些研究进路起推动作用的还有大批的科学知识社会学（sociology of scientific knowledge，SSK）学者，以及女性主义科学哲学家，如科学知识社会学家布鲁诺·拉图尔[8]、米切尔·林奇[9]、卡林·诺尔-塞蒂纳[10]，以及依夫琳·福克斯·凯勒[11]，等等。SSK对科学实践研究的贡献是被逐渐认识到的。SSK把实践理性从具体操作中抽象成为一种认识论上语境相关的重要概念，并且把实践活动置于文化场景中，这对科学实践哲学研究的进展起到了重要的激励作用和产生了直接的影响。女性主义则从性别的独特视角表明科学知识不仅是更为实践性的，而且可能是地方性的，文化性的，这为科学的实践具体化提供了论说。

可以说考察和重新审视科学实践的哲学是以科学实践作为出发点的，对科学理性在科学哲学内部的作用提出了一种新的理论。在这个理论中，不仅重新审视科学哲学的经典问题，如科学说明、科学推理、科学与价值、科学发展模式等，而且将这些经典问题同一系列新研究领域，如技术哲学、科学社会学、科学心理学等有机地联系起来，从而更有效地理解甚至指导科学研究。

二、比较：传统科学哲学与科学实践哲学

在传统科学哲学看来，在科学中，理论与其他相比具有无上的地位。传统科学哲学通过论证观察和实验只有在理论的语境中才有意义，又通过说明理论引导实验的建构和操作、提供观察得以解释的范畴，观察和实验是研究成果转移和应用的中介，表明了观察/实验渗透着理论的命题；传统科学哲学

---

① 当然，上述名单还不只这些，例如，卡特赖特也可以被视为新实验主义或新经验主义科学哲学家。此外，2000年阿姆斯特丹举行了一个名为"走向更加发展的科学实验哲学"（Toward a more developed Philosophy of Scientific Experimentation）的研讨会，参加会议的当代较著名的科学哲学家就有柏德（Davis Baird）、古丁（David Gooding）、凯勒（Evelyn Fox Keller）等，会后出版了由拉德尔（H. Radder）主编的论文集《科学实验哲学》。这也是科学实践哲学在实验主义方向的一个重要进展的标志。

把研究的地方性场所、实验建构、实验建构所需的技术设施、研究人员所处的特定社会关系网络以及研究中遇到的实践性难题，都视为科学知识产生的偶然因子。传统科学哲学主张，科学命题是具有普遍性的，理论是研究的最终成果，科学的目标就是提出更好的理论。

在传统科学哲学看来，科学还是某种表征体系，其目的在于精确地描述世界，而世界与我们如何进行表征无关；观察之所以重要，是因为它是联结我们所表征的世界与世界本身之间的唯一通道；只有在感觉经验中，世界才作用于我们，因为它限制了表征世界的可能性。

以上就是人们广泛持有的传统科学哲学的主要观点。尽管在表征是否真正连接了被表征的世界以及表征的模型等问题上有不同流派、不同观点的争论，尽管历史主义的科学哲学对逻辑主义的科学哲学做了致命的冲击，但以上基本观点并没有太大变化。传统科学哲学之所以遇到困境，也同样是因为在这种科学观下无法走出来。

那么，这种科学哲学的基本观点之总特征是什么？在新兴的科学实践哲学看来，它可以被非常准确和突出地称为"理论优位（theory-dominated）的科学哲学"[3]185, [1]27，而新兴的科学实践哲学就是要一反传统，提出完全相反的观点，即提出"实践优位（practice-dominated）的科学哲学"。

然而，要建立反传统的科学实践哲学，就必须针对传统科学哲学的以上观点进行针锋相对的辩驳。让我们看科学实践哲学是如何进行辩驳的。

首先，科学实践哲学认为，以往的传统科学哲学对科学研究本质的认识的根本错误在于忽视了科学实践的作用和意义，在很大程度上忘记了科学研究实质上是一种实践活动。因此，以往传统科学哲学的本质是一种理论优位的科学哲学。试图整合新经验主义、实用主义和科学解释学的科学实践哲学的提出者劳斯更直接而且深刻地指出，传统科学哲学的问题不在于忽视了科学的一方面（实验）而提高了它的另一方面（理论），而是从整体上扭曲了科学的形象和对科学事业的看法。实践成果为理论工作提供了大多数和基础性的材料，然而这些技能和功绩却很少在哲学上得到应有的评价[1]。劳斯更愿意把科学视为活动，他通过对狄尔泰解释学的批判、对海德格尔实践解释学的新的阐释、对库恩范式概念的实践性的新发现①，表达了解释学意义上的实践概念，从而丰富了实践的语义学意义。例如，他把科学看作是实践领

---

① 人们常常把库恩在《科学革命中的结构》中表达的"范式"的不统一，视为库恩早期研究的不足，事实上这可能反映了实际科学的真正意义的实践影响。换句话说，范式可能是对具体科学成就的实践性把握，而不是共同认同的理论立场。接受一个范式，与其说是理解和信任一个陈述，不如说是获得了一种实践性技巧。

域而不是命题陈述之网，科学首先不是表征和观察世界的方式，而是操作、介入世界的方式，亦即是一种作用于世界的方式，而不是观察和描述世界的方式。[1]26, 38, 129 科学研究是一种审慎的活动，它发生于技巧、实践和工具的实践性背景下，而不是在系统化的理论性背景下[1]95-96。海德格尔在《存在与时间》中把日常实践视为人类生存的解释学本身，这就意味着日常实践本身就体现着对世界的解释。我们使用工具，就在使用工具的同时获得了意义。换句话说，我们在我们做什么、用什么做以及如何做的过程中，就已经在解释着世界和我们自己；这与马克思所说的工业展示着人本身的力量这句话如出一辙。因此，在科学实践哲学看来，实践是第一位的，实践塑造着人，也塑造着世界。①

其次，科学实践哲学针对传统科学哲学的观点——提出了深刻的批评。

关于表征世界与被表征世界的连接和通达问题，实际上是一个实在论和认识论共有的问题。这个问题也是全部哲学最为重要的问题之一。先验论者和经验论者都曾深陷困境：先验论者完全割裂了理性与经验以及与世界的关系，经验论者虽然承认存在与呈现之间的本质联系，但是却错误地按照过于狭隘的感知经验来解释呈现。马克思主义哲学以人的实践活动解释给出了朴素的有时又是过分宏大的回答。科学实践哲学继承了海德格尔实践解释学的某些观点，又结合库恩范式的实践含义的阐释方面，做出了解释学的细致而机智的回答：问题并不在于我们从世界的语言表征出发，如何抵达被表征的世界本身；我们已经在实践活动中参与了世界，世界就是我们参与其中的那个东西。因此，通达世界的问题（如诉诸观察就是对该问题的一种回应）将不复存在[1]143。我们的实践就是世界活动的一部分。

> 只有介入世界，我们才能发现世界是什么样的。世界不是处在我们的理论和观察彼岸的遥不可及的东西。它就是在我们的实践中所呈现出来的东西，就是当我们作用于它时，它所抵制或接纳我们的东西。科学研究与我们所做的其他事情一道改变了世界，也改变了世界得以被认识的方式。我们不是以主体表象的方式来认识世界的，而是作为行动者来把握、领悟我们借以发现自身的可能性。从表象转向操作，从所知转向能知，并不否认科学有助于揭示周围世界这一种常识性观点。[1]25

---

① 注意，这里不是说物质是第一位的，而是特别强调了实践。因此科学实践哲学的观点与唯物主义也是有区别的。

这样就从根本上改变了许多看法。例如，在科学实践哲学看来，被传统科学哲学视为表象的知识，就不仅仅是一种知识表象（例如，文本、思想或者图表等），还是一种当下和在世的实践性互动模式，即与世界打交道的方式。科学概念和科学理论只有作为更广泛的社会实践和物质实践的组成部分，才是可以理解的。

表征世界向我们清晰呈递的方式之重要范畴，也不再是可观察和不可观察。相反，应该追问的问题是，什么是可供使用的，在使用过程中我们必须考虑的是什么，我们追求的目标是什么。决定这些问题的不是感官的生理阈限，而是实践者共同体的行为性判定。[1]143 因此，不是理论化而是工程化，才能为关于实体的科学实在论提供最好的证据[3]274。

这样一来，我们看到科学实践哲学必然导致一种多元主义的研究理念，而且必然在关于知识的本性的看法上产生与传统科学哲学的另一个重大差异：知识是地方性的而不是普遍性的。毫无疑问，传统科学哲学一开始就把科学知识认定为普遍性的知识；它历来把知识的抽象获得过程视为普遍化的历程，即认为，存在一种科学知识从地方性到普遍性的过程，最后的科学知识一定是普遍化的，这个过程被称为去地方性（delocalized）和去语境化（decontextualized），包括三个方面：科学对象主题化，科学对象去地方化，科学目标非索引化。无论传统科学哲学把知识看作活动还是体系，都是如此。科学实践哲学与此观点有重大区别，它认为，无论何时知识都具有地方性。表面上的被传统科学哲学视为知识普遍化的过程，实际上是一种地方性知识标准化的过程，而不是普遍化的过程。事实上，真实的科学经常是内在不一致的，在缺乏一致说明和解释时，科学知识并非不存在，而是存在于使用具体范例的境况和能力中，例如目前的复杂性研究就是如此。库恩在说明范式时这样做过，劳斯也这样认为。因此，处于地方性、物质性和社会性语境中的技能和实践，对所有的说明、理解和解释而言都是非常重要的。

科学实践哲学认为，科学知识及其活动一定是地方性的，这表现在所有的科学知识都产生和需要：特定的实验室、特定的研究方案、特定的地方性共同体、特定的研究技能。所谓科学知识的普遍化不过是从一个地方转移到另一个地方而已；其转移被理解为走向另一个地方，而所谓去语境化，实际上应该是标准化（制定标准，使得各个地方的科学研究遵循某种地方性标准，从而使得这种标准下的科学知识成为标准的科学知识）。事实上，我们经常在当前的技术竞争中看到不同国家的技术标准成为世界标准，发展中国家受到发达国家的技术标准中技术和政治的双重制约的情况屡见不鲜。

三、新实验主义的科学实验哲学的研究主题

新兴的科学实践哲学的两个进路，一个以解释学为基本特征，追究和辨明科学实践概念的意义，并以科学实践概念为基础，继续辨明传统科学哲学中那些最重要论题（例如实在论）的意义；另一个深入科学实践的具体形态，如实验、观察和实验室活动过程中，探讨实验、观察和理论三者的关系，科学仪器的作用，客观事物知识的形态，等等具体问题，给科学实践以丰富内容，从科学实践出发举例、阐释和论证科学实践与理论的关系可以是多种多样的。

观察与实验在科学实践哲学中的地位和作用是一个特别有趣的问题。对"观察/实验负载理论"命题的重新考察也具有重要意义。这个命题曾一度成为实证主义的克星，并成为历史主义科学哲学的重要理论观点支柱。历史主义科学哲学家汉森提出并且论证了这个命题，而后这个命题被科学哲学所普遍接受，成为经验与理论两分的致命一击。一旦它为我们所接受，观察/实验与理论的关系就不复存在。一旦三者成为三位一体的混合东西，关于科学理论的进步、比较、真理等问题就都因为缺乏必要的合理的基础而成为令人困惑的问题，相对主义兴盛也与这个命题有关。重新使得观察/实验特别是实验成为理论的必要和适宜的基础，并且为此提供科学史案例的充分论证，对纠正极端的理论优位的科学哲学观点，复归实验与理论、科学积累与科学突变的复杂辩证关系的观点，具有重要意义。

以往的科学哲学往往把观察和实验混为一谈，这是因为观察与实验的作用对于逻辑主义或经验主义的科学哲学来说，很少有本质上的意义差异：它们都是为理论提供证据的，是理论联系被表征的世界的经验桥梁和中介。并且实验和观察还有用来检验理论的作用，实验和观察为明确的理论假设所导引，即观察/实验负载理论、渗透理论。

在科学实践哲学中，特别是在新实验主义科学哲学的视野中，实验常常有自己的生命，实验也常常有许多种类的生命[3]150, 165。实验不是为明确的理论所导引，而是为值得研究的事物的暗示以及对如何开展这样的探索的把握所导引。科学实践哲学更重视实验，因为在科学实践哲学中，科学是作用于世界的方式，而不是观察和描述世界的方式。这样，实验或者观察与理论在品格方面就有了重要的区别。因此，在科学实践哲学中明显地表现出更为重

视实验的特征：实验目标、实验设计、实验所采用的手段及仪器和获取的现象，都得到了更高程度的重视。

科学实践哲学中的新实验主义研究进路还集中批判了一直强烈影响科学哲学的"观察/实验渗透理论"、"观察/实验负载理论"（theory-laden observation/experiment）命题。哈金认为，第一，观察与观察陈述不是一回事，以往的逻辑经验主义、实证主义哲学家太注重陈述，而作为活动的观察则没有受到应有的待遇。第二，理论和实验的相互关系在发展的不同阶段是不同的，而不是在自然科学里都有同样的形式。第三，更基础的真实研究往往要先于相关理论。第四，按照理论和实验术语来划分问题本身就是一种误导，因为它把理论处理为一类同一的东西，把实验处理为另一类同一的东西[3]。新实验主义通过大量的案例（这包括实验案例、观察先于相关理论的案例或者独立于理论的案例，如戴维观察到沼气的案例、赫歇尔对未知天体的观察发现、布朗运动的观察和发现的无理论性），说明了存在不负载理论（theory-free）的实验，相当有力地驳斥了"观察/实验负载理论"命题。当然，我们认为实验、观察和理论之间的关系相当复杂，那种逻辑上只存在一类可以概括全体的关系可能是幻觉，实验可以有自己的生命，理论也可以有自己的生命，实验和理论还可以有相互纠缠的双螺旋式地缠绕在一起的生命。最重要的是，我们应该深入到科学实验、实验室中去，探询这种多重关系，而不是冠以一个简单的说明。

因此连带地，实验室在科学实践哲学中被赋予了新的认识论地位和意义，是一个认知概念，而不仅是认知的场所而已。事实上，早在科学实践哲学诞生之前，在 SSK 中，如卡林·诺尔-塞蒂纳（Karin Knorr-Cetina）就认为，科学实验室概念已经代替了实验概念之于科学史和科学方法论的意义；实验室语境由仪器和符号的实践构成，科学的技能活动根植于此。正是实验室使得实践概念成为一种文化实践的概念。实验室在科学哲学研究中已经成为一种重要的理论概念，实验室本身成为科学发展的重要的代理者。诺尔-塞蒂纳甚至认为这个代理过程如下：实验室研究成为事物被"带回家中"的自然过程；它使自然对象得到"驯化"；使自然条件受到"社会审查"。实验室的重要意义还在于提升了"社会秩序"和"认知秩序"。[10]112-113

传统科学哲学仅仅认为实验室是产生知识的场所，仅仅在科学知识产生的源头给予实验室一个位置，而后的科学知识和理论的发展均与实验室无关，这使得实验室有点像牛顿框架下的空间；而新的科学实践哲学给予实验室以重要地位，即使得实验室之于实验和理论有点像爱因斯坦的相对论时空之于其中的物质一样。新的科学实践哲学认为：①实验室是建构知识的研究场所与情境。由于知识是地方性的，因此知识作为其实践的维度必定含有实验室特征，对象经过巨大改造之后已经不再是纯粹自然的东西。②实验室的作用是隔离-操纵对象，使得被研究事物清晰化。③实验室以工具、设备和技能介入研究，实验室本身就是研究活动的组成。④实验室提供了追踪实验过程的全程性认识。⑤实验室还提供了新科学资源的实践性理解、文化性理解。

目前，新实验主义的科学实验哲学（the philosophy of scientific experimentation）的主要研究主题包括：①实验的物质实现；②实验和因果关系；③科学-技术关系；④实验中理论的角色；⑤建模和（计算机）实验；⑥工具使用的科学的和哲学的意义。

在实验里，我们能动地与物质世界打交道。无论按照哪种方法，实验都包括一种实验过程的物质实现（研究的对象、仪器和它们之间的相互作用）。问题是：科学实验的活动和产品特性对哲学上关于科学的本体论的、认识论的和方法论的论题的争论有什么意义？

新实验哲学认为，其本体论意义在于一种关于实验科学的更适当的本体论说明需要相应的某些配置性概念，例如：关于实验设计的实践、实验再生产能力的角色和自然作为机器的概念的考察；在实验中必需的图示符号使用、"虚拟观察"的程序、仪器使用中专家角色；人的精神在实验本体中的作用，如可能性、能力、倾向，或许应进入实验科学的本体论研究。其认识论意义在于：实验的干涉特征同样引发认识论问题；柏德（Barid）提出一种新波普尔主义的关于"客观事物知识"（objective thing knowledge）的说明，其知识是被封存在物质事物中的。对这种知识进行举例说明的是华森和克里克的双螺旋模型、达文波特（Davenport）的旋转的电磁发动机以及瓦特的蒸汽机指示器。柏德认为这些例证本身就是把类似于标准认识论的真理、辩护等概念移位到事物知识上的案例。例如，在对工具的讨论中，柏德提出事物知识（thing knowledge）概念，并且把它们分为：模型知识（model knowledge），如 DNA 模型；工作知识（working knowledge），即一种工具或者机器在运行中的规则性和可靠性方面的认知；测度知识（measurement knowledge）。这些区分也涉及波普尔的世界 1、2 和 3 的划分以及相互作用的形而上学问题。[12]39-67

对实验的理论的和经验的研究也非常适合于因果关系论题的探究。在实验的因果关系上至少可以发现三个不同的研究进路。第一个进路认为，在实验过程和实验的实践中的因果关系的角色是可以分析的。第二个进路包括对解释和检验因果主张的实验角色的分析。因果推论可能仅仅只能通过（可能的假说的）实验干涉才能被证明，而不能通过观察来证明。第三个进路是在行动和操作的概念基础上去说明因果关系的概念。

如果哲学家继续忽视科学的技术维度，实验就将继续被仅仅视为理论评估的数据供给者。如果他们开始认真地探讨科学与技术的相互关系，那么研究技术在科学中的作用的一个明显的方法就是集中于实验室实验中使用的工具和设备上。在《科学实验哲学》这本论文集中，柏德论证了事物知识与理论知识的同等重要性，而兰格主要强调了实验科学和技术在概念上和历史上的近亲性。

科学实验哲学的中心论题是科学和实验的关系。目前，这个论题被两个方面的进路所探究。第一个进路是在实验实践中研究理论的角色。这关涉到关于实验科学区别理论的（相对的）自治性主张，如前文所说的针对实验负载理论的观点而提出的实验 theory-free 的观点。另外，海德尔伯格（Heidelberger）论证了实验中的因果论题可以并且能够从理论论题中区分出来。同样，在科学工具分类中也可以做出相同的区分。海德尔伯格认为以工具"表征"的实验是负载理论的，"生产的"、"构造的"或"模仿的"工具使用的实验是有因果基础的，是无理论负载的。[12]138-151

第二个主要的进路对实验-理论关系附加了这样的思考，即理论如何能够从物质实验实践中产生或概念化，亦即知识是如何从物质过程向命题的、理论的知识转变的问题。当然，即便实验研究并不仅仅是达到理论知识的唯一手段，实验也扮演着一种伴随科学理论形成相关认识的角色。把两者的关系置于平衡之论题的哲学研究既得益于"相对主义的"科学研究进路[6]180, 211-215，也得益于"理性主义的"认识论的研究进路[4]2-3, 160, [7]405-408。特别是梅奥通过主观贝叶斯主义的批判研究，并通过错误改进实验推进科学理论的研究，重新梳理和说明了实验、观察与理论三者的合适关系。

实验、建模和（计算机）模拟的相关研究在科学实验哲学中也获得了重要推进。在过去的 10 年中，人们对计算机建模和模拟的科学意义的认识有了巨大的增长。许多现代的科学家都参与了他们所谓的"计算机实验"。除它的内在兴趣和论旨外，这个发展还激起了一种哲学讨论，即这些计算机实验是以什么方式进行的，它们又是如何与普通实验联系的。凯勒和摩尔根（Mary Morgan）详细研究了这个主题。他们共同提供了计算机建模和模拟的分类。一是计算机模拟，即以计算机模型去模拟已有的现象；二是真正意义的"计算机实验"，即通过计算机程序产生的对象进行实验研究。三是试图去控制迄今为止还未理论化的现象，如"人工生命"研究。[11]198-215, [12]216-151。摩尔根甚至给出了三种实验的区别和种类的划分（表1）。

表1 实验类型：三种表征关系[12]231

项目		理想实验室实验	混杂实验		数学模型实验
			实际的（virtually）	虚拟的（virtual）	
控制在	输入	实验的	实验上	假定的	假定的
	干涉	实验的	输入；假定的	假定的	假定的
	环境	实验的	在干涉上和环境	假定的	假定的
示范方法		实验室的实验的	模拟：实验的/数学的应用模型对象		模型中的演绎
物质性程度	输入	物质性的	半物质性的	非物质性的	数学性的
	干涉	物质性的	非物质性的	非物质性的	数学性的
	输出	物质性的	非物质性的	非或伪物质性的	数学性的
表征和指称关系		表征…… ……同样在世界 表征适合于…… ……类似于世界		表征…… ……背后指向另一类世界的东西	

事实上，这样的研究细致地反映出了科学工具研究的进路和趋向。科学工具的研究的确是一种科学实验哲学的富矿，如设计、操作和工具广泛应用的各种特性，以及它们的哲学意蕴，示意图解、图示符号在设计科学工具中的重要性，存储在这些图像中的知觉的和功能的信息，视觉知觉的本性、思想和视觉之间的关系、可再生产性作为实验规范的某种规范的作用，工具性中介实验输出的表征模式等问题，都是传统科学哲学所忽视的，而今通过这些方面的研究可以获得新的分析资源，形成新的方向和进路。

四、余论：一些未解问题

当然，在科学实践哲学中仍然有许多问题还没有得到进一步的研究，例如：实验设计中需要考虑的伦理的、实际的、认识论的相互影响；成熟科学的逻辑结构与认识者的认知能力的关系；图像、模型、隐喻和计算机仿真在发展科学与完善科学中的角色；等等。这些问题还需要进一步研究。另外，社会科学和人文学科中的实验、科学实验中各种规范的和社会的问题，也还几乎未被研究。

最重要的问题是，科学实践哲学中解释学进路与实验哲学进路还有相当程度的冲突。例如，关于理论和实验的关系就是一个具有较大冲突的问题。在劳斯看来，我们不应该在实验和理论之间做出区分，特别是明显的区分，因为实践的概念既可以涵盖实验活动也可以涵盖理论活动。话语实践本身就包含着言语行动，当我们把科学不是视为陈述和信念之网而是视为活动和实践之路的时候，已经内在地包含了这个意义。在科学实验哲学家们看来，不去区分实验和理论，不去突出实验的意义，就会回到传统科学哲学的立场上，就无法说清楚实验的基础性地位。目前在这个观点上的缝隙仍然存在。无论是科学实践解释学还是新实验主义，要想真正超越以往的传统科学哲学，解决历史主义和 SSK 所遇到的问题，最终必须以实践为基础，对"经验"概念进行重新理解和定位。我们相信，通过争论会有一定意义上的解决。

此外，科学实践哲学的科学解释学进路基本上是一种形而上的进路，而科学实验哲学进路则主要是形而下的进路，劳斯的科学实践解释学为"新实验主义"提供了一种较为厚重的哲学背景，而新实验主义则直接来自于对科学活动的哲学反思和对历史主义以来科学哲学的批判。这两个进路的研究如何通过争论、批判而走向融合，是一个重要的问题。

我们以为，新实验主义和实践解释学的进一步发展不仅应该继续批判"理论优位"的科学哲学，而且可能应该突破"实践优位"的概念。如果"理论优位"是错误的，那么"实践优位"也可能被视为仅仅是实现了一种反向的颠覆，可能是对结构内另一种要素的凸显，而不是对这一结构本身的超越。"实践优位"如何成为科学哲学的新的适宜基础？这是否又是一种基础主义的追问呢？人们可以合理地追问：为什么一定有什么东西对科学是"优位"的呢？我们能否有一种不具有这种"优位"的思维方式的科学观呢？这样的追问也可能产生新的整体主义研究进路。

但是无论如何，科学实践哲学的研究是一个新的科学哲学研究方向，它开创了新的研究领域，似乎可以解决传统科学哲学的若干困境，提供对作为科学资源的研究领域的实践性理解。

（本文原载于《哲学研究》，2005 年第 5 期，第 86-93，128 页。）

参 考 文 献

[1] Rouse J. Knowledge and Power: Toward a Political Philosophy of Science. Ithaca: Cornell University Press, 1987.

[2] Rouse J. How Scientific Practices Matter, Reclaiming Philosophical Naturalism. Chicago and London: University of Chicago Press, 2002.

[3] Hacking I. Representing and Intervening. Cambridge: Cambridge University Press, 1983.

[4] Franklin A. Can That be Right? Essays on Experiment, Evidence, and Science. Dordrecht/Boston : Kluwer Academic Publishers, 1999.

[5] Galison P. Image and Logic: A Material Culture of Microphysics. Chicago and London: University of Chicago Press, 1997.

[6] Gooding D. Experiment and the Making of Meaning: Human Agency in Scientific Observation and Experiment. Dordrecht/Boston: Kluwer Academic Publishers, 1990.

[7] Mayo D G. Error and the Growth of Experimental Knowledge. Chicago: University of Chicago Press, 1996.

[8] 布鲁诺·拉图尔, 史蒂夫·伍尔加. 实验室生活: 科学事实的建构过程. 张伯霖, 刁小英译. 北京: 东方出版社, 2004.

[9] Lynch M. Scientific Practice and Ordinary Action: Ethnomethodology and Social Studies of Science. Cambridge: Cambridge University Press, 1993.

[10] 卡林·诺尔-塞蒂纳. 制造知识: 建构主义与科学的语境性. 王善博, 等译. 北京: 东方出版社, 2004.

[11] Keller E F. Reflections on Gender and Science. New Haven: Yale University Press, 1985.

[12] Radder H. The Philosophy of Scientific Experimentation. Pittsburgh: University of Pittsburgh Press, 2003.

再论两种地方性知识

——现代科学与本土自然知识地方性本性的差异

| 吴彤 |

自 2007 年我在本刊发表《两种地方性知识》，[1]讨论了人类学领域的地方性知识概念与科学实践哲学领域里的地方性知识概念之差异后，人们通过了解科学实践哲学，对所论的"地方性知识"概念有了更为清晰的认识，理解了科学实践哲学里所说的"地方性知识"其实讨论的是知识的本性特性，而不是知识的种类特性。科学实践哲学并不承认知识本身有地方性与普遍性之分。在其本性上，包括西方的科学知识也是地方性的。于是这引起了新的问题：现代科学知识的地方性与本土知识的地方性尽管都是地方性，但是其知识扩展的程度、发展的方式却是极其不同的。为什么都是地方性知识，却有完全不同的命运？既然都是地方性的知识，就必定需要讨论两种知识的地方性成立的条件及其区别。随着现代科学越来越被资本所利用，知识与权力结合得越来越紧密，知识价值论的意义也有诸多的问题需要厘清。

本文将就两种知识的地方性条件和我们将提倡何种地方性知识，需要对何种地方性知识给予批判和警惕等问题做出讨论，特别是对现代科学的地方性本性做出讨论。

一、现代科学的地方性本性

人们常常把非西方的本土知识等认为是地方性知识，而把西方发展起来的如现代科学知识称为普遍性知识。其最为重要的理由是说，科学定律是普遍适用的，不以时间地点为转移的。其实，这只是一种表面现象，现代科学知识并不是普遍性知识，它也是一种地方性知识。卡特赖特在新经验主义的科学哲学意义上说过，"我反对无条件的、在范围上不受限制的定律"[2]69。拉图尔的一个类比在这里也很有帮助：当人们说"知识"普遍为真的时候，我们必须这样来理解：知识就像铁路，在世界上随处可见，但里程有限。说火车头可以在狭窄而造价高昂的铁轨之外运行，就是另外一回事了。然而，魔法师却力图用"普遍规律"迷惑我们，他们说，这些规律哪怕在没有铁路网的灰色地带也是有效的。[3]209

现代科学之所以那么成功地看上去是一种普遍性的知识，主要依赖于三个基本条件：第一，反事实条件和其他情况均同条件的构造（实验室或星空条件）；第二，数学化的建立；第三，实验室化（即在实验室里构造反事实条件，使之得以实现）。这三条其实就是现代科学的地方性本性的一种诉求。

这三条其中第一条和第二条不是完全相互独立的；反事实条件和其他情况均同条件需要数理形式化，数理形式化需要反事实条件和其他情况均同条件。但是，两者也并非完全一样。反事实条件，是以"如果……那么"的形式表达出来，是以一种类似虚拟条件句的方式表达出来的对于现实情况的限制和抽象，是指实质条件可能并不存在，而如果可以出现违反现实的事实实质条件，那么某种后果就可以呈现出来。数理形式化，则通常指在满足反事实和其他情况均同条件的情况下构造出来的数理形式化因果联系，如科学定律。

以落体为例：在现实状态下，一片树叶在秋风中下落，并不是如自由落体定律所陈述的那样——在真空中自由下落。在空气中，在各种因素不可剥离的自然条件下，一片树叶是飘飘然下落的。现在我们看，一片树叶是如何可以按照现代科学说明中完全不受任何其他影响而完全笔直地自由下落的。①

运用科学，可以这样论证，我们先假定回到伽利略时代，我们该怎么证明树叶是自由下落的呢？首先我们可以在假想中排除空气，如果没有空气，树叶应该自由下落。所以反事实条件是第一必要的条件。现在再看第二条件数理形式化的作用，当然，我们在伽利略时代要以树叶下落构造其数理形式化公式是一件极为困难的事情，伽利略很清楚，介质是阻碍物体运动的力

---

① 自由落体，即不受任何其他阻力，只在重力作用下下落物体的运动，称为自由落体运动。这句话本身就是一种反事实条件陈述。它可以改为标准反事实条件句：如果不受任何其他阻力，只受重力作用，那么下落的物体将做自由落体运动。

量，[4]108-109 为了冲淡重力作用，他选择实验的物体是比较光滑和阻力最小的球形重物体。伽利略很聪明，他用小球在斜面上的滑落构造了自由落体的数理形式化公式。

伽利略通过假想斜面足够光滑，假想上面的小球在其滑落时不受到摩擦力的阻碍，然后加大斜面的倾角，直至 90°，假想使得滑落的小球可以脱离斜面变为自由落体，而完成了理想化"实验"（请记住，这是现实中不存在的"事实"，是反事实条件）。这个过程已经运用了前面我们所说的两个条件，第一，反事实条件的构造；第二，自由落体定律的建立，这是一条数理形式化的定律（第二个条件：数理形式化条件）：

$$h \propto t^2 \tag{1}$$

$$h = \frac{1}{2}gt^2 \tag{2}$$

其中 h 为高度，g 为重力加速度，t 为时间。

伽利略指出，"重物体……总之，这等于说，物体从静止开始所经过的距离，同经过这段距离所需要的时间的平方成比例。也可以说，经过的距离与时间的平方成比例"[4]155。① 很明显，这里伽利略已经获得了式（1）的思想，尽管那时还没有代数表达。伽利略并没有告诉我们，如果真空存在，那么落体会按照此定律下落。在那个时代，他在叙述这一结论时，是以重物体避开了类似像树叶（轻物体，且形状不规则）这种受到现实事实条件制约比较大的情况的。重物体在空气中下落，由于其受到空气阻力相比本身重量而言较小，因而可以近似地排除掉空气阻力的阻碍。把它推至极端，则可以获得反事实的真空条件。现实中并没有真空（除非在地球外，卡特赖特指出了反事实条件可以适用的地方，也包括星空与实验室），但是如果真空存在，那么在真空中的落体就可以按照自由落体定律所陈述的样态下落。

现代科学首先通过各种抽象（也包括观察现实条件），把现实条件在思维的逻辑上加以排除。这也是思想实验受到重视的原因。

现在再来看第三个条件的作用和影响，即实验室条件。实验室如何实现现代科学知识的反事实条件呢？我们仍然以树叶的下落为例。我们知道，科学家发明了某种"真空管"实验演示装置，把树叶与小铁球都放置在真空管

---

① 伽利略时代还没有代数学，几何的代数化是从笛卡儿开始的。伽利略的证明都是几何化的证明，因此他并没有得出式（1）、式（2）。

的一端，迅速倒置真空管，让树叶与小铁球处于真空管的上部，这时就可以看到小铁球与树叶从真空管的上部下落，并同时到达真空管的底部。由此实验演示可以知道，原本是反事实条件，通过实验室则可以把这种结果呈现出来。尽管这不是自然事实，而是实验室技术呈现的事实。在这个意义上，反事实反的是自然事实，而不是技术或实验室事实。实验室恰好可以制造反自然事实的事实，即实验室事实，也可以称为"人工事实"。因此，科学是通过技术手段而建立的实验和实验室里的人工条件下的事实，达到了反事实条件。自然界不存在其他情况均同条件，如莱布尼茨所说，自然界没有两片完全相同的树叶。这个科学史的历程告诉我们，事实有多种，一种是自然的现象事实，比如在自然条件下，树叶的非自由落体意义的自由飘落；另一种是人工建构的事实，它只能在其成立的人工条件下呈现，比如真空管中的自由落体的事实，这就是科学事实。

通过真空的实验室装置，我们实现了反事实条件，但我们却在语言上把它称为理想条件，于是我们被"蒙蔽"，以为自然只是一种由各种条件、因果关系组合而成的杂合体，只要我们剥离了其他条件，我们就可以达到"理想"条件，"理想"的自然才是真实的自然，杂合的自然只是现象，是假象的自然。这岂非咄咄怪事！我们一直生活在假象中！事实上杂合的自然才是真实的自然。换言之，经过科学熏陶，或叫科学规训，我们把科学事实称为事实，而把自然事实，却称为现象，认为现象背后，才是真实的事实，亦即自然事实都是假象，只有科学事实才是真实的事实。这当然是有问题的。

卡特赖特对现代科学这种地方性知识的本性有深刻的认识。在《斑杂的世界》里，卡特赖特认为科学是一种建立在其他情况均同条件下的理论认知和实践活动，并且在其他情况均同的条件下可以通过"把实验室搬来搬去"而扩展到全世界。

其实，现代科学自牛顿时代以来，一直就是以一种反事实条件（反自然）的方式，形成单一因素条件，即形成其他情况均同条件，然后通过创造人工实验室来构造出极为纯粹的条件，才能有所谓的现代科学。

卡特赖特深刻地揭示了反事实条件如何才能成立。反事实条件在什么境况下可以真实存在？卡特赖特认为，只可能在两种情况中可以实现。

第一，相似律的条件在星空中可能近似存在。如不考虑多个较大星体之间的相互作用，我们就可以计算和推论两个星体之间的距离和相互作用力的大小。

第二，在人工模拟自然的实验中通过可控条件建立起每两个因素之间的关系。正如卡特赖特所说，"有的时候，适用于一个定律的组分安排与设定是自然发生的，如在行星系中；更为经常的是它们由我们控制得到，如在实验室实验中。但在任何情形中，得到一个自然定律都需要我称之为律则机器（nomological machine）的东西"。[2]58 卡特赖特把现代科学成立的地方性条件称为律则机器。

那么，科学改造我们身边的世界所获得的惊人成功又是怎么回事呢？这些成功不是论证了那些基于这些事业计划的定律必定为真吗？卡特赖特借助社会建构论者的研究指出，成功是非常严格地局限在卡特赖特曾提及的领域——我们创造的世界，而非我们发现的世界。"除了一些显著的例外，如行星系，我们对物理学定律最漂亮、最准确的应用，都是在现代实验室中的完全人为、精确限定的环境之中。"[2]54 卡特赖特说："社会建构论者指出，即使当物理学家去掌握更大的世界时……[第一]他们不会把他们在实验室建立的定律试图在实验室外应用。而是把整个实验室作为缩微模型应用于外。[第二]他们建构完全在他们掌控下的限定的小环境。然后他们把它们包在很厚的套子之中，以致没有什么可以干扰里面的秩序；正是这些封闭盒子，科学一层一层地把它们完全嵌入世界，带来我们全都深感非凡的效果。"[2]54 因此，实验室成为现代科学发展的先决条件，没有实验室，现代科学根本不可能建立起来。有时我们也把物理学带到实验室外。然而这时，屏蔽就变得重要甚至更加重要。按照卡特赖特的说法，超导量子干涉器件（superconducting quantum interference device，SQUID）能够精确测量磁脉动，从而帮助发现中风。但为了实施这些测试，医院必须有个赫兹盒——一个小的完全金属的空间来从环境中隔离磁场。[5]

反过来看，可以在逻辑上说，科学研究的不是真实的自然，而是被抽象了的自然，是抽空了的自然，是改造为人工物的自然，是反事实条件下的"自然"。自然如若是自然的，就必不是反事实条件的。因此，这种人们以为研究的自然，实际上是人工物的"自然"，是塞蒂纳所说的，通过实验室，科学家把自然带回家的那种自然。"实验室科学可以把对象带回'家'，并在实验室中'以自己的方式'来操作它们。"[6]113

我们总结以上，现代科学知识有三个地方性本性的条件，第一，反事实和其他情况均同条件；第二，数理形式化条件；第三，实验室条件。

这三个条件的建构，使得现代科学可以把复杂的自然现象反转为只去探究其中某种因果关联的事物，抽象为形式化的表征物，并且通过实验室理想化地实验处理这种被表征出来的标志物。

然后，这三个条件再加上现代科学制度规训的建立，使得其在制度上保证了现代科学研究物可以被其他同行在不同时间，在全世界所有地方，只要你把这个实验得以成立的条件再次表征出来，也就是，再在此地建立原来的实验室（即卡特赖特所说把实验室搬来搬去），就一定会保证在 A 实验室建立的知识、定律和发现，在 B 实验室也一定会呈现出来。于是现代科学表现得就像是一种普遍性知识了。其实，现代科学就是这样扩张的。现代科学的地方性本性的三个条件保证了它在认识论上可以这样扩张；现代科学的规训与制度则保证了它可以在社会学意义上扩张为统治全球的普遍化知识。

二、本土知识的地方性本性

大部分非西方的本土知识，如中医学知识、民族植物学知识、哈尼族梯田耕作知识，其地方性本性，是一种与自然地域空间、时间和知识掌握者本身相关，而不能脱离这些具体情境的知识。依照上面所论，我们把本土性的地方性知识条件与现代科学的地方性本性条件做对比。第一，本土知识一般都具有事实条件约束，即与本土知识所处的地理、人文和其他局域条件密切相关不可脱离的条件约束；第二，不具备数理形式化条件；第三，不具备实验室条件。一种地方性知识很难搬运到另一地去实施。如中国哈尼族梯田耕作知识，很难运用到中国东北地区。比如，中医药知识，某一药方内需要的某种药物，如红景天，中医可能要求必须是西藏的，而不是四川的，或青海的。某种药物的服用时间，可能要求是早晨、中午或晚上，而且服用的剂量也是有区别的，再进一步，随着治疗的历程加深，药物用量可能有所增减，种类也许会有变化。总之，我们在这些本土知识的发现、运用和陈述方面，找不到卡特赖特所说的律则机器的影子。

也许有从事民族植物学的科学家会反驳我的论述：民族植物学不是也可以运用实验室来测试、检验其民族植物的分子成分与结构、化学成分与功能吗？没错，但是，在现代的民族植物学实验室里，进行对民族植物的化学成分、分子结构的检测，是现代科学的检测，这里得到的某种民族植物的分子结构、功能和化学成分，已经不是民族植物学知识本身了。举例来说，一株在某地的植物，当地居民以它来治疗某种妇女疾病，她们把植物的全株洗净，然后放在水里煮，煮到一定的时候，用这水去洗涤身体，有一定的疗效。我们的民族植物学家到当地调查，发现了这一现象。找到了这一植物，并把它带到实验室里进行检验、分析，发现其中包含某种碱类分子和化学成分。这种碱类化学成分被证明对妇女疾病是有疗效的。民族植物学家进一步分析，植物全株并不都具有该成分，只有根部含有。那么是不是以后妇女煮此植物时，就可以放弃全株煮水，而只采集根部煮水了呢？采取对照组的实验证明，煮全株的疗效明显好于只煮根部的疗效。这证明了什么？证明民族植物学的本土知识比目前科学对该植物的某些方面的认识还多出一些，反之，现代科学对植物的分子结构和化学成分的分析也是多出类似民族植物学知识的部分。①

最能够说明问题的，还是中医药知识的运用。运用中医药方剂时，中医常常讲求君臣佐使来配伍中医药方剂，这是中医方剂配伍组成的基本原则。

《素问·至真要大论》记载，"主病之谓君，佐君之谓臣，应臣之谓使"[7]640，"君一臣二，制之小也。君二臣三佐五，制之中也。君一臣三佐九，制之大也"[7]637。组成方剂的药物可按其在方剂中所起的作用分为君药、臣药、佐药、使药，简称为君臣佐使。君指方剂中针对主证起主要治疗作用的药物；臣指辅助君药治疗主证，或主要治疗兼证的药物；佐指配合君臣药治疗兼证，或抑制君臣药的毒性，或起反佐作用的药物；使指引导诸药直达病变部位，或调和诸药的药物。

以治疗伤寒表证的麻黄汤为例，《伤寒论》中"辨太阳病脉证并治中方"的"麻黄汤"组成如下：麻黄三两（去节），桂枝二两（去皮），甘草一两（炙），杏仁七十个（去皮尖）。上以水九升，先煮麻黄，减二升，去上沫，纳诸药，煮取二升半，去滓，温服八合。覆取微似汗，不须啜粥，余如桂枝法将息。其中，麻黄发汗解表为君药，桂枝助麻黄发汗解表为臣药，杏仁助麻黄平喘为佐药，甘草调和诸药为使药。一方之中，君药必不可缺，而臣、佐、使三药则可酌情配置。

中医君臣佐使是极具地方性本性的开药原则，它需要考虑病患的身体主症、年龄、身体状况、性别差异、工作情况、饮食习惯、地域条件、气候变化等。中医君臣佐使开药针对的是个体的身体，它无法脱离这个被诊疗的个

---

① 我并不反对在实验室里检验和分析民族植物，这种检验和分析使得民族植物的地方性知识获得了一定的科学知识特性与基础。但是其带来的知识并不能够完全替代传统的民族植物学知识。我还担心，这样做得如果过度，民族植物学的传统本土知识特点将会消失殆尽。至于它如何被现代知识及其资本运作和权力结合所排斥和挤压，我们将在后一节讨论。

体本身。假如这个个体患了西医所说的"感冒",西医会给他具有普遍化特征的药物,这种药物针对的是疾病本身,如病毒或细菌,因此可以去身体化。西医在诊疗这个个体患的感冒、祛除他体内病毒的同时,也会给他带来浑身发软等治疗过度的症状。中医君臣佐使在诊疗病患时,则下力气在调理病患本身的身体健康上。就每一个病患的个体性而言,它的确无法去地方性。

类似地,如若西医来看这味中药,则可能进行提纯分析,假如君为主药,那么麻黄汤里的麻黄就应该进行分析,提纯其中所含的化学成分,进行药理和毒性分析。其主要成分为麻黄碱,有发汗、利尿、平喘、抗炎、抗过敏、抗病毒等作用。西医提纯,就不再需要把桂枝、甘草和杏仁加入药物中了。

我们当然可以按照西医学的方式对其做出提纯,制成药剂,如麻黄碱苯海拉明片,就属西药类片剂,它可以用于治疗支气管哮喘、咳嗽、荨麻疹、花粉症、过敏性鼻炎等。这样它也可以标准化、普遍化,成为脱离个体而成为治疗某类疾病的药剂。

提纯和复方后,其药理毒性也很大。盐酸麻黄碱可直接激动肾上腺素受体,也可通过促使肾上腺素能神经末梢释放去甲肾上腺素而间接激动肾上腺素受体,对 α 受体和 β 受体均有激动作用。可舒张支气管并收缩局部血管,其作用时间较长;加强心肌收缩力,增加心排血量,使静脉回心血量充分;有较肾上腺素更强的兴奋中枢神经作用。盐酸苯海拉明有如下功能:①抗组胺作用,它可与组织中释放出来的组胺竞争效应细胞上的 H1 受体,从而制止过敏反应;②同时对中枢神经活动的抑制起镇静催眠作用;③加强镇咳药的作用。其副作用有:①最常见的有呆滞、思睡、注意力不集中、头晕;②对前列腺肥大者可引起排尿困难;③大剂量或长期使用可引起震颤、焦虑、失眠、头痛、心悸、心动过速等。①麻黄汤则没有这样多和大的毒副作用。其君臣佐使的配伍发挥了作用。

中药中的药方,本身并非不可标准化,如《伤寒论》中"辨太阳病脉证并治中方"的"麻黄汤",只要我们不管病患男女老幼,一律都用此方,不就是标准化的药方吗?然而,中医在诊疗时则需要针对具体病患的身体、环境和得病的情境,对此方进行加减和补充其他方剂进行治疗。这就是中医的做法,它不是不可以普遍化,但是普遍化的结果一定会丢掉一些治疗以个体的人为本的东西。

---

① 麻黄碱苯海拉明片. http://www.qgyyzs.net/business/zs233534.htm[2014-03-31].

三、对两种地方性知识的反思

现代科学的三条地方性本性条件，使得现代科学很容易扩张，只要把实验室从一地搬至另外一地，现代科学知识就可以从其发现之地运用到异地。[①]本土化的地方性知识却很难做到这点。因此在社会学意义上，我们可以把现代科学知识称为普遍化的知识，而不是普遍性知识。[②]让我们一条一条分析这三条地方性本性造成的问题。

前文说过，现代科学之所以那么成功地看上去是一种普遍性的知识，主要依赖于三个基本条件：第一，反事实条件和其他情况均同条件的构造（实验室或星空条件）；第二，数理形式化的建立；第三，实验室化（即在实验室里构造反事实条件，使之得以实现）。

我们把第一和第二条件综合起来讨论。反事实条件、其他情况均同条件的构造（实验室或星空条件）和数理形式化，形成了西方科学追求的基本条件，甚至这种手段性的条件转变为科学追求的目标本身。现代科学为了满足这两个条件，不断进行抽象创新，把天然自然各种因素剥离开来，人工创造条件，反自然事实地形成一些抽象的研究（即所谓的理论研究）。

早期的西方科学家一开始是与世隔绝地在自己的象牙塔里做研究，即便其研究是与自然相关的，也会去找最简单的形式去做。这种研究形态，最早造就了科学追求形式化，剔除繁复因素，简单化研究过程的科学研究方式。这种研究形态进一步强化了追求简单性的研究，而简单性的研究则是一种追求反事实条件的研究。反过来，反事实条件给予简单性研究以支持，两者一拍即合。例如，牛顿的万有引力定律的获得是通过行星受到一个向心力的吸引，通过几何化的论证而做出的。这里既没有考虑其他行星的影响，也没有考虑空间的影响（广义相对论影响），正如卡特赖特指出的，星空内行星之间的距离之遥远，造成了可以反（地面）事实的条件：行星之间的距离远大于它们的体积尺寸与质量量纲，这使得可以把行星看成质点（理想化抽象）、可以把其他行星的影响近似忽略不计。所以星空条件是自然界提供给科学家的一种极为特殊的可以让律则机器发挥作用的空间和条件。然而，即便是在

---

① 事实上，与实验室实验有关的论文，都必须告知实验方法、条件，让这种地方性的条件可以被其他实验室原封不动地复制，这就是把实验室搬来搬去的含义。

② 普遍化，是指在社会学意义上，这种知识可以被推广、覆盖，不以地点和时间以及其他情境条件为依赖。对于现代科学而言，这并不影响其本性在本体论和认识论意义上仍然是地方性的。

这样的条件下，完全简化的万有引力定律也有失效的例子，如行星运行中的摄动，其实反映了另外行星在运行到某个行星周边时对该行星运行产生的运行影响，尽管人们以为发现新行星（如海王星）是万有引力定律的新胜利，其实，仔细想想，实际上是科学家发现万有引力定律失效后产生了新猜测，而后通过观测做出的新发现。卡特赖特就认为，海王星的发现不是牛顿万有引力定律的成功，而是失败。[2]

当然，简单化研究是有功绩的，对此谁都不否认。然而，对于自然界的考察，直至文艺复兴时期，西方与东方还是一样的，即以自然本身作为一种复杂演化的系统而加以讨论、研究。①后至伽利略时期，西方才开始从最简单的事物，或最简单的要素着手，运用以往希腊时期西方科学就追求形式化的研究传统，从简单性和理想化状态入手研究最简单的问题。②这样的做法，沿着一点开始深入下去，如同钻井，形成了西方的还原论研究样态。到牛顿时期，还原论研究获得了很大成功，西方的科学则开始逐步建立起这样的研究条件：反事实、其他情况均同，以及数理形式化地追求目标。

至伽利略，更到近代德国大学把实验室建制化，实验室成为近代科学的重要组成部分。早期炼金术士们的实验室转变成近代科学实验室。实验室造就了近代科学可以转向创造人工世界的条件。实验室实现了反事实条件，实现了其他情况均同条件。实验室把数理形式化的科学变成可以创造人工自然的实践科学。于是科学实践面向人工经验，把天然自然、生活世界逐步改造成为越来越人工化的世界。科学对世界的统治也悄然地、没有宣告式地开始了。但是随着这种过程的展开，它也带来了以下新的问题。

第一个问题是天然自然的灭亡。我们人类生活的天然自然越来越人工化，我们今日想要找到天然自然已经是一件非常奢华的事情，比如荒野探险。现代科学把世界改造得越来越人工化；现代科学足迹所到之处，那里的世界便开始人工化。现代科学因此成为人类特别是西方控制人工自然的最得心应手的工具。

第二个问题是科学越来越成为资本利益获取的帮手。现代科学知识特别

---

① 例如，文艺复兴时期最伟大的艺术家、科学家和工程师达·芬奇的研究草图里还存有研究湍流的草稿。湍流到今日仍然是当代物理流体复杂性研究中最困难的问题之一。

② 意大利数学史家 Tito M. Tonietti（意大利比萨大学数学系）提供了这样的论证。他认为，中国科学提供的是转变的过程，它的目的就是研究变化。它试图以不稳定的方式理解变化。欧洲科学，一般以固定它的稳定状态，不变的基础，试图去导入秩序到变化中。见《走向复杂的历史》（"Towards a History of Complexity"），载于文献[8]。

受到资本的推崇与资助。因为资本最具慧眼，它发现现代科学对世界的人工化作用和普遍化作用，这与资本的本性最为一致，最能够为资本带来最大利润，最与资本必须创造世界市场、必须到处开发世界的基本立场一致。

所以，我们应对科学与资本、权力的结合有所警惕，有所管制。

（本文原载于《自然辩证法研究》，2014 年第 8 期，第 51-57 页。）

参 考 文 献

[1] 吴彤. 两种"地方性知识"：兼评吉尔兹和劳斯的观点. 自然辩证法研究, 2007, (11)：87-94.

[2] 南希·卡特赖特. 斑杂的世界：科学边界的研究. 王巍，王娜译. 上海：上海科技教育出版社, 2006.

[3] 瑟乔·西斯蒙多. 科学技术学导论. 许为民，孟强，崔海灵，等译. 上海：上海世纪出版集团, 2007.

[4] 伽利略. 关于托勒密和哥白尼两大世界体系的对话. 周熙良，等译. 北京：北京大学出版社, 2006.

[5] 吴彤. 从卡特赖特的律则机器看科学//成素梅，张怡，杨小明，等. 转型中的科学哲学. 北京：科学出版社, 2011: 108-115.

[6] 希拉·贾撒诺夫，杰拉尔德·马克尔，詹姆斯·彼得森，等. 科学技术论手册. 盛晓明，孟强，胡娟，等译. 北京：北京理工大学出版社, 2004.

[7] 张隐庵. 黄帝内经素问集注. 北京：学苑出版社, 2002.

[8] Benci V, Cerrai P, Freguglia P, et al. Determinism, Holism, and Complexity. New York, Boston: Kluwer Academic/Plenum Publishers, 2003.

实践建构论：对一种科学观的初步探讨①

| 李正风 |

在分析和批判传统科学哲学理智主义科学观和科学知识社会学社会建构论科学观的基础上，本文试图提出一种可以被概括为实践建构论的科学观。实践建构论的基本观点是认为科学在本质上是一种具有历史性和建构性的实践活动。从以下三个方面，可以初步探讨这种实践建构论科学观的基本路向，以及它对开辟理解科学的新视野的意义。

一、科学在本质上是一种实践活动

实践建构论首先把科学视为一种实践活动，这根本区别于理智主义科学观。在理智主义科学观看来，科学只是一种理性的认知行为，认知主体"看"与"思"的结合最终引向关于能够严格与主体两分的客体的理论。从"看"的意义上讲，"西方理智主义的科学观是建立在'看'的基础上的，理论必须以客观的、中性的观察与测量为根据，这个解释模式能把我们引向实在，引向真理"[1]29-30。"科学还是某种表征体系，其目的在于精确地描述世界，而世界与我们如何进行表征无关；观察之所以重要，是因为它是连结我们所表征的世界与世界本身之间的唯一通道。"[2]从"思"的意义上讲，"哲学家们将太多的注意力集中于科学狭隘的思想方面——科学理论及其所需的思

① 本文是在笔者博士论文《科学知识生产方式及其演变》中的一节"一种'实践建构论'的科学观"的基础上加工而成的。本文的写作得益于与吴彤教授、盛晓明教授的讨论，曾国屏教授对本文提出了重要的修改意见，特此致谢。

维程式、引导我们去相信它的各种证据以及它所提供的思想上的满足"[3]。

正是这种理智主义科学观的长期影响，遮蔽了科学活动作为一种实践行为的特质。正如劳斯所说，在理智主义科学观占主导地位的情境下，人们很容易忘记科学研究实质上也是一种实践活动。

把科学看作是一种实践活动的思想，可以追溯到从马克思、尼采到海德格尔、阿尔都塞和福柯的哲学传统，在这种哲学传统中，科学本质上不再单纯是一项理智的事业，科学知识生产本身就是人类实践的一部分。我们之所以能了解这个世界及其发生发展，是因为我们不但现实地存在于这个世界，依赖于这个世界，而且实践地改变着这个世界，并且在创造性地改变这个世界的同时，创造性地改变着我们自身。

从当代科学哲学和科学社会学的发展看，对科学实践本质的再发现，也正在成为一种新的趋向。比如，劳斯通过分析两种解读库恩《科学革命的结构》的方式，指出库恩思想中最具革命性的方面是揭示了科学研究的"实践维度"，而作为实践的科学，首先不是对世界的观察和表征，而是对世界的介入和操作；科学家是实践者，而不是观察者。在《参与科学》一书中，劳斯进一步从哲学上分析了理解科学实践的多个维度。再如，20 世纪 90 年代之后，科学知识社会学的研究越来越把揭示科学研究的实践品质作为关注的重点，1992 年 A. 皮克林总结科学知识社会学的演变，不仅发表了以《从作为知识的科学到作为实践的科学》为题的论文，而且把自己编辑的大型文集命名为《作为实践和文化的科学》[4]1-26。

与传统的理智主义科学观相比，把科学视为一种实践活动，意味着认识科学和科学家活动的范式转换。这种转换不但让我们对传统科学观视野中的问题形成新的认识，更重要的是会发现新的问题，改变对不同问题重要程度的理解。然而，基于"实践"立场的不同学者会对实践有不同的理解，也会在重新描绘科学图景的过程中有不同的侧重。从本文所坚持的实践建构论出发，我们认为，科学的实践性可以具体地表现在以下三个层面。

第一，目的的实践性。科学不但要满足人们求知的好奇心、消除人们理智上的困惑、达到理智的愉悦、达成关于对象世界的理解，更重要的是要塑造更加具有竞争力的"实践方式"。

传统的科学哲学遮蔽了科学目的的实践性，科学的目标被定位于提出更好的理论，以精确地描述世界。但事实并非如此，正如马克思所说，哲学家们只是用不同的方式解释世界，而问题在于改变世界。科学目的的实践性；使科学超越了纯粹的认知行为而成为一种生产性活动和生产性制度，并最终成为人类文明进化的必不可少的要素；使科学超越了单一的个人行为而成为一种集体性活动和国家事业，并最终成为不断壮大的人类事业。

第二，过程的实践性。科学不但是依赖"观察"和"思考"的认知行为，是需要"言说"和"交流"的语言行为，更是一种需要"介入"和"操作"的实践活动。

作为一种实践活动，科学无疑将包括"看"和"说"，但绝不能归结为"看"和"说"。事实上，"只有介入世界，我们才能发现世界是什么样的"[3]23。我们不只是以主体表象的方式来认识世界，更是作为行动者和实践者来把握、领悟我们介入其中的世界。这种介入不但是观念性和思想性的，而且是技术性和物质性的，还是身体性和生物性的。

认识到科学研究过程的实践性，改变了我们解释科学的模式，解蔽了许多在传统理智主义科学观和语言分析模式下被掩盖的要素。比如，不但实践性的技巧、技能和技术性的工具、设备获得了新的意义，而且情境化的实践背景和本土化的经验知识重新受到重视；不但实验室等在以往仅仅被抽象为活动场所的实践空间的价值重新被发现，而且科学实践过程中的行为主体和互动关系得到深入的考察，知识与权力的关系再次成为科学哲学的重要问题。

认识到科学研究过程的实践性，也为我们重新理解唯物主义的意义提供了可能。科学实践的"介入"是物质性和身体性的"介入"，科学实践的操作也是物质性和身体性的"操作"，这种现实的规定性凸显了科学实践对物质性要素的依赖，也凸显了人作为生物体而存在的事实对科学实践的限制。尽管这种物质性制约和生物性限制并不是完全不可超越的，但超越绝不是思辨的和抽象的，而是历史的和具体的。可以说，认识到科学研究过程的实践性，使得科学实践中物质性约束和生物性限制的意义重新从后台走向前台，也使得一种历史的、实践的唯物主义立场重新获得了基础性地位，科学知识生产与社会物质生产之间的关系问题也将是科学哲学不得不面对的重要问题。

第三，结果的实践性。科学不但形成关于解释世界的理论和观念，而且通过被纳入到人类实践体系之中而重构我们的生活世界。被传统科学哲学视为表象的知识，本质上是一种与生活世界实践性互动的方式。

事实上，科学知识的生产同时意味着对对象的改造。现代科学的主要特征并不是在思想与言辞中主张什么，维护什么，而在于能否在实践中（尤其在实验中）把它做出来。科学知识不仅仅是对实在世界的"表象"，只有当它首先被理解成一种介入并改造对象的活动时，我们才有理由宣称："知识就是力量"。[1]科学实践的结果不仅体现为形成与对象实践性互动的知识，而且体现为形成一种新的对象世界和生活空间，体现为形成新的支配我们生活方式和科学知识生产方式的物质性条件和制度性力量。

科学活动结果的实践性具有极其重要的意义。"如果科学仅仅停留在看或说上，那么无论它怎么看、怎么说都是无伤大雅的，因为一种看法与说法行不通的话，还可以换另一种看法或说法。但是做就不同了，它赋予了科学以现实性的力量，能直接介入自然，使自然产生不可逆的变化；同时它也直接介入社会，从根本上改变了我们的生活方式；更值得注意的是，它还直接影响并操纵我们的身体。"[1]59

因此，科学研究在结果上的实践性，意味着科学成为一种真正具有强制性的客观力量。只有把科学概念和科学理论作为更广泛的社会实践和物质实践的组成部分，把科学知识生产作为社会生产体系的组成部分，科学实践的这种特点才是可以理解的。

二、科学的建构性根植并复归于实践

科学实践具有建构性，但实践建构论不同于社会建构论。从实践建构论出发，科学的发生和发展是一个自然历史过程。

传统的科学观倾向于把科学完全看作是一种"发现"的活动，科学"发现"客体对象的属性和运动规律，提供关于对象的知识，科学家只是把存在于自然之中的"事实"发现出来，自然只是被动地等待发现者。科学家作为观察和实验的主体，与研究对象之间存在着严格的分界，观察并在此基础上形成关于对象的理论是科学研究中最为重要的因素，而且为了保证"发现"的可靠性，科学家需要遵循严格的思维程式和技术规范。

这种科学观不但预设了被发现的知识的唯一性和恒定性，而且相信保证发现可靠性的思维程式和技术规范的唯一性和恒定性：不但要发现的知识不受社会历史因素的影响，而且发现的思维程式和技术规范也不受社会历史因素的影响。由此，科学哲学的任务主要是寻求可靠的思维程式和技术规范。

然而，从实践的科学观出发，这种科学观并不能够全面地刻画科学的图景。科学实践具有建构性。这种建构性体现在三个方面。

第一，作为一种实践活动，科学不仅是一种"发现"的活动，也是一种"发明"的活动，是一种"创造性"和"生成性"的活动。

科学实践不仅"发现"了知识，而且"发明"了知识在特定的社会历史情境下的呈现方式，"发明"了在特定的社会历史情境下发现知识的途径和方法。不论是对知识呈现方式的发明，还是对发现知识的途径与方法的发明，都通过人类实践的"路径依赖"，以一定的方式建构了当下和此后的科学知识及其生产行为。

第二，科学实践通过物质性的"介入"和"操作"，重构了所要研究的客观对象，以及研究得以展开的物质性条件和社会性情境。

劳斯认为，库恩通过用建构、修补和关注替代了表象和观察，以此作为科学实践的范例，进而揭示了科学研究的实践维度："建构既包括对现象或效果的构造，也包括对用以指导我们去理解并介入那些效果的模拟物或模型的构造。"[3]41 但事实上，这里发生的不仅是现象、效果和模型的建构，更重要的是科学实践以特定的方式重构了研究的对象。可以设想，当实践者通过理性的设计，并借助特定的工具和设备物质性和身体性地介入或操作一个特定的对象时，在使该对象的特定方面得以凸显的同时，往往掩盖或遮蔽了该对象的另外一些性质；科学实践通过实验孤立研究对象的常规做法，本身意味着对科学研究对象的建构，也意味着对研究该对象的物质性条件和社会性情境的选择和设计。或许正是在这种意义上，罗蒂认为自然科学是"不自然的"。

第三，科学实践不仅建构了科学研究的对象，以特定的方式构造了科学现象和实验的效果，而且不断建构了科学知识生产的能力，形成并不断创造着与科学知识生产相关联的制度结构、组织形式，发展出新的科学知识生产方式。

在传统科学观的视野中，科学知识生产的能力往往被归结为单一的思维能力和技术能力，科学知识生产方式也往往被归结为个体的认识程序，而这种能力和方式最终或者被归结为人的先验理性，或者被归结为思维的逻辑。但事实上，人类科学知识生产的能力不仅是思维的，而且是物质的，不仅是自然的，而且是社会的，这种能力是在科学实践的过程中不断累积、不断进化的，在这个历史地积累并生成新的能力的过程中，人类科学实践的建构性得到突出的体现。与科学知识生产能力的建构性积累的过程相伴随的，是人类科学知识生产方式的生成、发明和进化。

当人们囿于传统的科学观时，人类科学知识生产能力和科学知识生产方式的不断建构和进化往往得不到充分的重视，也往往难以被纳入科学哲学分析的理论视野。但从人类科学事业发展的宏观线索看，这种科学知识生产能力和方式的不断建构与进化,对科学实践的演变具有更为根本和广泛的意义。

然而,需要指出的是,实践建构论主张科学具有建构性,但却不同于社会建构论。两者的联系是都承认科学活动的建构性,两者的区别是对科学建构性的理解不同,对影响科学活动建构性诸种因素的认识不同,而这些区别使得实践建构论与社会建构论存在着实质上的差异。

社会建构主义有多种表现形式,但仍然有共同的哲学倾向。如 1999 年出版的剑桥哲学辞典所说:"社会建构主义,它虽有不同形式,但有一个共性的观点,那就是某些领域的知识是我们的社会实践和社会制度的产物,或者是相关的社会群体互动和协商的结果。"[5]855 具体到对科学活动的分析,其基本主张是认为自然科学所揭示的事实从本质上说是社会的。因此,社会建构论往往突出社会因素对科学建构的重要作用,并因此倾向于排斥甚至忽视自然因素的意义。其结果不但造成"自然"与"社会"新的分裂,而且导致了相对主义。

传统的科学观否认科学是一个卷入社会的过程,因此对自然和社会进行了截然的两分,这造成了自然与社会的分裂。在批判这种科学观的过程中,社会建构论往往会走上另一个极端,即把科学作为一个社会磋商的过程,而所谓的"社会"大体上是由各种利益关系构成的竞争空间,其中自然的因素即便发挥作用,也似乎是无关紧要的。因此,在社会建构论中,自然和社会依然处于对立的两极,只是社会代替了以往"自然"的位置,成为新的终极的、无批判的实在。对此,在《参与科学》一书中,劳斯这样写道:"尽管最近也有一些关于反思社会建构论论点的应用的讨论,但是众多的社会建构论文献仍然把它对'社会性'的范畴化接受为理所当然的东西;而且更糟的是,还假设其论证立足于被社会建构出来的东西与那些'自然的'或物质性的东西之间的对立,因此要贬低后者或者干脆让后者服从于前者。"[6]175

这种自然与社会新形势的割裂,同样具有严重的缺陷。"社会建构论者对科学活动的说明是不完全的、带有缺陷并有严重缺陷的。这种缺陷的原因在于建构论者的说明忽略了甚至是拒斥了一个事实,即所有的科学活动是严重地受到认识自然的目的制约并受其持续不断的引导。当然也有许多对中心目的的偏离。可是所有这些与中心目的的偏离都不能过远,并且或迟或早地会被拉回并与这种目的相一致,否则这种活动最终会被当作非科学而遭到摈弃。"[7]

社会建构论最终往往走向相对主义和怀疑主义,这在激进的社会建构论者那里表现得尤其明显。事实上,当假定客观世界在评判各种科学争论所要求的前提性知识中始终扮演不重要的角色，或者根本不起作用，而社会因素却发挥越来越重要的作用时，走向相对主义的哲学立场就难以避免了。而且从激进的社会建构论所主张的方法论"对称性"原理出发，"不可避免地会得出某种文化相对主义的极端结论。反过来，这又产生了某种怀疑主义的泥潭，它阻塞了通向修正传统遗产的所有道路"[8]6。

与社会建构论不同，实践建构论强调科学实践的建构性，但并不排斥自然的因素，包括物质性条件在科学知识生产过程中的重要作用。事实上，自然的因素和社会的因素、思想性前提和物质性条件，以及实践者作为生物体的身体性介入，共同地在科学实践的建构过程中发挥作用，而自然因素和物质性条件既为科学实践中的建构提供了必要的前提，又对社会因素参与科学实践的建构设置了边界，提出了约束。自然因素和物质性条件，以及实践者身体性地介入的生物性限制的客观强制性，使其在影响科学实践建构的诸因素中具有基础性地位。

一些坚持社会建构论立场的科学知识社会学家，也已经意识到把科学实践的建构性完全归于社会因素所存在的问题。比如拉图尔和沃尔加于 1979年出版的重要著作《实验室生活》以"科学事实的社会建构"为副标题，而在该书 1986 年的第 2 版中，副标题有意识地改为"科学事实的建构"。之所以如此，就是因为"科学事实"的构造不仅有赖于社会因素，而且有赖于仪器与设备等物质文化的条件。[9]281-284

科学的建构性根植于实践，也复归于实践。科学实践不仅通过"看"和"说"，而且通过"做"，使思维的客观真理性与现实有效性结合了起来。一种科学观念和科学理论被接受，或者最终被接受，并不完全凭借强势的社会权力和动人的语言修辞，最终是依靠这种科学观念或科学理论所蕴含的并以一定方式得以展现的改造客观世界和人的生活世界的现实力量。

立足于实践的"建构论"，可以有效地避免"极端相对主义"。科学知识的真理性问题，本质上不是一个可以通过社会磋商加以解决的语言问题和理论问题，而是一个实践问题。通过客观真理性与现实有效性在实践中的结合，科学实践的历史性进化不断消除"把理论引向神秘主义的神秘东西"，以及与之两极相通的怀疑主义。可以说，正是在科学实践中以及对这个实践的理解中，科学知识生产的意义问题和科学知识的价值问题才能够得到合理的解决。

基于实践建构论的立场，科学不仅是一种生产性活动和生产性制度，而且是不断进化的生产性活动和生产性制度，科学知识生产方式的演变是一个

"自然历史过程"。在这个自然历史过程中，科学既不是"强规范"的，也不是"无规范"的。"强规范论"往往认为科学知识生产存在唯一的、普适的、永恒的科学规范，而这种规范往往最终归结于绝对不变的先验理性或逻辑结构；"无规范论"往往认为科学知识生产不存在任何规范。从实践建构论的科学观出发，科学的规范结构仍然是存在的，但这种规范结构既不是来源于实践之外的先验规定，也不是根源于社会磋商中的强势利益集团的意志，而是根基于人们在一定时空条件下共同拥有的实践空间，根基于人们对有效的实践方式的集体选择。这种规范结构既不是唯一的，普适的，也不是永恒的，而是在科学实践演变的过程中不断进化的。可以说，科学的规范结构本身也是自然因素与社会因素在实践过程中共同建构的结果。

三、实践建构论与理解科学的新视野

当前，在对科学的理解上，我们面临着一种矛盾的境遇。一方面，我们已经进入到这样一个时代，对科学的任何单一的解释模式都难以完全解释复杂的科学现象，我们需要放弃传统哲学寻求统一模式和唯一模式的理想，通过多元探索的并存和互补来面对一个多样化的科学世界。但是，另一方面，我们这个时代又比以往任何一个时代都需要把握科学的整体图像，这个整体图像并不意味着寻求统一的解释模式，但却要求通过多元化来解释之间的相互整合和互补，形成关于科学的"整体图景"。如果把这种要求与近代以来科学的发展过程做一个类比，如同科学从以牛顿经典力学为典范寻求统一科学的"分析时代"，走向探索复杂性的"综合时代"或"系统时代"，我们关于科学的理解也需要从寻求并基于单一解释模式的"分析"，走向包容并整合多种解释模式的"综合"。也许正是基于这样的考虑，齐曼认为："从科学作为一个整体被考察和描述——无论是多么模糊——的立场出发来审视科学是非常有利的。"[8]11

显然，要走出这样的困境，我们需要建立一种既可以包容多元化的理解方式，同时又能够为多元化的理解提供交流和融通所需要的共识的科学新图景。作为一种科学观，实践建构论似乎为建立这种既容纳多元化的理解方式又通过其互补、融通形成科学的整体图像的科学观提供了前景。

这种科学的新图景无疑需要凭靠非常广阔的学术学科，在齐曼看来，这意味着需要采取一种自然主义的观点。在这里，齐曼所说的"自然主义"是指"我们碰到的科学是一种自然种类（natural kind），而非一种抽象范畴。换言之，我们遇见科学，就像我们遇见一把椅子、一只老虎或一座城市一样，一眼就能把它认出来，而不必求助于具体的公式"[8]15。齐曼认为，自然主义的最大优点在于它自动地采取了把科学作为一个整体加以考察的这样一种立场。

实践建构论与齐曼所说的自然主义有共通之处，即把科学知识和科学知识生产的实践，理解为我们存在于其中并需要我们去认识和创造的世界的一部分，把科学实践的实际发生、发展作为理解科学知识、科学知识生产的基础，拒斥关于科学的先验研究，主张经验地描述和分析科学事业。

但实践建构论也与自然主义存在着差异，这突出地表现在实践建构论把"异质性"的科学实践作为多元化的理解方式并存且相互交流和融通的共同基础，但并不允诺某种理解方式的优先地位，而"自然主义"立场则存在着赋予某一学科如认知科学、心理学或社会学等以优势地位的可能。正如劳斯所说的，"反思科学实践的异质性（heterogeneity）及其形成、扩展和遭遇挑战的多样而又整体化的方式，很容易表明这种把科学探究作为一个生物的、心理的或社会的过程而加以限定的研究进路是不充分的"[6]177。

实践建构论不仅为容纳已有的多种理解科学的不同方式提供了空间，而且也为引入新的理解方式开辟了通道。

传统的理智主义科学观把科学视为一种非社会、非历史的认知行为，从根本上排除了引入以社会学、政治学和经济学的方式理解科学的可能性。坚持社会建构论立场的科学知识社会学往往倾向于摒弃哲学认识论的方法，用社会学或人类学研究取代哲学认识论的研究。实践建构论把科学理解为具有异质性的实践活动，不但保留了哲学认识论的方法，为基于个体认知的个人主义认识论向基于群体认知的社会认识论发展铺设了道路，而且为关于科学的社会学分析、政治学分析和经济学分析提供了正当性和合理性，也使得把科学的政治哲学和科学的经济哲学等纳入到更加广义的科学哲学的框架之中成为可能。

科学的社会学分析经过默顿科学社会学和科学知识社会学的发展已经取得丰硕的成果。科学的政治哲学的研究方兴未艾，比如，基于把科学本质上看作是一种实践活动的科学观，劳斯在《知识与权力：走向科学的政治哲学》等著作中展示了政治哲学的分析视角对理解科学的重要性。劳斯认为："我们不能理所当然地把科学的认识论维度和政治学维度分离开来；那种用以阐释科学知识增长的实践也必须同时以政治学的方式理解为权力关系，这种关系既涵盖了科学本身，又强有力地制约着我们的其他实践形式与制度，并且决定了我们对自身的理解。"[3]

比较而言，关于科学的经济学分析，以及科学的经济哲学研究及其与科学认识论和科学的政治哲学的整合，远没有得到应有的重视。在默顿的科学社会学和科学知识社会学中，通过引入"竞争"模型和分析科学活动中基于利益冲突的社会磋商，似乎实现了对经济学的借用，但仅此是远远不够的。

事实上，从实践建构论的立场出发，科学本身就是一种经济活动，这种经济性不仅意味着某种"竞争性"隐喻，或利益关系的冲突与协调，更为重要的是，作为一种物质性和身体性的实践，科学活动不但是需要成本的，而且产生着巨大的经济后果。不论是科学实践需要成本这一长期被科学哲学家"熟视无睹"的基本事实，还是科学实践具有巨大的经济价值这一愈来愈被科学哲学家深切感受到但却不愿意在理论上正视它的重要功能，都对全面地理解科学这种实践活动具有基础性的意义，甚至可以说，如果忽视或无视这两个基本的方面，对科学的理解将是不充分的。

值得指出的是，人们已经意识到科学的经济学和经济哲学分析，及其与科学哲学和科学社会学研究相互结合的意义。卡龙在展望科学的社会研究未来两个发展方向时这样写道：一方面，"竞争模型"等对经济学的借用只限于最一般的理论和最陈旧的理论，"工业经济的概念没有得到运用。准入壁垒、差异性的投资回报、不完全竞争、多样化和差异性策略等概念可能会进一步丰富对它的分析。总而言之，对所谓的科学制度的出现和演化的历史研究还需仔细斟酌"；另一方面，"关于科学的转译网络与技术和经济学之间的联系，还很少有人研究。这样的研究也许会表明，语句、技术装置、货币、身体技能、信任和需求赖以流通的网络是如何发展的"。一经介入到这类研究，就能与邻近学科，尤其是与技术进步经济学建立起联系。"无论如何，这都是一种鼓舞人心的前景。"[10]61

正视科学实践需要成本及其具有巨大经济价值这两个基本的方面，使对科学的经济哲学分析与科学哲学、科学社会学研究结合起来，不但意味着要把科学视为一种生产性的活动和生产性的制度，而且意味着必须把科学知识生产的实践活动纳入到人类社会生产体系之中予以考察，必须把科学实践纳入到与人的再生产、物质的再生产和知识的再生产之间的相互依存的关系中予以考察。

（本文原载于《哲学研究》，2006 年第 1 期，第 65-71 页。）

参 考 文 献

[1] 盛晓明. 客观性的三重根//赵汀阳. 年度学术 2005: 第一哲学. 北京: 中国人民大学出版社, 2005.

[2] 吴彤. 走向实践优位的科学哲学——科学实践哲学发展述评. 哲学研究, 2005, (5): 4.

[3] 约瑟夫·劳斯. 知识与权力: 走向科学的政治哲学. 盛晓明, 邱慧, 孟强译. 北京: 北京大学出版社, 2004, 序言第 4 页.

[4] Pickering A. Science as Practice and Culture. Chicago: University of Chicago Press, 1992.

[5] Audi R. The Cambridge Distionary of Philosophy. Cambridge: Cambridge University Press, 1999.

[6] Rouse J. Engaging Science: How to Understand Its Practices Philosophically. New York: Cornell University Press, 1996.

[7] 曹天予. 社会建构论意味着什么? ——一个批判性的评论. 白彤东译. 自然辩证法通讯, 1994, (4): 1-9.

[8] 约翰·齐曼. 真科学: 它是什么, 它指什么. 曾国屏, 匡辉, 张成岗译. 上海: 上海科技教育出版社, 2002.

[9] Latour B, Woolgar S. Laboratory Life: The Construction of Scientific Facts. 2ed. New Jersey: Princeton University Press, 1986.

[10] Callon M. Four models for the dynamics of science//Jasan S, Markle G E, Petersen J C. et al. Handbook of Science and Technology Studies. Thousand/London/New Delhi: Sage Publications, 1995.

产 业 哲 学

唯物史观视野中的产业哲学

| 曾国屏 |

"产业哲学的兴起"是哲学对于产业和产业发展的关注与追问：哲学以自己的方式追问究竟何谓产业，什么使得产业成为产业，产业对于人和人类社会意味着什么。

一

面对近代产业革命引起的人与自然关系、社会发展的历史性变革，马克思指出，"工业的历史和工业的已经生成的对象性的存在，是一本打开了的关于人的本质力量的书，是感性地摆在我们面前的人的心理学"；"工业是自然界对人，因而也是自然科学对人的现实的历史关系"。[1]88-89 恩格斯也指出："英国工业的这一次革命化是现代英国各种关系的基础，是整个社会的运动的动力。"[2]35

在产业概念的历史演化中，重农学派时期产业主要是指农业。在资本主义工业产生以后，产业主要是指工业，常常等同于工业。随着社会生产力、服务业的发展，产业扩展到包括农业、工业、服务业及其细分各产业，乃至"到了今天，凡是具有投入产出活动的产业和部门都可以列入产业的范畴"[3]6。

逻辑地看，"全部人类历史的第一个前提无疑是有生命的个人的存在。因此，第一个需要确认的事实就是这些个人的肉体组织以及由此产生的个人对其他自然的关系。""一当人开始生产自己的生活资料的时候，这一步是由他们的肉体组织所决定的，人本身就开始把自己和动物区别开来。人们生产自己的生活资料，同时间接地生产着自己的物质生活本身"[2]67。

产业的发展是在社会生产力的发展和社会分工的发展中实现的：社会生产力的发展推动着社会分工，导致不同产业部门的形成。社会生产力包括生产者、进行生产的物质条件和社会条件。当我们说"科学技术是生产力"时，不能只停留在一般智力和技能上的理解；现实的社会生产力不在社会生产关系之外，而在社会生产关系之中。在现实的生产劳动中，这种潜在的生产力与（不可割裂的）生产关系联系在一起，才能实现对于人工物品的"常规性"生产，转化成为现实的社会生产力。由此看来，产业是物化了的社会生产力，或是社会生产力的感性现实。产业是实现了的社会生产方式，或是社会生产方式的感性现实。

以上所述并不是说，关注社会的发展只需直接关注产业的发展，而不必重视科学技术的发展，因而只需向产业发展进行直接投入，而不必考虑科学技术的投入；而是说，科技生产力推动社会发展的巨大能量的充分实现，最终要落实到产业发展上，而且也恰恰是说，科技投入与产业经济的发展要相互适应。农业时代并没有明显地表现出对于科技投入的要求，工业时代的不同发展阶段对于科技投入有相应的不同要求，而面向知识经济时代，科学技术成为第一生产力，对于科技投入也有了新的要求。

人工物的社会化过程，即是人化的社会的自然的生成过程。因此，社会的生成及其社会系统实在方式，本身是生产力和产业发展过程，即自然成为人化的社会的自然的历史过程的产物。这是社会系统自组织生成过程的自发形构。也就是说，社会的系统实在、社会系统的自发形构，不过是生产力、生产方式和产业发展以社会系统实在形式对于自身存在方式的一般展现。进而言之，我们生活的世界也就是一个产业的世界。

因此，所谓的产业组织、产业结构和产业发展，也就是社会生产方式的发展，即统一的社会生产力和社会生产关系的发展，并以社会的系统实在方式展现出来。于是，我们看到在近代以降的世界的现代化历史进程中，作为社会生活资料的生产和社会自然的生成过程，不仅改变着人与自然的关系，也改变着作为社会系统实在的存在方式。在微观上，它改变了个人和群体的生活方式；在宏观上，它形成了产业组织和结构，乃至城市化进程这样的最一般的社会系统实在。产业结构、经济基础与城市化进程相互促进，产业发展过程与社会自然的生产过程相互作用。从英国的产业革命到当代的全球化、世界的城市化进程，都体现着社会自然的生成进一步加速并向更高水平提升。

二

有了人，就有了人的产业，有了人化社会的自然生成。人所面对的自然也就成为广义的自然，既包括天然的自在的自然，也包括人化的社会的自然。因此，人与自然的关系发生的深刻变化，不仅表现于他相对于天然的自然的关系，而且也包括他与社会的自然的关系。

这是属于人的自然界、人化的社会的自然，从而天然的自在的自然对人仍然保持着优先的地位。人化的社会的自然成为自然的一部分，内在地联系着天然的自在的自然，正如马克思所说："如果懂得在工业中向来就有那个很著名的'人和自然的统一'，而且这种统一在每一个时代都随着工业或慢或快的发展而不断改变，就像人与自然的'斗争'促进其生产力在相应基础上的发展一样，那么上述问题（指所谓的'自然和历史的对立'、'实体'和'自我意识'的对立——引注）也就自行消失了。"[2]76-77

动物只生产自身，而人却通过实践创造对象世界，改造无机界，再生产整个自然界；这个人化的社会的自然的生长，作为产业——社会生产力和生产方式的感性现实，体现着人的社会实践的"投入"和"产出"，即人的社会实践具有"效果"。因此，如果不是仅仅从"抽象上""知识形态上"来把握，而是从"实践上""生活形态上"来把握，就必然会理性地看到这里的"投入"、"产出"和"效果"。实践，作为人的能动地作用于对象的活动世界，是有成本、出结果的活动。

通过实践改造对象世界，进行生活资料的生产，并以产业的形式为自己提供生活资料，这证明了实践——从而产业通过"投入"和"产出"，不仅仅是要获得效果，而且是要获得有效益的效果。于是，"投入"、"产出"和"效益"就"理性的狡黠"地进入到我们的社会实践之中。也就是说，我们的生活实践本质上也是"经济的"。人的自觉活动不仅要考虑"怎样"达到目的，而且要考虑怎样"经济地"达到目的；不仅要考虑"怎样"实现对象化，而且要考虑怎样"经济地"实现对象化。

当然，以上所述是对于人们的整个社会实践，从而对于整个产业、整个人化的社会的自然而言的。没有相对于投入的产出增殖，没有相对于消耗的价值增殖，哪里会有人化的社会的自然的发展？在此意义上，产业是人的能动的有效益的实践的结果。

　　同样地，这里所谓的效益也是对于产业整体而言的。作为一个社会性的有机体，整体之为整体，不单单是个别人或个别群体抑或个别组织、产业的算术加和。整体的效益是整体优化的结果。因此，在现实的社会运行中有一个产业总体优化的问题。有效的产业组织、协调的产业结构以及合理的产业布局等问题，才是社会中产业发展要特别关注的问题，才是关于产业的研究中要深入考察和分析的问题，以及产业发展战略和政策中要仔细掂量的问题。

　　在这个"投入"、"产出"和"效益"的实现中，科学实验作为一种特殊的人的对象性实践，具有特别重要的意义。科学实验的对象性实践通过纯化、简化、强化和再现自然现象，以局部浓缩全局、用模型反映原型、借仿真了解实际、从个别获取一般，从而得以通过特定的高投入换取相关的结果，进而换取全局的效益，成为人们可以"经济地""有效地"认识、利用和改造自然的前提和手段。实验室对于当代科学技术、产业发展是如此重要，以致科学知识社会学模仿着古希腊阿基米德的口吻说：给我一个实验室，我就能改变世界。随着当代产业的发展，亦即人与自然关系的深化，产业中的科学技术、知识的含量越来越高，科研从而从事科研活动的场所——实验室越来越重要。

　　由此可见，对象化世界的生成过程也就是一个"经济的"过程。因此，宜人优化的自然不仅仅是进行了物质变换的自然，也是一个有"价值"的自然。这是由人的认识和实践都有投入和产出的问题即都有经济特征所决定的。不讲投入产出的认识论，只是抽象的认识论；不讲投入产出的实践论，也非现实世界运行的实践论；不讲价值的真理观，亦只能是片面的真理观。借用当今科学哲学对于20世纪自身发展的反思用语，可以说，不顾及经济特征的实践观，实际上依然是一种"理论优位"的实践观，而只要回到"生活优位"的实践观，就离不开实践的经济特征。

　　因此，正是由于社会实践的经济特征，正是通过社会生产——从而产业实践的获益，科学技术方得以真正大规模地作用于社会，实现科学技术与社会的现实结合，成为社会文明发展的强大动力。通过产业实践，社会中的个别的、偶然出现的灵感、创意、发现、发明、人工物实现了社会化的传播，天然的自然演化成为社会的自然。社会自然的生长又催生着人的现代生活方式，促进了社会系统实在的演变。人的改变与环境的改变的一致，总体上也是指向一个价值增值的过程。

三

致力于"社会之物"的产业实践和产业发展，作为人能动的变革的社会实践和社会发展，是受到规律性制约的社会实践和社会发展。

联系着人的能动作用和社会发展的产业实践和产业发展，面对的是大自然的与社会性的在人与（广义）自然关系中生成的规律。这里的情况极其复杂。没有人和人类社会，哪里有关于人化的社会的自然的规律？把人化的社会的自然的规律简单地归结为大自然的规律，实际上是将社会自然彻底地还原为大自然，将有机物还原为无机物。看不到人化的社会的自然仍然是自然，过分夸大人的主观能动性，则割裂了对象性的存在关系，仅仅滞留于"此岸世界"，这孕育着唯意志论。因此，正如人类社会有一个发生和发展过程一样，人化的社会的自然的生成和人类社会的发展的规律，也不会是"先天的"，而是在人们的社会实践包括产业实践中生成的和发展的。然而，正如当代科学告诉我们的，甚至对于大自然，"未来并非是定数"[4]12，因而对于人化的社会的自然来说，就更没有机械决定论的规律的位置了。

这样说完全没有否认产业实践和产业发展，从而人化的社会的自然的发展也要受规律性约束的意思。从人与自然的关系来说，首先，人化的社会的自然的生成注定要受到大自然规律的制约。人类的全部历史告诉我们，无论人们怎样能动地经济地实践，"永动机"是造不出来的。其次，人化的社会的自然的感性世界是人类世世代代活动的结果，其中每一代都立足于前一代所达到的基础，从而每一代都受到前一代所留下来的基础的制约，人们只能在自己的历史条件下前进。再次，尽管"物质的组织和自组织"原则上有无限的丰富可能性，但在一定条件的制约下它具有发展的内在规定性，即如当代系统自组织理论告诉我们的，有着某种"不可避免性"，因此人只能在自己的物质基础条件下前进，这种条件提供了什么，他自己从中认识到并可能利用什么，制约着甚至规定着他有可能生产和创造出来什么。所以，人化的社会的自然的生成作为产业实践和产业发展的过程和结果，仍然只能是人的社会的发展的自然历史进程；人类的生活、社会自然的生成和展现，都是受着规律性制约的发展过程。

显然，规律并非不证自明地摆在我们的面前。我们认识到的规律，是在实践中能动地探索的结果。事实上，自然的和社会的世界的无限丰富性，自然的和社会的运动规律及其组合的无限丰富性，使得人们对规律的认识是一个不断地能动发展的过程，不可能一蹴而就；人们对规律的能动利用，总是在探索、建构中不断发展的，也不可能一蹴而就。因此，在现实的产业实践和产业发展中，致力于符合规律的发展，总是与社会建构的目的性的探索和发展联系在一起的。人们在产业实践中，既受着自然性规律的制约，又能动地利用着自然性规律；既在参与社会自然的生成过程中生成不以人的主观意志为转移的社会性规律，又受到社会性规律的制约。

在产业实践和产业发展中，目的性必然受到规律性的制约，社会建构性也只能嵌在自然历史性之中，归根结底，它们都要由产业实践和产业发展来检验。尽管产业作为处理人与自然、人与社会、人与人之间关系的重要体现，与满足人们的需要相联系，从而也与主体的选择相联系，"离开主体产业是不存在的，离开主体的选择产业也是不存在的"[5]75-77，但是就人们的主观愿望而言，目的不可能在目的自身之中得到解决，人们的主观愿望必须与客观实际相适应。规律不是人们主观地创造出来的，但是人们可以能动地加入到规律的生成及对规律的利用之中。

一部人类产业发展史告诉我们，产业的发展过程中既有历史的轨道依赖，又有现实的创新跨越；产业发展的阶段性与阶段发展过程中的飞跃，总是纠缠在一起；我们既需要系统地考量，又需要突出重点，形成主导产业、优势产业、有竞争力的产业，从而带动全局发展。进一步说，产业的发展还联系着资源禀赋、组织体制、市场机制以及政府政策、金融资本、人力资本等多种多样的因素，甚至也联系着社会精神、社会文化等因素。

对于追赶型发展中国家，处理好产业发展的自然历史性和社会建构性、合规律性和合目的性具有重要的现实意义。历史的经验和教训值得注意：亦步亦趋是无法实现成功追赶的，而一厢情愿同样无法实现成功追赶。要追赶，就必须认真地研究先发的轨迹，深入认识并能动地利用关于产业发展的规律性认识，这样才可能更好地实现社会建构，在创新发展中获得成功。跨越式发展是可能的，跨越有赖于创新，但无视"规律"地跨越则会"欲速不达"，这一点对于拥有强大行政组织力量的国家尤其值得注意。历史经验表明，对于产业规律，运用得好能够促进较快的发展；运用得不好则难以实现较快的发展，更难以实现较好的发展；而如果无视规律的制约，则可能导致严重的后果。

从农业社会进入到工业社会，从工业化进入到信息化，这是发达国家产业发展展示出来的自然历史进程。作为面临着当代全球化、知识信息化的追赶型发展中国家，作出以高新科技改造传统农业、以信息化带动工业化的现实选择，也就是在新的历史条件下，遵循自然历史进程中的规律进行能动的社会建构。规律是历史性的，因而人们必须进行能动的社会建构。要建构，就要进行生产要素的重组，因而只能是在探索中创新，在创新中探索。

四

从农业时代到工业时代再到后工业时代、信息时代、知识经济时代，即以"科学技术产业为标志的第三次文明——科业文明"时代[6]2，表明产业的发生发展有一个从低级向高级、由简单向复杂的演进过程。在产业研究中，产业的划分多种多样，最为基本的三次产业划分法，带着这种历史的记忆。其中，第一次产业直接作用于自然界，生产初级产品；第二次产业则是加工取自于自然的生产物，亦即将初级产品加工成为满足人类生活进一步需要的物质资料；第一、第二次产业都是有形物质财富的产业，第三次产业则是生产由前两者衍生的无形财富。[7]267-268

产业发展是指产业的产生、成长和进化过程，既包括单个产业的进化过程，又包括产业总体即整个国民经济的进化过程。当代产业不仅有着层次，而且有着不同的类型；其演化不仅有不断升级的趋势，同时也是一个不断分化的过程：不同的层次与类型纵横交错，分化和融合盘根错节。而且，其行为主体多种多样，单独或联合地发挥作用。比如，一般而言，科学、基础研究的运行存在着所谓的市场失效，需要以政府为主导进行资助。技术则视情况而有所不同：市场技术的行为主体往往是企业，公益技术和国家安全技术的行为主体往往是政府。工程，特别是大型工程与政府行为有比较紧密的联系，也往往与政府行为联系在一起。对于产业，尽管政府往往也发挥着重要的作用，但其行为主体则明显是企业。总之，当代产业形成了一个复杂演化的巨系统。

随着时代的发展，科学技术、知识在当代产业实践和产业发展中发挥着越来越大的作用，以致我们今天将其称为"以知识为基础的经济"的时代。科学技术、知识在生产力、社会经济发展中的如此巨大的作用，表明了人离开狭义的自然越来越远，因而社会自然从而广义自然的生成越来越重要。正是借助和依赖科学技术、知识，人们才可能更深入更积极地认识、利用和改造自然。换言之，人们的社会实践和社会生活越来越倚重知本而不是物本；

逐渐地远离物本，不断地深入知本，从而人在人与自然的关系中获得越来越大的自由。而且，这种自由在网络时代的赛博空间、虚拟实践中得到了进一步扩展。人们的社会实践，由直接地倚重自然资本，逐步发展到更加倚重知识资本。人们社会实践结果的对象化，由直接的物化向更多的文化的方向发展。

在当代，知识生产、生活资料的生产方式都已经发生了而且还在继续发生着革命性的变化。尽管物质生活资料的生产仍然是最根本的，但是，服务生活资料的生产、精神生活资料的生产已经变得并将继续变得越来越重要。服务业已经成为当代发达社会的最主要产业，文化产业、创意产业、咨询产业、知识产业等非物质产业的兴起，都在加强这种趋势。当代产业的科学技术含量、知识含量越来越高，从而人们获得了越来越多的进行"建构"的自由。这从一个侧面体现了人们从"必然王国"向"自由王国"的进步。

因此，产业的发展、产业的升级，在本质上使人在世界中获得了更大的解放和自由。如果说，"工业化"使我们获得了关于"物化"的自由，那么，"知识化信息化"则推动着我们获得关于"文化"的自由。在此意义上，人的自由是以文化为目的的。

但是，产业的发展未必都是宜人的发展，未必都是人与自然关系和谐的发展。人们在追求产业现代化、创造现代文明的过程中，不时会扭曲人与自然、社会的关系，甚至会加剧它们之间的对抗；人们在享受着现代文明的同时，也会不断地为"异化""传统家园的失落"而痛苦和彷徨；人们在争取自由的同时，也会不断地为"治理""秩序"所困惑。在此，产业的发展既受着认识的局限，也受着社会盲目性的局限。人化的社会的自然不仅可能导致对于人的社会意义上的异化，而且可能导致对于人的作为生命体发展的异化。人们必须对此有充分认识并时刻保持高度警惕，因势利导地进行抵御"风险"的"治理"，追求和谐的生态化的发展。

生态化不仅仅是人与天然自然关系的生态化，而且是人与社会自然关系的生态化、人类社会系统的生态化，总之，是关于人的生存和发展系统的生态化。在这个生态系统的发展中，知识资本的力量越来越大，科学技术、知识的含量不断提高，产业经济向低耗型、资源再生型、再利用型和绿色经济转变。但是，我们也必须清醒地认识到，尽管自然资本的主导地位在不断地让位于知识资本，但人毕竟是离不开自然而生存和发展的，自然资本毕竟是终极意义上的根本性制约力量，我们只能是最大限度地追求和谐生态系统的可持续发展。因此，要最充分地促进产业的现代化，促进展开着人的本质力量的自然历史进程，就必须给予人与大自然、社会的协调发展以最深切的关注，包括对科学技术、产业的发展和社会自然的生成过程进行不断的批判反思。产业发展的终极目的是为着人的自由和解放，但这是一个辩证的发展过程。因此，我们既需要建设性的产业哲学研究，也需要批判性的产业哲学研究：片面地强调任何方面都是不可取的。

科学技术和产业发展所生成的自然界是属人的自然界，但它并不是以人为本的自然界；这既是一条人和自然、社会协调发展的必然之路，又是一个充满冲突和对抗、充满不确定性和风险的曲折过程；在这个过程中，生产力的关怀和生产关系的关怀、经济的关怀和伦理的关怀、眼前的关怀和长远的关怀、现实的关怀和憧憬的关怀，都是同样需要的。各种各样的关怀都不可能是一成不变的，都只可能是与时俱进的。马克思说得好，对于人，"他周围的感性世界决不是某种开天辟地以来就直接存在的、始终如一的东西，而是工业和社会状况的产物，是历史的产物，是世世代代活动的结果，其中每一代都立足于前一代所达到的基础上，继续发展前一代的工业和交往，并随着需要的改变而改变它的社会制度"[2]76。

（本文原载于《哲学研究》，2006 年第 8 期，第 3-8 页。）

参 考 文 献

[1] 马克思. 1844 年经济学哲学手稿. 中共中央马克思恩格斯列宁斯大林著作编译局译. 3 版. 北京: 人民出版社, 2000.
[2] 马克思, 恩格斯. 马克思恩格斯选集 第一卷. 2 版. 中共中央马克思恩格斯列宁斯大林著作编译局译. 北京: 人民出版社, 1995.
[3] 苏东水. 产业经济学(第二版). 北京: 高等教育出版社, 2005.
[4] 伊利亚·普里戈金. 未来是定数吗? 曾国屏译. 上海: 上海科技教育出版社, 2005.
[5] 周书俊. 产业哲学与主体的选择性. 江西财经大学学报, 2006, (2): 75-77.
[6] 周光召. 当代世界科技. 北京: 中共中央党校出版社, 2003.
[7] 李悦. 产业经济学(第 2 版). 北京: 中国人民大学出版社, 2004.

试论产业发展人性关怀的哲学根基

| 王妍　曾国屏 |

产业发展的世界是从人工之物到社会之物的运动变化过程，更是蕴涵了产业与人的动态关系的世界。今天，伴随着对科学、技术乃至工程的哲学思索，人们在对产业进行经济学、社会学探讨时，对产业的哲学反思也逐渐兴起。产业的发展未必都是宜人的发展，为此，产业发展必然需要蕴涵某种人性关怀的逻辑前提，即人类作为产业发展的实践主体，必然使人的存在本性、生命属性、发展需要内蕴于产业发展过程之中。因此，对产业发展人性关怀的真实根基的关注与追问，就体现出根植于产业发展过程中人的生命反思意识形态的哲学介入。为产业发展过程提供符合人的存在本性、生命属性、发展需要的思维方式与价值意境，这种理论不但展现了在产业发展过程中，人作为主体存在、理性存在以及价值存在三个维度的有机统一，而且蕴涵了产业发展中特有的人文情怀与思想智慧。

一、人的存在本性：产业发展人性关怀的直观洞见

所谓人的存在本性，并非人的单纯的生物性，而是人化了的生物性，其实质体现了人的社会性。从该角度讲，人的存在本性体现了人是一种超越性的存在。正如马克思所说："吃、喝、生殖等等，固然也是真正的人的机能。但是，如果加以抽象，使这些机能脱离人的其他活动领域并成为最后的和唯一的终极目的，那它们就是动物的机能。"[1]55生物性与人的本性区别在于：前者是生物在自然选择条件下形成并且可以靠自然遗传延续下去的特性；后

者则是人在实践的选择基础上生成并且只能靠社会文化教养的积淀才能传承下来的特性。可见，人的对象性的产业发展活动对于人及其生存的意义也在于使自在自然不断地"人化"。"有了人，就有了人的产业，有了人化的社会的自然的生成。"[2]可以说，产业导致了人工物的产生，产业发展过程也是人工物的生产过程。

从人的存在本性看，人源于自然，又复归于自然，对自然有着先天的依存关系，绝不能脱离自然而仅仅以自我为中心；同时，人类虽然来自于自然，但又是万物的灵长，是亿万年自然进化的杰作，这也赋予了人一种自觉的超自然属性，使人有着超越一般自然存在物的特有意识与精神，其本性上不同于自然存在物，是对自然存在物的超越，成为超然于物性之上的"超物之物"。在产业发展过程中，人的这种特质表现为人总是要走出自身的限阈，以特有的实践活动推进产业发展进程，从而改变外在世界，自由地创生和突破自身的规定。

马克思说得好，"人双重地存在着：主观上作为他自身而存在着，客观上又存在于自己生存的这些自然无机条件之中"。[3]一方面，作为主体的人必然存在于他所赖以生存的各种自然存在物及社会环境之中。人作为一种对象性的存在，绝不能脱离对象物而独立存在。为此，人类的生存状态和生存活动必须由各种对象关系所规定、所限定。事实上，现实的自然界是经过工业（产业）中介的自然界，现实的物质世界是人类生产实践活动中介的产物，而产业并不是别的东西，它不仅是"一本打开了的关于人的本质力量的书"，更是"人的本质力量的公开的展示"，同时，也是人的生产实践活动的外在表现形式。另一方面，"人不仅仅是自然存在物，而且是人的自然存在物，就是说，是为自身地存在着的存在物"。[1]107人类与其他自然物不同，他能够按照自己的需要，通过对象性的实践活动，去超越各种既定的对象性关系，突破某种预设的生存方式，去实现"是其所是"的目的，即人性的本质既在现存的实然状态中，又在超越现存的应然状态中，受外在因素的约束和规范。

因此，在产业发展与人的主体存在的全面关系中，它不仅包含主客体关系，而且还包含系统和要素之间的关系。在这个关系中，自然界是系统的整体，而人作为产业发展与从事产业实践活动的主体，不过是系统整体之中的局部要素。在产业发展的过程中实现人性关怀既是人类对于自身的认识结果，亦是人性在实践活动中的外在显现，于是，这一过程并不是一个封闭的逼近过程，而是一个开放的建构过程。

然而，当近代主体性哲学把人看作是宇宙的最高存在，把主体视为一种绝对性的无所不能的力量时，只看到人把世界对象化了，把世界视为被主体按照自己的本性"规划"的存在。如果在产业发展即人工世界、社会自然的生成过程中，按照这种绝对以自我为中心的意识结构，就会希望外在世界围绕自己旋转，让产业发展满足自我意志的要求，构成绝对以自我为中心的意识系统。这种唯意志的要求与欲望，其根源于人的自然本性。对此，只有靠人的真实本性的关怀与实现，通过文化教养和伦理教化来限制和约束人类自身在产业发展过程中无限的生命本能来加以克服。人的存在本性决定了人类作为超物之物，必将在产业发展的过程中实现人性关怀，对绝对主体的高扬进行规约，走出对产业发展单纯的物的期盼，走进提升人性、实现产业文明的时代。

这就意味着，在产业发展过程中，并不能一味追求一时的效益而忽视自然界所能容许的限度。产业发展是促进城市化进程的重要因素，而城市化又是人与自然、人与社会、人与人协调发展的自然历史过程。"在这个历史过程中，作为种种关系协调的主导者的人，必须时时审慎地对待自己的能动性，从而更为自觉而及时地减少和剔除那些必定要出现的、无法完全避免的种种不利于人类生态系统健康演化的因素，或者促进它们向有利于人类生态系统健康演化的方向转化。"[4]

产业发展的人性关怀，使人的存在本性内蕴于产业发展的实践过程，将人类心灵底层的人文情怀发掘出来。也就是说，人类应当把产业发展的实践活动控制在自然所能允许的（包括允许超越的）限域内，因为作为产业发展实践活动主体的人，只有把自身置于自然整体当中，才有可能获得可持续发展的权利。个体的人不应当只追求产业发展带来的当下生活，而应当具备可持续生存和发展的意识，不应当为了单纯追求现世的经济效益，以占有和掠夺后代子孙的自然资源，破坏和恶化生态环境为代价。

以人的本源性的存在本性为载体，对产业发展的人性关怀使人类自觉到：人性的完美是以尊重自然包括人工的社会的自然，即以自然的整体性为前提和基础，对作为产业发展实践活动主体的人进行规约具有客观必然性，这种规约使作为主体的人在与自然的结合中认识自我、确证自我。产业发展越文明，人的存在本性的发展越完善，也就意味着人对作为自己根源的自然的理解越深刻，人与自然的关系也就越加浑然和谐。

二、人的生命属性：产业发展人性关怀的理性澄明

自然界从无机物发展到有机物，从自在的物质发展到有机生命，是自然

进化过程中的一次重大飞跃。人的生命的产生，则是生命自身进化过程中一次具有关键意义的重大飞跃。它使存在具有了自我凝聚的中心，开始属于自身的"自性"而与周围的存在区分开来。

马克思说："可以根据意识、宗教或随便别的什么来区别人和动物。一当人开始生产自己的生活资料的时候，这一步是由他们的肉体组织所决定的，人本身就开始把自己和动物区别开来。"[5]67 它表明人来自于动物，却与动物有着重大区别：人类不但是一种生命的存在，而且是一种超生命的存在。从两重性的观点出发来理解人的生命，就是把人看作是具有双重生命属性的存在：既具有被给予的自在生命，又具有自我创生的自为生命。可以说，人的双重生命属性来源于人的生存，但并不是对人的生存的简单的、直观的反映，它超越于人的生存。

在产业发展过程中，它不仅体现为对人的产业发展实践事实的理智把握，而且表现为能透视和规范人的生存本性的超验直观，是一种深刻的理性澄明。在这种澄明中，人的双重生命属性的实现是超越于自身生存的感性现实的。人的双重生命属性在产业发展过程中，投射于感性对象，通过人的产业发展实践分化了外部世界，人由自己活动所创造的世界就是以人为主体、为人而存在的属人关系的世界，其中人性关怀的蕴涵也体现了在产业发展过程中以理性的力量与方式，强化人们对道德的尊重，从而使人类的思想和行为始终保持向善的指向。

换言之，在产业发展过程中，这种实践理性就是人的自由行为摆脱不了的法则。人凭借自己的创造性产业发展实践生产所需要的生活资料，已经不仅仅依赖自然的现成天赐，这就意味着人虽然也是生命存在，却改变了生命与环境的天然关系。对于人的产业活动来说，环境变成了被人类利用和改造的对象。人的生命与环境关系的变化，意味着在"人"的层次上，生命固有的"自在性"与"自为性"的矛盾实现了统一，产业发展实践的主体——人也由此不再完全由自然来控制和支配。这说明在产业发展过程中，人类实现了自我规定、自我预设，将自身同本能生命区别开来，超越于本能生命活动之上，成为支配产业发展实践活动的主体。

诚然，人作为生命的活的有机体，它的重要特征就是能够主动地同环境进行物质和能量的交换，进而实现人的生命机体的自我生长、自我繁殖。在产业发展过程中，产业发展实践的主体——人能够主动地从外部环境吸取、补充所需要的物质和能量，而这必须以环境能够为其提供必要的物质和能量为前提，反之，人则无法生存，更无法推进产业发展。这就是说，人的生命在产业发展的实践过程中也是受自然支配、调控的。产业发展只能依附于特定的有限的环境开展，依附于双重生命属性所彰显的人的理性实现而展开。

事实上，人的双重生命属性决定了人既是事实性存在，又是价值性存在。人生活在产业发展的现实世界之中，生活在当下所给予的既定的物质世界之中，由此，人的存在是直接面向事实的展开。产业发展人性关怀使人类的双重生命属性通过对象性的思维获得了某种价值预设，也实现了人类对产业发展与自身发展及理性澄明的超越性追求。

人的双重生命属性决定了人既是现实的经验的存在，又是理想的超验的存在。一方面，在产业发展的过程中，以产业为对象的人类生产实践活动必须以现有产业发展状况为起点或初始条件，同时又要在经验中对这种现有状态做出评判与选择；另一方面，人类作为一种超生命的自为存在，又必然对这种现有状况怀有一种应当如何的关切和对应然状态的期望，以实现人性的关怀。尽管这种期望与关切是超验的，但却贯通和存在于产业发展的过程之中。

人的双重生命属性决定了人既是有限的，又是无限的。其实，在产业发展的过程中，处于每一发展阶段的人的存在都是有限的，但是人性关怀及各种终极性关怀却往往投向有限中的无限。人作为生命的存在物是一种自由自觉的存在物，这种存在是一种有限性的存在，自然界的阈限决定了人作为一种自由自觉的存在物，不能超越自然规定的生存尺度，这种生存尺度就是产业发展实践的生存界限。

通过理性澄明，人的双重生命属性决定了人不以现实的自然作为人类未来的宿命，而是通过产业的发展，不断创造和改变人的生存环境，公开展示人自身的本质力量，在实现人类自身发展的同时推动产业发展，在此过程中寻求人与自然和谐的关系。

在此前提下，承认产业发展实践活动的主体——人是作为实然的自在的生命属性的存在，也是承认在产业发展的过程中，人是现实的、可感的对象，而不是超验的，甚至是虚幻的生命属性的存在。但是，我们对人性的把握还必须承认，人之为人作为自在自为双重生命属性的存在总是要不断地从这种产业发展可感的现实中超越，超越种种限定性，在产业发展的进程中，实现人类自身所追寻的自我发展和自我确证，实现人之为人的本质。

在产业发展的动态过程中，人作为产业发展的推动者，是一种有限的理性的存在，其生命又是不断生成的，具有向世界、向历史无限敞开的可能性。人类双重生命属性的统一也是在实然与应然的不断转换中，作为一种未完成的规定性，塑造并规定着人的具体历史，从而推进产业发展的进程。

产业发展的人性关怀，不是客观给定的事实与规律，而是人的自为生命状态的自觉实践，是人性的实践与彰显，更是人的本质力量公开展示的实现路径。正如马克思所指出的："光是思想力求成为现实是不够的，现实本身应当力求趋向思想。"[6]209 人类作为生命的存在，又不满足于生命的存在，这是人之为人的生命体验。

人性关怀在产业发展过程中既在现存中，又在超越现存中；既在对自身的肯定中，又在对自身的否定中；既在对现有自在状态的确认中，又在对自为状态的追求中。也就是说，人的双重生命属性决定了产业发展内在规定了和实践着人的两重性，这种双重生命属性的矛盾也在产业发展的实践中获得统一。人不满足于其当下的存在状态，而要以产业发展实践活动为中介进行新的创造。产业发展人性关怀的实现过程既是人的双重生命属性矛盾统一的运动过程，也是人能通过自身创造性的实践活动，超越自在的生命属性，实现自为的生命属性，从而使人的存在呈现生成性与开放性的内在统一、内在和谐，同时也呼唤着在产业发展与人的理性选择之间既要保持微妙的平衡，又要达到必要的张力。

三、人的发展：产业发展人性关怀的目标指归

发展所表现的是人不断否定自身、摆脱束缚、寻求解放和自由的品性。《辞海》中对"发展"一词的解释是："事物由小到大、由简到繁、由低级到高级、由旧质到新质的运动变化过程。"[7]人的发展就是人作为有生命的个体从物质上或精神上向某一方向运动、生长、扩充的变化过程。人作为社会存在物在所从事的发展活动中直接体现了对价值意义的追寻。产业发展人性关怀使人类自身实现发展需要的活动成为一种蕴涵着意义和价值的社会性活动，具有价值意义的自明性。

在产业发展过程中，如果人类盲目追求和实现物性的、经济的需要，使发展中人的意义完全陷没于物的意义之中，就必然遮蔽发展过程中人之为人的实现，即仅仅实现了产业发展过程中人类创造物质财富的功利性价值。如果一味追求产业发展效益而不考虑可持续性，发展本身也会受到限制。发展一旦破坏了人类生存的物质基础，发展本身就无可避免地衰退了。因而，在生产力不断提高、产业发展不断进步的今天，人类往往面临精神关怀的缺失。

人们对发展需求的实现往往采取一种不合理的高代价的发展模式，从而

加剧了发展的意义危机。这种发展模式，尽管促进了生产力的巨大进步，创造出大量的物质财富，实现了人的阶段性的发展需求，但却忽视其发展的代价问题，加剧了社会发展物化追求的消极后果，使人们对发展的合理性产生了质疑。

马克思指出："现代的市民社会是实现了的个人主义原则；个人的存在是最终目的；活动、劳动、内容等等都只是手段。"[6]101市场经济也一定限度地强化了追求个体利益的意识。从生活观的角度看，强调个体利益与价值并没有错误，这也是对人的肯定、尊重和认同。但是，如果在产业发展过程中，过度强调个体利益，忽视人类可持续发展的整体价值，就极易引发生存危机。

其实，产业发展的意义并不仅仅是创造社会发展所具有的物质财富，体现一种中介性、服务性价值。在其背后还隐藏着更深层次的东西，即隐藏在物的背后所体现的人的自由全面发展的深层价值，这是人对自身自由和幸福的追寻，也是人在产业发展过程中主体性地位、理性存在与价值存在三个维度有机统一的确立和巩固。马克思第一次确立了产业（工业）是人的本质力量展现方式的思想，认为："工业的历史和工业的已经生成的对象性的存在，是一本打开了的关于人的本质力量的书。"[1]127 "联合起来的生产者，将合理地调节他们和自然之间的物质变换，把它置于他们的共同控制之下，而不让它作为盲目的力量来统治自己；靠消耗最小的力量，在最无愧于和最适合于他们的人类本性的条件下来进行这种物质变换。"[8]

这就是说，在产业发展过程中，人们不仅应该合理地调节人际关系，而且应该合理地调节人与自然的关系，使人的发展与产业发展协同进行，确认人之为人的价值。因为那时的产业实践在摆脱了异化状态之后，将成为人的自由和自觉的活动。产业发展人性关怀的路径选择使人类在产业发展过程中，不再需要通过简单地征服自然、奴役自然的方式来证明和确证人类在自然面前的尊严，而应当用人类越来越健全的理性，用人性关怀的态度和行为对待自然，以此调整产业发展过程中人类和自然之间的关系。只有建立在个人自由全面可持续发展基础上的自由个性，才能科学而全面地展示人性关怀与产业发展的协调关系。这种协调发展观奠定了实现产业文明的科学基础，从而为人与自然和谐、产业发展过程中人性的实现奠定了科学的世界观基础。从根本上看，在产业发展过程中，应避免产业实践活动中阻碍人性的发展，促进产业实践和人性发展的相互协调，并通过产业发展过程中人性的实现，自明到产业发展过程中人的价值意义的实现才是发展的本真要义。这也正是产业发展人性关怀在实现人的发展需要方面所体现的核心价值，这种关怀使人的价值与物的价值在发展中相互蕴涵，实现了人的价值对物的价值的创造、评价和选择。其中，人的发展也体现了人作为价值存在，在产业发展实践中通过肯定与否定的自我选择以实现自我生成的过程。

产业发展过程一方面满足了人类不断增长的发展需求，另一方面也为实现人类的自由全面发展提供了可能路向。当然，自由全面发展并不是黑格尔绝对精神的外化或自我实现，也不是费尔巴哈作为类存在物的人抽象孤立的发展，而是人作为对象化的存在必须在产业发展人性关怀的实现中获得自身发展需求的印证和认可。人的自由全面可持续发展，意味着作为产业发展实践活动的主体——人的存在和适合产业发展的生产力和生产关系的全面发展与进化，也体现了人作为一种价值存在的合理性。在产业发展过程中，具有高度发达的生产力、丰富合理的社会关系以及人性关怀的精神价值维度，是实现人的自由全面发展的重要条件。就人之为人的确认需要文化的培育而言，产业发展人性关怀能够使人在实现自身发展需求的同时，摆脱纯粹生物性、物质性的限制与羁绊，而发展出具有选择自由、限制自由的精神性、道德性和价值性。

（本文原载于《哲学动态》，2009 年第 9 期，第 81-85 页。）

参 考 文 献

[1] 马克思. 1844 年经济学哲学手稿. 第 3 版. 中共中央马克思恩格斯列宁斯大林著作编译局译. 北京: 人民出版社, 2000.

[2] 曾国屏. 唯物史观视野中的产业哲学. 哲学研究, 2006, (8): 3-7.

[3] 马克思, 恩格斯. 马克思恩格斯全集. 第 46 卷(上). 中共中央马克思恩格斯列宁斯大林著作编译局译. 北京: 人民出版社, 1979: 491.

[4] 曾国屏. 产业·时代·哲学. 晋阳学刊, 2005, (6): 50-54.

[5] 马克思, 恩格斯. 马克思恩格斯选集. 第 1 卷. 中共中央马克思恩格斯列宁斯大林著作编译局译. 北京: 人民出版社, 1965.

[6] 马克思, 恩格斯. 马克思恩格斯全集. 第 3 卷. 中共中央马克思恩格斯列宁斯大林著作编译局译. 北京: 人民出版社, 2002: 209.

[7] 辞海编辑委员会. 辞海. 上卷. 上海: 上海辞书出版社, 1979: 1122.

[8] 马克思, 恩格斯. 马克思恩格斯全集. 第 25 卷. 中共中央马克思恩格斯列宁斯大林著作编译局译. 北京: 人民出版社, 1972: 926-927.

产业：打开了的人的本质力量的书

| 高亮华 |

一个国家的繁荣富强与其产业发展息息相关。但为什么我们国家造不出像日本那样的便宜汽车？抑或造不出像德国那样的精良汽车？问题的关键显然不是汽车的技术原理，即它是如何发明出来的；而更多地取决于它的生产方式，即它是以一种什么样的工艺制造出来的。然而，我们常常忽视了这一点，而过分专注于产品创新而漠视对工艺技术与生产制造的控制，以为产业进步就是开发新产品，这实质上反映了我们对产业的理解的贫乏与研究上的不足，尽管长期以来我们对产业组织、产业结构与产业政策已有相当多的探讨。因此，要促进我国产业的振兴与发展，我们需要多角度地探讨与研究产业，以期对产业有一种更完整、更具统摄力的理解。其中，从哲学的高度与维度探讨产业并建立产业哲学这一新兴学科，显然是一个极富时代意义的重要课题。

一、什么是产业

一般而言，产业①泛指所有把原材料转变为产品或提供有用服务的各行各业。产业提供社会所需要的所有产品与服务，并把它们传递给消费者。因此，产业是指从事生产、制造、服务的社会经济部门。在产业经济学里，产

---

① 在汉语里，产业是一个古老的词语。在很长一段时间内，产业主要指称财产，如私人占有的土地、房屋等固定性的财产。但也可指称生产与作业，如刘邦曾自言："始大人常以臣无赖，不能治产业。"我们今天的产业概念主要是后一含义的拓展与延伸，如在《辞海》里，产业被定义为：各种生产的事业，也特指工业，如产业革命。

业被解释为使用类似的生产技术与工艺，生产同一类产品或者提供同一类服务的生产者（厂商）的集合。例如，所有生产钢铁的工厂、制造厂与企业被称为钢铁产业。旅游产业则由那些给旅行者提供服务的旅馆、旅行社、出租车公司、航空公司、铁路公司所组成。现在国际上通常把产业划分为三类：第一产业是直接作用于自然界生产初级产品的产业，包括农业、畜牧业；第二产业是把初级产品加工成为满足人类生产、生活进一步需要的产业，包括工业、建筑业、采掘业等；第三产业则是提供满足人类基本的物质资料需要以外的进一步需要的产品和服务的部门，包括流通部门与服务部门，前者如交通运输，后者如商业、金融等。

通常，一个国家的财富生活标准可由它的产业所提供的货物的数量、成本与质量来测度。美国是当今世界上最富裕的国家，实际上这是美国产业的高生产率的结果。产业革命之前，大多数人的日常所需都是短缺的，各种产品需要大量的劳动力才能生产出来。随着工业革命用机器代替人力，便宜的大规模生产的产品代替了昂贵的手工产品，结果是产品变得便宜又多起来，人类也有了越来越高的生活标准。

然而，要深刻把握产业的本质以及其在人类社会中的地位，需要我们从人与自然关系的角度出发来加以分析。人类作为一个物种，自始至终都需要从与自然打交道的过程中寻求最基本的生命需求的满足。产业正是在这种人与自然打交道的过程中产生的。产业总是作为一种人与自然的中介，作为社会生产劳动的基本组织结构的体系，直接或间接地作用于自然界以生产各种产品来满足人类生产、生活的需要。产业的发展是人类征服自然的能力不断提升的必然结果。在远古时代，人类使用的生产工具是直接取自自然的天然工具，生产力极其低下，狩猎与采集几乎是他们的所有的生产活动，没有社会分工，因此也不存在不同的生产部门。随着人类开始使用经过加工和制作的生产工具，其生产力水平有了逐步的提高从而有了生产的剩余，于是人类便尝试饲养未吃完的野兽和种植未吃完的野果的种子，这意味着人类的第一个产业部门——农业出现了。随着金属器的使用，手工业从农业中分离出来，而商业也随之从农业、手工业中分离出来。近代的第一次产业革命使手工生产过渡到机器生产，机器的使用带来劳动生产率的巨大提高，也促进了社会生产力的迅速发展。到今天，科学技术的广泛应用给农业、工业和服务业带来了翻天覆地的变化。

因此，产业是一个反映人与自然关系的范畴，深刻地反映着人与自然关系的深度和性质，表征着人类征服与控制自然的能力。

二、为什么要有产业哲学

鉴于产业在人类社会发展中的重要作用，学界不乏对产业问题的研究。产业经济学的研究已有悠久的历史，产业社会学的研究令人瞩目，一些新型的交叉学科如产业生态学、产业心理学也在成长之中。这里之所以提出从哲学的高度与维度研究产业问题，并建立产业哲学，主要基于如下理由。

（一）产业实践的需要

目前对产业问题的理论研究基本上是在经济学范畴与社会学内开展的，对产业的哲学维度的研究一直处于缺位状态。其实，产业作为一种人与自然的中介，作为社会生产劳动的基本组织结构的体系，是人类文明演进的基础，反映了人与自然的本质关系，值得进行哲学思考和挖掘。另一方面，产业和产业发展所引发的诸多问题，离不开理性思维的概括和世界观的统摄。我们应该把对产业的认识提高到哲学的高度，要提高产业界的哲学思维水平。在产业的研究中，许多争论涉及哲学理念问题，而不仅仅是单纯的经济学或社会学问题。

（二）学科自身演进的逻辑

历史证明，科学技术的发展是产业的发展与升级的根本原因。在今天，科学技术的产业化不仅促进了传统产业的升级，而且也带来了新兴产业的生长。从科学到技术到工程再到产业已经形成了一条完整的转化链条。因此，要完整地理解产业，不能不从科学、技术乃至工程与产业的相互关系来加以把握，相应地，应当确立起一种"科学—技术—工程—产业"四元论的观点①。

科学，是对自然过程、事件、物质与生命的研究。

技术，是用于提供人类生存与发展所必需的物品的手段的整体。尽管我们可以从动态的角度理解技术，但技术主要是一个静态概念，核心是知识，以及知识物化的成果。前者表现为技术原理、生产与制造工艺、操作技能等，后者表现为工具与劳动资料，或产品原型，或用于消费的最终产品。

---

① 李伯聪教授在其《工程哲学引论》（郑州：大象出版社，2002 年）一书中曾提出"科学—技术—工程"三元论，并作为建立工程哲学的重要根据。这里的观点可看作是李教授观点的适当延伸。

工程，是对影响人类条件的问题解决方案的构想与实施。如皮特（Joseph C. Pitt）在引用罗杰斯（G. F. C. Rogers）与文森蒂（W. G. Vincenti）关于工程的定义时所说，"工程指的是组织任何人工事物的设计和建造以及运转的实践，这种实践改变我们周围的物理的以及社会的世界以满足一些所意识到的需求。"[1]很显然，工程是一种问题解决活动。

产业，是人类借助科学知识与技术手段，通过工程设计与建造建立起来并加以运转与维护的生产与服务体系①。在产业的生成中，必然要涉及其他的社会因素，但科学技术与工程是其最根本性的物质基础。任何一个产业的生产（服务）方式都是技术性的。无论是一个企业，还是一个工程项目，离开了其物质技术基础，就无从谈起。在产业中，通过工程实践，或者技术发明所创制的产品原型被大量地、规模化地生产出来，或者技术发明所创制的新的工艺与生产方法被大规模地应用于生产过程，这就是所谓的技术的产业化过程。这一产业化过程，使得科学技术真正大规模作用于社会，实现科学技术与社会的结合，成为社会文明发展的动力。反过来，产业的发展又推动科学技术的进步。

一门新学科的创立与诞生，首要的任务在于该学科特有的研究对象。科学、技术、工程与产业的这种并置的四元论关系表明，产业哲学跻身于林立的哲学家族是学科自身逻辑演进的必然结果。既然存在独立的科学哲学、技术哲学与工程哲学，自然也应有产业哲学。创立产业哲学，是哲学学科体系发展的要求。事实上，在哲学界尤其是科学技术界，有大量哲学工作者在关注产业的哲学问题。

三、产业哲学的学科定位与研究主题

（一）产业哲学的学科定位

产业哲学所研究和考察的对象是整个产业领域，它是关于整个产业领域的哲学理论，是关于产业领域中所存在的问题的哲学反思。正如科学哲学是关于科学的哲学、技术哲学是关于技术的哲学、工程哲学是关于工程的哲学那样，产业哲学就是关于产业的哲学。因此，产业哲学的恰当的学科定位是

---

① 产业显然是一种定常化的体系。通过这一体系，我们可以直接或间接地面对自然界，生产出各种产品（服务）来满足人类生产、生活的需要。如通过新建炼铁厂可以生产铁，通过新建发电站可以发电。

部门哲学或亚哲学，是对产业中存在的需要哲学去解答的那些事实或问题的哲学思考。它以产业为研究对象，从哲学的高度，剖析与探讨产业的本质、产业组织关系、产业结构变迁、产业发展规律，以及产业与自然、人和社会的关系。产业哲学具有高度的理论统摄力，是关注整个经济领域中最普遍的问题，是对这些最普遍的问题的不断追问，是给人们提供产业观与产业方法论指导，而不是一般产业理论的简单重复和汇集，也不是产业实例的机械堆积和总汇。

产业哲学同时具有应用哲学性质。一方面，产业哲学具有鲜明的"问题"导向性质，围绕着产业发展所凸显的问题如产业结构调整和优化、产业政策制定等而展开。产业哲学从产业的发展实践中获得自己发展的动力。另一方面，产业哲学应该具有较为明确的"政策"含义。产业哲学研究所归纳出来的产业的一般趋势和规律性,将为产业有关的政策制定提供理论基础和思路。产业哲学的这种鲜明的实践性和应用性，不仅对产业研究的理论工作者，而且对从事具体产业界的实践工作者，都具有特殊的吸引力。

（二）产业哲学的研究主题

作为一门新建立的学科，可以有两种界定方式。第一种是从传统哲学的分类出发，如可以从知识论、价值论、形而上学与方法论等维度来讨论产业哲学。这种方式可能涵盖甚至超前地设定所有产业哲学的相关主题。但由于产业哲学有超越传统哲学的范畴，囿于传统的哲学框架有可能削足适履。较为合理与可行的方式是第二种，即适应对产业问题进行哲学反思的新情境与新的需要，在实践中熔铸出独特的哲学体系，来讨论产业的相关问题。这里提出如下产业哲学的主题框架，期待随着研究的深入而建立起独具特色的产业哲学思想体系。

（1）产业的元理论问题。产业哲学研究的逻辑起点是探讨产业是什么、怎么样，如产业的本质与特征、生产过程、产业分类、产业的要素构成与结构、产业组织、产业与科学、技术、工程的关系、产业体系、产业社会的特征等。产业是一本打开了的关于人的本质力量的书。从存在的本质上说，产业既可以被界定为一种人与自然的中介，也可以被界定为一种人工自然系统，它有自己独特的存在方式和与自然、人的联系方式。正是这些特性使产业成为一个独立的哲学研究对象。

（2）产业创新与发展。产业哲学要探讨产业发展的原因、规律与机制，如产业创新、主导产业的更替、产业革命，尤其是科技产业化的规律。产业发展是一个产业从诞生到淘汰或进一步更新的过程，以及对其他产业与整个社会产生影响的过程，在这里既要对产业的原因、规律与机制做出探讨，同时也要指明产业发展的趋势，如知识经济的发展，高新技术产业的展望。在今天，一个新兴产业的诞生往往始于某项新发明、新创造，因此需要特别关注产业创新与科技产业化。科技的产业化，是一个由发明、设计、样机转变为体现于实际生产过程、制作过程或服务过程的产业技术的过程，还要关注各门产业发展的特殊哲学问题，如信息产业、生物技术产业的规律以及所带来的哲学与社会问题。

（3）产业现象学。产业哲学要把产业当作一个重要的社会现象，探讨产业的意义，如产业的社会功能，包括产业与人、自然、文化、政治、经济、教育、艺术、道德、意识形态的关系。对产业的意义的哲学研究固然要形成对产业的一些最终的看法，但最关键的是，要澄清这些看法的基本的前设和暗含的前理解，否则，我们所最终得到的观点就没有坚实的基础。我们认为，探讨产业的意义的前设与前理解，关键是产业与人、与人的本质力量的关系。

（4）有关产业哲学的应用问题。产业哲学作为应用哲学的向度，决定它与实践密切结合的特点，因此产业哲学还涉及诸如产业管理、产业发展战略与政策、新型工业化道路等实践性较强的研究。产业哲学应突出应用性和现实性。要为政府的产业政策的制定与实施服务。尤其要抓住我国产业发展中已经存在和即将出现的重大现实问题，及时有效地形成具有自己学科特点的新思路、新观点。

（5）产业思想史。产业哲学也要探讨各种有关产业的思想与理念，尤其是一些著名企业与企业家的产业哲学思想，如福特主义、丰田的精益生产方式。产业思想对产业的驱动作用极大。重农抑商是我国古代产业发展的核心理念，使中国古代的农业文明在世界农业文明史上独树一帜，辉煌灿烂，但也抑制了近代工业在中国的生长。西方的崇商主义思想，却使得西方在经过了漫长的中世纪的黑暗后，最早步入工业文明的历史阶段。在新的产业革命的门槛前，我们需要探索新的产业理念，从而使我们这个民族再次站在新文明的制高点。

除上述问题外，有关产业价值论、伦理学、产业方法论等问题也应该引起我们足够的重视。

四、产业哲学的研究方法

产业哲学是关于产业的哲理性研究和认识，揭示的是整个产业领域的本质和一般性规律，而非具体描述各个经济过程的现象和事实，因而是形而上的而非具体的实证科学研究。但产业哲学又必须建立在经验材料的基础上。它需要超越实证，但又应基于实证。在这里需要运用各种实证方法，如比较、案例分析等方法，通过对产业领域的具体考察，提炼出规律性的东西，进而形成相关理论体系。

产业哲学也是规范性与批判性的学科，不仅要研究事物是什么、怎么样，更要在一定的价值标准下，评判事物的合理性，并研究事物应该是什么，应该怎样去解决。因此，在产业哲学研究中，我们应形成一定的价值标准，并以此研究产业活动应该是什么，以及产业问题应该怎样解决的相关问题。

（致谢：本文写作受益于与本所诸位老师的讨论与交流，特此致谢。）

（本文原载于《晋阳学刊》，2005 年第 6 期，第 56-59 页。）

参 考 文 献

[1] Pitt J C. What engineers know. The Society for Philosophy and Technology, 1998, 3: 165-174.

产业哲学视野中全球生产方式的演化及其特征

——从福特制、丰田制到温特制

｜王蒲生，杨君游，李平，张宇｜

生产方式是人类进行社会化生产的组织和实施方式，它包括生产过程中如何利用劳动资料和利用什么样的劳动资料、劳动力状况和技术水平、生产规模、生产的组织与管理模式以及产业价值链的构造方式。

生产方式是一个动态的历史演进过程。从最初级的手工生产开始，通过技术水平的提高和价值链的重构，生产方式不断由低级向高级发展和演变。特别是 20 世纪以后，随着科学技术的进步、组织管理理念的更新以及社会经济的发展，生产方式也发生重大变革与进步，在发达的资本主义社会中次第出现了福特制（Fordism）、丰田制[即丰田生产方式（Toyota Production System）]、温特制（Wintelism）等生产方式，对产业的转型、经济增长方式的转变乃至社会文化的发展产生了深远影响。本文拟从产业哲学的视野研讨全球生产方式演化的特点、条件和动力，为生产方式的进步提供理论依据。[1]

一、福特制：标准化、流水线、大规模的生产方式

所谓福特制，是指以福特公司为代表的建立在流水线作业和高度分工基础上的劳动组织方式和大批量生产方式。福特制也称作福特主义或福特生产方式，它最早由安东尼奥·葛兰西提出，被用来描述一种产生于美国的新的工业生活模式。

（一）福特制的起源与形成

福特制的源头可以回溯到 18 世纪末期。1794 年，英国机械师莫兹利发明了装有滑动刀架的车床，开创了机器制造机器的时代，促进了制造工业的规模化与标准化生产，开辟了机械制造业的崭新阶段。19 世纪 50 年代，美国普遍开始标准化部件的机器制造，通过零件的可互换、标准化以及制造的严格同时化与协作，形成了高产量、低成本的生产体系，被称为"美国制造体系"。

1913 年，极富创造才能的美国汽车制造商亨利·福特（Henry Ford）首先在汽车生产过程中采用泰勒制管理方法，1914 年装配的流水线正式运作，生产效率大幅提高，从 1906 年的年产 100 辆，到 1921 年的平均每分钟生产 1 辆，再到 1925 年平均每 10 秒钟生产 1 辆，创造了产业史上的奇迹。同年，福特提出"每天工作 8 小时付 5 美元"的劳工政策，改善工人的工作条件，提高其消费能力。[2]福特制高效率、低成本、大规模的生产还使得产品价格遽降，到 1916 年，T 型车售价仅为 360 美元，成为美国普罗大众的消费品。[3]福特方式的巨大成功，使其很快在汽车制造业推广，并被推行到家用电器制造等其他产业，到 20 世纪 20 年代，已成为广泛盛行的生产方式。

福特制的成功实施和推广，使美国在第二次世界大战期间成为世界政治经济领域中的魁首。第二次世界大战之后，福特制逐步在西方发达资本主义国家扩散蔓延，令在 20 世纪 30 年代世界经济危机中一蹶不振的世界市场重焕生机。生产、贸易和金融体系日益国际化，新的国际分工的形成与发展，大规模生产和大规模消费之间的相互促进，使得西方资本主义经历了一个长达二十多年的繁荣时期，以致西欧学者通常把 1945 年至 1974 年（核心阶段为 1950 年至 1967 年）称作西方资本主义的"福特主义时代"。[4]51 尽管福特制在各国存在差异，但仍表现出一种超越民族特点的统一特性。

（二）福特制生产方式的基本内容和特征

福特制作为统一整体，包括以下几个方面的内容。

第一，技术上实施机械化、标准化、流水线作业，大批量地生产标准化的产品，在技术水平和组织方式上达到一个新的高度。

第二，通过不断的分工与再分工，将生产任务分割为最小单元，由通过简单训练很快即可胜任的低技能工人完成。

第三，产品单一、产量巨大。面对消费需求相对单一的市场，长期大量地生产相同型号的产品，从而得以降低成本、提高效率。如福特公司长达十多年生产同一式样、同一颜色的 T 型车。

第四，生产建立在对未来高度计划的基础之上。产品较长的生命周期具有很强的可预测性，开辟新需求的突破性技术或产品创新的速度缓慢。

第五，从价值链角度来看，福特制企业的价值增值过程，更多地体现在由物品构成的实物价值链上。企业对整个实物价值链的控制范围，囊括了从原料采购、产品设计、零部件和组装件生产制造、产成品组装，直至最终产品销售以及贯穿始终的物流、资金与信息传递的所有相关战略性活动。提供产品和服务的整个过程限于一个大型企业集团内，形成了大而全的相对单一的纵向一体化生产体系，从而获得规模成本优势和垄断竞争优势。

第六，通过提高劳工薪酬、降低产品售价促进社会消费，形成大规模生产与大规模消费的良性循环。福特制企业还通过广告促销、分期付款和"人为废弃"①等营销手段和市场策略，刺激消费需求，促发了大众消费文化的兴起。[5]同时，凯恩斯主义国家干预政策与国家福利制度，不断熨平经济周期和维持有效需求，调节着大规模生产与大规模消费的良性循环。

第七，美国支配下的布雷顿森林体系（Bretton Woods System）和关贸总协定，为发达资本主义国家财富的积累过程创造了一个稳定的国际环境。[6]

从以上特征也可以看到，福特制并非仅仅意味着一种工业模式，而是容涵于整个资本主义的经济社会制度，是以大批量、标准化生产和大众化消费为基础的生产和生活方式的集合。

（三）福特制的衰微

福特制存在内在缺陷。首先，通过分工实现的劳动简单化，使直接生产者在生产过程中放弃了自主性和决定权，这种办法虽然有助于管理部门直接监督劳动强度，却不利于工人技能的提高和能动性的发挥。非技能化、单调和异化导致工人各种形式的抵制。其次，产品单一化，不能满足消费层次的差异性和消费需求的多样性。最后，获取廉价原料和能源的无限可能性，以及无限制地利用大自然作为生产和再生产"免费生产力"的前提假设不复存在。

---

① "人为废弃"也被译作"有计划淘汰"（planned obsolescence），是由汽车商斯隆创立的营销策略，意在通过制造不耐用产品，缩短产品寿命，加快消费周期，以保持旺盛的社会消费需求，增加产品销售量。

随着 20 世纪 70 年代爆发由世界石油危机引发的世界经济大萧条，凯恩斯主义国家干预政策和国家福利制度不断增加的社会开支难以为继，布雷顿森林体系崩溃使各国经济面临更加不稳定的国际环境。这些外部环境条件的变化，使福特制的内在缺陷凸显出来，导致了"福特制危机"，发达资本主义国家由此开始了近 20 年的经济结构调整过程。

二、丰田制：准时化与精益生产

（一）丰田制的兴起

以 1973～1974 年的石油危机为转折点，西方发达资本主义经济从黄金时代转入低速增长时期，盛行半个多世纪的福特制风光不再。

由于自然资源匮乏以及一系列社会历史因素，战后以丰田公司为代表的日本主导企业没有完全采用盛行一时的福特制，而是另辟蹊径，将福特制与弹性生产方式相结合，使机器负荷和利用率达到更高水平。日本企业生产的消费性商品，无论质量还是价格优势，都令西方国家难以比肩。日本的产业模式经过多年的改善与发展，形成了一种区别于福特制的管理哲学与方法体系，得到了世界范围的广泛认可，被称为丰田制或丰田生产方式。还有学者将丰田制的西欧变种称为后福特主义（post-Fordism），且有"德国道路""第三意大利""瑞典模式"等生产组织方式之别。[4]52

（二）丰田制的基本特征

丰田制以杜绝浪费、降低成本为目标，以准时化和自动化为支柱，以改善作业为基础。其基本特征如下。

（1）杜绝浪费、降低成本。丰田公司始终把杜绝一切浪费、彻底降低成本作为企业的基本原则和追求目标；认为凡是超过生产产品所绝对必要的最少量的设备、材料、零件和工作时间的部分，均属浪费，具体可细分为以下几类：①过量生产导致物流失衡和集中所造成的生产过剩浪费，这通常是浪费的最主要来源；②操作员、零件或客户的等待造成的浪费；③不必要或重复地搬运、传送和转移造成的运输浪费；④因设计不合理、设备保养不当造成的加工浪费；⑤不必要的存货浪费；⑥不必要的动作造成的浪费；⑦生产残次品的浪费。[7]为杜绝浪费，每个岗位都实行标准化作业和标准化流程。

（2）准时生产。这是一种提高总的生产效率和消除浪费的方法，可使生产发生在最合适的时间、地点，以最恰当的质量提供最必要的零部件数量。准时制将"终点"变为"起点"，即以最终客户的需求为起点。企业采用各种信息技术和组织创新来详细地追踪消费者的行为并予以及时反应，从而达到以更短的生产周期、更低的存货水平向消费者提供多品种的产品。

（3）作业自动化、标准化与人的自主性有机结合。一方面，投入大量的资金建立自动化生产线，将作业人数降到最少以节省人工费用；另一方面，通过各种轮训将车间工人培养成能够自我管理的多技能的劳动者，以减少劳动岗位，并充分发挥人的能动性与自主性。多技能的工人将质量控制、机器维护和清理工作在劳动过程中有机结合，具有发现和纠正技术缺陷和持续改进生产工艺的能力。通过将研发、生产和销售等部门的代表组成工作团队，在这三个部门之间建立起紧密的联系，打破分割设计、生产、营销和管理等职能的等级制障碍，从而使这些部门中的任何成员，无须经过等级制的纵向渠道，即可获得其他部门的信息，从而提高了工艺创新和产品创新的速度和应用性。[8]

（4）快速反应客户消费需求。面对消费需求变化加快且趋于多样化的形势，有效地组织多品种、中小批量和高质量、低消耗的生产。生产的产品丰富多样，更新周期短，积极迎合差异性需求，对客户消费需求做出快速反应。

（5）减少所有不能增加产品最终价值的中间环节。注意力集中在与其核心竞争力相适应的最具价值的战略环节，其他环节则通过各种转包合同外包给其他企业，通过与这些企业建立合作伙伴关系，构建自己的零部件与原材料供应体系，并保持在整个产品价值链中的主导地位，从而在产品生产的社会化、产业化过程中获取最大的利益。

丰田制并不是对福特制的彻底否定，而是汲取福特制标准化、流水线作业等合理内核，结合外部环境和条件，对整个产业价值链做出了创新性的调适和变革。

三、温特制：模块外包与大规模定制

（一）温特制的缘起

20世纪80年代中后期，随着信息技术的发展和个人电脑的普及，计算机产业的市场竞争游戏规则发生了改变，整个计算机产业迅速从福特制、丰田制的垂直型结构走向水平型结构。产业价值链被拆分为单个独立的节点，从上游半导体的设计、晶圆制造、测试、封装，到软件开发、硬件生产、个人电脑组装，以及鼠标、键盘、打印机、扫描仪等配套产品的生产与售后服务，都成为独立完整的产业部门，涌现出微软、英特尔、康柏、戴尔等全新的专业化企业，专攻产业链上的某个节点，业务范围极为单一，与传统多元化经营的垂直一体化公司迥然不同。这种新模式以拥有视窗操作系统的微软公司与拥有中心处理芯片技术的英特尔公司联盟推出温特平台为典型标志，故被称为温特制。Wintelism 一词就是由 windows（视窗）与 intel（芯片）组合而成，在被译为温特制的同时，也被称为温特生产方式、温特主义、视窗英特尔主义等。

温特制以高科技和强大的信息网络为基础，以产品标准、全新的商业模式和游戏规则为核心，通过控制、整合全球资源，使产品在最能被有效生产的地方，以模块方式进行组合。这种生产方式已不限于现代计算机和电子信息产业，还延伸到汽车等其他制造业。

温特制在美国率先兴起，使美国公司一举打破日本企业的竞争优势，并创造出 20 世纪 90 年代以来美国经济长时间繁荣的奇迹。温特制也成为当今引导产业发展潮流的先进生产方式。

温特制是经济全球化发展到一定阶段的产物，反过来又极大地推进了基于生产阶段分工的产业内贸易体系的发展和经济全球化的深度与广度。在这一生产方式下，标准和游戏规则的制定掌握在极少数国家或企业中，它能够确保标准制定者获取较大利润。大多数生产者则以模块生产的形式，实现和落实着这些标准，并从中获得相应利益，实现双赢。

（二）温特制的主要特征

（1）以高科技和强大的信息网络为基础，以制定产品标准和游戏规则为核心。微软公司和英特尔公司分别控制着计算机内部两个关键技术的公司，通过强化技术创新能力，不断提升新产品标准，维持其在行业中的领先地位。温特制企业还在掌握核心技术的基础上，通过产品标准不断提升和推陈出新，维持其在本行业中技术标准和游戏规则制定者和垄断者的地位，并应用控制产业标准的战略来影响一个产业的水平分工，控制整个产业的运行，整合全球资源，确保其利益的实现。

（2）模块化、外包与水平型跨国生产体系。温特制将产业链按一定的"模块"加以分割、生产和组合。模块化包含产品设计、生产、企业组织形式三个方面的模块化，是一种基于某个产品体系的流程再造。在这种产品体系中，一种产品的功能通过相对独立的、不同的零部件来加以实现，这些部件之间的嵌合是根据一套接口标准进行设计的，从而确保零部件的可替代性。随着模块化的进展，出现了外包现象，即把一项现有的企业活动转移到企业外部的过程，该过程通常伴随着将相应的资产转移到第三方（企业外部）。通过外包，企业使用外部更加专业化的资源或服务，企业原有的一些职能部门转移出去成为独立经营单位。

由于温特制实施的是跨国性专业化设计、分包、代工、大规模定制、供应链管理等模式，于是便形成了以美国企业为核心的包含研发、产品设计、采购、加工、分销及各种服务性活动的新型跨国生产体系。在新型跨国生产体系中，不同国家和地方的企业也可以根据自身的竞争优势占据价值链中的某一个节点，使同一价值链的不同企业之间可以结成战略联盟，实现优势互补和协调配合。

（3）大规模定制（mass customization）与客户群的锁定。大规模定制是大规模、高效率生产与针对客户个性化需求的定制生产的组合，即企业接到客户订单后，通过对现有的标准化零部件和模块进行组合装配，规模化地向顾客提供定制产品。大规模定制还通过提供给客户的特殊服务（比如某种特定的形象或者高质量的交货服务）实现产品的差别化。大规模定制是温特制在营销环节上的新发展，并由戴尔等公司成功使用。

（4）产品生命周期缩短，产业升级速度加快。模块化与外包使企业可以集中资源专注于产品价值链的某个环节，主导企业专注于核心技术研发和标准的快速升级，下一层级或更低层级的企业为了适应主导企业的技术标准，在产品不同模块和不同层级节点上实施快速的技术创新和标准升级，从而提高最终产品的性能并引导、响应消费需求的速度，由此使得整个产业各个节点的研发能力快速提升，以多样化、高性能、低成本的产品模块、零部件、产品组装形式和产品组合满足客户的个性化需求，提升产业竞争优势。

（三）温特制的价值链结构分析

在温特制生产方式中，产业价值链的不断分解，使市场上出现了许多相对独立的且具有一定比较优势的增值环节。一个企业的竞争能力不可能体现在商品生产的每个环节，而是取决于充分发挥和确保自身竞争优势的环节。竞争的重点不是投资，亦非降低成本，而是标准的提升和客户群体的锁定，依靠强大的信息网络，控制、传递核心技术标准和商业游戏规则，整合全球资源在不同国家和地区之间的有效配置，构建全球价值链。微软、英特尔正通过分别制定视窗操作系统、中心处理芯片的标准和游戏规则，控制销售渠道，以关键技术形成中间产品的国际品牌，借此主宰着整个产业链，成为市场垄断者。这一特点通过微笑曲线可以更直观地反映出来。所谓"微笑曲线"，是一条描述个人电脑各生产工序附加价值的抛物线，最早由宏碁（Acer）的施振荣提出，因形似笑口，而被称为微笑曲线（图 1）。

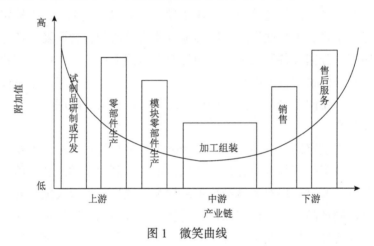

图 1　微笑曲线

在微笑曲线中，处在产业链上游从事核心技术研发和核心部件生产的企业，以及处在产业链下游从事品牌创新和营销管理的企业，都能获得很高利润，而处在产业链中游的劳动密集型制造、装配企业由于技术含量低，市场竞争激烈，利润空间狭小。微笑曲线揭示了高新技术产业中知识产权、品牌和服务等要素对产品附加值提升的重要作用。在高新技术产业的全球价值链分工体系中，美国企业利用其雄厚的科研力量，将资源集中在开发新产品、控制销售渠道、维护品牌、维持市场标准、控制资金流动、加强服务市场等最能够创造利润的微笑曲线之两端，而把耗费大量自然资源和人力资本、市场风险大、设备折旧快的生产领域逐渐转移到其他地区，从而获得了最大利益，成为经济全球化的主导。大多数发展中国家的企业则通过模块生产落实着这些标准，集中在微笑曲线利润最少的中游。[9]

四、生产方式进步的条件与相对性

（一）生产方式进步的条件

生产方式的进步，是一个系统整体演进的过程，是技术发展水平、劳动力素质、管理理念、社会发展阶段以及国内国际政治经济等诸多变量相互作用的产物。技术水平与劳动力素质是生产方式系统演化中的核心要素，价值链构造方式反映了生产系统的内在结构，政治经济形势以及自然资源条件则是系统的外部环境。根据系统论原理，生产方式的进步，首先表现为科技含量的增加与劳动力知识与技能的提升；其次表现为根据系统要素水平而实施的价值链构造的治理；再次表现为适应市场环境和自然资源条件的恰当应对；最后表现为其演化过程沿循适当的路径。只有这样，才可能实现功能上的跃迁（表1）。

表1　各种生产方式条件、动力及特征

	福特制	丰田制	温特制
主导技术及其特征	机械化、标准化、流水线；最大可能地以机器取代人的劳动。技术硬件密集型；生产过程建立在设备基础上，技术水平提升慢	自动化、信息化，软件主导型。技术水平通过内部机制提升较快	信息技术，最前端的科学技术；强调自主创新能力。新技术包括了硬件和软件要素；技术要素可通过知识产权和人才的购买实现快速漂移
劳动力的属性特征	劳动力质量低，人是机器的延伸，是机器系统的组成部分，工人没有自主性和决定权。通过简单培训即可胜任岗位需要，劳动密集型。工人之间表现为机械性的依赖，但社会关系相对独立	工人的社交和沟通能力显得很重要，社会系统是提高生产率的关键。工人通过培训掌握多种技能；人是机器的连接者，通过监督和维修来弥补机器的缺陷	受过高等训练的高知识、高技术专家和人才。突出人的主体性，人是产品的设计者、标准和规则的制定者。技术密集型。技术代替专业化的劳动力；更加依赖社会系统所蕴藏的潜在效益
生产工序和价值链结构	价值增值过程，更多体现在由物品构成的实物价值链上。企业对整个实物价值链控制范围，囊括了从原料采购、产品设计、零部件和组件生产制造、产成品组装，直至最终产品销售以及贯穿始终的物流、资金与信息传递的所有相关战略活动。企业与企业之间的竞争优势，通过采取比竞争对手更廉价和更有效地开展这些重要的战略活动来赢得	注重由信息构成的虚拟价值链。不追求大而全的价值链整体控制，而是在价值链中保留自己具备竞争优势的环节，把生产制造过程中的一些模块外包，在特定区域内建立自己的合作伙伴，构建自己的零部件与原材料供应体系，并保持在整个产品价值链中的主导地位，从而在产品生产的社会化、产业化过程中获取最大的利益	全球价值链，即由产业金字塔顶端企业掌控整个产业价值链的价值节点，如核心技术标准和商业游戏规则，多个企业参与竞争与分工，将价值链各个价值环节配置在不同的地理空间中。各个企业在全球价值链节点中专攻某个领域，其业务范围极为单一和专业化

续表

	福特制	丰田制	温特制
产品特性	单一性,更新周期长;生产主导型。通过营造大众消费文化,以及广告、分期付款、人为废弃策略扩张消费市场	多样化,更新周期短,客户主导型,积极迎合差异性需求,对消费需求反应快	丰富多样,更新极快,紧密联系市场,以大规模定制直接面对客户,满足顾客快速改变和个性化需求
与自然资源的关系	对自然资源的依赖程度高,以获取廉价原料、能源为条件,以及无限制地利用大自然作为生产和再生产"免费生产力"为前提假设。粗放式发展	通过杜绝浪费和部分生产环节外包,降低对自然资源的依赖性。集约式发展	对自然资源依赖程度较低、占据价值链的高端环节(研发、设计与售后服务),可完全实现生态化
系统要素、结构及实现功能跃迁的途径	主要通过机械论的方式对系统进行分解、组合,形成要素间层次和结构,并通过规模的线性扩张,提高效率、降低成本。与外部环境形成相对单一的刚性联系,容易因外部环境如国内外政治经济形势变化而发生振荡。企业间为点状布局	以有机论的方式建立系统,注重系统各要素质量的提升,特别是人的技能的提升。并通过对层次结构的优化,消除与功能无关的环节,来降低成本、提高效率、强化竞争力。企业间为线状布局	系统结构更加复杂、多样、合理;系统要素质量高,信息成为连接要素的主要纽带。与系统外部环境联系密切,有更多的信息交换。通过系统要素的有机结合以及与环境的良性互动,形成循环和超循环,可使功能不断提升。通过国际协约和经济联盟巩固其稳定性。企业间为网络布局

(二)生产方式进步的相对性

需要指出的是,生产方式的进步符合自组织演化规律的过程,与演化的路径选择关系极大。具体来说,生产方式的进步具有相对性,它对于不同的产业以及同一产业内不同的部门,由于科技能力、人力素质、社会经济发展水平以及资源环境存在着差异性,生产方式并不存在绝对的先进与落后,有时会在某一区域出现几种生产方式并存的局面。对于某些产业来说,原初形态的手工生产方式依然有效,比如饮食服务等行业,目前还无法以机械性、自动化的作业来完全替代;对于追求独创性的艺术品、工艺品制作,手工生产甚至是需要坚守而不容摒弃的。因此,我们一方面要高瞻远瞩,紧紧跟踪当今先进的生产方式,在条件具备的情况下,部分产业和部门力争走到产业价值链的上游,占据产业发展的战略高地;另一方面,生产方式的选择也应因地制宜、因行业制宜、因技术水平和劳动力素质制宜,不要盲目追求形式的更新和功能的突变。整体的渐进发展与局部快速超越相结合,应作为全球生产方式演化下的产业发展战略。

(本文原载于《科学技术与辩证法》,2008年第3期,第96-101页。)

参 考 文 献

[1] 曾国屏. 唯物史观视野中的产业哲学. 哲学研究, 2006, (8): 3-7.

[2] 刘晓君. 福特制(Fordism)的百年. 自然辩证法研究, 2001, (3): 62-66.

[3] 王蒲生. 轿车交通批判. 北京: 清华大学出版社, 2001: 3.

[4] 张辅群. 福特主义、丰田方式和温特尔主义之比较研究. 现代财经(天津财经大学学报), 2006, (9): 51-54, 59.

[5] McShane C. Down the Asphalt Path: The Automobile and the American City. New York: Columbia University Press, 1994: 134.

[6] 谢富胜, 黄蕾. 福特主义、新福特主义和后福特主义: 兼论当代发达资本主义国家生产方式的演变. 教学与研究, 2005, (8): 37.

[7] 王宏亮, 黄志刚, 李曼曼. 丰田生产方式的特点及其应用分析. 物流技术与应用, 2007, (2): 92.

[8] 万长松. 丰田生产方式的产业哲学基础. 自然辩证法研究, 2006, (12): 16-17.

[9] 厉无畏, 王玉梅. 价值链的分解与整合: 提升企业竞争力的战略措施. 工业企业管理, 2001, (3): 10-11.

科技伦理与环境伦理

科学家和工程师的伦理责任

｜曹南燕｜

科学家和工程师作为社会的成员，除做个好公民以外，有没有特殊的伦理责任？一种流行的观点认为，科学在本质上是进步的，是有益于全人类的。科学是探索真理的活动，而科学知识作为真理的代名词，在本质上是有利于社会的，或者至少是中性的。因此，科学家的责任就是做好本职工作。科学研究的成果越多，科学家对社会的贡献也就越大。至于有人利用这些成果危害社会、危害他人，那与科学家无关。另一些人则相信，科学知识可能给社会带来潜在的危险，因此，科学家在道义上有责任去避免科学知识被用以危害社会。

一、现代社会中责任的含义

责任（responsibility），与和社会角色联系在一起的义务（duty）、责任（obligation）以及法律上的应负责任（liability）含义稍有不同。责任在伦理学中是较为新近出现的用语，其词根是拉丁文的"respondere"，意味着"允诺一件事作为对另一件事的回应"或"回答"。它在西方宗教伦理传统中用于接受或拒绝上帝的召唤。"人行善就是指他充当应上帝召唤而负责任的人……就我们回答上帝对我们的启示而言，我们的行为是自由的……因此人的善总是在于责任。"[1]93 英语中作为抽象名词的"责任"已知最早（1776年）被用来描述统治者的一种自我权利，即"对他行使权力的每一行动的公众责任"。法语、西班牙语、德语中相应的名词也在那个时期才出现。在汉语中，责任最通常的含义是指与某个特定的职位（社会角色）或机构相联系的职责，指分内应做的事或没有做好分内应做的事而应当承担的过失。

责任一词最常用于伦理和法律时的含义是人们应对自己的行为负责，这种行为应该是可以答复的，可以解释说明的。如果说法律往往讨论行为发生以后的责任，那么伦理责任则有前瞻性。在法律体系中，角色、因果关系、义务和能力都和责任相关。但是在传统的道德体系中，对公民的要求只是尽自己的本分，遵守与其在社会中的地位相应的约定俗成的规则。责任概念并没有起显著的作用（至今在国内的许多百科全书，包括哲学大百科全书中也查不到"责任"的词条）。

在重视功利、强调个性和民主的现代社会，人不仅是社会中的一个角色，而且更重要的是行为者。现代人的行为选择是自由的，但自由是指认识到对公平和社会秩序责任的人的自由。因为原来的社会等级制度被冲垮以后，每个人追求自我利益、进行个人奋斗，会导致社会的混乱，所以人们必须学会考虑他人，以同等地位的水平来负责任。因此，现代人对"责任"的思考越来越多。德国学者马克斯·韦伯区分了"责任伦理"和"信念伦理"。"信念伦理的信徒所能意识到的'责任'，仅仅是去盯住信念之火，例如反对社会制度不公正的抗议之火，不要让它熄灭。他的行动目标，从可能的后果看毫无理性可言。"[2]108 责任伦理的行为则必须顾及自己行为可能的后果。他强调在行动的领域里责任伦理优先。

关于责任的道德理论有的强调行为者，即把责任的基础放在行动着的行为者一边（例如康德把自治——自我的责任，作为他的伦理哲学基础）；有的把对行为者的社会角色和社会职业作为伦理的基础；还有的强调自我和他人的对抗，自我存在于和他人、世界的活动关系之中。总之，作为行为者的人和行为后果之间的关系是责任的核心。

从哲学上讲，责任观念和因果性联系在一起。"责任的最一般、最首要的条件是因果力，即我们的行为都会对世界造成影响；其次，这些行为都受行为者的控制；最后，在一定程度上他能预见后果。"[3]90 然而，事物之间的因果关系往往不是一一对应的单向线形链，而是错综复杂的。原因有直接原因和间接原因之分。一个原因可能产生多种结果；一种结果也可能由多种原因共同造成，其中有些人们可能了解，有些人们却不甚了解。因此，讨论责任不是一件简单的事。

责任是知识和力量的函数，在任何一个社会中，总有一部分人，例如医生、律师、科学家、工程师或统治者，他们掌握了知识或特殊的权力，他们的行为会对他人、社会、自然界带来比其他人更大的影响，因此他们应负更多的伦理责任，需要有特殊的行规（诸如希波克拉底誓言）来约束其行为。

但从前人们的知识和力量还相当有限，以致常常把许多后果都推给了命运和永恒的自然规律，人的全部注意力都集中在做好现在不得不做的事情。随着科学技术的发展、知识的增长，人的能力增加了，人的行为本性也发生了变化。个人的行为的后果越来越复杂、严重、持久而且不易预测。现代技术已经引入有如此巨大规模的行动、目和结果，技术的力量使责任成为伦理学中必须遵循的新原则，特别是对未来的责任。哲学家汉斯·乔纳斯在他的《责任命令》一书中提出，"人的'第一命令'是不去毁灭大自然按照人使用它的方法所给予人的东西"。[3]129-130

如果说在相当长时期内西方关于公民的理论还更多强调公民的个人权力和利益的话，那么近几十年来，人们越来越强调的是"责任"。"责任"正在起着比以往巨大得多的作用，已成为当前社会中的主导性规范概念和最普遍的规范概念。[4]用卡尔·米切姆的话来说，在当代社会生活中，责任在西方对艺术、政治、经济、商业、宗教、伦理、科学和技术的道德问题的讨论中已成为试金石。[1]72 在当今大科学时代，科学技术渗透在社会的所有领域，科学家、工程师不仅人数众多而且参与社会重大的决策和管理，因此科学家和工程师的伦理责任已成为一个不容忽视的话题。

二、科学是价值中性的吗？

虽然"责任"是一个现代话题，但科学家的责任似乎被看作例外。近二三百年来，许多人相信科学是价值中性的：科学知识（纯科学）不反映人类的价值观；或者科学活动的动机、目的仅仅在于科学自身，不参与个人的价值；或者科学理论不直接对社会产生影响，科学家不对其成果的社会后果负责。

"中性论"中最具代表性而且在科学界影响甚广的是逻辑实证主义。这种观点认为，只有那些由经验的语句组成、摆脱了主观和价值因素的、能借助于数学公式和进行严格逻辑推理的具有精确性概念和稳定体系的有用知识才是科学。于是，人的社会、历史、文化、心理因素统统被排除在科学之外。科学被看作建立在事实和逻辑基础上的客观知识，它不受社会价值的影响，也无善恶之分，是价值中性的。

还有人认为不仅科学知识本身价值中性，而且科学活动的动机、目的只在于科学自身，不参与个人的价值。例如，马克斯·韦伯视科学为工具理性并从科研机构的科层制（bureaucracy，一种有效的、合理性的组织形式）要求出发认为，科学的目的是引导人们做出工具合理性的行动，通过理性计算去选取达到目的的有效手段，通过服从理性而控制外在世界，因而他主张科学家对自己的职业的态度应当是"为科学而科学"，他们"只能要求自己做到知识上的诚实……确定事实、确定逻辑和数学关系"[2]37。他甚至断言"一名科学工作者，在他表明自己的价值判断之时，也就是对事实充分理解的终结之时"[2]38。

不同时期的"中性论"有不同的形式和目的，其中有认识方面的原因，也有社会政治、经济、文化方面的原因。它反映了在科学发展的一定阶段由专业分工过细、专业化程度高而造成的注重局部、忽视整体的局限性（把科学活动和科学的社会后果截然分开）；反映了科学作为一种理性活动与人类的其他活动（例如艺术、宗教等）的区别（建立在经验事实和逻辑基础之上的科学确实有其客观性的一面，但经验事实也不可避免地渗透着价值观念）；也反映了人们对自然界基本图景的理解（近代机械论世界观把精神世界彻底和物质世界分离开来，与第二性质相联系的价值的根源不是上帝或自然界而是工业和人的功利，作为科学研究对象的自然界本身是没有价值的）；还反映了科学作为一种社会建制对自主发展的要求（为保证科学活动的正常运行，科学系统应具有相对的独立性）。正是由于这后一点，有人称"中性论"是一张面具、一面盾，甚至是一柄剑[5]。例如，17世纪，羽毛未丰的英国皇家学会的科学家以向保皇党保证保持价值中立，不插手神学、形而上学、政治和伦理的事务，作为不受检查而自由发表文章和通信的权利的交换条件。20世纪，在科学日趋强大甚至成为时代的主旋律时，"中性论"又被用作反对"科学政治化"及"科学道德化"（李森科事件、纳粹对犹太科学家的摧残）的武器。

"科学价值中性论"在某种意义上、某个特定范围内似乎可以成立，至今在学术界仍很有影响，并常常被用来作为拒绝考虑科学家的伦理责任的挡箭牌。但是如果从认识角度、从整体上来历史地考察科学产生及其发展的社会背景，科学对社会，尤其是现代社会的影响，那么我们只能把"中性论"看作一种神话或一种理想。逻辑实证主义的"价值中性论"受到历史主义和其他科学哲学流派的批判。[6,7]韦伯本人对"工具理性"以及"科层制"的局限性就有所认识。

在当今"科学-技术一体化"和"科学-技术-经济-社会一体化"的大科

学时代，科学在工业、军事中发挥着不可替代的作用，发展科技在各国都已成为国家行为，价值中立的纯科学理想的基础已不复存在。"纯科学"概念已被相对于应用科学的"基础科学"所代替。科学研究概念也被包括基础研究、应用研究和开发研究在内的研发所代替，纯科学早已不足以代表科学整体。"科教兴国""国家利益中的科学技术"等口号明确地表达了国家投资科学的社会目标。从科学自身来看，现代科学已成为一种社会事业，科学家一般都是属于某个机构或组织的成员或雇员（既然科学研究已经成为一种谋生的职业），科学发展离不开社会的支持（资金及其他社会资源），而这种支持是不可能不期望得到回报的，虽然不一定是短期的或直接的。"为科学而科学"的清高和超脱已不符合时代的要求。科技工作者必须考虑科学的社会后果以及自己的社会伦理责任。

三、对科学的社会后果的关注是科学家的伦理责任

美国科学社会学家默顿从"为科学而科学"的态度出发，把科学家的共同精神气质和伦理规范归纳为普遍主义（universalism）、公有主义（communalism）、无利益性（disinterestedness）、有条理的怀疑主义（organized skepticism）和独创性（originality）。[8]对这些规范有很多争议，本文暂不作讨论。后来又有人增加了谦虚、理性精神、感情中立、尊重事实、不弄虚作假、尊重他人的知识产权等等。科学家的研究工作本身（比如做实验）还应遵守人道主义原则（比如纽伦堡法典）以及动物保护和生态保护原则（例如，1977 年保护动物权利国际联盟通过《动物权利全球宣言》，认为所有动物都有出生的自由，也有生活的自由，每一动物都有权受到尊重等[9]）。

这些规范保证了科学的自主发展和科学知识生产的正常运行。但如果把科学放到社会的环境中，考虑科学家在社会中身份的多重性，科学家的伦理规范应该增加一条——有责任性（responsibility），即有责任去思考、预测、评估他们所生产的科学知识的可能的社会后果。如美国物理学家萨姆·施韦伯（Sam Schweber）所说："科学事业现在主要涉及新奇的创造——设计以前从来没有存在过的物体，创造概念框架去理解能从已知的基础和本体中突现的复杂性和新奇。明确地说，因为我们创造这些物体和表述，我们就必须为它们承担道德责任。"[10]

如果人们把科学（不管是否直接由科学家）给人类带来的福祉归功于科

学家的话，那么科学家对科学导致的其他消极后果是否应该负责？如果说很难要求科学家对应用前景尚不清楚且不易预测的基本原理的发现的应用后果负责的话，那么对试图把科学理论应用于实际（工业、军事或其他）的科学家（这是当代科学家中的大部分）来说，不管他们的主观动机意愿如何，都应该要求他们对其科学活动的后果作慎重的考虑。"虽然他除了设计自己的实验之外，并不设计任何东西，但他能为企图作恶或在应用上有明显危害的副作用的人工制品或工艺程序的设计，提供基础概念。"[11]只要他们的行为出于自由意志，他们在科学应用的因果链中是不可缺少的环节，那么他们对科学应用的后果就负有一定的伦理责任，当然不是全部的、直接的。韦伯认为，在行动的领域里"责任伦理"优先于"信念伦理"，必须顾及自己行为可能的后果。我们是辩证唯物主义的动机和效果的统一论者，为大众的动机和被大众欢迎的效果是分不开的，必须使二者统一起来。这种统一的基础是实践。

20 世纪以来，随着科学在军事和工业中的应用日益增加，科学技术的负面社会影响越来越明显。核战争、基因工程、与科技发展不无相关的生态危机等将对人类的生存起决定作用，科学家们对科学的社会后果再也不能漠不关心。1945 年原子能科学家致美国战争委员会的报告就反映了科学家这种责任的思考："过去，科学家可以不对人们如何利用他们的无私的发现负直接责任。现在，我们感到不得不去采取更主动的态度，因为我们在发展核能的研究中所取得的成功充满了危险，它远比以往所有发明带来的危险都要大得多。"[1]79 他们感到有责任"就因原子能释放而导致的科学的、技术的和社会的问题对公众进行科学教育"[1]81，并且相信，"致力于民众教育，让他们广泛地了解科学空前发展所带来的危险的潜在可能性，是所有国家的科学家的责任"[1]82。

世界各国的科学家还在各种场合就科学家的责任开展了广泛的讨论，其中著名的有 1957 年以来的帕格沃什（Pugwash）会议、1975 年的阿西洛马（Asilomar）会议等。20 世纪 70 年代初，科学家对重组 DNA 研究的潜在危害的讨论使科学家对其责任的范围有了新的思考，"科学家自身开始对研究者的职责和无限地追求真理的权利提出批评和表示怀疑"[1]84。近年来，关于克隆技术的伦理问题讨论是这种思考的继续。然而，对科学研究，尤其是那些可能有潜在危险的科学研究是否应该加以限制，人们对此仍有争论。有人认为，号召科学家拒绝研究可能危害社会的项目带有空想的性质[12]；也有人担心，对责任的强调是否会造成对科学家不必要的限制。

尽管如此，由于科学家掌握了专业的科学知识，他们比其他人能更准确、全面地预见这些科学知识的可能应用前景，他们有责任去预测、评估有关科学的正面和负面的影响，对民众进行科学教育。由于现代的科学家不仅从事自己的专业工作，作为社会精英，他们还经常参与政府和工业的重大决策，享有特殊的声誉，他们的意见会受到格外的信任。因此他们对非本专业特长的事应谦虚谨慎，在各种利益有矛盾时，他们有责任公开表达自己的意见，甚至退出某些项目的研究，如果他们的良知这样决定的话。

四、工程师对什么负责、对谁负责？

如果说关于科学家（主要是指理论科学家）对科学的社会后果（知识生产的间接后果）应负什么责任，人们的意见有很大分歧的话，那么，关于工程师对其工作的社会后果应负责任似乎应该没有什么分歧。工程师探索应用知识并把它们付诸实践。他们的工作与理论研究，尤其是基础理论研究的后果不同，工程项目的效果是高度清晰的。那么工程师应该怎样对工程的后果负责？

工程哲学家塞缪尔·弗洛曼（Samuel Florman）认为工程师的基本职责只是把工程干好；工程师斯蒂芬·安格（Stephen Unger）则主张工程师要致力于公共福利义务，并认为工程师有不断提出争议甚至拒绝承担他不赞成的项目的自由。"过去，工程伦理学主要关心是否把工作做好了，而今天是考虑我们是否做了好的工作。"[1]86

工程师的责任的本质是什么？他们是否和医生和律师一样要遵守某些职业行规？事实上，与为健康服务的医学和以公正为目标的法律不同，工程本身除效率以外没有什么明确的、内在的、独立的理想。早期的工程师（拉丁语 ingeniator）是指建造和使用"战争机械"的人，直到 18 世纪末，工程指的主要都是军事工程，那时的土木工程只是和平时期的军事工程，相当程度上听从于国家的指导。不管工程师的技术力量有多强，他都首先要服从，服从命令是他最主要的责任。即使后来机械、化学和电子等工程领域不断发展也没有改变工程从属于外界社会机构（政府或商业企业）的格局，工程师的服务对象也主要是政治力量或经济力量，它们远远超过单个工程师所行使的任何技术力量。

19 世纪末在一些工业发达国家，随着工程师人数的增加和手中的技术力量的增强，工程师要求独立自主，相继成立了各种工程师协会。他们认为工程师是技术改革的主要促进力量，因而是人类进步的主要力量。他们是不受特定利益集团偏见影响的、合逻辑的脑力劳动者，所以也有广泛的责任以确保技术改革最终造福人类。比如，美国工程师莫里森（George S. Morison）曾踌躇满志地宣称，"我们是掌握物质进步的牧师，我们的工作使其他人可享受开发自然力量源泉的成果，我们拥有用头脑控制物质的力量。我们是新纪元的牧师，却又绝不迷信"[1]88。另一位工程师则说："工程师，而不是其他人，将指引人类前进。一项从未召唤人类去面对的责任落在工程师的肩上。"[1]8920 世纪初到 30 年代，西方国家的专家治国运动就是这种思想背景下引发的。虽然专家治国运动并不成功，但它对全世界的政治产生长远而深刻的影响。

我们在这里要讨论的是，既然工程师要求对技术的成就接受全部荣耀，那么他们是否也应该承担工程技术的全部过失呢？实际上，工程师的责任是非常有限的。因为，所有工程技术专家的工作在相当大的程度上是受经营者或政治家控制，而不是由他们自己支配的。当然工程师对自身工作中由于失职或有意破坏造成的后果应负相应责任，但对由无意的疏忽（如产品缺陷）或由根本没有认识（如地震预报失误）而造成的影响分别应负什么责任？更重要的是，在前一种情况，即大量的工程项目是受经营者或政治家控制的情况下，工程师是否有责任，应对谁负责？对工程本身（桥梁、房屋、汽车等）、对雇主、对用户还是对国家、对整个社会？如果工程本身、公众利益、雇主利益以至社会或人类的长期利益之间有冲突，工程师应首先维护谁的利益？理想状况是作为科学共同体的一员，作为社会的一个公民，以及作为科研机构的一个雇员这三者责任的统一，但事实上，它们常常有各种冲突。

一个有争议的问题是工程师是否应该成为告发者（whistle blowers）。科学家和工程师的工作性质使他们常常直接和最早了解公司或其他机构中存在的一些问题，例如产品质量、性能的缺陷、对公众的安全和健康或环境的影响等。他们有没有权利、是否应该披露事实的真相。在实际生活中，这些告发者常常被解雇、调动或被视为捣乱者。戏剧家易卜生在《人民公敌》中曾生动地描述了这种现象。现在一些科学技术专业协会常常支持告发者，例如工程师伦理法规要求工程师在履行职业任务时把公众的安全、健康和幸福放在首位。

然而，这种要求显然偏离了默顿提出的为保证科学活动自主性的"无利益性"要求。另一方面，告发者的判断基于自己的认识，如果没有得到同行评议的认可，甚至遭到同行反对，其做法是否符合科学规范，同行是否在专业工作上不负责任？这都需要对具体问题作具体分析。当然，想从根本上解决政府、企业和公众之间的利益冲突，除像 M. 邦格所设想的力争技术的民主控制，即公众参与所有大规模的技术规划[11]之外还需要有整个社会的变革。即使这样，工程师和科学家也还是有预测和评估科学技术应用中的正负效应、对公众进行科学教育的责任。因为没有公众科学素质的提高，对科技的民主控制将只是形同虚设。

当代科技革命的新发展赋予了科技工作者前所未有的力量，使他们的行为后果常常大到难以预测。计算机信息技术、互联网、基因工程、核能、新材料等技术在给人类带来利益的同时还带来了可以预见的和难以预见的危害甚至灾难，或者给一些人带来利益而给另一些人带来危害。科技工作者的伦理责任成为急需重视的问题。总之，在科学技术高度发达的大科学时代，科学家和工程师的伦理责任要远远超过做好本职工作。

（本文原载于《哲学研究》，2000 年第 1 期，第 45-51 页。）

参 考 文 献

[1] 卡尔·米切姆. 技术哲学概论. 殷登祥，曹南燕，等译. 天津: 天津科学技术出版社，1999.

[2] 马克斯·韦伯. 学术与政治:韦伯的两篇演说. 冯克利译. 北京: 生活·读书·新知三联书店，1998.

[3] Jonas H. The Imperative of Responsibility: In Search of An Ethics for The Technological Age. Chicago: University of Chicago Press, 1984.

[4] Söderquist T. The Historiography of Contemporary Science and Technology. Amsterdam: Harwood Academic Publishers, 1997: 194.

[5] Proctor R N. Value-Free Science? Cambridge, Massachusetts, and London: Harvard University Press, 1991.

[6] Longino H E. Science as Social Knowledge: Values and Objectivity in Scientific Inquiry. New Jersey: Princeton University Press, 1990.

[7] 李醒民. 科学价值中性的神话. 兰州大学学报(社会科学版), 1992, (1): 78-83.

[8] Robert Merton, R K. The Sociology of Science, Chicago: University of Chicago Press, 1979: 269-270.

[9] 约翰·迪金森. 现代社会的科学和科学研究者. 张绍宗译. 北京: 农村读物出版社, 1988: 238.

[10] Schweber S S. Physics, community and the crisis in physical theory. Physics Today, 1993, 46(11): 39.

[11] M. 邦格, 吴晓江. 科学技术的价值判断与道德判断. 哲学译丛, 1993, (3): 35-41.

[12] B. 普罗丹诺夫. 科学与道德//中国社会科学院哲学研究所伦理学研究室. 现代世界伦理学. 贵阳: 贵州人民出版社, 1981: 289-307.

进化与伦理中的后达尔文式康德主义[①]

| 王巍 |

一、背景与问题

近年来，进化伦理学成为伦理学研究中的重要流派之一。菲茨帕特里克（William J. FitzPatrick）在《斯坦福哲学百科》的"道德与进化生物学"词条中，给出了"进化伦理学"的三种主要进路。

> 描述式进化伦理学：诉诸进化论来科学说明人类的特定能力、倾向，或者思维、感情和行为的模式。例如，诉诸远古时期的自然选择压力，来说明规范指导能力的进化，或更具体地说，我们的公平感和憎恨欺骗的起源。
> 规定式进化伦理学：诉诸进化论来支持或反对特定的规范伦理要求或理论。例如，用进化论来支持自由市场资本主义或男性占主导地位的社会结构，或者反对人类具有特殊的动物所没有的尊严。
> 进化元伦理学：诉诸进化论来支持或反对不同的元伦理理论，即关于道德话语的理论以及元伦理学的主题。例如，用进化论来支持道德判断的非认知主义语义学（即道德判断不是表征道德事实，而只是表达情感、态度或承诺）；或者反对客观道德价值的存在，怀疑我们能否对于这些价值有合理信念。[1]

① 本文得到约翰·邓普顿基金会（John Templeton Foundation）的支持。在论文写作过程中，中山大学哲学系教师邓伟生博士给出了大量深入而细致的修改意见，在此深表谢意。

然而在现实中，大多数进化伦理学还是偏重于描述层面。进化伦理学把道德理解为一系列有待说明的经验现象——人类做道德判断，而且具有特定的感情与行为方式，科学可以为此寻找因果说明。因此，大多数进化伦理学试图从进化论生物学的角度来说明人类道德的起源。传统的道德哲学家则希望寻找基本的道德原则，从而为道德判断提供辩护。

进化伦理学通常诉诸三种生物学上的利他主义：①亲缘选择或广义适合度理论，代表人物有汉密尔顿[2]；②互惠利他主义，即因为自然选择的压力而导致的合作，代表人物有特里弗斯（R. Trivers）[3]、史密斯（J. M. Smith）[4]、阿克塞尔罗德（R. Axelrod）[5]，以及间接互助，代表人物有亚历山大（L. Alexander）[6]、乔伊斯（R. Joyce）[7]等；③群体选择理论，代表人物有索伯和戴维·威尔逊等。

亲缘选择理论预言，动物会更乐于帮助与自己有亲缘关系的同类，而且亲缘关系越近，利他的程度也就越高。因为亲缘生物在基因上相似，故虽然某个生物体的特定行为会损害它自己的适应性，但却会提升它的亲缘生物的适应性，所以在总体上会提高基因传递的平均概率。[8]例如一只猴子看到危险临近时，会大声发出警告提醒同伴。尽管这样做会使它自己更可能受到攻击，但却会使整个猴群获得安全。因此从整体上看，它的基因具有更高的概率生存下来。道金斯的《自私的基因》就是阐述这一理论的代表作。[9]

特里弗斯发展了互惠利他主义理论，来说明没有亲缘关系的生物甚至是不同物种之间的利他行为。互惠利他主义的基本思想是，如果生物体期望自己所做的好事将来会有回报，那么它会乐于帮助。例如，猴子很乐于帮助同伴挠背，因为它们的同伴也会做出同样的回报。帮助的代价因为可能的回报而得到了补偿，因此互惠利他主义能够经受住自然选择而进化。[8]甚至看似残暴的鳄鱼与柔弱的燕千鸟之间也可以互惠利他：鳄鱼嘴里的食物碎屑为燕千鸟提供了食物，而燕千鸟则帮鳄鱼清洁了牙齿和口腔。

群体选择理论则表明，其个体真正利他合作的群体比起其个体自私自利的群体，更有适应优势。这些生物利他理论能否说明人类道德呢？可能很多伦理学家会辩称，进化伦理学只能说明人类道德的起源，而只有道德原则才能为人类道德提供辩护。因此，道德的起源与辩护之间，即进化伦理学与传统道德哲学之间，似乎仍有着不可逾越的鸿沟。尤其是康德伦理学，对进化伦理学形成了最为严重的挑战。例如科尔斯戈德（C. M. Korsgaard），就用康德的"自主的自治"（autonomous self-governance）概念作为真正道德的必要条件。[10]112进化伦理学强调的是人与动物之间的连续性，似乎很难回答人类的这种特殊性。

美国卡尔文学院的凯利·克拉克（Kelly Clark）教授 2009 年 11 月 12 日在清华大学做的"进化与伦理"的学术报告中，描述了道德的本质。①道德责任在两个意义上是普遍的：它们应用于类似环境中的每个人；它们延伸到每个人，无论其关系、种族、宗教、肤色或地理位置。②道德判断是客观为真的——与品位、欲望或爱好等无关。他对道德的理解就非常接近康德主义。

克拉克也提到了对生物利他主义理论的种种批评。例如，亲缘选择理论不能说明非亲缘之间的帮助行为；互惠利他机制不能说明一次性的或群体之外的帮助行为。此外，如果没有监察和惩罚系统，互惠利他就无法保障。群体选择理论也会遇到普遍性与老练骗子的问题。而且很多对于群体有益的东西，例如种族主义、精英主义、法西斯主义、反同性恋以及民族主义，在道德上都不能成立。克拉克的初步结论是：①我们的前社会行为以及德性、情感与把社会凝聚在一起的价值，都受到进化的塑造；②我们可以期待在人类互动中找到亲缘选择、互惠利他主义以及群体忠诚——但是普遍性呢？③进化论可能说明我们如何发展出道德感——使得我们掌握道德真理的一系列认知能力；但是它不能够提供道德的基础，也不能激发道德（它缺乏实践影响力）。[11]

本文试图在进化与伦理的关系中引入后达尔文式康德主义（post-Darwinian Kantianism）这一概念，希望能够填充或者至少缓和进化伦理学与道德原则之间的鸿沟。

二、科学哲学中的后达尔文式康德主义

"后达尔文式康德主义"一词借自于美国科学哲学家和科学史家库恩（Thomas Kuhn）。库恩曾因为提出了著名的"范式"与"不可通约"概念，而被广泛认为是相对主义的代表人物。然而，库恩本人否认这样的指控。他认为不可通约并不像通常所示的那样对科学的理性评价构成威胁，科学能够最终实现"通过革命而进步"。[12]160 他后来更倾向于语言学的"不可翻译性"（untranslatability）概念。1990 年，库恩在《结构之后的路》的演讲中说："不可通约性这样就变成了一种不可翻译性，局限于不同的两个词汇分类（lexical taxonomy）"。[11]93 他还进一步把"词汇分类"具体解释为"概念图式"（conceptual scheme），即"可能感知的一系列信念的支持与约束模式"。[13]94

库恩认为，不同结构词汇共同体的成员在讨论时，只是两大词汇都有很多相重合的部分，断定与证据在这些部分可以起同样的作用。接着，库恩提出了他所谓的"后达尔文式康德主义"。

> 现在可能清楚了，我想要发展的立场是一种后达尔文式康德主义。就像康德的"范畴"那样，"词汇"提供了可能经验的先决条件。但是词汇范畴不像康德的原先说法，随着时间推移以及社群的不同，可以改变而且确实改变了。[11]104

西方哲学史上最早使用范畴一词，并且把范畴论这一问题明确地标示出来的，应该是亚里士多德。亚里士多德提出了十范畴理论。法国当代语言学家本维尼斯特（E. Benveniste）指出，十范畴理论反映了希腊人通过语言去描述世界时的基本关心重点。[14]180 范畴论发展到康德时期有了很大的变化。康德把范畴看作是"理解的先验的纯粹概念"。范畴被完全内在化，成为人类认识能力的一个基本构成部分。[15]113

按照邦尼斯特的解读，亚里士多德的范畴是和语言密不可分的。[14]180 那么，由于不同的民族有不同的语言，便有可能会产生不同的范畴。康德则认为，范畴主要与人类的认识能力有关，即与思维有关。因此，康德的十二范畴较为固定，而且被认为是人类普遍具有的。在某种意义上，库恩所持的是介于亚里士多德与康德之间但更偏向亚里士多德的立场：范畴是依赖于范式的。笔者这样理解库恩的立场：达尔文主义是对的，因为范式使得共同体可以更好地（或更糟地）认识世界从而改造世界。在这个意义上，世界在选择我们的范式：任何不适应的范式都将被淘汰出局。与此同时，康德主义也是对的，因为所有范畴都是人类给出的，而且在该共同体中是相对普遍和必然的，它们是人类感知经验的先决条件。

三、来自科学哲学的类比

如果说在道德哲学领域存在着道德起源与道德辩护的二分，那么在科学哲学中也可以看到类似的二分，这就是赖兴巴赫（Hans Reichenbach）所谓的"发现的与境"与"辩护的与境"。"发现的与境"可能没有逻辑可言，例如有科学家甚至是在睡梦中发现了苯环的结构;但是一旦科学理论被提出之后，它必须接受严格的检验，这一检验应该是逻辑的。因此，后来波普尔（Karl

Popper）提出了"发现的心理学"与"辩护的逻辑"。

康德认为，人类的道德义务是实践理性的要求，道德义务是由道德法则确定的，而道德法则是普遍法则，适用于所有理性存在者。道德义务在指导人类行动时，具有像命令一样的力量。而且这样的命令是绝对命令，其形式是"做 X！"，而不是"如果你想要 A，那么做 B"的假言命令。[16]171-180 因此，康德主义者认为道德法则与逻辑一样，都是先天的，因而都是普遍而必然的。

然而，在知识论与科学哲学领域，逻辑的不变性与必然性受到了蒯因（W. V. Quine）的猛烈批评。蒯因质疑了经验论的两个教条："一个教条是相信分析真理（以意义为基础，与事实无关）与综合真理（以事实为基础）之间有根本区别；另一个教条是还原论"。[17]20 蒯因提倡一种整体主义的知识论。他的格言是："经验意义的单元是整个科学。"[11]42

如果蒯因对分析-综合二分的批评成立，那么逻辑就成为人类知识中最核心的部分，因而也是最稳固、最难改变的。蒯因提出没有教条的经验主义的图像。

> 我们所谓知识或信念的整体，从地理和历史的最偶然事件到原子物理学甚至纯数学和逻辑的最深刻的定律，都是人造的织物，它只是在边缘与经验相连。或者换个图样，整个科学就像一个力场，它的边界条件是经验。边缘部分与经验的冲突，会引起力场内部的再调整。我们的某些陈述必须重新分配真值。对某些陈述的重新评价会引起对其他陈述的重新评价，因为它们之间有逻辑关联——而逻辑规律也只不过是系统的某些特定陈述、场的某些特定元素。
>
> ……任何陈述都可以被当成真的，如果我们在系统的其他部分做出足够剧烈的调整。甚至非常靠近外围的陈述面对倔强的经验时，也可以通过诉诸幻觉或者修改被称为逻辑规律的特定陈述，而被当成真的。反之，由于同样的原因，没有什么陈述可以免于修改。[17]42-43

作为类比，我想把这一图像应用于进化伦理学：康德式的道德法则并不像他本人宣称的那样普遍而必然，它们只是人类道德系统中最核心的部分，因此也是最稳固、最难改变的部分。但是，正如为了在整体上与经验相符，最稳定、最难改变的逻辑最终也是可以修正的，为了与丰富多彩、日新月异的人类生活相适应，最稳定、最难改变的道德法则最终也是可以修正的。

四、康德伦理学面临的挑战

在今天的伦理学研究中，康德的伦理学面临很多挑战。如果我们采取后达尔文式康德主义的立场，有一些挑战就可能被缓解。

第一，是义务论与后果论的争论。在伦理学中，义务论与后果论是一个长期争论不休的话题。义务论者认为，一个行为在道德上是否正确，不能由其后果来决定，因为有些行为即使能带来好的结果，仍然可能在道德上是错误的。后果论者认为，一个行为是否道德完全由它的后果所决定，能够带来"好"（good）后果的行为才是道德上"对"（right）的行为，即"好"优先于"对"。

康德通常被视为义务论的代表。义务论可能面临的问题是：坚持某些甚至可能使世界变得更糟的道德责任，似乎是不理性的；道德与责任之间可能相互冲突；相对迫切性悖论；等等。[18]当然，后果论也遇到了很多诘难。

如果我们在伦理学中引入后达尔文式康德主义，那么义务论与后果论的冲突有可能被缓解：道德判断最终是为了让我们的生活世界变得更好；但是这些道德判断并非简单的功利主义或后果论，而是有逻辑结构的。有些道德判断被内在化或公理化，最终成为整个道德系统的核心部分。对于我们来说，这些部分是最重要、最不可改变的，于是它们就成为道德义务。然而，正如蒯因的"信念之网"（web of beliefs）[17]42 所表明的，为了使我们的道德系统可以更好地和生活世界相适应，最核心的道德义务就像逻辑一样，也是可以修改的。

第二，是普遍道德与多元主义的冲突。康德认为道德原则是先天的，因而普遍且必然。但是在现实世界中，我们总是发现在不同社群的道德系统之间可能会有结构相对性，这些相对性带来的道德冲突可能很难找到共同的基础来理性比较，甚至最终会走向暴力冲突。例如哈佛大学政治学教授亨廷顿（Samuel P. Huntington）就提出了"文明冲突论"。[19]

然而，如果我们接受后达尔文式康德主义，那么我们就既可以承认道德的多元性，又不至于走向相对主义：道德是指导人类实践、帮助人类更好适应世界的有效工具，所以不同文化可能有多元的道德系统；但是这些道德系统并不是任意的或相对的，因为所有的文化都必然会面对很多问题与困境。各种文明必须互相学习，才能更好地适应世界。①

---

① 关于反对相对主义的论证，可参看拙著《相对主义》（清华大学出版社 2003 年版）。

第三，如果道德像康德认为的那样是必然的，那么道德还会进化吗？我们看看人类历史，很容易可以发现道德的偶然性——道德是可以发展变化的。例如，"三纲五常"曾经被认为是中国传统道德中最重要也最天经地义的部分，但是现在已经被我们抛弃了。这在后达尔文式康德主义看来完全可以得到解释：人类的道德原则就像认知范畴一样，虽然是最核心、最稳定的，但还是会发展变化的。即使如康德的黄金律，可能很大程度上也受到了近代科学所带来的普遍性观念的影响。

第四，自然主义与人类独特性的冲突似乎也是康德哲学的一大难题。现代哲学中通行的自然主义，更多地强调人与动物之间在生物学上的连续性。康德主义者是最反对自然主义的，这种反对不是因为他们否定人与动物之间在生物学上有连续性，而是因为自然主义似乎无法说明规范性问题。

后达尔文式康德主义似乎有助于解决这一冲突。如前所述，在科学哲学中虽然有过"发现的与境"与"辩护的与境"的二分，但是随着蒯因与库恩工作的开展，很多科学哲学家已倾向于认为"发现的心理学"与"辩护的逻辑"之间并不能够截然分开，而是有着密切联系。那么在伦理学中，我们是否也不能分开"发生"与"辩护"呢？①

总之，在后达尔文式康德主义看来，康德的道德法则就像逻辑一样，虽然是人类实践中最核心最稳固的部分，但并不是必然的，也不是完全形式的（即不含经验内容的），而是可以根据人类实践的需要而发展变化的。因此，如果我们持后达尔文式康德主义的立场，那么以上所述的"四大二分"——义务论与后果论、道德的普遍性与相对性、道德的必然性与偶然性、自然主义与人类独特性——就并不是那么截然，从而对康德哲学的挑战有可能被缓和。

---

① 有学者用"互补"和"反馈循环"的概念阐释这种关系。朱葆伟先生在《实践智慧与实践推理》一文中指出："这里的'互补'，是两个逻辑上相互独立的系统之间的关系，它们之间不能还原，也不能从一个推出另一个；'循环'则是说二者又相互生发，一方以另一方为自己发生和存在的前提，就像生物学中蛋白质和核酸的关系：核酸为蛋白质编码，核酸又要在蛋白质的帮助下才能生成。这是一个开放的过程，是伦理价值标准（直至宇宙形而上学）与生活实践一起发展，并由一个复杂的调整程序不断修改的过程。传统、文化、社会中已有的价值观念和合理性标准，各种经验性的东西，乃至生活实践中有待实现的更好的存在可能性，等等，都只是我们活动、思考的出发点而不是作为其不变的尺度，需要在实践中，在实行和运用中，在理智的思考和反思中，去具体化它们，去解释、检验、批判、确定和修正它们。在这个不断地反馈到起点的循环往复中，不仅标准得到了发展，而且那些带有假设性的、不确定的标准获得了确定性，从而也获得了某种'先验'的品质。"（参阅文献[20]83-84）

五、进化与伦理中的后达尔文式康德主义

在进化与伦理中，我们似乎可以模仿库恩的说法。如果把"词汇"替代为"道德原则"，同时用"道德判断"来替代"经验"，我们就可以得到类似库恩的演讲《结构之后的路》中的一段话：就像康德的"范畴"那样，"道德原则"提供了可能道德判断的先决条件；但是道德原则不像康德的原先说法，随着时间推移以及社群的不同，可以改变而且确实改变了。

在《施于他人：无私行为的进化与心理学》一书中，索伯与威尔逊复兴了群体选择理论。他们辩称，群体选择在概念上是融贯的，在经验上是进化有据可查的原因，在人类进化中尤其重要。他们也为人类具有利他动机提供了进化论的论证。[21]185

群体选择理论似乎为后达尔文式康德主义提供了因果机制。在上书中，索伯和威尔逊提出假说：群体选择是人类进化的强大力量。例如，群体选择包括群体之间的直接竞争，战争就是最好的例子。他们分析了东非的两个部落，其中一个部落就是因为在团队组织方面更加优胜，从而侵占了另一部落的领土和资源。[11]194-196

索伯与威尔逊也探讨了在群体之间没有相互作用情况下的竞争。在这种情况下，合作的群体往往在科学技术、法律政治、文化思想上都表现出更好的优势。众所周知，在鸦片战争之前，中国和西方的接触交流并不频繁。但是更有组织性的西方国家最终击败了孙中山称为"一盘散沙"的大清帝国。

索伯与威尔逊问："为什么道德会进化？"他们认为，道德的社会功能是让人们去做原本不愿意做的事，或是强化人们已有点意愿做的事情。很多时候道德的流传与扩散是因为它们使群体获益，而且道德的特征可以由群体选择来说明。索伯与威尔逊希望，他们的著作可以吸引社会科学家去做进一步研究，发展他们的假说——道德是群体适应。[21]205

如果上述后达尔文式康德主义的论证成立，那么康德主义是正确的：因为道德是人类给出的，而且由人类内在化、公理化。不过达尔文主义也是正确的：因为道德系统可以是"过度竞争"，但是世界会做出最终的"自然选择"。

后达尔文式康德主义并非对康德哲学的反驳，而是对它的发展。后达尔文式康德主义赞同康德哲学的核心观念：人类不仅是自然的立法者，也应该

是道德的立法者。如果说后达尔文式康德主义对康德哲学有所改进,那可能是因为我们的认识范畴与道德律令并不是先天的,而是发展变化的,也可能是多元和偶然的。当然,虽然我们既是自然的立法者,又是道德的立法者,但是这并不意味着我们可以任意地或胡乱地给出律则。因为我们提出的自然律与道德律最终都要经受实践的检验,要由世界来做出最后的判决——这正是进化论所谓的"自然选择"!

六、进一步的问题

必须承认,后达尔文式康德主义虽然可能解决一些问题,但是也会带来新的难题。首先,康德道德哲学究竟该如何解读?虽然正统的观点认为康德是义务论者,但是也有一些哲学家认为康德道德哲学可以作目的论的解读。[22]此外,后达尔文式的康德主义是否还是康德主义?也许很多康德主义者会对此持否定看法。在此,笔者希望辩护的是一个介乎达尔文主义与康德主义之间的中间立场。如果康德主义者认为这样的立场仍然过于自然主义,违反了康德道德哲学,那么笔者以为,也可以将其改称为"后康德式的达尔文主义"(post-Kantian Darwinism)。

其次,虽然索伯与威尔逊的群体选择理论以及多层次选择(multilevel selection)理论在生物学哲学中已被广为接受,但是仍有很多细节有待进一步研究,尤其是在道德心理学方面。

最后,我们也要注意到群体选择可能带来负面的结果。在历史上落后的文化有时也可能战胜先进的文化,例如盛极一时的西罗马帝国最终亡于日耳曼人之手。当然,文明的程度未必与道德成正比,但是这样的逆向选择可能会给道德进化观带来极为悲观的反例。对于这样的诘难,笔者认为群体选择只是为道德进化提供了可能性,而不能保证道德进化的必然性。可是什么又能保证这样的必然性呢?

笔者的专业是科学哲学,既非生物学家,也非道德哲学家。本文只是从科学哲学的角度,为道德哲学提供"他山之石",希望得到哲学界同人的批评指正。

(本文原载于《哲学研究》,2011 年第 7 期,第 109-115,128 页。)

参 考 文 献

[1] FitzPatrick W. Morality and Evolutionary Biology. http://plato.stanford.edu/entries/morality-biology/[2011-01-01].

[2] Hamilton W D. The genetical evolution of social behavior. II. Journal of Theoretical Biology, 1964, 7(1): 17-52.

[3] Trivers R L. The evolution of reciprocal altruism. The Quarterly Review of Biology, 1971, 46: 35-37.

[4] Maynard Smith J M. Evolution and the Theory of Games. Cambridge: Cambridge University Press, 1982.

[5] Axelrod R. The Evolution of Cooperation. New York: Basic Books, 1984.

[6] Alexander R. The Biology of Moral Systems. New York: Aldine de Gruyter, 1987.

[7] Joyce R. The Evolution of Morality. Cambridge: The MIT Press, 2006.

[8] Okasha S. Biological Altruism. http://plato.stanford.edu/entries/altruism-biological/[2011-01-01].

[9] Dawkins R. The Selfish Gene. Oxford: Oxford University Press, 1989.

[10] Korsgaard C M. Morality and the distinctiveness of human action//Macedo S, Ober J. Primates and Philosophers: How Morality Evolved. Princeton: Princeton University Press, 2006.

[11] Sober E, Wilson D S. Summary of: "unto others"—the evolution and psychology of unselfish behavior. Journal of Consciousness Studies, 2000, 7: 185-206.

[12] Kuhn T S. The Structure of Scientific Revolution. Chicago: The University of Chicago Press, 1970.

[13] Kuhn T. The road since structure//Conant J, Haugeland J. The Roadsince Structure. Chicago: The University of Chicago Press, 2000.

[14] 关子尹. 从哲学的观点看. 台北: 东大图书公司, 1994.

[15] Kant I. Critique of Pure Reason. New York: MacMillan Press Ltd, 1996.

[16] 程炼. 伦理学导论. 北京: 北京大学出版社, 2008.

[17] Quine W V. From a Logical Point of View. Cambridge: Harvard University Press, 1980.

[18] Alexander L, Moore M. Deontological Ethics. http://plato.stanford.edu/en-tries/ethics-deontological/[2011-01-01].

[19] Huntington S P. The clash of civilizations. Foreign Affairs, 1993, 72(3): 99-118.

[20] 朱葆伟. 实践智慧与实践推理. 马克思主义与现实, 2013, (3): 72-78.

[21] Sober E, Wilson D S. Unto Others: The Evolution and Psychology of Unselfish Behavior, Cambridge. Cambridge: Harvard University Press, 1998.

[22] Johnson R. Kant's Moral Philosophy. http://plato.stanford.edu/entries/kant-moral/[2011-01-01].

生态女性主义及其意义

| 曹南燕　刘兵 |

编者按：妇女问题在历史上和当代社会，一直是人们关注和争论的重要问题之一。它植根于人类解放自身的运动，是这个运动的有机组成部分。它涉及政治、经济、文化以及人与人、人与社会、人与自然等极为广阔的领域和方面，不能孤立、抽象地仅仅看作是妇女自身的问题。从马克思主义的观点来说，妇女解放的程度是社会进步的尺度、标志，这是从人类总体的哲学高度来把握这个问题的。多年来，世界范围内研究妇女问题的论著可以说是汗牛充栋，也有从哲学角度探讨问题的，但大多是政治学、社会学乃至人类学的研究。近年来，国内学术界开始关注这个问题，但从马克思主义哲学高度来探讨这个问题的论著却并不多见。如何从马克思主义的唯物史观出发，结合这个问题的历史、现状及改革开放中的新问题，诸如妇女在社会生活中的地位、价值、意义、自由而全面地发展……进而深入到关于妇女问题的本质、妇女解放的道路及目的的探讨上去，应该说是哲学工作者义不容辞的责任。因此，本刊特发表这组文章，意在引起哲学界对这个问题的关注和探讨。

生态女性主义是妇女解放运动和生态运动相结合的产物，是女权运动第三次浪潮中的一个重要流派。继19世纪中期到20世纪初女权运动的第一次浪潮和20世纪60年代的第二次浪潮之后，70～90年代女权运动经历了第三次浪潮。[1]如果说第一次浪潮的特征是要求平等的女权主义，第二次浪潮的特征是激进的女权主义的话，第三次浪潮则可以说是自然的女权主义，它既继承了过去的理论，又开拓了新的研究领域。除致力于社会改革之外，它还把这种政治运动扩大到知识领域，从各种角度研究女性本性和男性本性的差别，探讨女性角色、女性价值，并进而对造成歧视妇女、压迫妇女的父权制进行了全面、深入的分析和批判。

1974 年，法国女性主义者奥波尼（F. d'Eaudbonne）首先提出了生态女性主义（ecofeminisme）这一术语，她提出这一术语的目的是想使人们注意妇女在生态革命中的潜力，号召妇女起来领导一场生态革命，并预言这场革命将形成人与自然的新关系，以及男女之间的新关系。[2]此后，生态女性主义一直是新闻界关注的大众政治运动。它包括了妇女权益、环境保护、科技发展、动物待遇、反对核技术、反对战争等诸多方面。许多关心生态问题的女性主义者、关心妇女问题的生态主义者，以及关心环境问题和妇女解放的科学史家、哲学家等，在不同的意义上使用了生态女性主义这一术语。各种生态女性主义流派通过对妇女与自然的联系的分析，使妇女参加生态运动成为严肃的大众性的政治活动。目前，生态女性主义在西方国家，尤其是在法国、德国、荷兰和美国的女权运动和环境运动、环境哲学和生态伦理学中，越来越受重视，并有相当大的影响。

一、妇女与生态运动

20 世纪 70 年代以来，许多女性主义者，特别是生态女性主义者都赞同这样一种观点，认为环境问题是女性主义要解决的问题之一。世界各地有许多妇女成为生态运动的积极分子。在瑞典，她们把用受污染的浆果做成的果酱送给议员，以抗议在森林中使用除草剂；在印度，她们参加"抱树运动"，以保护将被用作燃料的林木；在肯尼亚，她们积极植树，投身于"绿色运动"，以使沙漠变成绿洲。英国的妇女抗议核导弹对地球上生命的威胁；德国的妇女帮助建立绿党，使之成为追求国家及地球的绿色未来的讲坛。1987 年，生态女性主义者还召开了纪念《寂静的春天》一书出版 25 周年的大会，号召妇女投身并引导生态革命，以保护地球的生态系统。

生态女性主义坚持这样一种观点：当前全球危机是可以预言的，是父权文化的产物。[3]某些生态女性主义者认为，女性之所以要积极投身环境运动，不仅因为环境污染对妇女损害更大，而且因为女性的本性和同生态运动有着特殊的关系。她们认为从较"女性"的视角去看待环境，将有助于解决生态危机。她们提出的问题包括：

（1）女性角色。沙勒（A. K. Salleh）在《比深层生态学更深》一文中指出："父权社会不能认识妇女和生活经验的价值，而我们需要做的，则是要去认识这种价值。传统女性的角色与掠夺性的技术理性相反，它为真正有根基的养育环境伦理学提供基础。妇女往往不寻求对地位的确认，而是更关心环境。"[4]

（2）女性原则。希瓦（V. Shiva）在《发展，作为西方父权制的新计划》一文中，揭示了西方的发展模式造成的贫穷。[5]她坚持认为，产生这种坏的发展的基础是西方的父权制。这种父权制忽视自然和女性，缺乏女性原则，破坏了男女之间的整合与和谐，干扰了男女之间的合作与统一。女性原则是与保护和养育相关联的。女性原则被镇压的结果，就是生态危机与对妇女的统治和剥削。

（3）女性直觉。有人假设，妇女对自然有一种特殊的理解。妇女有生养抚育孩子的能力，因而有一种直觉，可不费力地知道地球是有生命的。[6]

（4）女性价值。这通常指关怀、同情和非暴力，以及对女神的崇拜。一些崇拜女神的文化把女性看作是有价值的。这些文化强调和平，理解人与非人的自然之间的关联。艾斯勒（R. Eisler）在《盖娅传统和合作未来》一文中指出，史前社会崇拜自然和精神的女神——我们伟大的母亲、所有生命的给予者和创造者，但更吸引人的是这些古代社会被建设得如此和平，恰如我们今天想要建设的社会。这些社会有我们今天所谓的生态意识，知道必须尊重、崇拜地球。对给予生命和维护生命的地球的尊重来自这样一种社会结构，在这种社会结构中，妇女和女性价值没有屈服于男人和男性价值（即征服和统治），女性给予生命的力量被赋予很高的价值。艾斯勒主张，要重新肯定古代我们与伟大母亲——自然和精神女神——的神圣契约，肯定被贬值的女性价值，以便形成较好的生态意识。[7]

（5）女性对自然的认同。基尔（M. Kheel）认为，妇女对于她们与自然界的联系的感受不同于男人，妇女对自然界有一种认同感，以一种具体的、爱的行动与自然界相联系。因此，妇女更接近于自然，更适于考虑和理解人与自然的关系。[8]

但是，也有一些生态女性主义者不大赞同上述这些提法。例如，达维恩（V. Davion）认为这些观点至多只能算女性的生态学，而不是女性主义的生态学。[9]因为在女性主义看来，在父权制社会中形成的女性角色、女性原则和女性价值本是性别压迫的产物，是要批判和否定的东西，至少要对它们重新进行考查。例如，如果承认妇女对自然有一些特殊的理解，有一种直觉，那么这种直觉是生理原因还是心理原因造成的呢？不能假定所有的妇女都感到与自然有特殊的联系，否则我们就不能认识妇女之间存在的重大差别，就会导致无批判地推崇妇女经验。事实上，有一些男人可能比妇女有更多的这类感觉。如果这种认识论上的优越性是由父权制下的性别压迫造成的话，我们就应把它看作是被扭曲的。即使它并非被扭曲的，我们也要问，是否还有其他途径可以获得它。否则，我们的社会就会有这样的危险，认为对于创造机会去获得解决生态危机所需的知识来说，压迫妇女是必要的。再者，所谓的女性角色和女性价值在父权制社会中是女性被排斥、被贬低的产物，是二元对立的产物，在坚持二元对立的西方文化之外，在非父权制的文化中，女性的社会性别角色是否仍是这样，这些价值是否仍被称作女性价值，这都是值得怀疑的。

二、对传统哲学的批判

生态女性主义对主流哲学最重大的挑战是在概念分析和理论的层次。它对传统哲学概念，诸如自我、知识、知者、理智和理性、客观性等，以及一系列构成西方主流哲学理论主要成分的二元对立提出争议。它认为，这些概念由于可能有男性偏见，因而需要重新考虑。在这些方面，美国女性主义哲学家沃伦（K. J. Warren）和普鲁姆德（V. Plumwood）的工作特别值得重视。

沃伦认为[10]，在男人对女人的统治和人类对自然的统治之间的联系，最终是概念联系。这就需要考虑一下其概念框架的本性。所谓概念框架，是指一组基本的信仰、价值、态度和假设。有些概念框架是压迫性的，它证明和维护压迫关系。这样的概念有如下三个特征。

（1）价值等级思维，认为处于等级结构上层的价值要优于下层的价值。

（2）价值二元对立，把事物分成互相对立排斥的双方，使其中一方比另一方有更高的价值。

（3）统治逻辑，即对于任何 X 和 Y，若 X 价值高于 Y，则 X 支配 Y 被认为是正当的。

与以往的许多女性主义和生态女性主义者不同，沃伦认为问题不在于等级思维，甚至也不在于价值等级思维。因为在日常生活中，等级思维对分类资料、比较信息、组织材料都是重要的。价值等级思维在非压迫的与境下也是可以接受的。例如人们可以说，因为人有意识能力，所以人比植物或岩石能更好地重组环境。问题在于统治逻辑。用这种论证结构，可以证明统治是正当的。它不仅是一种逻辑结构，也涉及重要的价值体系，因为它需要一种伦理学前提来准许价值低的东西服从价值高的东西。一种典型的做法，是宣称统治的一方（比方说男人）具有某种特性（比方说理性），而被统治的一方（比方说妇女）却没有这种特性。这里以关于对妇女的压迫的论证 A 为例说明如下。

1. 论证 A

A1. 妇女被认同为"自然"和"身体"范围，男人被认同为"人"和"心智"范围（价值二元对立）。

A2. 被认同为"自然"和"身体"范围的东西的价值要低于被认同为"人"和"心智"范围的东西的价值（价值等级思维）。

A3. 因此，妇女比男人要低一等。

A4. 对于任何 X 和 Y，如果 X 优于 Y，则 X 支配 Y 被证明为正当（统治逻辑）。

A5. 从而，男人支配妇女被证明为正当。

这种用来证明性别、人种、阶级等统治的统治逻辑也可被用于证明人类统治自然的论证。

2. 论证 B

B1. 人类有意识地改变他们生活于其中的共同体的能力，而植物和岩石则没有这种能力（价值二元对立）。

B2. 有这种能力的东西要比没有这种能力的东西在道德上优越（价值等级思维）。

B3. 人类在价值上优越于植物和岩石。

B4. 对于任何 X 和 Y，如果 X 优于 Y，则可以从道德上证明 X 支配 Y 是正当的（统治逻辑）。

B5. 因此，可以从道德上证明人类对植物和岩石的统治是正当的。

显然，如果没有统治逻辑 A4 和 B4，关于差别和等级的描述还不能证明统治在道德上是正当的。论证 A 和论证 B 都是在相同的概念框架中进行的。因此沃伦认为，要实现妇女解放，就要拒斥论证 A 及其使之成立的概念框架，这也正是解决生态环境问题的要害。而且在这种意义上，生态女性主义是反对一切压迫的。

另有一些生态女性主义者，像沙勒[3]和普鲁姆德[11]，认为必须从认识论上批判西方文化传统中的理性主义。这种批判不是拒斥所有理性或接受非理性，而是要批判作为统治形式的理性。在西方主流文化中，自然作为被理性排除和贬值的对立面，包括情感、身体、热情、动物性原始或野蛮、自然界、物体和感觉经验以及无条理性、信仰等范围。换言之，自然这个概念包括了理性所排斥的所有东西。正因为如此，许多后来的生态女性主义者对以往把妇女和自然联系在一起的观点持批判态度，认为那不过是父权制压迫的工具。另一方面，与自然相对立的人的概念，在西方文化中则与理性联系在一起。理性是人类的显著标志，妇女、有色人种、奴隶、原始人则在人的理想模式之外。这种理性是具有男性特征和工具特征的。智力本性被认为是宇宙万物中唯一因自身的缘故而必要的，所有其他都为此而存在。

通过二元对立思维，理想的人格模式与动物、原始人、自然的差别和距离被增加到最大限度。人有高级的智力（理性），而动物、自然则只有低等的身体的能力。完全的人的本体在于心智领域。与其说它和男性联系在一起，毋宁说它与作为主人的男性精英相联系。他们把生活必需品领域视为低等的，而所谓人的品行则应远离这一领域。西方理性主义理想中的人，不仅体现性别排斥的规范，而且体现人种、阶级和物种排斥的规范。这种人性的理想的关键是征服和控制、夺取和利用、解构和吞并，是对自然（以及被当作自然的女性及其他）的统治。因此，生态女性主义者称此为"主人模式"。[12]他们认为，西方文化中人与自然、理性与自然、男人与女人的对立都是二元对立的产物，二元对立的问题不在于承认对立双方的差别，而在于它使差别变成等级关系，它建构了"中心"的文化概念和本体，致使平等和互助完全不可设想。

二元对立使统治关系自然化，因此它是统治文化的认识论基础。如前所述，生态女性主义的目的不是要反对理性，而是要重建理性，是要创造一种在二元对立之外的民主文化，它既反对无批判的男女平等（因为这样最多不过使妇女也进入统治自然的主人范围），也反对男女地位的颠倒（因为这样将仍然保持二元对立的模式和对自然的统治）。正是在此基础上，生态女性主义力图创建无男性偏见的伦理学。

三、一种新的价值观和伦理学

基于对传统的伦理观念的批判，生态女性主义提出了一种新的价值体系，它的主要内容如下。

（1）基本的社会变革是必要的，我们必须重建基础价值和我们文化的结构关系，推进平等、无暴力、文化多样性、合作、无竞争、无等级的组织形式，并以这些准则来为新的社会形势决策。

（2）承认自然界每样东西都有价值，尊重和同情自然和所有生命，这是所要求的社会变革的根本要素。

（3）应以更广泛的生物中心观取代人类中心观、工具主义价值观和机械论，强调所有生命过程的相互关联。

（4）人类不应企图支配和控制非人自然，而应和土地一起工作，用互惠伦理观指导耕地的使用，人们只有在需要保持自然多样性时才闯入自然生态系统。

（5）必须改变基于权力的关系和等级结构，走向以相互尊重为基础的伦理观。

（6）必须整合虚假的二元对立。在我们对现实的理解中，这种对立基于男女极化（还有思想对行动、精神对自然、艺术对科学、经验对知识的极化）。父权制二元概念框架支持统治伦理，把"我们"与"其他"，"自我"与"非人自然"分开。

（7）过程和目的一样重要，因为我们如何走，决定了我们要走到哪里。

（8）"个人的也是政治的。"我们必须改变在科学、政治和工业领域中那种认为（女性的）私人范围的道德不适用于（男性的）公众范围的观念。我们必须在社会中重新使男性和女性保持平衡。

（9）必须从父权制中取消权力，不能通过玩弄父权制游戏来改变自然系统，否则就是在怂恿那些直接参与压迫人类和滥用环境的人。

在这种价值体系的基础上，生态女性主义要建立一种与境伦理学，坚持在一定的目的和与境中考虑权利、义务和原则。因为人在很大程度上依赖于历史和社会与境，依赖于我们处在其中的关系，包括和自然的关系。生态女性主义既反对仍保持人类中心主义和男性中心主义的各种环境伦理学，也反对建立一种超时代的、普遍的、绝对抽象的女性伦理学。

普鲁姆德认为[11]，康德以来西方主流伦理学框架是以理性-情感的二元对立为基础的。那种普遍化的抽象的伦理学把自我看作是脱离肉体的及道德完善的，强调事物的认知价值、普遍性、非个人性，强调义务和权利，把情感看作不可信任、不可依赖、与道德无关、要受（男性的）理性支配的低等领域，认为欲望、关怀、爱只是个人的特殊的情感，是理性之敌，是反复无常的，自私的，认为道德属于理智范围，与情感和特殊爱好无关，道德行为是一种义务，基于抽象的理性规则之上。在这种伦理框架下，尊重和关心"其他"，只是因为它（他）们自身而值得尊重和关心，而不是作为使尊重关心它（他）们的人感到满足的工具。普鲁姆德认为，这种仁爱不是真正的关心和尊重，对特殊其他的关怀与普遍的道德关怀的对立，是和把公众（男性）与私人（女性）范围截然二分联系在一起的，这种二元对立也正是造成人与自然对立的基础。她认为对待自然和对待人类一样，能否对它关怀，对它具有责任心，体验对它的同情和理解以及对特殊"其他"的处理和命运的感受，是我们道德存在的标志。对自然要有深切的关心，就要与自然有特定方面的特殊关系，对它关怀、有感情，而不是把它作为抽象物。

　　因为权利作为公众领域和男性的特权，作为强调分立和自治、理性和抽象的一部分已被看得过分重要，普鲁姆德主张把"权利"这个概念从道德舞台的中心搬走，这样就可以更多地注意其他较少二元对立的道德概念，诸如尊重、同情、关心、关怀、怜悯、感激、友谊和责任等。这些概念以前被理解为是女性的、私人的、主观的、情感的领域。这样的伦理学把伦理关系处理为在关系中的自我的表达，而不是对自我的掩盖、包含或普遍化，不是把自我看作自利的和相互无关的。这种伦理学将为反对用工具主义方式对待自然提供极好的基础。

四、分析与总结

　　对于生态女性主义，甚至对于女性主义，人们往往容易望文生义地产生许多误解，狭义地过分看重其与女性的天然性别的联系。当然，由于历史的原因，女性主义是从女权运动中发展而来的，其源于追求妇女权利和男女平等的出发点决定了它对女性和性别问题的特殊关注。但在作为更学术化的后来的发展中，首先，女性主义通过对"社会性别"（gender）概念的引进，已将天然性别（sex）置于较次要的地位，更多的研究探讨的是作为社会文化建构产物的社会性别（当然少数女性主义者对此尚有不同看法）。其次，作为较理想化的女性主义，而不是那种激进的女性主义（或女权主义），以追求平等和权利作为其最基本的出发点，要达到的目标并不是彻底将男女的地位颠倒过来，而且这种彻底的颠倒也是与其出发点相悖的。它更多地强调的，是用边缘人群的视角来对传统进行重新审视和批判，并力图通过这种审视和批判，提出新的重建方案，以改变存在着严重的问题乃至危机的现状。只是由于历史的缘故（既包括社会发展的历史，也包括女性主义学术发展的历史），长期处于被压迫状态的女性才成为这种边缘人群中的"主角"，女性主义学说才以现在这种面目出现。但从某种意义上讲，是可以将女性主义中的"女性"置换为含义更广的"边缘人群"而不失其理论意义的。这或许可以说是对女性主义的一种更现代、更全面的理解。

从生态女性主义的发展过程中，我们亦可找到对上述看法的支持。在早期，生态女性主义强调女性与自然的联系以及这种联系的历史作用，提出妇女是生态系统的保护者，号召广大妇女投身于生态保护运动，这对推动妇女解放和环境保护无疑有重大意义，但从这种意义上强调女性与自然的联系，势必陷入逻辑矛盾之中。因为所谓女性角色、女性原则、女性价值、女性与自然的联系，都是在父权制下形成的概念，本身就是特别压迫的产物。对此，是不能简单地肯定歌颂和弘扬的。近年来，更多的学者致力于分析批判女性与自然相联系的概念，指出其实质是对妇女与自然的双重统治，其根源是统治逻辑和二元对立的思维模式，从而对坚持统治逻辑和二元对立的西方近现代哲学中的理性主义、机械论、还原论、男性中心主义、人类中心主义等均持批判态度。正如伯克兰所言[13]，生态女性主义不是反对理性，而是指出父权制的非理性，以及作为大多数主流理论和激进批判基础的虚伪的、与个人无关的男性模式。在这样的理解中，生态女性主义已经远远超越了性别的层次，而进入了更深刻的哲学理论层次。

虽然启蒙理性对于传统社会（前现代社会）是一种进步，但它不是无懈可击的。生态女性主义在运用性别分析的工具来批判西方主流哲学中抽象的男性化理性、工具理性及其价值观方面，有独到的深刻之处。显然，它不是要回到性别压迫更深重的前现代社会，而是向往一种多元化、有差别，但没有等级压迫的平等的社会，并提出一套新的价值体系和伦理准则。虽然这些设想带有乌托邦的味道，其可操作性仍是问题，但这毕竟是多数人所追求的前景。正如乌托邦共产主义在学术上亦有其不可忽视的价值一样，生态女性主义的研究，仅就其批判性和启发性来说，就足以使人们对之予以重视，更何况它自身尚在发展之中，要想现在就对其未来做出最终的断言，似乎还为时太早。

（本文原载于《哲学研究》，1996 年第 5 期，第 54-61 页。）

参 考 文 献

[1] Schubert G A. Sexual Politics and Political Feminism. Greenwich: JAI Press Inc., 1991: 223-235.

[2] Eaudbonne F D. Le Feminisme Oula Mort. Pierre Horay, In: Les Cahiers du GRIF, 1974: 213- 252.

[3] Salleh A K. Epistemology and the metaphors of production: an ecofeminist reading of critical theory. Studies in the Humanities, 1988, 15(2): 130-139.

[4] Salleh A K. Deeper than deep ecology: the eco-feminist connection. Environmental Ethics, 1984, 6(4): 339-345.

[5] Shiva V. Development, ecology, and women//Vandeveer D, Pierce C. Environmental Ethics and Policy Book. Cambridge: Wadsworth Publishing company, 1994: 281-288.

[6] Swimme B. How to care a frontal lobotomy//Diamond I, Orenstein G F. Rew eaving the World: The Emergence of Ecofeminism. California: Sierra Club Books, 1990: 19.

[7] Eisler R. The Gaia tradition and the partnership future//Diamond I, Orenstein G F. Reweaving the world: The Emergence of Ecofeminism. California: Sierra Club Books, 1990: 23-24.

[8] Kheel M. Ecofeminism and deep ecology//Diamond I, Orenstein G F. Reweaving the world: The Emergence of Ecofeminism. California: Sierra Club Books, 1990: 131.

[9] Davion V. How feminist is ecofeminism?//Vandeveer D, Pierce C. Environmental Ethics and Policy Book. Cambridge: Wadsworth Publishing Company, 1994: 288-295.

[10] Warren K J. The power and the promise of ecological feminism. Environmental Ethics, 1990, 12(3): 125-146.

[11] Plumwood V. Nature, self, and gender: feminism, environmental philosophy, and the critique of rationalism. Hypatia, 1991, 6(1): 3-27.

[12] Plumwood V. Feminism and the Mastery of Nature. London: Routledge, 1993.

[13] Birkeland J. Ecofeminism: Linking Theory and Practice, in Ecofeminism. Pennsylvania: Temple Univ. Press, 1993: 13-60.

阿伦·奈斯的深层生态学思想

| 雷毅 |

阿伦·奈斯（Arne Naess，1912—2009）是挪威著名哲学家，他一生著述颇丰，仅选编的文集就有十卷之多，其研究领域涉及从分析哲学、经验语义学、斯宾诺莎研究到生态哲学。人们将他与理查德·罗蒂和德里达相提并论，称他对哲学具有划时代的贡献。然而，就奈斯的一生而言，他的影响并非在主流哲学领域而是在正在迅速成长的环境哲学领域。他很有名气但其观点饱受争议，这一切都源于他创立了深层生态学。

深层生态学是当代西方激进环境主义思潮中最重要的流派，其目标是对工业时代的价值观做彻底的清算，并力图建立起一种人与自然和谐发展的生态社会。深层生态学的出现被认为是环境意识形态和环境运动由浅层走向深层的一个转折，甚至有人把它作为激进环境运动的一面旗帜。

一、奈斯及其学术地位

思考是痛苦的吗？是的，奈斯肯定地说。[1]这是一个对生态环境问题进行过深刻而系统反思的人必然的回答。因为，深层生态学的建构与传统的学问不同，仅仅沉思不够，还需要体验。奈斯之所以能够开创生态哲学研究的新范式，就在于他将深刻的哲学思考与现实生活的体验完美地结合在一起。

奈斯生长在挪威海边的一个山区，爱好登山的经历对他理解自然有很大的帮助。奈斯 17 岁时对斯宾诺莎的研究产生了极大的兴趣，尤其是斯宾诺莎的《伦理学》对他印象深刻，后又接触了印度民族英雄甘地的哲学思想，这两位思想家对他的学术生涯产生了重要影响。[2]奈斯年轻时曾在巴黎、维也纳、伯克利学习过，27 岁便成了奥斯陆大学哲学系教授，也是挪威历史上最年轻的教授。有人批评他的深层生态学理论过分推崇直觉方法，但这并不意味着他不重视逻辑方法。要知道，他也曾是维也纳学派成员，并与大哲学家艾耶尔（A. Ayer）、波普尔（K. Popper）、乔姆斯基（N. Chomsky）、福柯（M. Foucault）等人进行过辩论。著名的哲学杂志《探索》（*Inquiry*）就是由阿伦·奈斯创立的。奈斯游学于世界各地，到过我国的北京、广州、杭州、成都、香港等地。20 世纪 60 年代，生物学家 R. 卡逊（R. Carson）的《寂静的春天》一书在美国的出版引起轩然大波，环境问题的全国大辩论由此展开，此时的奈斯正在美国加利福尼亚州进行学术访问，环境问题引起了他的深刻反思。回国后，他开始把对环境问题的哲学思考与斯宾诺莎和甘地的研究结合起来，由此建立起他称之为"生态智慧 T"（ecosophy T）的生态哲学。

在谈到奈斯对哲学的贡献时，丹麦哲学家哈特赖克（J. Hartnack）这样评价奈斯："当今挪威哲学环境是由国际著名的、具有创造性的哲学家阿伦·奈斯所奠定的。他 1939 年就成为奥斯陆大学的教授，是经验语义学激进类型（radical type）的创立者和奥斯陆学派的领导人……如果此前挪威哲学处在死亡期的说法是正确的话，那么同样，由于奈斯开创性的工作，挪威哲学现在正处在生命和成长的中期。"[3]

今天，在环境哲学领域，阿伦·奈斯被公认为深层生态学的奠基者和领导者，他的生态思想已经成为深层生态学理论基础和深层生态运动的指导纲领。

二、"生态智慧 T"的由来

奈斯是一位贴近自然的人，他兴趣广泛，爱好登山。这些活动对他个性和生态思想的形成起了积极的作用。

奈斯喜欢用"生态智慧"（ecosophy）来表征他的深层生态学思想。他说："今天我们需要的是一种极其扩展的生态思想，我称之为生态智慧。sophy来自希腊术语 sophia，即智慧，它与伦理、准则、规则及其实践相关。因此，生态智慧，即深层生态学，包含了从科学向智慧的转换。"[4] "生态智慧是研究生态平衡与生态和谐的一种哲学。作为一种智慧的哲学，它显然是规范性的，包含了标准、规则、推论、价值优先说明以及关于我们宇宙事物状态的假设。智慧是贤明和规定性的，而非仅仅是科学描述和预言。"[4]在奈斯看来，具有不同文化传统和宗教背景的人可以发展出各自的生态智慧。每一种生态智慧都可以为人们拯救地球的行为和运动提供某种动力。他提出的"生态智慧 T"只是这众多生态智慧中的一种。因为在不同文化背景、宗教传统和哲学传统中都包含着奈斯所说的生态智慧。如基督教徒圣弗朗西斯，哲学家斯宾诺莎、桑塔亚那、海德格尔，梭罗、缪尔、利奥波德等人的思想，以及道家、禅宗佛教等等文化传统中都具有生态智慧。人们可以从不同背景出发，发展出自己的生态智慧。

他把自己的思想概括为"生态智慧 T"。奈斯认为每个人都有自己的生态智慧，可分别称为生态智慧 A、B、C……而他之所以愿意把自己的生态智慧称为"生态智慧 T"，完全是个人的偏好，他喜欢登山，曾在山上用石头搭过一座小屋（Tvergastein），在那里思考问题，T 便是那座小屋的缩写。当然，这里更多地表现出奈斯个人的谦逊和对学术宽容的态度。他希望每个人都能够运用自己的情感与理智去独立地获得这样一种认识，而不是盲目地全盘接受别人的思想。

三、"生态智慧 T"的结构

尽管奈斯强调直觉方法在其哲学体系中的重要作用，但他的哲学体系在逻辑上却十分清晰，这多少与他早年是维也纳学派成员的经历有关。奈斯思想体系的方法论特征基本上是直觉、深层追问和演绎方法的综合运用。作为体系出发点的前提是用直觉的方法获得的，通过不断地追问而演绎出一套在形式上完美的体系。

通过逻辑演绎方式，奈斯建立起他称之为"生态智慧 T"的深层生态学思想体系。在这一体系中，"自我实现"（self-realization）既是奈斯思想体系的出发点，又是其思想体系的终极目标，因而位于最高层次。由此，奈斯构筑起作为深层生态学理论核心的"自我实现"论。其原则与假设之间的关系如图 1 所示。[5]

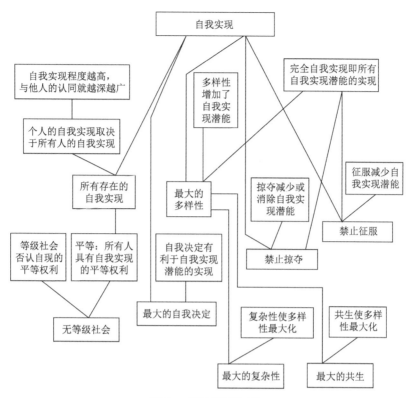

图 1 "生态智慧 T"

该图展现了奈斯构建深层生态学的一个较为完整的逻辑思路。在奈斯的深层生态学体系中，"自我实现"是最高原则（ultimate norm）。它既是深层生态学理论的基点，又是深层生态运动所追求的最高境界。这一原则的合理性辩护来自科学（生态学）和社会两方面。在奈斯看来，生态系统的复杂性和共生能够增加系统的多样性，而多样性又能够增加自我实现的潜能，因而能最大限度地促进自我实现；因此，奈斯明确指出："我认为，最大的自我实现需要最大的多样性和共生。多样性是一条基本原则。"[5]他解释说，"从系统而非个体的观点看，最大的自我实现意味着所有生命最大的展现。由此引出的第二个术语是'最大的（长远的、普遍的）多样性'！一种必然结果是：一个人达到的自我实现的层次越高，就越是增加了对其他生命自我实现的依赖。自我认同的增加即是与他人自我认同的扩大。'利他主义'是这种认同的自然结果。……由此我们得出'一切存在的自我实现'这一原则。从原则'最大化的多样性'和最大多样性包含着最大的共生这一假定，我们能得到原则'最大化的共生'！进而，我们为其他生命受到最小的压制创造条件"[5]。

另一方面，人在走向自我实现的过程中既需要自身内在潜能的激发，又离不开社会环境的支持，因此，自我决定和平等的社会关系就成了自我实现的必要保障。奈斯认为，自我决定有利于发挥自我实现的潜能，而无等级社会所赋予的人人平等的权利观也为所有人寻求自我实现的过程提供了保障。相反，等级社会否认这种平等的权利，因而不能避免征服和掠夺。而征服和掠夺将会减少或消除自我实现的潜能。因此，在奈斯的"生态智慧 T"中隐含着一组促进"自我实现"的道德原则：禁止征服和掠夺；维护和促进最大的多样性和自我决定。

四、总体观念与认同思想

奈斯常常把自己的深层生态学称为"总体观念"（total view），它指的是人类对自己在世界中的位置的一种根本性的认识。作为一种传统哲学家们所说的世界观，"总体观念"是我们理解世界的一种方式，但这种理解并不是仅用理性的或科学的方式去认识世界，而是把评价、情感、体验和承诺等诸多要素与理性的、科学的理解方式结合起来，这种多要素的认识方式可以加深我们对实在的理解，从而形成一种关于世界或实在的更真实的"总体观念"。

按照奈斯的说法，深层生态学有"两种不可回避的成分"，一是"评价和感受我们思考和经历的实在"，二是"这种评价和情感是怎样使人变得成熟并将人的个性与以总体观念为基础的行动结合在一起的"。因此，"总体观念"本质上是一种对实在的规范描述，是一种融合了客观的经验观察（科学描述）和个人价值的理解，更明确地说，深层生态学的"总体观念"将强调人与非人类自然的关系和这种直接的规范理解与行动之间的融合。

"总体观念"对生存与发展的承诺是深层生态学区别于浅层环境主义或改良环境主义的一个基本特征。浅层的环境主义之所以被贴上"浅层"的标签，就是因为它缺乏一种"总体观念"，"浅层运动的局限不在于它缺乏伦理思想，而在于它缺乏对终极目标和原则的明确关怀"[5]。浅层的改良环境主义的局限之一，就是它并没有认真对待非人类的自然的价值、利益和道德关怀。深层生态学的"总体观念"不只是一种总体的哲学观点，而是包括了人类以外自然界的生态智慧。

哲学家 E. 卡茨（E. Katz）认为深层生态学的核心思想有三个：与自然认同的过程、自我实现的目标和整体关系的本体论（a relational holistic ontology）。[6]在奈斯看来，"认同"思想是深层生态学理论的基础。它体现在深层生态学最高原则"自我实现"和"生态中心主义平等"上。自我实现就是不断扩大自我与他人、他物的认同过程。生态中心主义平等是这种认同的自然结果。

奈斯认为："所谓人性就是这样一种东西，随着它在各方面都变得成熟起来，那么，我们就将不可避免地把自己认同于所有有生命的存在物，不管是美的丑的，大的小的，还是有感觉的无感觉的。"[5]这个"认同"就是人走向自我实现的过程。每个人都具有自我实现的潜能，只要人的自我实现特征能够充分展现，那么他将进入真人的境界。美国心理学家马斯洛曾提出人的五种需要理论，"自我实现"是人的最高需要，而"自我实现"的过程就是人不断完善自身的过程。奈斯的"自我实现"较马氏的"自我实现"视域宽阔，马氏的"自我实现"只限于人类社会范畴，而奈斯的"自我实现"则超越了人类社会，达到了与所有存在物的认同。因此，奈斯所说的"自我"对应的英文首字母是大写的（Self），亦称"大我"，它与对应的英文首字母小写的自我（self）有本质的区别。问题是，一个人怎样才能从"小我"走向"大我"？实现这种角色转换本质上是人的脱胎换骨的过程。在奈斯看来，从"小我"到"大我"的转变至少需要经历三个必经的阶段，即从本我（ego）到社会性的自我（self）；从社会性的自我到形而上学的自我（Self）。为了确切表达这种形而上学的自我，奈斯特用"生态自我"（Ecological Self）来表征，旨在表明这种自我必定是在与人类共同体、与大地共同体的关系中实现。[7]对奈斯而言，自我实现的过程就是人不断扩展自我认同对象范围的过程，这意味着我与他物的疏离感在缩小；随着认同范围的扩大，被认同的他物的利益即成为我自身利益的一部分。同样，在这个过程中，我将会越来越深刻地认识到，我只是更大的整体的一部分，而不是与自然分离的、不同的个体；当自我认同范围的扩大与加深达到了"生态自我"的阶段时，便能"在所有的存在物中看到自我，并在自我中看到所有的存在物"[5]。需要指出的是，这里的"看"不是认识论意义上的认识或反映，而是与被"看"的存在物具有的某种价值关系。

然而，奈斯的"自我实现"过程并不仅仅只限于人，而是包括了所有的生命。为什么会如此？这就需要我们用"总体观念"来理解。从"总体观念"来看，人的"自我实现"有赖于其他存在物的"自我实现"，这意味着奈斯的"自我实现"概念是指所有生命潜能的实现。另两位深层生态学家德韦尔和塞欣斯形象地把自我实现的过程概括为："除非大家都获救，否则谁都不能得救。"[8]这里的"谁"不只是指个人，它还包括全体人类、灰熊、郊狼、雨林生态系统，以及山川、河流、土壤中的微生物等等。到这里，我们便能理解奈斯反复强调，最大的自我实现离不开最大的生物多样性和共生，生物多样性保持得越多，自我实现就越彻底的原因，正如他所说："如果我们所认同对象的自我实现受到阻碍，那么，我们的自我实现也将受阻。"[7]

可见，"自我实现"实质上更深刻、系统地表达了一种整体论的认同思想。"自我实现"是深层生态学的一个极其重要的概念，它既是环境保护的出发点，又是实现人与自然认同的归宿。利奥波德通过确立人是自然中的普通一员来要求人尊重自然；罗尔斯顿试图通过确立非人类存在物的内在价值，来实现人对自然的尊重；与他们不同，深层生态学则是通过"自我实现"，即发掘人内心的善，来实现人与自然的认同。这是一种积极的主动的过程。正如奈斯所说："认同的范式是什么？是一种能引起强烈同情的东西。"[7]任何一个人，当他看到一只身陷泥潭的鸟在做垂死挣扎时，如果能站在鸟的立场去感受，那么，他就会产生一种同情的痛苦感觉，这便是与其他存在物的自我认同，它本质上是人内在善的显现。在这种意义上，"自我实现"原则能够能动地引导人去自觉地维护生态环境，实现人与自然的和谐相处。

五、奈斯对深层生态学的贡献

奈斯对深层生态学的贡献是巨大的，他对深层生态学思想的阐述涉及哲学、政治、经济、社会、技术、文化等诸多方面。在对深层生态学理论的构建方面，其最重要的影响莫过于以下两个方面。

1. 为深层生态学理论提供了一个较为完整的框架性结构

在"生态智慧 T"成为深层生态学的理论基础以后，奈斯在"生态智慧 T"的基础上进一步建构了深层生态学理论的框架体系。这一个类似于"围裙"结构的框架，由四个层次构成：第一层次是两条根本性原则，即最高准则（ultimate norms）；第二层次由八条行动纲领构成；第三层次是从第一、第二层次演绎得到的规范性结论和"事实假说"；第四层次则是依据第三层次而得到的具体的特定规则，其结构如图 2 所示。[9]

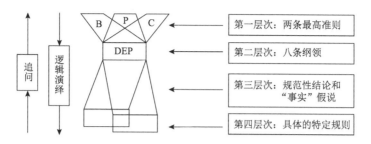

B=佛教的（Buddhist）基本前提
C=基督教的（Christian）基本前提
P=哲学（philosophical）前提
DEP=深层生态学纲领

图2　深层生态学理论的结构

　　图2显示的是深层生态学理论的逻辑结构。从图示可以看到，两条最高准则[自我实现原则和生态中心主义平等（biocentric eqalitarianism）原则]构成了该理论的"内核"，[8]从这两条最高准则中可以推演出八条行动纲领，依此纲领可得到规范性结论和具体的行动规则。从形而上学的观念层次到具体行动的经验层次是一个自上而下的类似假说—演绎模式的推理过程。与一般推理方式不同的是，这四层结构也可以自下而上地进行推演，即我们只需要通过对日常生活中经验问题不断地向上追问，便能进入形而上学的层次。作为深层生态学立论的基础，两条基本准则广泛地吸收了东西方的文化传统，既有儒释道及印度教等东方的哲学智慧，又有基督教、传统哲学和地方性生态智慧。然而，就其最高准则确立的方法论而言，将来源众多的思想传统作为确立最高准则的前提是不可能完全遵循逻辑的，在更大的程度上要诉诸直觉。对于这一点，奈斯非常清楚，他指出，人们不能指望从基本前提中构建出合理的结论，因为没有"更高的"结论可利用。直觉方法在深层生态学的方法论中占有重要地位，在深层生态主义者看来，逻辑并不比直觉可靠，看似严密的逻辑推演，最终的依据仍然是直觉。深层生态主义者更愿意相信直觉，而他们对直觉的把握则是通过一种较为独特的方式，即不断追问的方式来实现的。对于这一点，我们可以从"深层生态学"名称中的"深层"（deep）一词的含义便可以看出。这里的"深层"指的是对问题追问的深度，这便是深层生态学理论为什么要采用自下而上的"追问"方式的原因。

　　2. 为深层生态运动建立了行动纲领

　　在我们看来，深层生态学实际包含了两大块：深层生态学理论和深层生态运动。奈斯为何常常用深层生态运动来表征深层生态学？这反映出奈斯思想的价值指向。正如加拿大维多利亚大学哲学系教授 A. 德雷森（Alan Drengson）所指出的那样：奈斯认为，凡是运动通常都是多元性的，生机勃勃的，处于不断变化中的。深层生态运动是由宗教背景不同、人生观念不同、文化背景不同的人所共同支持的。在多元化的时代，我们必须找到一个便于交流的共同平台。[10]深层生态学就是想为深层生态运动提供一个平台。

依据深层生态学的两条最高准则，奈斯与美国学者 G. 塞欣斯（George Sessions）共同完成了一份深层生态运动应当遵循的原则性行动纲领。该行动纲领由八条基本原则组成。考虑到深层生态学运动的成员构成的广泛性，行动纲领没有涉及任何哲学和宗教立场，语言表述相当通俗。今天，这一行动纲领已成为深层生态学理论的核心思想，并得到了深层生态主义者的广泛认同。深层生态运动的八条行动纲领如下。[10]

（1）地球上人类和非人类生命的健康和繁荣有其自身的价值（内在价值、固有价值）。就人类目的而言，这些价值与非人类世界对人类的有用性无关。

（2）生命形式的丰富性和多样性有助于这些价值的实现，并且它们自身也是有价值的。

（3）除非满足基本需要，人类无权减少生命形态的丰富性和多样性。

（4）人类生命与文化的繁荣、人口的不断减少不矛盾，而非人类生命的繁荣要求人口减少。

（5）当代人过分干涉非人类世界，这种情况正在迅速恶化。

（6）因此我们必须改变政策，这些政策影响着经济、技术和意识形态的基本结构，其结果将会与目前大有不同。

（7）意识形态的改变主要是在评价生命平等（即生命的固有价值）方面，而不是坚持日益提高的生活标准方面。对财富数量与生活质量之间的差别应当有一种深刻的意识。

（8）赞同上述观点的人都有直接或间接的义务来实现上述必要改变。

这一行动纲领在西方的环境运动领域反响强烈。一些激进的环保组织（如"绿色和平""地球优先！""海洋守护者"）较为赞同这一行动纲领，并把它作为直接行动的基本原则。然而，在学术界，人们对这一行动纲领的评价却褒贬不一。批评者认为，行动纲领具有反人类的倾向[主要是（4）]，它助长了生态法西斯主义；还有人干脆把行动纲领看成是生态乌托邦。目前，由行动纲领引发的争论仍在继续。

事实上，奈斯对深层生态运动的关心不亚于他对学理的思考。更为重要的是，奈斯是一个将深层生态学思想从理论到行动一以贯之的人，他反对工业化国家的经济模式，也呼吁发展中国家不要效仿，因而很多人不理解他，把他视为生态帝国主义的帮凶，认为深层生态学对于发展中国家不仅不必要而且是有害的。[11]但实际情况则是，奈斯对第三世界怀有深深的同情，他呼吁世界公正对待和援助第三世界国家。这便是为什么深层生态学要求社会变革，力图构建和谐公正的生态社会的缘故。

最后，需要指出的是，不管人们如何评价深层生态学，它毕竟是西方环境意识形态和环境运动中不可忽视的力量。深层生态学能够形成今天的局面，有两点值得关注：一是它将思想的深刻性和通俗性结合起来，成为大众手中的哲学；二是奈斯倡导的宽容原则是深层生态学能够迅速成长的重要原因。宽容原则虽然是深层生态学倡导多样性原则的一个自然的逻辑结果，但在当今环境哲学和环境运动领域并非多见。这一做法带来两方面结果：在学术界，它能在自身理论招致（如生态女性主义和社会生态学）批判时表现出一种宽容精神，从而使攻击性的批评转变成建设性的意见；在环境运动中，深层生态学始终倡导非暴力原则，尽管非暴力的思想不是来自奈斯，但他是明确把非暴力原则运用于当代环境运动的人。在此，我们姑且不论深层生态学理论中的是非曲直，单就深层生态学在学术问题上的宽容精神和对对手的包容性就值得赞赏，它似乎可以成为当今生态哲学和生态运动的示范，而这种品质与奈斯所倡导的精神气质是紧密相关的。

（本文原载于《世界哲学》，2010 年第 4 期，第 20-29 页。）

参 考 文 献

[1] Rothenberg D. Is it Painful to Think? Conversations with Arne Naess. London: University of Minnesota Press, 1993: XII.

[2] Fox W. Toward a Transpersonal Ecology. Boston: Shambhala, 1990: 105.

[3] Hartnack J. Scandinavia, Philosophy in - Routledge Encyclopedia of Philosophy. London : Routledge, 1998.

[4] Bodian S. Simple in means, rich in ends: a conversation with Arne Naess. Ten Directions（Summer/Fall），1982, 7: 10-14.

[5] Naess A. The deep ecological movement: some philosophical aspects//Sessions G. Deep Ecology for The 21st Century. Boston: Shambhala, 1995: 64-84.

[6] Katz E, Light A, Rothenberg D. Beneath the Surface: Critical Essays in the Philosophy of Deep Ecology. Cambridge: The MIT Press, 2000: 18.

[7] Neass A. Self realization: an ecological approach to being in the world//Sessions G. Deep Ecology for The 21st Century. Boston: Shambhala, 1995: 225-239.

[8] Devall B, Sessions G. Deep Ecology: Living as if Nature Mattered. Salt Lake City: Peregrine Smith Books, 1985: 66-70.

[9] Naess A. The Apron daigram//Glasser H, Drengsoned A. The Selected Works of Arne Naess. Volume X. California: Springer, 2005: 76.

[10] 德雷森 A. 关于阿恩·奈斯、深生态运动及个人哲学的思考. 施经碧译. 世界哲学, 2008, (4): 61-64.

[11] Guha R. Radical American environmentalism and wilderness preservation: a third world critique//Van De Veer D, Pierce C. Environmental Ethics and Policy Book. California: Belmont, 1994: 548-556.

盖亚假说

——一种新的地球系统观

│ 肖广岭 │

盖亚假说（Gaia hypothesis）是由英国大气学家拉伍洛克（James E. Lovelock）在 20 世纪 60 年代末提出的。后来经过他和美国生物学家马古利斯（Lynn Margulis）的共同推进，逐渐受到西方科学界的重视，并对人们的地球观产生越来越大的影响。同时盖亚假说也成为西方环境保护运动和绿党行动的一个重要的理论基础。本文将对盖亚假说的提出和发展、盖亚假说的科学内涵及其争论、由盖亚假说所导致的一种新的地球系统观，以及盖亚假说给人们的启示等方面进行阐述和讨论。

一、盖亚假说的提出和发展

20 世纪 60 年代初，正在美国国家喷气动力实验室工作的拉伍洛克接受了美国国家航空航天局（NASA）关于火星上是否存在生命的研究课题。他提出了一种直接分析火星上的大气构成而不用把航天器降落到火星表面来定点寻找生命是否存在的想法。他认为如果一个行星存在生命，必定要求其大气既作为生命有机体的一种原料资源，又作为生命有机体的一种废物排放之地。行星大气对生命有机体的这两种用途将改变大气构成，使其远离化学平衡态。如果观测到的一个行星的大气构成远离化学平衡态，则可能存在生命。带着这种想法，他开始考察当时已知其大气构成的火星和金星，发现这两颗行星的大气构成都接近化学平衡态。大气的主要成分是一般不进行化学反应的二氧化碳。因此，两者都不应该存在生命。为了肯定这一预言，他开始考虑有生命存在的地球大气的构成，发现其远离化学平衡态，如大气中高达21%的活性气体氧气和1.7ppm（百万分率）沼气能共存（由于在阳光下沼气和氧气会起化学反应，形成二氧化碳和水，要维持沼气 1.7ppm 的比率，每年需要 5 亿 t 沼气由能产生沼气的生物体排出），而二氧化碳只有万分之几。

正是在这个时候，即 1965 年秋的一天，盖亚想法出现在他的脑海里，即地球大气的这种独特的和不稳定的气体混合比率为什么在相当长的时间内能维持不变呢？是否地球上的生物不仅生成了大气，而且调节大气，使其保持一种稳定的气体构成，从而有利于生物体的存在呢？

当时他对这种控制系统的性质还没有任何想法，只是认为地球表面的有机体必定是这个系统的一部分，并且气体的构成可能是被调节的因素之一。后来，他从天体物理学家那里得知，恒星随着年龄的成熟，发热能力会增强；自从 36 亿年前地球上有生命以来，太阳的发热能力已经增强了 25%。然而地球却保持了有利于生命存在的温度。在如此长的时间内，地球的气候是否会被有效地调节呢？此时，一种涉及整个行星和行星上生命的控制系统概念在他的大脑里牢固地建立起来。

但这时他没能继续推进他的这种观点，而是选择推进他的更小的目标，说服喷气动力实验室研究生命科学的同事们接受大气分析是探测其他行星上是否存在生命的有效方法。他当时并没有意识到，如果他们接受他的观点就意味着承认火星上几乎不可能存在生命。这可能导致取消去火星上直接探测生命是否存在的"海盗号"飞船计划。

尽管这样，NASA 对他的这种危险的观点还是很宽容的，并允许他在这方面继续工作。他的一个天文学同事萨根（Carl Sagan）是《航程无限的洲际宇宙火箭》（*ICARUS*）杂志的主编，虽然不同意他的通过大气分析来探测行星上是否存在生命的观点，但同意在其杂志上发表他的有关论文。他把地球作为一个自调节系统的文章是在 1968 年美国航空学会会议上首次发表的。但把地球作为一个超级有机体并用盖亚（Gaia）来命名则是 1972 年的事。他接受了在英国家乡的邻居、小说家戈尔丁（William Golding）的建议，用盖亚这个古希腊地球女神的名字来命名。随后他与杰出的生物学家马古利斯合作来发展他的盖亚假说。

但拉伍洛克和马古利斯关于盖亚假说研究论文的发表遇到了阻力。《科学》和《自然》等重要科学刊物虽然对他们的论文很感兴趣，但他们的论文没能通过同行评审。在这些评审者看来，他们的观点是危险的。尽管他们的论文没能在这些重要的刊物上发表，但是拉伍洛克常常被邀请参加各种学术会议，并以会议文集的形式发表了他们有关盖亚假说的研究论文。1989 年，美国地球物理联合会选择盖亚作为学术会议的主题，几百名科学家和学者参加了会议，并于 1993 年出版了《科学家论盖亚》（*Scientists on Gaia*）大型文集。从此尽管科学界对盖亚假说有不同的观点，但以此为主题进行研究的科学家越来越多，特别是近年来 NASA 在全球生态学、生物圈学和地球系统科学的名义下支持此类研究，使得其影响也越来越大。一些科学哲学家、环境保护主义者和政治家等也从各自的角度关注和讨论盖亚假说，有关的论文和书籍也越来越多。

二、盖亚假说的科学内涵及其争论

现代科学把地球作为一个超级有机体的思想并不是拉伍洛克最先提出的。早在 1785 年被称为"地质学之父"的哈顿（James Hutton）就指出："我认为地球是一个超级有机体并且应该用生理学的方式对它进行恰当的研究。"[1]他利用血液循环和氧与生命之间的联系等生理学的发现来看待地球的水循环和营养元素的运动。然而，到了 19 世纪，哈顿的这种把地球作为一个整体来进行研究的观点被抛弃了。地球科学和生命科学分离了。地质学家认为，地球环境的变化只不过由化学的和物理的过程所决定；而生物学家则认为，不管地球环境如何变化，对有机体来说，只是个适应的问题。甚至达尔文也没有认识到，我们呼吸的空气、海洋和岩石或者是生命有机体的直接产物，或者被生命有机体大大地改变了。

直到 1945 年，被称为现代生物地球化学之父的俄国科学家沃尔纳德斯基（Vladimir Vernadsky）才认识到生命和物质环境是相互作用的，大气中的氧气和沼气是生物的产物，并建立了一种生命和物质环境两者共同进化的理论。但这种共同进化论很像精神上的朋友关系，生物学家和地质学家保持朋友关系，但不是密不可分的关系。这种共同进化论不包括由地球上的生物和其物质环境所构成的系统主动地调节地球的化学构成和气候；更重要的是，它没有把地球看作一个活着的有机体，更没有把它看作一个生理的系统。

盖亚假说把共同进化论向前推进了一大步。它认为地球上的生命和其物质环境，包括大气、海洋和地表岩石是紧密联系在一起的系统进化。它把地球看作一个生理的系统，拉伍洛克甚至直接把盖亚假说称为地球生理学。正像生理学用整体性的观点看待植物、动物和微生物等生命有机体一样，地球生理学是把地球作为一个活的系统的整体性科学。拉伍洛克认为这种地球生理学是一种硬的和严格的科学。它主要研究诸如大气和温度调节系统的性质。它也是行星医学（Planetary medicine）这个实际经验领域的基础。它不能打破现代科学思想和实验的诚实传统。它是哈顿和沃纳德斯基有关思想和理论的继承和发展。

作为一个科学假说，盖亚假说不仅是要描述世界的真实图景，更重要的是它能刺激人们有效地提出问题和预测，随后的研究或者证实其预测，或者拓宽有意义的研究领域。这样，盖亚假说就有效地推动了研究的进展。盖亚假说的预测有些已经得到证实，有些还在研究之中有待证实。例如，1968 年盖亚假说预测的火星上没有生命于 1977 年由"海盗号"飞船计划予以证实；1971 年预测有机体产生的化合物能把一些基本元素从海洋转移到大陆表面上来，1973 年二甲基硫和甲基碘被发现；1981 年预测通过生物地增强岩石的风化，二氧化碳可以控制调节气候，1989 年发现微生物大大加速了岩石的风化；1987 年预测气候调节通过云密度的控制与海藻硫气体的释放相关联，1990 年发现海洋云层的覆盖与海藻的分布在地理上是相配的，此预测还需要进一步证实；1973 年预测在过去的 2 亿年里，大气中的氧气保持在 21%±5%的水平，这一预测在证实中；1988 年预测太古代的大气化学由沼气主导着，此预测在证实中；等等。总之，盖亚假说在预测和证实的意义上完全遵循现代科学产生以来的传统，并大大拓宽了研究的视野。

盖亚假说也引起了科学界的激烈争论。第一类争论是由对概念的理解不同引起的。盖亚假说的核心思想是认为地球是一个生命有机体。但对于生命是什么，不同的学科有不同的定义。物理学家把生命定义为一个系统通过吸收外界自由能和排除低能废物，而使内熵减少的一种特殊状态。新达尔文主义生物学家把生命定义为一个能够繁殖后代并通过在其后代中的自然选择来修正繁殖错误的有机体。生物化学家把生命定义为一个在遗传信息的指导下，利用阳光或食品等自由能而生长的有机体。盖亚假说或地球生理学家把生命定义为一个有边界的系统，通过与外界交换物质和能量，在外界条件变化的情况下，该系统能保持内部条件的稳定性。

盖亚假说对生命的定义在物理学家和生物化学家各自对生命定义的范围内，因此，他们从概念上往往不反对盖亚假说。新达尔文主义生物学家则反对和嘲笑盖亚假说。他们说，地球不能繁殖，不能在与其他行星的竞争中进化，怎么能说地球是生命有机体呢？拉伍洛克争辩说，新达尔文主义生物学家对生命的定义太狭窄，他指出生命大体有繁殖、新陈代谢、进化、热稳态、化学稳态和自我康复（医治）等特性，但不是所有的生命形式都完全具有这些特性。正像微生物和树木没有热稳态特性，人们仍把它们作为生命有机体一样，地球没有繁殖特性，同样也可以作为生命有机体。

1985年拉伍洛克接受美国物理学家罗瑟斯坦（Jerome Rothstein）的建议，把盖亚形象地比作美国西海岸的红杉树。一棵红杉树97%以上的部分是死的，只有树皮下和木质外围之间的形成层和树叶、花和籽是活的。同样，地球绝大部分是死的，只有散布着各种生命有机体的地表的"形成层"才是活的。另外，树皮和大气也分别起着相似的作用。

第二类争论是由对盖亚假说所包含的不同层次的含义的理解不同引起的。盖亚假说至少包含五个层次的含义：一是认为地球上的各种生物有效地调节着大气的温度和化学构成；二是地球上的各种生物体影响生物环境，而环境又反过来影响达尔文的生物进化过程，两者共同进化；三是各种生物与自然界之间主要由负反馈环连接，从而保持地球生态的稳定状态；四是认为大气能保持在稳定状态不仅取决于生物圈，而且在一定意义上为了生物圈；五是认为各种生物调节其物质环境，以便创造各类生物优化的生存条件。对于前两层含义（常常被称为弱盖亚假说）一般没有争论；而对于后三层含义（常常被称为强盖亚假说）就有很大的争论。其争论表现在如下几个方面。

第一，如果把盖亚作为一个负反馈调节系统，那么怎样理解该系统的目标，是某种意义的设计呢，还是系统本身的自发状态呢？拉伍洛克认为这个系统本身有一种稳定状态。但盖亚假说的批评者认为，盖亚假说没有独立的目标定义，即大气服务于不管大气如何行为的目标。

第二，如何理解盖亚的自动平衡态。盖亚假说的批评者指出，地球产生以来，大气中的氧气、二氧化碳和沼气的含量已经发生了很大的变化，它怎么能保持自动平衡呢？拉伍洛克则解释说，盖亚作为一个活的系统，其稳定态不是永远不变的，而是一种动态的稳定。在外界条件变化很大的情况下，这个系统通过自动调节，只产生微小的变化，从而保持有利于生命存在和进化的条件。

第三，如何理解模型的功能。尽管拉伍洛克及其合作者和支持者根据盖亚假说，能得到一些预测，并且有些预测已经得到了证实，但把盖亚作为一个整体系统来研究，只能建立计算机模型和进行模拟实验。拉伍洛克及其合作者为盖亚假说研制了名为雏菊世界（Daisy World）的模型并进行了大量的模拟实验，来研究和说明地球生态系统的结构、行为和运动机制。盖亚的批评者则认为，模型只是研究的一个工具，不能代替对地球生态系统的实际研究。如果盖亚假说主要通过模型研究而不是通过实际研究，那么就很难说它是"科学的"。

应该看到，盖亚假说作为一个具有科学革命意义的学说，在科学界引起激烈的争论是一种正常现象。

三、一种新的地球系统观

盖亚假说不仅具有上述科学意义，而且具有很大的精神意义。拉伍洛克用盖亚来为其学说命名本身就表明这个假说的精神价值。在古希腊神话中，盖亚是宇宙混沌的女儿，是地球母亲，其他许多神都是她的后代。很显然，地球母亲的思想，作为一种世界观在古希腊时期就出现了。到了中世纪，地球母亲的世界观有时被象征性地或隐喻性地来理解，上帝通过她创造地球上的各种生命形式。随着现代自然科学的兴起，地球母亲的观念变为一种浪漫的和富有诗意的传统，而离开了自然科学。但作为现代地球科学、大气科学、生态学和微生物学等领域交叉最新成果的盖亚假说，又复活了地球母亲的观念，并赋予其现代意义，这是一种新的地球系统观。

盖亚假说认为，地球不仅容纳了千百万种生命有机体，而且它本身也是一个巨大的生命有机体。岩石、空气、海洋和所有的生命构成一个不可分离的系统。正是这个系统的整体功能使得地球成为生命存在之地，也就是说，生命要依靠整个地球的规模才能生存。地球上物种的进化与其物理和化学环境的进化紧密地联系在一起，构成单一的和不可分割的进化过程。

盖亚假说的提出与拉伍洛克"从上到下"的系统思维方式密切相关。作为要探讨其他行星上是否存在生命的大气学家，拉伍洛克没有采用"从下到上"的传统的还原论的思维方式，即没有采用从最小的生命形式开始，逐渐扩展到大的生命系统的方式，而是站在地球之外，把整个地球作为一个系统，并把地球系统与火星系统和金星系统相比较，从而提出盖亚假说的。拉伍洛克指出："当我们从外层空间向地球运动的时候，首先我们看到的是包围着盖亚的大气外围；然后看到的是诸如森林生态系统的边界；然后，看到的是活着的动物和植物的皮；进一步是细胞膜；最后是细胞核和DNA。如果生命被定义为能够主动地维持低熵特性的自组织系统，那么，从每一个层次的边界之外来看，这些不同层次的系统都是活着的。"[2]正因为拉伍洛克把地球作为一个整体，并采用"从上到下"的系统的思维方式，他才能提出盖亚假说。这也表示盖亚假说是一种新的地球系统观。

盖亚假说作为一种新的地球系统观的意义在于，它能直接或间接地帮助回答当今人类所面临的生态问题和世界观问题。第一，全球生态环境恶化是人类环境问题，是涉及整个地球生态系统的问题，要解决这个问题不仅需要用系统的或整体的观点和方法来认识人类生产和生活方式对生态环境的影响，而且需要人类共同行动。同时，盖亚假说也从道义上启示人们，包括人类在内的所有生物都是地球母亲的后代，人类既不是地球的主人，也不是地球的管理者，只是地球母亲的后代之一。因此，人类应该热爱和保护地球母亲，并与其他生物和睦相处。

第二，盖亚假说对回答生命的目的问题给了人们新的启示。生命的存在依赖于整个地球生态系统，它是一个能进行自我调节的负反馈系统，其目标就是体内平衡的状态，即各种生物及其环境和睦的平衡状态，从而使生命在全球范围内健康成长。人类只有与盖亚和睦相处，致力于她的健康、欣赏她的美丽和报答她的恩惠，才能发现生命的意义。

第三，盖亚假说对回答所谓宇宙设计问题给了人们新的启示。盖亚假说认为，地球本身有一定的次序和结构，从而形成一种体内自动平衡态。这只是事物进化的一种方式，而不需要设计。

四、盖亚假说给人们的启示

盖亚假说的发展及其影响能给人们许多启示，下述三点特别值得注意。

第一，盖亚假说作为一个具有科学革命意义的假说被提出后，在很长一段时间里为现存的科学建制所不能接受，通过提出者百折不挠的努力，才逐渐被科学界接受。自从 20 世纪 60 年代中期拉伍洛克产生盖亚思想以来，30 多年来他孜孜不倦地为推进该假说而奔走、呼吁和开展研究，才使该假说在科学界影响越来越大。在其论文不能在《科学》和《自然》等重要科学刊物上发表的情况下，他没有泄气，而是寻找其他途径宣传其假说。例如，利用各种学术会议宣传盖亚假说。拉伍洛克知道，这些会议的组织者让他到会讲盖亚假说，主要是为了调节一下会议沉闷的气氛。但即使这样，他也去讲，这毕竟是传播盖亚假说的一种途径。

第二，盖亚假说作为一个跨学科性的新假说提出后，要得到发展，需要与相关专业的科学家合作。拉伍洛克提出盖亚假说后，找到生物学家马古利斯，并长期合作，共同推动盖亚假说的研究与发展。这种不同学科、志同道合的研究者长期合作，对盖亚假说的发展也是极为重要的。特别难能可贵的是,他们的这种合作研究是在长达 20 多年的时间里得不到美国国家科学基金和其他基金资助的情况下进行的（当然，这一情况也说明，现存的以学科为基础的科学基金资助体系，不利于资助跨学科的研究）。

第三，盖亚假说作为一个具有重大科学意义的假说的提出和发展，必然引起人们观念的变革，从而在一定意义上指导人们的行动；但盖亚假说本身并不是判断人们的行为正确与否的最终的道德标准。盖亚假说本身体现了一种新的地球系统观，西方一些生态环境保护组织和绿党也纷纷把它作为环境保护运动或生态抵抗运动的理论基础或精神动力。这的确在一定意义上支持和促进了生态环境运动。但盖亚假说本身并不能解决人们应该如何对待生态环境的最终的道德判断问题。事实上，在一些生态环境保护主义者利用盖亚假说来说明其行动的合理性的同时，一些以盈利为目的的企业家也利用盖亚假说来为其浪费资源和污染环境的行为辩解。他们说，既然地球是一个具有自动调节能力的巨大系统，那么，多利用一些资源或多排放一些污染，地球会利用其自我调节能力，使其保持平衡态。

针对这种辩解，一些盖亚假说研究者，包括拉伍洛克本人也对地球生态系统的自我调节能力进行了计算机模拟研究，但这种模拟研究很难得到公认的结果，更不要说地球生态系统自我调节的真实能力究竟有多大了。但即使得到真实调节能力的数据，也不能说服这些企业家。他们会说，如果污染超过地球系统的调节能力，这个系统又会达到一个新的平衡点，使这个系统恢复自我调节能力，等等。

由此可见，盖亚假说与其他重大的科学假说或理论一样，尽管能使人们对自然界有新的理解，也能为人们行为的合理性提供一定意义的支持，但其本身并不是人们行为的最终的道德标准。要解决人类所面临的生态环境问题，还必须考虑人文和社会等多方面的因素。

（本文原载于《自然辩证法通讯》，2001 年第 1 期，第 87-92 页。）

参 考 文 献

[1] Stephen H, Schneider, Boston P J. Scientists on Gaia. Cambridge. Massachusetts: The MIT Press, 1993: 3.
[2] Lovelock J. The Ages of Gaia: A Biography of Our Living Earth. New York: Bantan Books, 1990: 27.